Emotions and Justice

The Aesthetic Dimension of
Martha C.Nussbaum's Ethics

情感与正义

玛莎·努斯鲍姆的审美伦理世界

范昀 著

ZHEJIANG UNIVERSITY PRESS
浙江大学出版社
·杭州·

图书在版编目（CIP）数据

情感与正义：玛莎·努斯鲍姆的审美伦理世界 / 范昀著. —
杭州：浙江大学出版社，2022.8
ISBN 978-7-308-22894-7

Ⅰ.①情… Ⅱ.①范… Ⅲ.①玛莎·努斯鲍姆—伦理美学
—美学思想—研究 Ⅳ.①B82-054.9

中国版本图书馆CIP数据核字（2022）第140415号

情感与正义：玛莎·努斯鲍姆的审美伦理世界
范昀 著

责任编辑	牟琳琳
责任校对	吴 庆
封面设计	项梦怡
出版发行	浙江大学出版社
	（杭州市天目山路148号　　邮政编码　310007）
	（网址：http://www.zjupress.com）
排　　版	杭州林智广告有限公司
印　　刷	杭州宏雅印刷有限公司
开　　本	880mm×1230mm　1/32
印　　张	17.625
字　　数	409千
版 印 次	2022年8月第1版　2022年8月第1次印刷
书　　号	ISBN 978-7-308-22894-7
定　　价	98.00元

序　言

艺术如何参与现实，美学研究如何介入公共生活，是我一直以来关注的问题。在此前的专著《追寻真诚：卢梭与审美现代性》中，我重点从社会批判的意义上考察了审美话语的力量及其限度，并在结语中简略提及审美参与现实的另一种可能性：除批判之外，审美也可以是一种建设性的力量，参与到社会正义的事业中去。在近十年的阅读、思考及写作中，我把更多的目光投向当代美国哲学家玛莎·努斯鲍姆所做出的思想贡献，作为一位当代重要的哲学家与公共知识分子，努斯鲍姆为如何弥合当代人文学科与社会现实之间日渐拉开的鸿沟，提供了颇具建设性的思想方案，同时也为美学研究如何走向人生与社会开拓了一条别样的道路。

本书旨在呈现与分析努斯鲍姆在对"人应当如何生活"这一古老伦理问题的追问中，如何走出这条独特的思想道路。她基于深厚的古典学背景，在亚里士多德与斯多亚学派思想的启示下，对当代道德哲学的"非现实性"给予了严厉批判与深刻反省，并在此基础上构建与发展了以人的感知能力为核心的，充分尊重人的情感与欲望的伦理思想。她的全部工作旨在建起一座连接个体情感与社会正义的桥梁。其伦理思考以人类情感为中心，不仅确立了情感的认知价值及其在实践生活中所提供的伦理智慧，而且还细致地审视了羞耻、恐惧、厌恶、愤怒以及嫉妒等情感对于公共生活所形成的挑战，甚至还为如何培育与修缮同情、友爱以及爱欲等人类激情，使之为良好的个体生活与正义的公共生活做出贡献提供了建议。

在发掘情感价值，培育与修缮情感的过程中，努斯鲍姆对作为情感重要媒介与载体的文学艺术给予了特别重视。透过文学艺术作品探讨伦理问题，也成为努斯鲍姆思想的一大特色。文艺案例不仅为努斯鲍姆的伦理学与政治哲学言说增添了诗性色泽，而且这些作品还贡献了传统道德哲学所无法替代的实践智慧，此外，文学想象与艺术创造甚至还被认为可能在实践层面介入公共生活，为社会正义的实现提供重要支持。透过《安提戈涅》《大卫·科波菲尔》《金钵记》《专使》《尤利西斯》《土生子》《莫洛伊》等主题多元风格各异的作品，以及音乐艺术、政治演说、公共仪式与象征、诗歌与漫画、城市空间以及公共建筑等形形色色的审美文化案例，努斯鲍姆为读者展示了一个充满诗性想象，同时不乏严谨理性论证的"审美伦理"世界。

不可否认，努斯鲍姆的核心关切在伦理学，而非美学，但她客观上为当代的美学研究及审美实践提供了重要的启示。首先，她强调了美学研究与伦理学研究相结合的重要性。她试图通过对大量文学与艺术作品的分析来告诉其哲学同行们：文艺作品的价值并不仅仅体现在娱乐消遣层面上，它甚至具有一种能与传统伦理学分庭抗礼的实践智慧。其次，她所强调的伦理批评，为当代文学批评提供了一种更具建设性的批评范式。她启发文学批评家要认识到他们的工作并不仅仅是纯粹的审美批评，或仅仅是反抗性的"文化政治"，而是一种与人类好生活密切相关的进步事业。再者，努斯鲍姆对文学想象、艺术表演、政治修辞以及公共文化的思考，让人们更好地认识到文学与艺术是如何与社会正义事业联系在一起。她的写作提醒作家与艺术家应当重视自身创作对于人类追求良好生活的价值。最后，她对人文教育的思考，也为当代全球审美教育提供了新的启示。她劝导人们阅读文学与欣赏艺术，这种审美教育的目标并不局限于培养知识或文化精英，而是为了使一个人生活得更好，真正成长为对文明社会有价值的公民。

不可否认，努斯鲍姆思想内部也存在着某种张力。她基于亚里士多德思想的影响，形成了一种伦理探询的哲学理念。该理念认为在探索世界的过程中，人们需要保持一定程度的好奇心、被动性与开放性来直面自身的脆弱性。在此意义上人的情感以及文学艺术是一种有益的导航，美学可以成为伦理学之母（约瑟夫·布罗茨基语）。这种直面现实不完美、面向成长的美学理念，有别于乌托邦式的青春美学，也许并不那么激动人心，但蕴含着对人生与社会的温情。与此同时，努斯鲍姆还深受希腊化时期（尤其是斯多亚学派）思想的影响，形成了一种与情感治疗相联系的哲学观念，即在追寻人类幸福的过程中，人们需要对自身的欲望与情感有所警惕，因为它们在不同程度受到了不良社会文化的腐蚀与扭曲，为此我们需要对人类欲望与情感采取主动的治疗立场，对消极的情感给予引导与转化，对积极的情感则给予支持与培育。在此，努斯鲍姆的审美伦理思想呈现出一种规范性的伦理立场，对文学艺术不再采取无条件接受的开放性态度。

在努斯鲍姆的审美伦理世界中，这两种态度绝非泾渭分明，常常并行存在。如果说对伦理探询的重视使她赋予文学艺术关键性角色的话，那么出于她对自由主义规范性原则的坚持，探询理念在其思想后期逐渐为治疗理念所取代。本书对努斯鲍姆的探询理念持更多赞赏与肯定的立场，对其治疗理念则给予一定程度的批判，但也不失同情的理解。因为努斯鲍姆思想的内在困境，绝非其个人思想的局限，而是当代自由主义思想在面对紧迫社会现实问题时，在理论规范性与经验开放性之间所造成的张力所致。努斯鲍姆的思想困境也在一定程度反映出当代西方文明所面临的普遍问题。

不可否认的是，正是在将审美问题纳入现实实践的过程中，努斯鲍姆将美学从一种自足而舒适的概念游戏中解放出来，带入社会现实的深水区中。对于当代美学事业的发展而言，这既是重大的挑战，也是难得的机遇。因为当代美学需要面对的现实，是一种复杂的、崎岖不平、充满挑战的现实，而这也是我们每个人需要勇敢面对的真正的现实。

目录

绪论　美学与好生活

一

1940年，在一篇评述亨利·米勒创作的文章中，英国作家乔治·奥威尔将这位对政治纷争毫无兴趣的作家比作"生活在巨鲸肚子里的人"：

> 实际上，待在鲸鱼肚子里是非常舒服、非常温馨的。历史上的约拿当是很高兴躲在里面，有不计其数的人，在幻想和白日梦中，都嫉妒他。其原因当然也很显见。鲸鱼的肚子就好比一个子宫，足够一个成年人躲在里面。你待在那里，四周漆黑，松松软软，跟外面的世界全然隔绝，因此，对世界上发生的事情，也就能够保持一直完全不理会的态度。暴风雨能够打沉战舰，却丝毫吹不到你。即使是鲸鱼的运动，对你也毫无影响；它可以在水面上漂浮，也可以一头扎进水里，但你不会感觉任何不同。除了死亡，那可以说是不承担责任的最高境界。[1]

作为一位社会主义者，对政治怀有极大热忱的作家，奥威尔对于米勒的这番赞赏耐人寻味，也极容易使人误解。这段类似审美主义立场的宣言，其实是奥威尔对刚刚过去的20世纪30年代欧洲文

---

[1] 乔治·奥威尔：《政治与文学》，李存捧译，南京：译林出版社2011年版，第132页。

学界状况的反思：当时的许多作家，无论来自左翼还是右翼阵营，都陷入了朱利安·班达所谓的"知识分子的背叛"。他们丧失客观普遍的正义立场，失去追寻真理的意志，沦为各种意识形态（尤其是法西斯主义）的传声筒。厌烦了形形色色的此类政治作家，奥威尔反倒觉得米勒这种"两耳不闻天下事"的作家更为可爱，于是负气式地写下这么一句话："总的来说，20世纪30年代的文学史证明了这样一个观点，即作家只有远离政治，才会写出好的作品。"[1]

不可否认，奥威尔这样的立场在当时的文学与美学领域得到普遍认可。诗人W.H.奥登也在相同的年代写出"诗歌不会让任何事发生"[2]这样的句子。在20世纪相当长的时间内，审美自主论或"为艺术而艺术"成为艺术与美学共同体的职业态度与学术范式；从布鲁姆斯伯里团体的唯美主义宣言、英美新批评的"内部研究"再到解构主义的"文本之外无一物"，无论是美学研究者还是文学批评家都无比积极地拥抱了这种"巨鲸肚子里的生活"。用新批评的代表人物艾伦·退特（Allen Tate）的话说，诗人只对写好诗负责，而不对政治负责。[3]

然而，同为"不承担责任"，奥威尔的理解却不同于退特的理解，更不同于德·曼的理解。奥威尔的"不承担"背后其实关注更大的"承担"。在他看来，文学和艺术不承担政治宣传的义务，绝不意味着它可以拒绝关注或冷漠对待包含人类尊严与权利在内的"人的政治"；当解构主义最终将这种"不承担"理解成一种游戏和狂欢时，有时也可能沦为罪恶的帮凶。这点在德·曼晚年被爆出曾与法西斯主义

---

1 乔治·奥威尔：《政治与文学》，李存捧译，南京：译林出版社2011年版，第128页。

2 W.H.奥登：《奥登诗选：1927—1947》，马鸣谦等译，上海：上海译文出版社2014年版，第395页。

3 参见艾伦·退特：《诗人对谁负责》，《"新批评"文集》，赵毅衡编选，北京：中国社会科学出版社2001年版，第525页。

有所牵连上，体现得尤为明显。

基于种种现实的教训与反思，当代美学在 20 世纪后半叶出现了向现实世界开放与回归的转向。美学家与文学理论家也愈来愈意识到：文艺不可能与现实政治绝缘，更不可能与社会生活脱钩。在 20世纪 60 年代社会运动的推动下，当代美学的研究对象从文学艺术领域转向了更为开阔的文化生活领域。其中有两个转向引人注目：一是以反叛为表现形式的"政治激进主义"转向；一是以生活为名义与消费时代打成一片的"日常生活"转向。这两股美学思潮不仅在理论层面为当代美学研究提供了新的生长点，而且也在现实层面对当代全球艺术与文化的发展实践产生了一定的影响。但无需避讳的是，对于美学如何回到现实生活，美学如何真正有力地介入现实人生与公共生活，当代美学在回答这些问题上的力度与深度依然存在不足。无论是基于政治批判的乌托邦冲动还是满足于生活浅表审美的世俗性沉沦，都未能真正让美学的思考与人类对美好生活的追求紧密地联系在一起。

二

先看当代美学激进的政治转向。在当代人文社科的理论话语中，美学与文艺理论学科的话语表达无疑是最激进的。"反抗性"也成为识别当代西方美学与文论的重要标志。"反抗"既意味着突破现有的文学观念和艺术标准，也体现了对现行体制的控诉与反叛。就如当代法国理论家朱丽娅·克里斯特瓦（Julia Kristeva）说的那样："幸福只存在于反抗中。我们每一个人，只有在挑战那些可让我们判断自己是否自主和自由的阻碍、禁忌、权威、法律时，才能真正感到快乐。"[1] 大写的"理论(THEORY)"成为这个时代用于反抗的最佳武器："从本质上讲，呼唤理论就是呼唤对立，呼唤颠覆，呼唤起义。"[2] 从20世纪下半叶到21世纪初，西方美学领域形成了一种特定的"反抗性话语"。这种"反抗性话语"包括从法兰克福学派的批判理论到福柯的知识谱系学，再到女性主义、后殖民主义等为代表的各种后现代主义以及当下颇为走红的激进主义。虽然这些理论在观点上互不一致，但在"反抗"的立场上却有着惊人的一致性。该类话语以其颠覆性的思维方式和激进的社会批判，在大学的文学系安营扎寨，并广受青年学者与学生的热忱追捧。于是，观念上的美学反抗取代了具体的现实实践。"用想象力夺权！"居依·德波的这句口号成为新一代左翼青年的座右铭。

然而，激进的美学是否真的激进，激进的话语反抗是否真的对社会现实的进步产生积极的影响？这些问题值得深究。"看来像似它反叛的时刻，其实已是政治衰退的肇始。"[3] 英国文学理论家特里·伊格尔顿对于美学的当下现状倍感沮丧。美国哲学家理查德·罗蒂则指出，尽管文化左派曾通过他们激进的文化抗争树立了一种"政治正确"，尤其是改善了人们对待少数族裔的态度，但他们的现实影响力却十分有限。弗朗西斯·福山更是撰文指出，在现实影响力方面，保守主义的现实影响力早已超越了学院左派孤芳自赏、自娱自乐的激进言说。[4] 这种在姿态上如此激进的政治美学，为何缺乏现实影响力

---

1 朱丽娅·克里斯特瓦：《反抗的意义与无意义》，林晓等译，长春：吉林出版集团有限公司2009年版，第11页。

2 安托万·孔帕尼翁：《理论的幽灵：文学与常识》，吴泓缈等译，南京：南京大学出版社2011年版，第9页。

3 特里·伊格尔顿：《理论之后》，商正译，北京：商务印书馆2009年版，第42页。

4 弗朗西斯·福山在2012年的《外交事务》1、2月刊上撰文《历史的未来》中也批评了文化左派在现实政治上的无力。参见http://www.21ccom.net/articles/qqsw/qqgc/article_2012010851638.html。

呢？一言以蔽之，现实感的缺失是当代美学政治转向的致命缺陷。

首先，这些激进作品在写作上缺乏一种对普通读者的起码尊重。尽管其在内容上批判着各种各样的霸权，似乎正在构建一种平等公正的美好愿景，但吊诡的是，其写作本身却在制造一种神神秘秘、高高在上的霸权。很多学者忙于制造生僻的术语，使用佶屈聱牙的句子，发表（却不论证）突破常识的观点。埃伦·迪萨纳亚克指出，这些"蛮横无理、难以让人理解的理论即使对心地善良的普通读者来说也远比高雅艺术的辩护者所创作的任何东西更加晦涩和难以接近"。[1] 雅克·巴尔赞难以容忍在文学批评中出现大量行话与黑话："阅读批评著作就是在充斥着这类字眼的句子中艰难行进：张力、律动、控制、结构、质感、活力、限制、反讽、抒情性；语象、顿悟、维度、疏离、隐喻；隐喻在其中占据首位"，这些批评的语言"听起来与时装广告的字眼完全一样：晦涩模糊的形象形成在奢侈品中穿行的幻觉"。[2] 罗蒂则看到，这些抽象其实对于真正的现实毫无裨益，因为像"无限责任""不可能性""不可触及性""不可再现性"这样的概念在一些人追求自我完善的时候可能很有用，然而，当我们承担起社会责任时，这些概念有害无益，"用这些词语来思考我们的责任就像罪感一样，是政治活动的绊脚石"。[3]

其次，尽管当代激进主义美学大张旗鼓地言说政治，并鼓吹颠覆一切既有体制，但它却能吊诡地与当代高校的专业主义体制和谐共存。甚至可以说，"颠覆"与"反叛"几乎成为当代文学理论与美学研究的既定范式。谁若不在论文中引上几条福柯或德里达，似乎

1 埃伦·迪萨纳亚克：《审美的人》，户晓辉译，北京：商务印书馆2004年版，第12页。
2 雅克·巴尔赞：《我们应有的文化》，严忠志等译，杭州：浙江大学出版社2009年版，第81页。
3 理查德·罗蒂：《筑就我们的国家》，黄宗英译，北京：生活·读书·新知三联书店2006年版，第71页。

就会成为这个专业的背叛者。当代美学的激进不是由现实所引发的激进，而更像是出于专业的需要而表演出来的激进。因此这种激进是非现实的，是学术游戏规则所需要的激进。这种激进主义是令人愉快的，是"没有危险的激进主义。这不会对他们的职业生涯不利，反而会促进他们的事业"。[1]"今天的知识分子很可能成为关在小房间里的文学教授，有着安稳的收入，却没有兴趣与课堂外的世界打交道。"[2]萨义德的评价犀利而中肯。

再者，当代美学的激进主义同时也是整个消费主义的衍生物。"我们一眼就可以看出一个理论是否是新兴的；但是要想知道它是否正确却并非易事。"[3]雷蒙·布东此言硬生生地揭了一些理论家们的老底，他们的目标不是真理和正义，而是去占领一些机构，尤其是教育和交流机构，以便能够在那里树立他们所信奉的思想。在名利的驱使下，这些激进主义完成了与消费主义的合谋，"学术上的废话与政治上的哗众取宠估计在此天衣无缝地结合在一起了"。[4]他们可以不向常识让步，却可以硬让读者相信。他们对语言的模糊性以及真理和个性令人困惑的地位进行的各种"不切实际的纯理论探讨"，其背后是追名逐利的野心，是一种不折不扣的"学术的伪激进主义"。[5]面对这种伪激进主义，连身为马克思主义者的弗里德里希·杰姆逊也有点看不下去。他在2014年接受的一次访谈中直言"如今写理论书也

1　保罗·R.格罗斯、诺曼·莱维特：《高级迷信：学术左派及其关于科学的争论》，孙雍君等译，北京：北京大学出版社2008年版，第84页。

2　爱德华·W.萨义德：《知识分子论》，单德兴译，北京：生活·读书·新知三联书店2002年版，第63页。

3　雷蒙·布东：《为何知识分子不热衷自由主义》，周晖译，北京：生活·读书·新知三联书店2012年版，第98页。

4　拉塞尔·雅各比：《乌托邦之死：冷漠时代的政治与文化》，姚建彬译，北京：新星出版社2007年版，第101页。

5　克里斯托弗·拉希：《精英的反叛》，李丹莉译，北京：中信出版社2010年版，第130—135页。

像策展一样：从过去选取一些不同的文本——比如亚里士多德或者康德——然后把它们短暂地结合在一起，这毋宁说是一场理论秀"。[1]

当代美学的政治化试图以乌托邦式的反叛与革命超越现实，却在这种反叛中日渐远离现实人生。受当代学术体制与文化的影响与规训，这种美学视野无法真正超越专业的藩篱和理论资源的束缚，并以更开阔的眼光和更谦卑的态度来观察与体验现实生活，其最终在学术产业化与消费主义的冲击下，沦为一种商品化了的激进主义。

三

在转向政治激进主义的同时，当代美学还呈现出与日常生活打成一片，追求生活的轻松与肤浅的潮流。法国学者吉勒·利波维茨基（Gilles Lipovetsky）指出，在当下的消费时代，我们不再期待一个"流着奶和蜜的国度"，我们不再憧憬改革或者解放，我们只憧憬"轻"。这种对"轻"的期望，是"一种更放松的日常生活、一种压力更小的当下的期望：更好的生活和轻的生活已经分不开了。少与轻的乌托邦时代已经到来"。[2]毫无疑问，这样一个"轻文明"时代对学术研究的影响日益凸显。就美学领域而言，去深度化、游戏化以及生活化的趋势也变得愈加显著，美学对现实的批判性逐渐被对现实的社会学意义上的描述所取代，越来越多的美学从业人员也日益加入到对现实生活的装扮与美化事业之中去，沦为葛兰西意义上的"有机知识分子"。

与激进的政治美学相比，生活美学的几位代表性学者在表达方

1　弗里德里希·杰姆逊：《今天写理论犹如策展》，澎湃新闻世界周报，2016年7月4日。
2　吉勒·利波维茨基：《轻文明》，郁梦非译，北京：中信出版集团2017年版，第IX页。

式上显得平易近人，作品内容也更愿与当下大众打成一片。以沃尔夫冈·韦尔施（Wolfgang Welsch）的《重构美学》（*Undoing Aesthetics*）为例，韦尔施对"美学"概念的重新理解，旨在纠正现代美学对研究对象的狭隘界定，但他在将美学重新定位于"感性学"，借此消除审美与生活之间隔阂之际，却为某种满足于表面现象的美学研究范式提供了辩护。比如人们越来越倾向于以美学的名义去关注以审美装饰和享乐主义为特质的"浅表审美"，尽管这并非韦尔施的初衷。[1]另一位生活美学的倡导者迈克·费瑟斯通则明确指出，那种精英主义式的深度美学思考在今天已显得不合时宜，知识分子早已完成了齐格蒙特·鲍曼意义上由"立法者"向"诠释者"的转型。我们无需对当代文化的碎片化与道德图景的消逝感到忧心忡忡，只需接受与认可这些变迁。美学不再需要固守精英的保守立场，只需要顺应现实迎合大众：学者们不仅应当注意到"审美化物品的生产获得了大幅度的提高"，而且还要关注"在这种审美敏感得到提高的新式消费文化当中，感知、生活和行为模式都发生了哪些变化"。[2]

此外，美国学者理查德·舒斯特曼（Richard Shusterman）的作品更是常常被视为一种为享乐主义辩护的美学思想。这主要体现在他对传统审美经验与高雅艺术的批判，以及对生活经验与通俗艺术的辩护中。他为通俗文化的"短平快"辩护："短暂的相遇，有时候可以比持久的关系更甜美更富有成效。拒斥短暂的价值，已经是我们知识分子文化的一个相当长久的偏见。"[3]他还为艺术中的娱乐正名，指

1　参见沃尔夫冈·韦尔施：《重构美学》，陆扬等译，上海：上海译文出版社2002年版，第4—6页。

2　迈克·费瑟斯通：《消解文化：全球化、后现代主义与认同》，杨渝东译，北京：北京大学出版社2009年版，第59页。

3　理查德·舒斯特曼：《生活即审美：审美经验和生活艺术》，彭锋等译，北京：北京大学出版社2007年版，第54页。

出"虽然开心和舒服传递了一种轻浮的意味也许可能显出琐屑，但狂喜、幸福和心醉的观念就很清楚地让人想到快乐可以是怎样的深沉和潜在地富有意蕴"。[1]不可否认，舒斯特曼对通俗文化的辩护，可以理解为对现代主义将艺术与生活人为区隔的有力矫正，并为拓宽当代美学的视野做出重要贡献。但同样不可否认的是，在其引导下当代学者对美学问题的选择与思考确实呈现出肤浅化、娱乐化以及轻盈化的趋势。

　　在文学理论领域也出现类似现象。英国文学理论家约翰·凯里（John Carey）在《知识分子与大众》中郑重其事地宣布，知识分子（主要指作家、艺术家）跟希特勒一样，都是鄙视民众的，为了维护他们的优越地位而不惜动用文化手段。在他看来，现代艺术即是知识分子对抗大众的手段："20世纪早期，欧洲知识界就殚精竭虑地决心把大众排斥于文化领域之外，这场运动在英格兰称为现代主义"，"20世纪没有一本小说像它（《尤利西斯》）那样，仅仅为知识分子而作"。[2]在另一部著作《艺术有什么用？》中，他又提醒人们：艺术并不是什么好东西，艺术不仅"不能战胜死亡或者让生命长存。它不能解释整个宇宙。它不能使一个道德信条付诸实施。相应地，对于善恶它总是处于一种相对无能的地位"，而且"艺术崇拜是超验的，它鼓励我们鄙视普通人"。[3]此外，在《阅读的至乐：20世纪最令人快乐的书》中，凯里更是鄙夷所谓的经典书单与文学名著，他开出了一份自拟的书单。"有一些专家编造出一些'伟大的书'的清单，不断出版。这些令人望而生畏的清单是列给谁看的？当然不是给人类看

1　理查德·舒斯特曼：《生活即审美：审美经验和生活艺术》，彭锋等译，北京：北京大学出版社2007年版，第97页。

2　约翰·凯里：《知识分子与大众：文学知识界的傲慢与偏见，1880—1939》，吴庆宏译，南京：译林出版社2008年版，第23页。

3　约翰·凯里：《艺术有什么用？》，刘洪涛等译，南京：译林出版社2007年版，第138—139页。

的。它们倒像是发送给上帝的期末汇报，好让他老人家看看他的人间子民们是多么具有文化修养。"[1]

无论是费瑟斯通的"日常生活的审美化"，舒斯特曼的"审美即生活"，还是约翰·凯里为"快乐阅读"所做的辩护，都让人无法真正体会到美学的"现实之重"。尤其在舒斯特曼的身体美学中几乎已找不到理论思辨的成分，反倒更像是一部有关强身健体的"养生之学"。对于当下的"生活美学"，就有学者直言："实际上生活美学就是消费主义时代的美学，就是最肤浅的层面，就是秀，表面看是让你生活得更美好，其实就是变得更肤浅。生活美学就是说不要去谈抽象的哲学命题，让你关注日常生活，穿着打扮，吃喝拉撒。"[2]

除了肤浅之外，这种美学之轻还具有一定的危险性。就如电影《小时代》无法反映真正的现实那样，"生活美学"会使我们遗忘生活中的丑陋与罪恶。这种美学之轻，常常是虚幻的，商业的，媒介的，因为我们的现实从来都没有真正轻松过。"轻文明意味着一切，唯独不代表轻松的生活。"[3]贫苦、暴力、战争、失业、生态恶化、社会不公以及恐怖威胁依然没有远离这个世界，它们依然是这个时代最为沉重的话题。"避重就轻"只能让我们活在轻的幻觉之中，现实之重从未得到丝毫改变。更为严重的是，对"轻"的过度推崇甚至还会滋养"沉重"，因为轻的理念带来了一些强迫的规则，它们往往使人疲惫，有时甚至使人消沉，与那种真正无忧无虑的生活背道而驰。正如利波维茨基所言，"我们的世界已经诞生出许多对快乐的欲求，这些欲求注定无法被满足，由此，因生活不够轻松、不够有趣、不够

1　约翰·凯里：《阅读的至乐：20世纪最令人快乐的书》，郭守怡译，南京：译林出版社2009年版，第3页。

2　徐岱：《"我们不是为专业而活的，专业是为我们活着的"：浙江大学徐岱教授访谈》，《中国中外文艺理论学会通讯》2016年第1期。

3　吉勒·利波维茨基：《轻文明》，郁梦非译，北京：中信出版集团2017年版，第X页。

流动而产生的种种失望便愈发被强化。当娱乐文化和超轻的物质设施占据上风，生活的轻盈之感反见削减。一种新的'沉重精神'侵入这个时代"。[1]

由此可见，无论是当下激进的政治美学还是轻盈的生活美学，都是全球化背景下消费主义时代学术产业化的结果，它们都或多或少无意关注复杂而沉重的人类现实生活。乌托邦的激进美学姿态大于实践，口号大于行动；世俗化的生活美学浮于生活表层，缺乏深度，满足于当下，缺乏批判。如何让美学真正介入现实生活，如何真正有效地对个人的伦理生活与社会的公共生活发挥实质性影响，依然是当代美学亟待思考与实践的紧迫问题。

四

"横看成岭侧成峰，远近高低各不同。不识庐山真面目，只缘身在此山中。"苏东坡在《题西林壁》中所表达的看法值得今日的学者借鉴：正所谓"当局者迷，旁观者清"。有时候在美学专业内部，受专业主义视野的限制，研究者的研究范式大致趋同，这种"内卷化"导致专业学者很难看清这个学科存在的问题以及未来可能突破的方向。有时反倒是"局外人"有可能突破专业内部的思维定式，发现该学科发展在视野上的盲点，从而打开全新的局面。

在探讨如何处理美学与好生活关系的问题上，我们不能忽视伦理学的历史与当下，因为伦理研究最重要的问题就是"什么是好生活"，或用苏格拉底的话说，即"人应当如何生活（How should one live）"。在当代伦理思想克服与修缮现代道德哲学（功利主义

1　吉勒·利波维茨基：《轻文明》，郁梦非译，北京：中信出版集团2017年版，第XI页。

与康德主义）问题的过程中，以及在维特根斯坦关于"美学与伦理学是同一个东西"[1]的启发下，如何透过文学与艺术进行伦理探询，如何将审美纳入到伦理学的思想建构之中，成为当代伦理学的一大特色，也由此产生了一批在思想上具有相当深度的学者：伯纳德·威廉斯（Bernard Williams）、理查德·罗蒂、艾丽丝·默多克（Iris Murdoch）、查尔斯·泰勒、希拉里·普特南、斯坦利·卡维尔（Stanley Cavell）、克拉·戴蒙德（Cora Diamond）以及玛莎·努斯鲍姆（Martha C. Nussbaum）等等。这些思想家的作品不仅为当代伦理学做出了重要贡献，同时也在有意无意中为文学及美学研究提供了一个独特而有益的视角，进而为追寻美学的现实感提供了重要启发。但令人感到遗憾的是，美学界以及文学理论界对这些学者的关注远远不够。

在此意义上，本书尝试为美学领域的建设弥补这一缺憾，将重点介绍、梳理以及评价美国当代著名公共知识分子、芝加哥大学教授玛莎·努斯鲍姆为当代美学所做出的贡献。在对其主要思想进行具体阐述之前，先对其个人情况及相关著作做简要梳理：

玛莎·努斯鲍姆，1947年生于美国纽约，在纽约大学获学士学位，在哈佛大学获得硕士和博士学位。毕业后她先后任教于哈佛大学、布朗大学与牛津大学。1986年到1993年任教布朗大学期间，她担任在赫尔辛基的世界发展经济研究所（World Institute for Development Economics Research）的研究顾问，该机构是联合国大学的一部分。此外她还担任过美国哲学协会国际合作委员会主席、女性地位委员会（Committee on the Status of Women）主席以及公共哲学委员会（Committee for Public Philosophy）主席。她目前任教于芝加哥大学，是法学院和哲学系合聘的恩斯特·弗伦德法律与伦理学杰出

1　维特根斯坦：《逻辑哲学论》，贺绍甲译，北京：商务印书馆2005年版，第102页。

贡献教授（Ernst Freund Distinguished Service Professor）。此外她也与古典学系、神学院、政治学系保持长期合作，同时还是南亚研究委员会成员、人权项目理事会成员。

截至 2022 年 6 月，努斯鲍姆教授已出版专著 22 部，编著 21 部，发表重要论文及书评 450 多篇。其主要专著有：《亚里士多德的〈论动物的运动〉》（*Aristotle's De Motu Animalium*，1978）、《善的脆弱性：古希腊悲剧与哲学中的运气与伦理》（*The Fragility of Goodness: Luck and Ethics in Greek Tragedy and Philosophy*，1986）、《爱的知识：哲学与文学论文集》（*Love's Knowledge: Essays on Philosophy and Literature*，1990）、《欲望的治疗：希腊化时期的伦理理论与实践》（*The Therapy of Desire: Theory and Practice in Hellenistic Ethics*，1994）、《诗性正义：文学想象与公共生活》（*Poetic Justice: The Literary Imagination and Public Life*，1996）、《培养人性：对通识教育改革的古典辩护》（*Cultivating Humanity: A Classical Defense of Reform in Liberal Education*，1997）、《性与社会正义》（*Sex and Social Justice*，1998）、《女性与人类发展：能力进路的研究》（*Women and Human Development: The Capabilities Approach*，2000）、《思想的激荡：情感的智识》（*Upheavals of Thought: The Intelligence of Emotions*，2001）、《隐藏人性：厌恶、羞耻与法律》（*Hiding From Humanity: Disgust, Shame, and the Law*，2004）、《正义的前沿：残疾、民族性与物种的成员资格》（*Frontiers of Justice: Disability, Nationality, Species Membership*，2006）、《内部冲突：民主、宗教暴力与印度的未来》（*The Clash Within: Democracy, Religious Violence, and India's Future*，2007）、《良心的自由：为美国宗教平等传统辩护》（*Liberty of Conscience: In Defense of America's Tradition of Religious*

Equality，2008）、《从厌恶到人性：性倾向与宪法》（*From Disgust to Humanity: Sexual Orientation and Constitutional Law*，2010）、《非为盈利：为何民主需要人文学》（*Not for Profit: Why Democracy Needs the Humanities*，2010）、《创造能力：人类发展进路》（*Creating Capabilities: The Human Development Approach*，2011）、《新宗教不宽容：在焦虑时代克服恐惧的政治》（*The New Religious Intolerance: Overcoming the Politics of Fear in an Anxious Age*，2012）、《哲学的介入：书品集 1985—2011》（*Philosophical Interventions: Book Reviews 1985—2011*，2012）、《政治情感：为何爱对于正义如此重要》（*Political Emotions: Why Love Matters for Justice*，2013）以及《愤怒与宽恕：怨恨、慷慨、正义》（*Anger and Forgiveness: Resentment, Generosity, Justice*，2016）、《恐惧的君主制：一个哲学家观察我们的政治危机》（*The Monarchy of Fear: A Philosopher Looks at Our Political Crisis*，2018）、《世界主义传统：一个高尚而有瑕疵的理想》（*The Cosmopolitan Tradition: A Noble but Flawed Ideal*，2019）、《傲慢的城堡：性虐待、问责及和解》（*Citadels of Pride: Sexual Abuse, Accountability, and Reconciliation*，2021）等等。

努斯鲍姆的研究兴趣广泛，成果丰厚，其关注点涉及人文社会科学的多个领域：古希腊伦理思想、当代道德哲学、哲学与文学、法律与文学、女性主义哲学、诗性正义与全球正义、人性培养与大学制度以及印度研究等等。基于她对当代世界思想与现实的广泛影响力，2003 年她入选英国《新政治家》杂志评出的"我们时代的十二位伟大思想家"。她获得各种荣誉与奖项：2012 年获得西班牙阿斯图里亚斯王子奖（Prince of Asturias Prize in the Social Sciences）；2014 年成为牛津大学历史上发表约翰·洛克演讲（John Locke Lectures）

的第二位女性；2016 年荣获日本京都奖（the Kyoto Prize in Arts and Philosophy），与卡尔·波普尔、尤尔根·哈贝马斯等同列。2018 年获得博古睿哲学与文化奖（Berggruen Prize for Philosophy and Culture）；2021 年获得挪威的霍尔贝格奖（Holberg Prize）。

尤其需要强调的是，努斯鲍姆所关注的问题在于伦理学，但在探询伦理问题的过程中，她赋予文学艺术及相关的审美文化极其重要的价值。她偏爱并擅长用具体的文学或艺术文本来分析伦理与政治议题，并能从文学作品中挖掘出主流道德哲学所无法洞悉的伦理与政治见解。这使她的研究成果在当代人文社科研究领域独树一帜，用当代哲学家南希·谢尔曼（Nancy Sherman）的话说："通过用文学的技术来描述活着的经验的每个细致之处，玛莎改变了哲学的面貌。"[1] 在此意义上，她的伦理学思考在客观上为美学做出了贡献。由于美学因素在努斯鲍姆的思想中并不是以某个部分体现的，而是贯穿其思想的一条流动着的红线，因此其伦理思想可被视为一种独特的"审美伦理"思想。若要对努斯鲍姆的美学贡献进行有效探讨，决不能从其思想中切割出一块专门的领域进行研究，而是要将其放置在她对伦理与政治正义的整体观照中去进行理解。反过来说，审美也是进入其伦理思想的最恰当入口。

作为一位伦理学家，努斯鲍姆对美学的相关思考有别于自主论意义上的纯粹美学研究，她的美学思想紧密地联系于她对生活伦理的关切。在她对亨利·詹姆斯小说《金钵记》的解读中，可以清晰地看到她对两种不同审美观的区别。《金钵记》中的主人公玫姬和她的收藏家父亲一样，习惯于采取一种康德式的审美态度来看待事物，甚至会像欣赏一幅画、一件首饰那样来欣赏一个人。努斯鲍姆并不

1　Rachel Aviv, "The Philosopher of Feelings", *The New Yorker*, July 25, 2016, pp. 34–43.

赏赏这种不介入的、与事物保持距离的纯粹鉴赏。她以逛美术馆为例，一个人可以在这个厅欣赏透纳的绘画，却不会因此对没有去看隔壁的莫奈作品而感到愧疚。这种不介入的美学态度不会使人体会到作品背后隐含的价值冲突；但当人们将这种超脱的审美态度带到生活时就会遇到问题：玫姬在处理她自己以及父亲的婚姻问题的时候，以为人与人之间的关系就如艺术品在博物馆里摆放那样简单，可以对之进行看似完满的排列组合（像摆放艺术品那样来安排婚姻），事物之间不存在任何冲突的可能，但生活的悲剧则给她上了一课。在小说的后半部分中玫姬展示出另一种审美态度，这是一种非静观的，充满感知力和冒险性的，敢于直面生活复杂性与自身脆弱性的审美态度。正是这种态度，使玫姬变得成熟，也令《专使》中的斯特雷瑟感受到了生活的意义，还使得《卡萨玛西玛王妃》中的海厄森斯在狂热的意识形态说教面前保持冷静的头脑。

这种审美态度是具有认知价值的，是一种与情感相关联的实践智慧。在努斯鲍姆看来，人类的生活基于"两个系统的判断：一个系统基于想象与感知性的思考（perspectival thinking），另一个系统则是基于原则"。[1]人如何过上真正有价值的好生活，并不是靠聆听宗教训诫或是阅读伦理学著作，而是来自每个人基于特定生活情境，利用自身的感知能力在实践中做出审慎选择。这不仅体现在现实生活的伦理领域，而且也体现在政治领域中。英国思想家以赛亚·伯林指出，人类历史上最伟大的政治家所做出的选择，并非基于那些抽象的原则，而是基于某种被称为"现实感"的事物。这种"现实感"是一种"时机感、对人的需要和接受力的敏感"，简言之即"人的一种

1　Martha C. Nussbaum, *Political Emotions: Why Love Matters for Justice*, Cambridge: The Belknap Press of Harvard University Press, 2013, p. 157.

智慧，管理自身生活或使手段符合目标的能力"，在其中"还有一种即席发挥，即时应付，能够估量形势，知道何时行动、何时静候的因素在里面"。因此这是一种"特别的才能，可能和艺术家或创造性作家的天赋不无相似"，完全是"经验的和准美学性的一些东西"。[1]用约瑟夫·布罗茨基的话说："美学是伦理学之母。"[2]

努斯鲍姆深刻地认识到审美或叙事的力量之于实践智慧，之于人过上好生活的重要价值。因此在这位伦理学家的著作中，展示了一种"审美伦理"的可能性。一方面，她对审美的理解既不是对纯粹形式的迷恋，也不是对生活的激进反叛或乌托邦式逃离。另一方面，她的美学思考也从不满足于表层意义上的"物质景观"或"生活美学"，而是致力于透过情感来真诚面对人在生活中所遭遇的种种伦理困境与深层的社会正义问题。在此意义上，努斯鲍姆透过其审美伦理世界建构了一种具有实践价值的美学思想，是这个"轻"时代真正的"重"美学。虽然作为伦理学家，努斯鲍姆对美学的理解似乎是手段性或功能性的；尽管我们在讨论中会涉及，努斯鲍姆的探索中也存在着局限；但不可否认的是，她在伦理学上的不懈努力确实为当代美学做出了重要的贡献：

第一，努斯鲍姆强调了美学研究与伦理学研究相结合的重要性。她试图通过对大量文学与艺术作品的分析来告诉她的哲学同行们：文艺作品的价值并不仅仅体现在娱乐消遣层面上，而且还具有一种能与传统伦理学分庭抗礼的生活智慧。更进一步地说，文艺作品有时本身就是一种关于好生活的伦理学。美学不仅给予了伦理学很多独特的洞察与启发，而且还为人的美好生活提供了实践智慧。

1　以赛亚·伯林：《现实感》，潘荣荣等译，南京：译林出版社2004年版，第37、51页。
2　布罗茨基：《文明的孩子》，刘文飞译，北京：中央编译出版社2007年版，第32页。

第二，努斯鲍姆对情感的探讨很大程度上建立并加强了伦理学与美学的联系。就美学的原意而言，它是鲍姆加登意义上的"感性学"，而不仅仅是黑格尔所强调的"艺术哲学"。她对人类情感的价值做出了有效的辩护，情感并不是非理性的，它本身包含着认知，而且这是一种牵涉价值的认知。人类在追求好生活的过程中，决不能忽略情感提供的智慧。

第三，努斯鲍姆所强调的伦理批评，为当代文学批评提供了一种更具建设性的批评范式。它启发批评家认识到他们的工作不仅仅是审美批评，或仅仅是反抗性的文化政治，而且是一种与人类好生活密切相关的事业。伦理学亦有助于拓宽文学批评的视野，并使之更具思想的深度与广度，努斯鲍姆本人的伦理批评就提供了颇具启示意义的范例。

第四，努斯鲍姆对文学想象、艺术创造、公共空间以及政治文化的思考，让人们更好地认识文学与艺术是如何与推进社会正义的进步事业联系在一起的，她的写作提醒作家与艺术家应该重视自己的创作对于人类社会进步的价值。

第五，努斯鲍姆对人文教育的思考，为当代全球审美教育提供了新的启示。她竭力劝导人们阅读文学与欣赏艺术，这种审美教育并不是为了让一个人成为知识精英或文化精英，而是为了使一个人生活得更好，真正走出自我中心，成长为一个真正的人和对社会有价值的公民。其所追求的既不是传统的道德主义教育，也不是浪漫主义的审美超越，而是一种基于通识教育视野的，旨在培育有同情心与责任感的现代公民的美育理想。

<h1 style="text-align:center">五</h1>

尽管努斯鲍姆并不认为她是美学领域的专家，但她的哲学思想对美学领域的贡献有目共睹，她为美学与伦理学所搭建的桥梁以及在伦理批评上所做出的贡献，也得到了越来越多美学与文艺理论领域学者的回应。比如韦尔施在《重构美学》中指出"新亚里士多德主义和后结构主义（努斯鲍姆、福柯）的伦理学，使美学在伦理学中扮演了关键的角色"[1]（笔者注：努斯鲍姆本人并不认可"新亚里士多德主义"这顶帽子，她与福柯的美学也存在着很大的差异）。朱利安·沃尔夫雷斯（Julian Wolfreys）编著的《21世纪批评述介》一书专辟章节"伦理批评"重点介绍了努斯鲍姆的伦理批评。[2] 舍勒肯斯（Elisabeth Schellekens）在《美学与道德》（*Aesthetics and Morality*）中则将努斯鲍姆视为"（文学性）艺术能够产生具有强大活力的道德知识这一观点的最坚定倡导者"。[3] 还有学者指出努斯鲍姆对文艺的重视使"一种新的伦理理论得以兴起"，她的这一努力"强调了文学在后现代社会的社会价值"。[4] 此外，布朗大学政治学教授莎伦·R.克劳斯（Sharon R. Krause）对努斯鲍姆有关情感认知价值的论证做出了积极的评价，认为"这种努力是颇有价值的，它以一种富有成效的方式推进了关于情绪在判断中的作用的争论。诉诸作为一种规范性标

1　沃尔夫冈·韦尔施：《重构美学》，陆扬等译，上海：上海译文出版社2002年版，第79页。

2　参见朱利安·沃尔夫雷斯：《21世纪批评述介》，张琼等译，南京：南京大学出版社2009年版。

3　舍勒肯斯：《美学与道德》，王柯平等译，成都：四川人民出版社2010年版，第52页。

4　Dorothy J. Hale, "Aesthetics and the New Ethics: Theorizing the Novel in the Twenty—First Century", *PMLA*, Vol. 124, No. 3, 2009, pp. 896–905.

准的人性，这也是一条充满希望之途"[1]；哈佛大学学者迈克尔·弗雷泽（Michael L. Frazer）则认为努斯鲍姆的研究体现了"反思性情感主义"对于公民教育所做出的重要贡献。[2]

也有不少学者对努斯鲍姆的文学伦理思想及批评实践提出批评，其中理查德·波斯纳（Richard A. Posner）对努斯鲍姆的批评最为严厉[3]（见第五章第三节）。诺埃尔·卡罗尔（Noel Carroll）对其小说观质疑，指出她对小说的理解过于狭隘，"对小说概念所适用的那类事物的外延进行不公正的划分"。[4]克里斯托弗·汉密尔顿（Christopher Hamilton）认为努斯鲍姆夸大了道德知识的可能力量，在他看来"那种认为阅读一部优秀小说能够使人对描述的特定人物或情境产生一种品德高尚、富有同情心的理解这一观点委实不准确"。[5]罗伯特·伊格尔斯通（Robert Eaglestone）指出努斯鲍姆的伦理批评"在与语言的关系上存在问题"，并认为列维纳斯的伦理批评对其有所超越。[6]此外，杰弗里·哈珀姆（Geoffrey Galt Harpham）基于反本质主义的立场对努斯鲍姆的理性立场予以攻击，并指出她的文学观念是非常落伍的（deeply regressive）。[7]

针对努斯鲍姆的艺术论、美育论及其背后的人文主义立场，保罗·罗素（Paul Russell）认为努斯鲍姆给审美教育设置了过多的政

1 莎伦·R.克劳斯：《公民的激情：道德情感与民主商议》，谭安奎译，南京：译林出版社2015年版，第67—69页。

2 迈克尔·L.弗雷泽：《同情的启蒙：18世纪与当代的正义和道德情感》，胡靖译，南京：译林出版社2016年版，第219页。

3 参见Richard A. Posner, "Against Ethical Criticism", *Philosophy and Literature*, 1997, 21, pp. 1–27.

4 诺埃尔·卡罗尔：《超越美学》，李媛媛译，北京：商务印书馆2006年版，第680页。

5 舍勒肯斯：《美学与道德》，王柯平等译，成都：四川人民出版社2010年版，第52页。

6 参见Robert Eaglestone, *Ethical Criticism: Reading after Levinas*, Edinburgh: Edinburgh University Press, 1997.

7 Geoffrey Galt Harpham, *Shadows of Ethics: Criticism and the Just Society*. Durham: Duke University Press, 1999, p. 224.

治议题，尤其是以种族、性别平等为主题的进步主义政治。这不仅会使人文学科变得狭隘与贫瘠，更会使得人文学科在其对手面前显得不堪一击。[1] 莫里斯·迪克斯坦在对其《诗性正义》赞赏之余提出批评，认为该作"与其说是一项文学研究，还不如说是一种针对受困的自由主义者喋喋不休的外行说教"。[2] 针对她对朱迪斯·巴特勒的批评（见第七章第三节），后现代女性主义者更是群起而攻之。比如佳亚特里·斯皮瓦克（Gayatri Spivak）指出，努斯鲍姆不仅把巴特勒的"戏仿操演"与社会建构理论混为一谈，而且完全无视现实中女性的真实需求。[3] 此外，罗西·布拉伊多蒂还从时髦的"后人文主义"的立场批判了努斯鲍姆的普遍主义立场，认为她"摒弃了过去三十年反人文主义激进哲学的各种洞见"，"全面接受了普遍主义，来反对女性主义和后殖民主义关于地缘政治术语中位置政治学、认真扎根的重要性远见"，最终在"什么算是人的观念上陷入了悖论的狭隘境地"。[4] 上述这些批评的存在无疑为探讨努斯鲍姆的思想提供了丰厚的研究语境。

与国外丰富的研究与对话相比，国内对努斯鲍姆的研究才刚刚起步。努斯鲍姆的作品目前虽已译介九部[5]，但与美学研究关系最为

1　Paul Russell, "Review on *Not for Profit*", *The Globe Mail*, Jul. 06, 2010.

2　理查德·A.波斯纳：《公共知识分子：衰落之研究》，北京：中国政法大学出版社2002年版，第298—299页。

3　玛莎·努斯鲍姆：《戏仿教授：朱迪斯·巴特勒著作四种合评》，陈通造译，《汉语言文学研究》2017年第8期，第12—23页。

4　罗西·布拉伊多蒂：《后人类》，宋根成译，郑州：河南大学出版社2016年版，第56页。

5　玛莎·努斯鲍姆目前被译介的作品包括《诗性正义：文学想象与公共生活》（北京大学出版社2009年版）、《告别功利：人文教育忧思录》（新华出版社2010年版）、《善的脆弱性：古希腊悲剧与哲学中的运气与伦理》（译林出版社2007年版，2018年修订版）、《培养人性：从古典学角度为通识教育改革辩护》（上海三联书店2013年版）、《正义的前沿》（中国人民大学出版社2016年版）、《寻求有尊严的生活：正义的能力理论》（中国人民大学出版社2016年版）、《欲望的治疗：希腊化时期的伦理理论与实践》（北京大学出版社2018年版）、《女性与人类发展：能力进路的研究》（中国人民大学出版社2020年版）、《论恐惧》（北京师范大学出版社2021年版）。

密切的《爱的知识》以及《政治情感》尚未得到译介。对努斯鲍姆思想的探讨，只是在"诗性正义"或"伦理批评"的大背景下得以开展。据笔者广泛搜索，目前已出版一部专著[1]，近八十篇期刊论文，近三十篇硕博学位论文，相关研究大多聚焦于她在伦理学、政治学及法学领域的思想，即便部分论文探讨了她的"诗性正义"，但也并没有真正重视审美在其整个思想中所扮演的重要角色。

　　本书的写作正是基于这一现状，希望通过对努斯鲍姆审美伦理思想的梳理与评价来填补当代国内美学研究在伦理视野上的不足。道德主义之于传统中国、革命文化之于现代中国长期而深远的影响，使得在文艺美学领域进行"非道德化"与"去政治化"，成为 20 世纪 80 年代以来"新启蒙"的主要特色。这一特殊而迫切的现实语境使得当时的学界并未充分意识到伦理维度对于美学以及文学的重要价值。时过境迁，在媒介社会与消费主义兴起的今天，随着中国现代化转型过程中社会正义的凸显，伦理问题亟待关注，人文理想急需重建，有越来越多的学者意识到超越 80 年代，直面"审美正义"的必要性。[2]无目的地追随某些反人文的理论潮流，绝非优秀学术的归宿所在。如果说，中国文学界在 20 世纪 80 年代借"文学主体性"完成新启蒙的话，那么在 21 世纪的今天，"人文启蒙"有必要借"伦理转向"之机重获新生。通过对美学研究伦理维度的关注，我们也能反思并超越当下美学研究的既定范式，从更开阔的视野来关照审美文化及其背后的社会与人生。

　　本书以"情感""文学"以及"艺术"为关键词，通过对伦理学、

1　参见郑琪：《努斯鲍姆"好生活"伦理思想研究》，北京：社会科学文献出版社2020年版。

2　徐岱在《审美正义论：伦理美学基本问题研究》中就明确指出："'正义论'不仅仅属于政治学与伦理学的领域，它同样属于美学与诗学的范畴，是日常的'生活世界的诗学问题'。"参见《审美正义论：伦理美学基本问题研究》，杭州：浙江工商大学出版社2014年版。

文学、心理学、法学以及政治学等多学科文本与理论资源的调用，来对努斯鲍姆审美伦理思想进行介绍、分析与评价，进而呈现文学艺术作品对于当代伦理生活以及社会正义的价值，并在此基础上构建一种具有现实感与实践性的面向人类好生活的美学研究进路。

本书共九个部分。绪论部分在对当代美学现状进行梳理的基础上指出努斯鲍姆为当下美学事业所做出的贡献以及研究其审美伦理思想的意义；第一、二章探讨了努斯鲍姆的思想背景，即她如何吸收与发展古代思想来完成她的伦理思想的建构。第一章探讨努斯鲍姆通过亚里士多德伦理学的视角来重建哲学与生活之间的联系。其中包括努斯鲍姆对传统西方伦理学的反思，对亚里士多德伦理学的继承与改造，以及对亚里士多德意义上"诗与伦理学结盟"可能性的独特理解，尤其是亚里士多德对人类感知的强调，确立了诗在道德探询上的重要地位。第二章重点讨论努斯鲍姆对希腊化时期哲学思想的吸收与发展。希腊化时期哲学的治疗模式对其思想影响颇深，尤其是斯多亚学派对于人类激情的认识与治疗为努斯鲍姆构建审美伦理思想提供了重要启示。

第三章重点介绍努斯鲍姆如何探讨情感对于人类生活（尤其是公共生活）的重要价值。在她看来，人类的情感具有理性意义的认知价值。情感不仅仅是理性造物心理机制得以发动的燃料，而且还是这一造物自身理性高度复杂而混乱的部分。努斯鲍姆基于社会正义的角度思考了人类各种情感的价值与局限。她在人类的羞耻、恐惧、厌恶以及愤怒等消极情感中看到了它们对于社会正义的潜在破坏力，并探讨了对它们进行引导与转化的可能性。此外，她还对同情与友爱这两种积极情感的公共价值进行了哲学上的辩护。人类充满激情的爱欲呈现了复杂性与神秘性，并与伦理之间存在着难以克服的冲突，努斯鲍姆一方面认识到人类的好生活列表中绝不能缺失这样的情感，另一方面也试图从某种规范性的角度对爱欲进行治疗与规范，在呈现出其思想内在张力的同时，谱写了一曲爱的多重奏。

第四、五章旨在探讨努斯鲍姆的文学思想：文学如何为伦理学及伦理生活做贡献，以及文学理论如何从伦理思想中获得新的发展前景。第四章指出，传统以抽象概念为主导的伦理学（如糟糕版本的功利主义与康德主义）如何阻碍了人们对生活内在脆弱性、冲突性以及复杂性的认识；优秀的作家及其创作如何道出了传统哲学难以提供的伦理智慧（如亨利·詹姆斯的《金钵记》《专使》《卡萨玛西玛王妃》，查尔斯·狄更斯的《艰难时世》《大卫·科波菲尔》以及弗吉尼亚·伍尔夫的《到灯塔去》等）。如果说努斯鲍姆对文学伦理的探讨一部分基于"伦理探询"的话，那么另一部分则基于"情感治疗"，在此层面上她更关注如何用规范性的理论引导与评价文学，使文学更好地为健康的人生及社会正义服务。努斯鲍姆对文学伦理价值的强调，并不意味着她彻底否定传统伦理学的价值，尤其是在与伯纳德·威廉斯、理查德·罗蒂等"反理论主义者"的辩论中，努斯鲍姆后期思想强化了理论立场，在一定程度上弱化了文学伦理的地位。

第五章从伦理批评的角度探讨努斯鲍姆为当代文学理论所做出的贡献。当下的文学理论面临着人文主义失落的困境，有些理论依然主张将文学与现实相隔离，认为文学的价值仅在于其自身的语言游戏；有些批评理论则否认伦理的价值，并将道德与伦理视为一种意识形态。努斯鲍姆对伦理批评的重建，是一种在文学研究领域复兴人文主义价值的有效尝试；努斯鲍姆对伦理批评的重建，并不意味着她试图回归传统的道德主义批评。她对伦理观念的开放性理解，以及对文学形式的重视都深受韦恩·布斯的影响，他们共同倡导的伦理批评有效地重建了文学研究与现实生活之间的沟通桥梁。不可否认，伦理批评也受到了不少的质疑与挑战，如何客观看待与评价努斯鲍姆伦理批评的得与失，对于当代文论事业的未来也显得至关重要。

第六章介绍与梳理努斯鲍姆如何看待艺术实践在当代民主社会中所扮演的政治角色。在她看来，一个社会不能以冷冰冰的，诉诸理性原则的方式去追求正义，在让人们知晓正义的理念之前，先要让人们爱上正义。对当代公共文化的关注也是努斯鲍姆对于古希腊悲喜剧文化思考的延伸。当代的悲剧与喜剧可以通过音乐表演、政治修辞、公共艺术、公园以及纪念碑等公共文化体现出来。在努斯鲍姆看来，它们可以像古代的悲剧那样发展同情，克服人们的羞耻、恐惧和厌恶；它们也能同古代的喜剧那样，在激发人们的批判性思考的同时，建立起一种人与人之间的互惠，并最终为当代社会的民主平等理念的落实，司法正义的实践以及多元文化的培育做出积极的贡献。

第七章从全球正义的背景下探讨努斯鲍姆的审美教育理念。努斯鲍姆的审美教育理念立足于现实实践意识，超越了传统的道德主义与浪漫主义美育理念，形成了一种以通识教育为背景，旨在培养公民人格的美育观念。努斯鲍姆的审美教育理念包括三个层面：一是审美游戏如何帮助个体成长，走出自我中心而成为具有他者意识的个体；二是文学阅读与艺术欣赏如何造就具有平等观念与同情意识的正派公民，同时又避免在追求平等的过程中陷入狭隘的"身份政治"与"无为主义"；三是审美教育如何帮助人类超越种族自我中心，在认识动物的过程中反思人性，在捍卫动物权利的过程中，为全球生态伦理做出有益的贡献。

结语以"不完美"作为努斯鲍姆审美伦理思想的关键词，探讨这种追求"不完美"的伦理美学的价值及其与追求"完美"的乌托邦美学的区别所在。在努斯鲍姆看来，对不完美的认识是很多优秀文学艺术提供的对人生与社会的深刻洞察；能够认识并接纳应然世界与现实世界之间的裂缝，是一个人走向成熟的标志。在对不完美世界的坦然面对中，努斯鲍姆构建了一种以内在超越为形式的，极具现实感与实践性的审美伦理思想，力图实现美学对好生活的真正介入，这些都为当代美学的发展提供了难得的启示。

第一章
诗与伦理探询：亚里士多德的道路

　　当代伦理学正面临危机，最大的危机就在于它无法与人类现实建立起有效的联系。伦理学不仅对个体生活产生不了任何影响，而且也无法应对当今世界所出现的种种问题。当传统的伦理学已无法解释和应对人类所面临的种种复杂性与不确定性时，对"新伦理"的需求便成为时代的重要主题。在各种对新伦理的探索中，有相当部分学者主张回归古典思想，并由此促成了"美德伦理学"在当代的复兴。还有一些学者则在古典思想资源中发掘出一种基于文学想象的实践智慧。努斯鲍姆对传统伦理学的批判与重建就体现在她将诗性智慧引入伦理学的思考之中，并由于亚里士多德在"诗与哲学结盟"这个意义上所做的思想贡献，使她成为亚里士多德伦理思想在当代的继承者与发扬者。努斯鲍姆并非全盘接受亚里士多德的思想，更不认可给她贴上的"美德伦理学"标签，而是透过对亚里士多德哲学的当代改造，构建出一种面向当代社会现实的审美伦理思想。

第一节 "人应当如何生活？"

现代道德哲学的困境

"人类不仅处于一个不确定的时代，而且处于一个危险的时期。"[1] 法国哲学家埃德加·莫兰（Edgar Morin）提出这样的警告。在他看来，当代伦理生活处于普遍危机之中："上帝缺席，法律缺神圣化，社会超我不再无条件地自成规矩，并在许多情况下缺席已久。责任意识变窄，互助精神变弱。"[2] 莫兰的忧虑代表了许多当代知识分子的心声，他们忧心忡忡地看到一个"后道德社会"的兴起。在这样一个社会中，人们不再颂扬宗教的清规戒律，"却转而对享乐、情欲和自由大加赞誉；它发自内心地不再接受最高纲领主义的预言，只相信伦理界的无痛原则"。[3]

与现实生活中疑难重重的伦理问题形成鲜明对照的是，主流伦理学对现实生活的变化熟视无睹，依然自娱自乐地玩着小圈子的学术游戏。从某种意义上看，"后道德社会"的出现多少是跟伦理学或道德哲学在当代的无所作为有关。在学术日益体制化的进程中，道德哲学的抽象言说跟现实生活的距离变得异常遥远，著作等身的道德哲学家们也常常在面对自身困境时一筹莫展。这些都使伦理学在

---

1 埃德加·莫兰：《伦理》，于硕译，上海：学林出版社2017年版，第5页。

2 同上，第43页。

3 吉尔·利波维茨基：《责任的落寞：新民主时期的无痛伦理观》，倪复生等译，北京：中国人民大学出版社2007年版，第5页。

当代公众心目中的地位一落千丈。

首先，现代道德哲学被认为限缩了伦理学原有的问题意识，用"人应该做什么"取代了"人应当如何生活"的问题探询。当代英国哲学家伯纳德·威廉斯指出，现代道德哲学在"道德"与"非道德"之间划出了一条严格的界限，只关注人的义务与责任这类"道德反应"，完全不关心那些"与道德无关"的反应：如"不喜欢""气恼""看不起人"等，这些都被"纪律森严的道德良知赶到角落里去"。[1]艾丽丝·默多克也持类似看法，认为现代道德哲学过于关注行动，把道德理解为逛商店选商品一样，完全将人的内在生活（inner life）排除在伦理学的范畴之外[2]；"这种道德哲学倾向于把注意力集中到怎么样做是正确的而不是怎么样生存是善的，集中到界定责任的内容而不是善良生活的本性上"，可以说，这种哲学"在一种狭隘的意义上认可了一种干瘪瘪的和斩头去尾的道德观"，[3]查尔斯·泰勒的诊断更是一针见血。

其次，现代道德哲学用抽象的概念演绎取代了对个体生活与具体情境的关注。麦金泰尔指出现代道德话语的特征之一就是"道德表达的意义与使用它们的方式之间存在着鸿沟"。[4]在他看来，"功利""最大多数人的最大幸福"都是一些根本没有清楚内容的概念。威廉斯则指出，"现代道德哲学把道德动机和道德观点从与特殊的人所处的特殊关系的层面中分离出来，以及更一般地从一切动机和知

1　B.威廉斯：《伦理学与哲学的限度》，陈嘉映译，北京：商务印书馆2017年版，第49页。

2　Iris Murdoch, *The Sovereignty of Good*, London and New York: Routledge & Kegan, 1970, p. 8.

3　查尔斯·泰勒：《自我的根源：现代认同的形成》，韩震等译，南京：译林出版社2001年版，第3—4页。

4　Alasdair MacIntyre, *After Virtue: a study in moral theory*, Notre Dame: University of Notre Dame Press, 1981, p. 66.

觉的层面中分离出来"。[1] 这种分离主要表现在对个体生活具体情境的忽视。功利主义哲学在追求最大效用的过程中并不关心每个人所能获得的"分配正义"；康德主义哲学则主张无条件地服从一切道德律令，哪怕出现极其荒谬的结果。

再者，现代道德哲学对人类情感与道德心理缺乏兴趣，并不关心爱情、友谊、同情以及遗憾等对人类生活而言极为重要的情感。用迈克尔·斯托克的话说，现代伦理学只处理理由、价值观和辩护根据问题，它们未能省察伦理生活的动机、动机结构与约束，这就导致了"道德的分裂症"，即"一方面是一个人被驱动去做他相信是恶劣的、有害的、丑陋的、卑贱的东西，另一方面则是一个人被他想做之事弄得很厌烦、惊骇和沮丧"。[2] 理性论证的道德选择与道德情感之间的紧张，并未得到有效化解。较之于古典伦理思想对人类品格的关注，现代道德哲学对这方面的关注相当匮乏。

最后，现代道德哲学回避了人类生活的多元性、复杂性与冲突性。受现代科学文化的影响，现代道德哲学总是试图构建一个克服一切矛盾冲突，为生活提供包罗万象解释的理论框架，却无视偶然性、运气以及由此产生的"悲剧性的情形"对生活所发起的挑战。希拉里·普特南就对传统伦理学的几种形式质疑[3]：一种为"膨胀的（inflationary）本体论"，该本体论是一种哲学上的一元论，即认为全部伦理现象、全部伦理难题、全部伦理命题甚至全部价值问题都可以还原为同一个问题，我们可以通过找到一把钥匙打开所有的问题之门，而且这把钥匙具有某种单一的、超感觉的性质（如柏拉

---

1 伯纳德·威廉斯：《道德运气》，徐向东译，上海：上海译文出版社2007年版，第3页。

2 迈克尔·斯托克：《现代伦理理论的精神分裂症》，谭安奎译，选自《美德伦理与道德要求》，徐向东编，南京：江苏人民出版社2007年版，第59页。

3 希拉里·普特南：《无本体论的伦理学》，孙小龙译，上海：上海译文出版社2008年版，第14—18页。

图、G. E. 摩尔的伦理思想）；另一种则是"紧缩的（deflationary）本体论"，其通过"还原论（reductionism）"与"消解论（eliminationism）"两种形式得到展现。"还原论"旨在通过说明 A 不过是 B 来解答伦理问题，比如用"善不过是快乐"来强调伦理只是一个名称，可以被还原为其他事物，不具有实质上的独特性；"消解论"则进一步强调不存在任何像属性或共相这样的东西，只存在个别事物。还原论者的目标是指出我们"真正"谈论的是什么，消解论者的目标旨在提醒：我们所谈论的只是虚构的实体。[1] 这种化解一切价值冲突的做法遭到了不少哲学家（如以赛亚·伯林、伯纳德·威廉斯等人）的质疑，他们承认"价值冲突根本上说不一定是病态的，而是一种在人类价值中必然涉及到的东西"。[2]

功利主义与康德主义

在颇受诟病的现代道德哲学中（主要在英美哲学传统中），功利主义与康德主义是最重要的代表。我们既可从当代最重要的政治哲学经典约翰·罗尔斯的《正义论》中听到康德主义的回响，也可从当代经济学以及对国内生产总值（GDP）的评估报告中感受到功利主义无处不在的身影。

作为一种道德学说，功利主义兴起于 19 世纪的英国，杰里米·边沁在 18 世纪思想家弗朗西斯·哈奇森、亚当·斯密、大卫·休谟等人的启发下，构建了一套完整系统的道德学说，并得到约翰·斯图亚特·密尔的进一步阐发与改造，亨利·西季威克（Henry Sidgwick）

---

1 希拉里·普特南：《无本体论的伦理学》，孙小龙译，上海：上海译文出版社2008年版，第18页。
2 伯纳德·威廉斯：《道德运气》，徐向东译，上海：上海译文出版社2007年版，第103页。

则在 20 世纪对功利主义哲学做了进一步的推进。罗尔斯将功利主义的核心主旨归纳为："如果一个社会的主要制度被安排得能够达到所有属于它的个人所获得的满足的最大净余额，那么这个社会就是被正当地组织的，因而也是正义的。"[1]

由此可见，功利主义将"效用（utility）"或"最大幸福原理"作为基本的伦理主张，认为可以根据增进幸福或造成不幸这些后果来衡量行为的对错。其特点有二：一是对后果主义的承诺，即行为的道德正确性是由它所产生的后果来决定的；二是对效用原则的采用，即认为所有内在价值都可以化约为某种类型的要素（如快乐等）。在功利主义者眼中，所谓"幸福"，就是指"快乐和免除痛苦"；所谓"不幸"，是指"痛苦和丧失快乐"。[2] 功利主义哲学认为人生的所有追求都可以化约为"快乐"，并以效用来进行计算。受其影响，现代主流经济学就通常用量化的标准来衡量人的生活幸福。

自其出现之日起，功利主义就不断遭到批判。人们普遍认为其存在的问题有二：一是它缺乏对具体个体的关心。罗尔斯指出，功利主义的正义观念是把个人的原则扩展到社会的结果，并通过公平和同情的观察者的想象把所有的人合成为一个人，因此"功利主义并没有认真地在人与人之间进行区分"。[3] 这种道德哲学认为能够影响道德重要性的东西是一个行动可能产生的总体效用，而不是它们的具体分配，对分配正义缺乏感觉。它只是要求人们以一种优化的方式来促进整体的福利，并不关注具体个人在利益上究竟有多大的实现。二是它对效用的衡量标准过于单一。人类生活的很多价值并不能仅仅还原成简单的快乐，其本身就具有内在的价值。

1　John Rawls, *The Theory of Justice*, Cambridge: The Belknap Press of Havard University Press, 1971, p. 22.
2　约翰·穆勒：《功利主义》，徐大建译，北京：商务印书馆2014年版，第8页。
3　John Rawls, *The Theory of Justice*, Cambridge: The Belknap Press of Havard University Press, 1971, p. 27.

康德主义是 18 世纪出现的一种道德学说，受康德部分道德哲学思想的影响发展而来。其特点如下：一，这种道德哲学是义务论的，即强调某一行动本身具有内在价值；二，它相信存在着某些先天普遍的规则，能为行动提供正确的指南；三，它认为当我们做出道德判断的时候，我们是在诉诸普遍的原则。然而，康德主义的问题在于，它有时会遭遇"义务论悖论"，即在一些特殊情形中，某些义务和道德律令并不能得到充分辩护，甚至令人感到荒谬。伍迪·艾伦 2015 年的电影《无理之人》（*Irrational Man*）中有一段嘲讽康德哲学的小插曲：如果你是一位康德主义者，你就必须遵守"人不能说谎"的道德律令，哪怕纳粹敲门询问你家中是否藏匿了犹太人。因为事实正如普特南所言，"我们极少能把我们在面对一个'问题情境'期间学到的东西以这样的一个普遍原则的形式表达出来"。[1]

上述分析可见，功利主义与康德主义的问题在于，它们试图通过建立简单抽象的道德模型来解决生活中的所有问题，却未能看到人类道德问题的复杂性以及在不同情境中伦理选择的差异性。在威廉斯看来，这两种伦理学出于对"不偏不倚"的承诺，就产生了一些不可接受的结果。具体而言，两种道德哲学的抽象有所不同：康德伦理学是从人的同一性中进行抽象，把人普遍地看作仅仅具有抽象的道德意志，进而可按照普遍化原则来进行评价的对象；功利主义则从人的分离性中进行抽象，根据其标准，道德上正确的行动就是最大限度地促进总体效用的行动。用查尔斯·泰勒的话说，它们都"从强调模型的有效性中获益"[2]，但同时付出了忽略生活多样性的代价。

---

1 希拉里·普特南：《无本体论的伦理学》，孙小龙译，上海：上海译文出版社2008年版，第3页。

2 阿玛蒂亚·森、伯纳德·威廉姆斯：《超越功利主义》，梁捷等译，上海：复旦大学出版社2011年版，第137页。

然而，即便道德哲学出现了问题，也无法阻止人们对生活的伦理追问。因为伦理学在本质上不仅仅是一个学科门类，而且还是每个人日常生活都要面对的道德实践。恰恰是在传统伦理学崩塌之际，这个时代反倒出现了新的伦理热忱，21 世纪甚至还被认为是一个"伦理的世纪"。吉尔·利波维茨基就指出，时下出现了所谓"第三类型"的伦理观，即"一种既不遵循传统的宗教道德模式，又不按照现代世俗的、绝对而严格的责任道德模式而建立起来的伦理观"。[1] 通过对当下学术文化的观察不难看到，当代伦理研究领域出现了一种"反理论"的趋势，主要体现为旨在复兴古典伦理的"美德伦理学"以及与之相关但略有不同的、旨在回归感性世界的"审美伦理"追求。

从美德伦理到审美伦理

美德伦理学（Virtue ethics）兴起于 20 世纪 50 年代，源自英国哲学家伊丽莎白·安斯库姆（G.E.M. Anscombe）在英国皇家学会的《哲学》杂志上发表的论文《现代道德哲学》（"Modern Moral Philosophy"），这篇论文的发表被学界普遍视为"美德伦理学"在当代兴起的标志性事件。安斯库姆在文中尖锐批判了康德主义与功利主义，认为需要抛弃康德式的义务与责任以及关于"应当"的道德意识，"因为它们是一些残留之物，或残留之物的派生物，派生于一种先前的、不再普遍留存于世的伦理观念，而没有这种观念，它们都是有害无益的"。[2] 此外她还认为功利主义（后果主义）是一种浅薄

1　吉尔·利波维茨基：《责任的落寞：新民主时期的无痛伦理观》，倪复生等译，北京：中国人民大学出版社2007年版，第3页。

2　伊丽莎白·安斯库姆：《现代道德哲学》，谭安奎译，《美德伦理与道德要求》，徐向东编，南京：江苏人民出版社2007年版，第41页。

的哲学，在实践中衡量一个行动的效用并不是单一的，而是千差万别的。

从此见出，美德伦理学是在对康德主义与功利主义进行彻底"清算"的基础上发展起来的。其认为"当前流行的文献忽视或边缘化了许多本来是任何充分的道德哲学都应该论述的话题"，比如"动机与道德品质""道德教育、道德智慧或洞察力、友爱和家庭关系、深层次的幸福概念、情感在我们道德生活中的作用，以及关于我应当成为怎样的人，我们应当如何生活的问题"。[1] 为此，不少学者试图从古希腊罗马的伦理思想（尤其是亚里士多德的伦理学）中寻找治疗现当代道德哲学的药方。根据赫斯特豪斯的梳理[2]，其代表人物有阿拉斯代尔·麦金泰尔、伯纳德·威廉斯、安妮特·贝尔（Annette Baier）、约翰·麦克道威尔（John McDowell）、亨利·里查德森（Henry Richardson）以及菲利普·富特（Philippa Foot）、迈克尔·斯洛特（Michael Slote）等，努斯鲍姆也位列其中。这些学者的共性在于，他们普遍相信对一个主体的道德评价决不能基于某条抽象的原则，而应当基于对其所处具体生活情境的充分认识。"美德伦理"的核心就是回归古希腊式的"幸福（eudaimonia）"，当然这种回归同时又具有当下的价值。用赫斯特豪斯的话说，"美德伦理学是一种既古老又新鲜的思路，说它古老，是因为它可以追溯到柏拉图以及（尤其是）亚里士多德的作品，说它新鲜，是因为作为古代思考的复兴，它对当代道德理论来说是一种相当晚近的补充"。[3]

1　罗莎琳德·赫斯特豪斯：《美德伦理学》，李义天译，南京：译林出版社2016年版，第3页。
2　同上，第3页。
3　同上，第1页。

努斯鲍姆将"美德伦理学"的特色，总结为以下三点[1]：

A. 道德哲学需要关注主体（agent）及其选择（choice）与行动（action）。

B. 道德哲学因此需要关注动机与意图，情感和欲望。一般而言，关注内在道德生活的特性，关注那些引导我们对某人的品质（如勇敢、慷慨、温和、正义等）做出评价的动机、情感以及推理的既定模式。

C. 道德哲学不仅关注独立的选择行为，更为重要的是，而且还关注整个主体道德生活的历程（the whole trajectory of the agent's life），以及其承诺、行为与激情的模式。

于是，出于对"整个主体道德生活的历程"的关切，美德伦理学与文学叙事建立起某种亲缘关系。因为"文学叙事表现有关人格、行动与承诺的长期模式（longterm patterns）"。[2]其中，威廉斯、麦金泰尔、泰勒以及默多克等人都表现出了对文学叙事的极大兴趣。麦金泰尔不仅指出人是"一种讲故事的动物"，若没有这些故事，"我们无从理解任何社会，包括我们自己的社会"，而且还强调"人生的统一性就是叙事的统一性"。[3]威廉斯则透过希腊的史诗、悲剧以及卢梭、狄德罗等人的作品来实现他对现代道德哲学的批判(第四章第四节)；更不用说 1978 年的布克奖得主艾丽丝·默多克，作为一位哲学家，

1　参见Martha C. Nussbaum, "Virtue Ethics: A Misleading Category?", *The Journal of Ethics* 3, 1999, pp. 163–201.

2　Ibid., pp. 163–201.

3　Alasdair MacIntyre, *After Virtue: a study in moral theory*, Notre Dame: University of Notre Dame Press, 1981, p. 201, 203.

她在文学创作上就取得了很高的成就[1]，并对文学之于哲学的贡献给予了充分的论证。从这个角度看，美德伦理学确实带有一定的美学倾向。

然而，美德伦理学终究与另一种"审美伦理"有所不同。尽管默多克重视文学，但她并不认为两者就可以混为一谈。她指出文学创作与哲学创作至少在形式上需要有所分离，哲学写作是"抽象、迂回且直白的，而文学写作则需要"刻意的模糊"。[2] 相比之下，"审美伦理"的支持者并不认为审美的价值只是体现为实现美德的手段或工具，其本身就应具有内在的价值。在他们看来，谈论文学叙事并不是为了印证亚里士多德的某个观点，文学本身就是哲学或伦理学。有不少诗人试图让美替代善，或者置善于美之下，用美学来替代伦理学。比如波德莱尔曾指出："一切好诗，一切好的艺术作品，自然地、必然地揭示出一种伦理（une morale）。"[3] 1987年诺贝尔文学奖得主约瑟夫·布罗茨基，在得奖致辞中明确指出："美学是伦理学之母"——"好"与"坏"的概念首先是美学的概念，它们先于"善"与"恶"的范畴。比如"一个不懂事的婴儿，哭着拒绝一位陌生人，或是相反，要他抱，拒绝他还是要他抱，这婴儿下意识地完成着一个美学的而非道德的选择"。因此从人类学的意义而言，"人首先是一种美学的生物，其次才是伦理的生物"。[4]

此外，也有不少哲学家从维特根斯坦在《逻辑哲学论》中提出

---

1 默多克的小说《大海，大海》在1978年赢得了英国的布克奖。

2 Iris Murdoch, *Existentialists and Mystics: Writings on Philosophy and Literature,* Harmondsworth: Penguin Books, 1999, p. 11.

3 茨维坦·托多罗夫：《走向绝对：王尔德、里尔克、茨维塔耶娃》，朱静译，上海：华东师范大学出版社2014年版，第237页。

4 布罗茨基：《文明的孩子》，刘文飞译，北京：中央编译出版社2007年版，第32—33页。

的"伦理学和美学是同一个东西"[1]的观点中获得启发，试图构建"审美伦理学"或"伦理美学"。在韦尔施为当代美学所确立的新图景中，审美已"并不局限于一块领地，而是成为一种潜在的普遍类型"，其中也包含了"审美—伦理学（aesthet/hics）"的可能性。[2]迈克·费瑟斯通则将审美视为一种当代生活的新秩序："在现代世界，伦理整体性的丧失已很难得到修复。因此，为实现生活—行为的整体性，给业已分化的文化领域中相互分割的美学、性爱和学术的生活秩序植种一个包容性的伦理，就成为了紧迫的问题。"[3]由于理查德·罗蒂对传统形而上学采取激烈的否定态度，并赋予文学叙事以重要的伦理价值，这也使得他对文学的理解接近于一种审美伦理（诗性伦理）。[4]

那么在这幅当代伦理学图景中，努斯鲍姆的伦理思想应当如何定位？努斯鲍姆如何看待当代美德伦理学的价值？她的伦理学是否可被定位为"审美伦理"呢？

第二节　重审亚里士多德的意义

努斯鲍姆与现代道德哲学

与其他思想家一样，努斯鲍姆对现代道德哲学的局限也有类似

1　维特根斯坦：《逻辑哲学论》，贺绍甲译，北京：商务印书馆2005年版，第102页。

2　沃尔夫冈·韦尔施：《重构美学》，陆扬等译，上海：上海译文出版社2002年版，第50、79页。

3　迈克·费瑟斯通：《消解文化：全球化、后现代主义与认同》，杨渝东译，北京：北京大学出版社2009年版，第53页。

4　比如最近出版的理查德·罗蒂的讲演集《诗作为哲学》（*Philosophy as Poetry*）体现了其审美伦理观。

诊断。在她看来，该领域普遍存在着对复杂性的回避："使世界对理性变得可理解就是人的一个普遍欲望，那么看来很清楚的是，过分简化和还原就是一种经常存在的深刻危机"，当我们"急不可待地用技艺去控制和把握没有得到控制的东西时，我们大概也很容易远离我们原来想要控制的生活"。[1] 在她看来，"好哲学最严重的障碍不是无知，而是用一种令人愉快的清晰性来迷惑人心的坏哲学"。[2] 这种坏哲学，不仅可以在现代的功利主义与康德主义伦理学中找到，同样也可以在古代的柏拉图哲学中找到根源。

针对功利主义，努斯鲍姆认同威廉斯等人的批判。后者指出："本质上说，功利主义关心个人如何配置自己的效用，如哪些事情是令人渴望的，而又该如何处置痛苦。一旦个人的效用被揭示，那么功利主义者对于他的一切信息都没有更进一步的兴趣。"[3] 为此她指出，无论是人与人之间的质的区别，还是他们选择的自由，从功利主义的观点看都显得可有可无。

努斯鲍姆还根据不同的模型对功利主义进行了区分：一种是规范性的，另一种是解释性的。前者以边沁和西季威克的理论为代表，这种古典意义上的功利主义旨在对人类的行为进行规范，认为个人选择和社会选择的正确目标就是追求人类幸福的最大化。这种功利主义具有某种道德内涵，要求人们具有一定的利他主义或自我牺牲精神。后者则以一些当下理论家为代表，这种理论并不关注利他性，而是认为个人的理性选择的目标从来就是个人自身利益的最大化。比如她对加里·贝克尔的家庭研究提出批评，认为这位诺贝尔经济学

---

1 玛莎·C.纳斯鲍姆：《善的脆弱性：古希腊悲剧与哲学中的运气与伦理》（修订版），徐向东等译，南京：译林出版社2018年版，第397页。

2 同上，第401页。

3 阿玛蒂亚·森等：《超越功利主义》，梁捷等译，上海：复旦大学出版社2011年版，第5页。

奖得主把家庭理解为一个通过利他主义动机结合起来的群体，户主被假想为一个仁慈的利他主义者，会在家庭成员之间对资源进行合理的分配。这种思考被认为完全忽略了家庭个体成员的价值，"即便与效用有关，我们也没必要询问每一个家庭成员生活得怎样，我们只需询问整个家庭状况"，这使得贝克尔的家庭图景"憧憬多于现实"。[1] 针对社会选择理论(Social choice theory)，努斯鲍姆也提出批评。该理论的提出者肯尼斯·阿罗认为，任何环境下所做出的社会选择取决于各种选择之间的排序，而为了做出一项决定，没有必要在可以得到的选择与特定环境下无法得到的选择之间做出比较。在她看来，就如阿伽门农的案例那样（本章第三节），这种理性选择拒绝承认其所付出的代价。[2]

针对康德主义的伦理学，努斯鲍姆追随威廉斯的观点指出，由于康德主义对道德与非道德的人为区分，人们忽视了很多"非道德"问题，而这种区分在古希腊思想中并不存在。[3] 相较于功利主义，努斯鲍姆对康德主义的批判并没有那么系统和频繁，这很大程度上缘于功利主义对于当代人类社会生活无所不在的影响力。相较之下，康德主义在现实生活中的影响范围相对有限（如美国的新教道德传统），在大多数情况下只是停留在学术讨论的层面上。但这并不意味着努斯鲍姆对康德主义就网开一面，对于这一伦理学理论的批判会在她对相关作品的诠释中有所体现（第四章第一节对《专使》的分析）。

1　玛莎·努斯鲍姆：《女性与人类发展：能力进路的研究》，左稀译，北京：中国人民大学出版社2020年版，第53页。

2　Martha C. Nussbaum, *Love's Knowledge: Essays on Philosophy and Literature*, New York: Oxford University Press, 1992, p. 64.

3　玛莎·C.纳斯鲍姆：《善的脆弱性：古希腊悲剧与哲学中的运气与伦理》（修订版），徐向东等译，南京：译林出版社2018年版，第6页。

在对现代道德哲学的批判中，努斯鲍姆逐渐形成一种伦理思想。在她看来，真正有效的伦理学应该是具有现实感的。首先其应当是关心人类生活的，并依赖于人类经验，因为并不存在着一个外在于经验的关于好生活的标准。明白这一点绝非"无足轻重"。[1] 此外，好的伦理学具有实践性，需要去回应当下生活，并对好生活的追求提供真正有益的智慧启迪。她援引亚里士多德的观点指出，"要是伦理学未能让人类生活变得更好，它就理应受到忽视"。[2] 她尤为看重的是，好的伦理学具有一种道德上的想象力与敏感性，其智慧体现于对具体情况的灵活回应。在此意义上，好的伦理学旨在鼓励与帮助人们培养一种感知能力，这种感知能力"不是一种神秘莫测，自成一体的眼力。就像医生的诊断能力（以及就像英美普通法传统中好法官的能力）一样，它是由常规学习、原则和历史来引导的"，这种能力"要求一种资源丰富的想象、一种面对新案例时将其突出性质挑选出来的能力"。[3] 她还援引修昔底德指出，这是一种"即席发挥（improvisation）"的能力。努斯鲍姆之所以形成这一看法，源自她对古希腊的伦理思想（尤其是亚里士多德）的批判性吸收。

努斯鲍姆对亚里士多德思想的重视，让她常常被贴上"新亚里士多德主义者"的标签。然而"新亚里士多德主义者"是一个集合名词，努斯鲍姆对此并不感到满意，她试图寻找和确立自身思想的独特性。作为一位亚里士多德思想的继承者与开拓者，她并不完全接纳亚里士多德的全部观点，也不认同某些亚里士多德主义者的看法，更不认同那种基于亚里士多德思想而发展的"美德伦理学"。在

1　玛莎·努斯鲍姆：《欲望的治疗：希腊化时期的伦理理论与实践》，徐向东等译，北京：北京大学出版社2018年版，第61页。

2　同上，第59页。

3　同上，第67页。

一篇题为《美德伦理学：一个误导性的范畴？》（"Virtue Ethics: A Misleading Category？"）的论文中，努斯鲍姆对"美德伦理学"这一范畴质疑，认为并不存在一个有别于康德主义与功利主义的，独特的"美德伦理学"，因为这种区别似乎暗示，选择美德伦理的立场，就意味着选择告别理论性的反思与现代的启蒙传统，这是她所不能认同与无法接受的。

在她看来，尽管功利主义与康德主义存在着诸多问题，但我们不能因此而否定这两种现代道德哲学所做出的重要贡献：现代道德哲学中分别存在着较高版本与较低版本的康德主义和功利主义。我们不能把康德的道德哲学等同于康德主义伦理学，比如康德在《德性论》（*The Doctrine of Virtue*）中的观点就有别于流俗意义上的康德伦理学。在《德性论》中，他并未沉溺于义务与原则，而对人格的塑造以及情感的培育给予了充分关注。近年来有越来越多的学者指出，康德并非一位严峻主义者（Rigorist），而是一位富于思想灵活性的思想家。[1] 在此意义上，她认为对康德主义的批评并不是批判或放弃康德哲学，而是批判那种对康德某一部分思想的教条式滥用。

同样，努斯鲍姆也试图在功利主义哲学的不同版本中做出区分。在她看来，不少杰出的功利主义思想家同样关注人类的德性。比如边沁的《道德与立法原理导论》（*The Principles of Morals and Legislation*）不同于后来的那些粗鄙的功利主义者，给予道德心理学深刻而强烈的关注。至于约翰·密尔的功利主义，情况则更为复杂。她指出有越来越多的研究表明，密尔的思想是古希腊幸福观念与功利主义的复杂结合。这突出地体现在密尔对心灵快乐与肉体快乐所

---

1 Martha C. Nussbaum, "Virtue Ethics: A Misleading Category?", *The Journal of Ethics* 3, 1999, pp. 163–201.

做的区分以及他在《女性的屈从地位》中对女性不平等地位的关切。当密尔说出"荒谬的倒是，我们在评估其他各种事物时，质量与数量都是考虑的因素，然而在评估各种快乐的时候，有人却认为只需考虑数量这一个因素"这样的话时，甚至会让人产生这是一位反功利主义思想家的印象。此外，亨利·西季威克在其《伦理学方法》（*The Methods of Ethics*）中也谈论了很多德性问题，只是他认为功利主义是理解德性的最佳方式。在新近发表的文章中，努斯鲍姆还论证了西季威克与诗人惠特曼在精神气质上的一致性。[1] 由此可见，努斯鲍姆并不完全否定功利主义的价值，并给予其最大程度的同情性理解。

最令她感到忧虑的是，美德伦理学暗示着一些需要警惕的危险结论："为了关心友谊我们必须放弃普遍的正义；为了更充分地关注历史，我们就必须放弃一般性的理论；为了关注人格的心理，我们就必须放弃理性反思。这些结论在实践上恐怕会非常危险，因为它们显示出自以为是的不明智。"[2] 在她看来，这些结论似乎已经站在了现代启蒙立场的对立面，其反理性立场及其保守性会对政治上的进步形成阻碍。基于启蒙立场，努斯鲍姆进一步对美德伦理学内部的学者加以区分与评判。在她看来，有一些学者跟她一样，并不排斥系统性的伦理理论，他们捍卫普遍价值，反对相对主义。约翰·麦克道威尔、艾丽丝·默多克、亨利·里查德森、南希·谢尔曼、戴维·威金斯（David Wiggins）被努斯鲍姆视为同道。另一些学者则与启蒙立场背道而驰：他们对普遍性的现代道德理论（尤其是康德哲学）怀有敌意，而对文化相对主义抱有同情。总体而言，他们相信如果我们

1　参见Martha C. Nussbaum, "Love from the Point of view of the Universe", *Power, Prose, and Purse: Law, Literature and Economic Transformations*, edited by Allson Lacroix. etc, New York: Oxford University Press, 2019, pp. 221–247.

2　Martha C. Nussbaum, "Virtue Ethics: A Misleading Category?", *The Journal of Ethics* 3, 1999, pp. 163–201.

对生活少一点慎思与批判，多一些对习俗与社会传统的尊重，我们便会过上更好的生活。持这一立场的主要代表有安妮特·贝尔、菲利帕·富特、麦金泰尔以及伯纳德·威廉斯。[1] 对此，努斯鲍姆认为有必要给予严厉批判，并与之拉开距离。

努斯鲍姆针对美德伦理学最重要的批评，体现在她对麦金泰尔与威廉斯的批评中。在她看来，麦金泰尔尽管是个亚里士多德主义者，但他在对亚里士多德思想的解读过程中，"忽略了亚里士多德对慎思与反思的多次强调，以及亚里士多德认为慎思拥有证实幸福观念自身，包括其第一原则能力的证据"。[2] 令她感到忧心的是，麦金泰尔在《追寻美德》《谁之正义？何种合理性？》等作品中对现代启蒙理性采取了强烈的敌视态度，认为正是启蒙理性导致现代社会伦理生活的困境。他并不认为我们可以通过以一种新的方式重构道德哲学来应对这一困境，而是需要诉诸政治上的改变来恢复古代的政治秩序，而其心目中良善秩序的典范则是中世纪时期的天主教罗马社会。在那里人们不需要对如何行动做艰苦的慎思，因为在这种社会秩序中每一个人都拥有已被安排好了的角色，对自己在社会中的行动与价值有确定的认识。我们需要通过某种威权政治来获得这种秩序。在努斯鲍姆看来，与其说麦金泰尔从亚里士多德思想中获得了更多启发，不如说奥古斯丁对他的影响更大。

与对麦金泰尔的严厉批评相比，努斯鲍姆对老师威廉斯的指责相对温和且富于同情。威廉斯的伦理思想更带有"审美伦理"的意味。他深受尼采哲学的影响，尤其是这位哲学家对悲剧的推崇和对理论哲学的贬低，形塑了他的反理论哲学立场，这使其思想抹上了

1　Martha C. Nussbaum, "Virtue Ethics: A Misleading Category?", *The Journal of Ethics* 3, 1999, pp. 163–201.

2　Ibid., pp. 163–201.

浓重的虚无主义色彩。比如他直言伦理学对于生活毫无指导价值，他反对进步主义的现代观念，也不相信哲学研究能够给这个世界带来希望，反而对哲学可以给人类带来"坏消息"津津乐道。努斯鲍姆在此与他分道扬镳："伯纳德的厌世态度让我愤怒，因为这是在以他无与伦比的哲学天才来浪费做好事的机会，就算是零星的好事。"[1] 尽管她也深知，威廉斯并非彻头彻尾的后现代主义者，只有在后现代思想家面前，威廉斯才表达了他对真理的忠诚。

上述可见，努斯鲍姆是一位现代的进步主义者，她捍卫启蒙立场与理性精神。她对现代道德哲学的批评以及对亚里士多德的重视，并不意味着她试图以放弃理性与启蒙的方式回归古典，她对文学艺术的重视也并不会如尼采那样彻底走向一种放弃理性反思的审美伦理。一言以蔽之，在启蒙立场的指引中，努斯鲍姆试图对亚里士多德的思想给予批判性的吸收，并在此基础上发展出一种有利于进步主义议程的审美伦理思想，但由于对何为"进步"，何为"启蒙"，本身并不存在一个定论，这就使得她的审美伦理思想存在着内在的紧张。

努斯鲍姆与亚里士多德伦理学

若要理解努斯鲍姆的思想，那就不能不考察亚里士多德对她的影响。她的第一部专著（博士论文）即以亚里士多德为主题。[2] 在她看来，"亚里士多德的工作极富感染力地把严格和具体、理论力量和

---

1 M. 纽斯鲍姆：《悲剧与正义：纪念伯纳德·威廉姆斯》，唐文明译，《世界哲学》2007年第4期，第22—32页。

2 参见Martha C. Nussbaum, *Aristotle's De Motu Animalium*, Princeton: Princeton University Press, 1978.

敏感性结合到人类生活的实际境遇以及在它们的多样性、变化性和流动性中所作的选择之中去了"。[1] 回答"人应当如何生活"，实质上也就是去回答关于"幸福（eudaimonia）"这个有关人类繁盛（human flourishing）的亚里士多德概念。[2] 在此需要讨论的是，努斯鲍姆究竟看重亚里士多德思想中哪些部分的价值，同时又批判扬弃了他哪些部分的思想，此外，她又是如何在当代的意义上建构并发展了亚里士多德的思想。

据称亚里士多德曾在一部不为人知的遗失著作中写下这样一句话：

> 你必须记住，你是一个人：不仅在生活得好时是一个人，而且在从事哲学研究时也是一个人。[3]

通过这句话可见努斯鲍姆对这位思想家的兴趣所在。她认为，亚里士多德在伦理思想上的贡献有四：

首先是亚里士多德对人类生活世界的关注。努斯鲍姆指出，亚里士多德的伦理思想以人类生活为中心。如果说柏拉图的伦理思想[4]是某种超越现实不食人间烟火的"理念之问"的话，那么亚里士多德的伦理学则是深深扎根于人类生活的"现象之学"。柏拉图式的"神目（god's eye）"立场，"旨在从一个外在于任何特定生活的观点来

1　玛莎·努斯鲍姆：《非相对性德性：一条亚里士多德主义的研究路径》，阿玛蒂亚·森、玛莎·努斯鲍姆主编：《生活质量》，龚群等译，北京：社会科学文献出版社1993年版，第262页。

2　Martha C. Nussbaum, *Upheavals of Thought: The Intelligence of Emotions*, New York: Cambridge University Press, 2003, p. 32.

3　玛莎·C.纳斯鲍姆：《善的脆弱性：古希腊悲剧与哲学中的运气与伦理》（修订版），徐向东等译，南京：译林出版社2018年版，第402页。

4　努斯鲍姆对柏拉图思想做了分期，这里主要指以《斐多篇》《理想国》《会饮篇》等为代表的中期作品。其后期作品《斐德罗篇》则有所不同，在立场上也与亚里士多德更为趋近。

中立地和冷漠地审视一切生活"。这一完美立场的结果"不是得不偿失，就是一无所有"。[1]与之相反，亚里士多德对现象的拯救具有重要意义，因为"我们需要哲学向我们昭示回到日常生活的方式，使日常的东西成为兴趣和快乐的对象，而不是成为蔑视和逃避的对象"。[2]她例举亚里士多德在讨论"人的不能自制"的问题时对苏格拉底提出批评，后者认为"既然没有人会明知而去做与善相反的事，除非不知，那么就完全不存在不能自制的情形"，亚里士多德则认为，"这种说法与现象（phainomena）不相符"。[3]他强调可以在我们所说的、我们所看到的、我们所相信的内在世界中来发现真理。[4]因为只有通过回归现象，我们才能体会到我们的语言和生活方式要比很多哲学所承认的要丰富复杂得多。尽管亚里士多德也像斯多亚学派那样强调自足的生活，但他对自足有其个人的定义，认为这种生活绝不是一种孤独的生活，而是指一种与父母、朋友以及同胞相关的社会政治生活。尤其是在《尼各马可伦理学》中，他花很多篇幅讨论"友爱（philia）"，因为"即便享有所有其他的善，也没有人愿意过没有朋友的生活"。[5]他还指出，"人是政治的存在者，必定要过共同的生活。幸福的人也是这样"。[6]

其次是亚里士多德对非科学的实践智慧的认可。在亚里士多德看来，实践智慧是一种不同于理论思辨的智慧，是一种应对具体事

1　玛莎·C.纳斯鲍姆：《善的脆弱性：古希腊悲剧与哲学中的运气与伦理》（修订版），徐向东等译，南京：译林出版社2018年版，第450页。

2　同上，第397—398页。

3　亚里士多德：《尼各马可伦理学》，廖申白译，北京：商务印书馆2003年版，第194页。

4　努斯鲍姆认为，亚里士多德意义上的"现象"在内涵上较为宽泛与松散，既包含了被观察到的培根式的自然科学图景，也包含了我们对于这个世界的感知与信念。他是要描述对人类观察者显现出来，并被后者经验到的那个世界。

5　亚里士多德：《尼各马可伦理学》，廖申白译，北京：商务印书馆2003年版，第228页。

6　同上，第278页。

物所产生的智慧，而不是一种化约的科学理解："它就是识别、承认、回应和挑选出一个复杂境况的某些突出特点的能力。"[1] 在此亚里士多德也挑战了柏拉图，后者在《普拉泰戈拉篇》中提出"科学的测量"[2]，认为世界上所有不同的价值应当彼此兼容，并可化约为一种更高的价值。这种更高的选择可通过理性进行筛选，从而把我们从纷乱与复杂的情感与欲望中解救出来。亚里士多德则认为人在道德实践上的判断，不需要依赖于某种理论或原则，而需要一种依托于特殊情境的智慧，"因为实践问题从本质上说是不确定的"。[3] 比如政治家、航海员、医生等都需要这样的实践智慧，需要根据现实情境的变化随时做出应对，而不是照本宣科地按照书本上的原则或方法来指导实践，因为这样做反而会产生荒谬的结果。俄罗斯作家安德烈耶夫曾讲述过这样一个故事：作恶多端的魔鬼在年老之后突然想要弃恶从善，但在翻阅了大量伦理学及宗教学著作后依然找不到"善的法则"。为此他去请教神父，结果神父先后给了他三条所谓"善的法则"，结果却并没有得到有效的应用，反倒闹出了很多笑话。[4] 这个故事充分说明：普遍规则难以指导道德实践，人类的实践智慧并非抽象规则，而是一种基于经验的灵活应对现实的能力。

1　玛莎·C.纳斯鲍姆：《善的脆弱性：古希腊悲剧与哲学中的运气与伦理》（修订版），徐向东等译，南京：译林出版社2018年版，第473页。

2　努斯鲍姆指出可以从四个要素来理解这种"科学的测量"：首先是"可测量性（metricity）"。具体情形下的各种选择所存在着的价值差异是数量意义上的，可以通过单一的衡量标准来衡量这些选择的优劣。其次是"单一性（singleness）"。在所有的选择中存在着唯一且同样的测量标准。再者是"后果主义（consequentialism）"。强调理性选择的目的。所有的选择与行动的价值并不在其自身，而在于它们所得到的结果，因此理性选择本身只具有工具价值。最后，所有目的的内容都被视为测量标准，就是最大化。比如快乐（pleasure）就是个最为典型的例子。比如当代的功利主义哲学同样也是一种类似的一元论思维，试图把所有的价值化约为一种可被量化的快乐，并通过计算得出的快乐总量来对各种不同的价值进行比较。参见Martha C. Nussbaum, *Love's Knowledge: Essays on Philosophy and Literature,* New York: Oxford University Press, 1992, p. 56.

3　玛莎·C.纳斯鲍姆：《善的脆弱性：古希腊悲剧与哲学中的运气与伦理》（修订版），徐向东等译，南京：译林出版社2018年版，第467页。

4　列·尼·安德烈耶夫：《善的法则》，见《撒旦日记》，何桥译，北京：新星出版社2006年版，第175—199页。

努斯鲍姆进一步指出，亚里士多德理解的实践智慧是一种跟具体感知相关的"慎思（deliberation）"。这种感知不是科学慎思，即一种"我们在判断眼前的图像是由三角形构成的那种感知"[1]，而是一种基于具体情境的伦理判断，这种"对具体情境的知觉领先于一般的规则和论述"。[2]亚里士多德所理解的规则，也不同于柏拉图式的普遍规则，这种规则本身就是基于经验总结得到的，因此它可能会存在错误。于是这种规则概念"承认特定事例的偶然特点对原则具有根本的权威"，"一个新的、未曾预料的甚至是异质的特点就可以致使我们修改规则"。[3]因此，努斯鲍姆指出亚里士多德不断强调普遍陈述在伦理问题上落后于具体描述，普遍规则落后于特殊判断。慎思的价值体现在这是一种好的判断，"既非常具体，又有很强的回应性或灵活性"。[4]

那么这种慎思的能力从何而来呢？"一个人似乎需要天生具有一种视觉，使他能形成正确的判断和选择真正善的事物。一个生来就具有善的品质的人也就是在作这种判断上有自然禀赋的人。因为，这种禀赋是最好的、最高尚的馈赠，它不是我们能够从别人那里获得或学会的，而是像生来就具有那样始终具有的东西。"[5]在亚里士多德看来，这种看似"天生"的实践智慧，其实取决于漫长生活经验的积淀："青年人可以在几何和数学上学习得很好，可以在这些科目上很聪明，但是我们在他们身上却看不到实践智慧。这原因就在于，实践智慧是同具体的事情相关的，这需要经验，而青年人缺少经验。因为，经验总

1　亚里士多德：《尼各马可伦理学》，廖申白译，北京：商务印书馆2003年版，第179页。译文有改动。

2　玛莎·C.纳斯鲍姆：《善的脆弱性：古希腊悲剧与哲学中的运气与伦理》（修订版），徐向东等译，南京：译林出版社2018年版，第454页。

3　同上，第464页。

4　同上，第466页。

5　亚里士多德：《尼各马可伦理学》，廖申白译，北京：商务印书馆2003年版，第75页。

是日积月累的。"[1] 因此亚里士多德意义上的具有实践智慧的人，"是一个具有良好品格的人，这个人通过早期的训练，已经内化了某些伦理价值和某种好生活的观念"，他会从那个经过内化的价值概念中"引出许多发展中的行为指南，即在一个具体的境况中寻求什么的指引。如果没有这样的指南，没有那种被约束为一种品格的感觉，如果'灵魂之眼'把每个状况都看作是全新的、不可重复的，那么实践智慧的知觉看起来就显得任意和空洞。"[2]

再者，努斯鲍姆还赞赏亚里士多德对感知以及情感的肯定。亚里士多德绝不否认情感对于认识世界的重要价值，情感的价值不仅体现在工具意义上，而且还体现在目的意义上。在他看来，人们之所以出现错误的推理，不是由于情感，而是由于"懒惰、草率、缺乏专注以及过于屈从权威"。[3] 他还将培养与拥有多种情感视为构成好生活的重要元素。亚里士多德在其作品中对愤怒、惊吓、怜悯、友爱、爱等情感进行了分析，并认可这些情感对于人类生活的重要意义。一个人若缺乏情感，他的生活就缺乏必要的善。某种看似正确的行动若是在"没有恰当的激发性情感和反应性情感的情况下所选择的"，那么"它就算不上一个有美德的行动"。[4] 他还指出，一个毫无恐惧的人很难被认为是有美德的人："在无恐惧方面过度的人没有专门名称。不过，如果一个人任何事物都不惧怕，就像凯尔特人据说连地震和

1　亚里士多德：《尼各马可伦理学》，廖申白译，北京：商务印书馆2003年版，第178页。

2　玛莎·C.纳斯鲍姆：《善的脆弱性：古希腊悲剧与哲学中的运气与伦理》（修订版），徐向东等译，南京：译林出版社2018年版，第474页。

3　Martha C. Nussbaum, "On Moral Progress: A Response to Richard Rorty", *The University of Chicago Law Review,* Vol. 74, No. 3, 2007, pp. 939–960.

4　玛莎·努斯鲍姆：《欲望的治疗：希腊化时期的伦理理论与实践》，徐向东等译，北京：北京大学出版社2018年版，第96页。

巨涛都不惧怕那样，我们就会说他不正常和迟钝。"[1] 一个好人总是会有一些情感，只不过亚里士多德认为需要有合适的情感，需要通过教育来实现这一点，但他绝不否认情感的价值。

最后，努斯鲍姆对亚里士多德的"幸福"观念给予充分认可。在亚里士多德的观念中，eudaimonia 所指称的内涵并不同于当代意义上的"快乐"意涵，后者用来描绘一种暂时性的状态，如一个人有一天挺快乐另一天不快乐；而 eudaimonia 是就人的整个一生而言的。威廉斯试图用"良好生活（well‑being）"来指称这种状态[2]；相比之下，功利主义哲学在用"快乐（happiness）"来翻译这个概念的过程中，对其丰富内涵进行了简化，忽视了其在质上的多样性与差异性。在亚里士多德看来，人类各种价值彼此之间并不兼容也不可比较，善的事物并不是唯一的，存在着各种各样不同的善，快乐也存在着不同类型的快乐，最好的人类生活包含了很多不同的构成要素，这些要素彼此不依赖于他者来定义，而是有其自身的价值。比如他指出，"快乐在类属上有所不同"[3]，有时它与节制、明智、善这些价值并不兼容。"荣誉、智慧与快乐的概念却是不同的。所以，善不是产生于一个单独的型的。"[4] 人类生活的复杂性无法通过柏拉图式的单一的善予以统摄，更无法用功利主义或康德主义所确立的单一原则进行理解。

除了人类好生活的多元复杂特征之外，亚里士多德还敏锐认识到"运气"或"外在善"对幸福的重要影响。基于对现象世界的观察，

---

1 原作译为"克尔特人"，本文略作改动。亚里士多德：《尼各马可伦理学》，廖申白译，北京：商务印书馆2003年版，第80页。

2 B.威廉斯：《伦理学与哲学的限度》，陈嘉映译，北京：商务印书馆2017年版，第49页。

3 亚里士多德：《尼各马可伦理学》，廖申白译，北京：商务印书馆2003年版，第295页。

4 同上，第299页。

亚里士多德指出，人生的幸福常常取决于运气的好坏。首先他不认为具有内在的德性就意味着人生的幸福，"因为一个人在睡着时也可以有德性，一个人甚至可以有德性而一辈子都不去运用它"。[1] 其次，幸福依托于"外在善"或运气："智慧的人当然也像公正的人以及其他人一样依赖必需品而生活。"[2] 在他看来，"一个身材丑陋或出身卑贱、没有子女的孤独的人，不是我们所说的幸福的人。一个有坏子女或坏朋友，或者虽然有过好子女和好朋友却失去了他们的人，更不是我们所说的幸福的人。所以如所说过的，幸福还需要外在的运气为其补充"。[3] 再者，尽管微小的好运或不幸不足以改变生活，但重大的幸运或不幸便足以改变人生。亚里士多德以普利阿摩斯所遭遇的不幸为例指出，重大而频繁的灾祸会使一个人失去幸福，而且他还不易从这种灾祸中恢复过来并重新变得幸福。[4] 这一认识让亚里士多德对悲剧艺术青睐有加，因为悲剧淋漓尽致地展现了运气或偶然性对一个人幸福的突转性影响（本章第三节）。

由此可见，努斯鲍姆对亚里士多德的解读完全不同于麦金泰尔式的亚里士多德主义者。在一篇题为《非相对性德性：一条亚里士多德主义的研究》（"Non‐Relative Virtues: An Aristotelian Approach"）的文章中，她指出对亚里士多德伦理学的捍卫并不会走向道德相对主义或地方主义，认为亚里士多德"不仅是德性伦理学理论的捍卫者，而且是对人类善或人类幸福作一种单一的客观性描述的捍卫者"。[5] 努斯鲍姆用亚里士多德的古典眼光来审视与批判当代道德哲学，并不旨在颠

1　亚里士多德：《尼各马可伦理学》，廖申白译，北京：商务印书馆2003年版，第12页。

2　同上，第306页。

3　同上，第24页。

4　同上，第29页。

5　玛莎·努斯鲍姆：《非相对性德性：一条亚里士多德主义的研究路径》，阿玛蒂亚·森、玛莎·努斯鲍姆主编：《生活质量》，龚群等译，北京：社会科学文献出版社1993年版，第263页。

覆它，而是试图使之更好地为当代的启蒙事业提供智慧。

努斯鲍姆对亚里士多德的批判与改造

努斯鲍姆并非全盘接受亚里士多德的思想，无视这位古希腊思想家的局限。在她看来，亚里士多德伦理思想存在三方面的局限[1]：

第一，亚里士多德对普遍的人类尊严缺乏认识，更缺乏现代文明意义上的平等观念。他并不认为所有人共享着一种超越性别、阶级和种族区分的价值。他不反对奴隶制，对于女性在古希腊社会的奴隶地位也持赞成态度，在其思考的政治共同体之中，体力劳动者、农民和水手被排除在外；此外，他对古希腊时代普遍存在的同性爱欲也缺乏任何关注（柏拉图对此有所关注）。第二，亚里士多德缺乏世界主义意识。他不承认生活在不同城邦之中的人们之间存在道德联系，从未想过为了支持共同体以外的人们的生活，共同体内的人们应当承担何种责任。第三，亚里士多德缺乏现代自由主义者所强调的捍卫自由领域的意识，他在政治思想上还是着重于按照一个有关人类好生活的单一全面的概念来培养人的机能。

基于上述局限，努斯鲍姆有意偏离亚里士多德。在针对亚里士多德的前两个局限时，努斯鲍姆诉诸了斯多亚学派的思想资源，认为斯多亚学派纠正了亚里士多德的不平等观念："每一个人，只是因为他是人，就有尊严并且应该得到尊重。我们有能力去感知伦理上的差别，并且进行伦理性的判断，这种所谓的'内心神灵（god

---

1　玛莎·C.纳斯鲍姆：《善的脆弱性：古希腊悲剧与哲学中的运气与伦理》（修订版），徐向东等译，南京：译林出版社2018年版，"修订版序言"，第13—15页。

within）'应当得到无限的尊重。"[1] 这种伦理能力内在于所有人，无论男性还是女性、奴隶还是自由人、天生高贵者还是出身低微者、富人还是穷人都应该得到同样的尊重。他们的人性尊严不应该受制于他人的武断意志，更不容任意践踏。此外，斯多亚学派的世界主义观念也对亚里士多德起到补充与矫正的作用。在针对亚里士多德家长式的威权政治理想时，努斯鲍姆有意地诉诸康德与罗尔斯的思想来纠正亚里士多德，她的"亚里士多德主义"是一种特定形式的"政治自由主义"，即"认识到尊重多种多样的生活方式（包括那些合理的非自由主义的生活方式）的重要性"。[2]

此外，虽然亚里士多德的幸福概念给了努斯鲍姆不少启发，但站在当今时代的角度来看，她认为这个古老概念存在着局限，因为亚里士多德认为情感可以作为衡量幸福的重要标准，但在努斯鲍姆看来，他对于情感的局限缺乏必要的反思。[3] 首先，她指出自己感到有价值的或者善的事物，有时并不一定适合推荐给他人。我们需要推荐的是一些更为一般的善的价值（如友谊、公民责任等），而不是带有特殊性与个人偏好的价值（比如推荐我喜欢的爵士乐）。亚里士多德并未对此做充分诠释。其次，人们有时在情感上会珍视一些他们并不真的觉得好的事物，也不会将其推荐给他人。比如一个人珍视自己的爱人、住所或者国家，只是因为这是他自己的，而关于这种复杂性在亚里士多德那里也被讨论得较少。第三，在对幸福的理解中，亚里士多德对无条件的爱（如父母对子女的爱）缺乏必要重

---

1 玛莎·纳斯鲍姆：《寻求有尊严的生活：正义的能力理论》，田雷译，北京：中国人民大学出版社2016年版，第90页。

2 玛莎·C.纳斯鲍姆：《善的脆弱性：古希腊悲剧与哲学中的运气与伦理》（修订版），徐向东等译，南京：译林出版社2018年版，第12页。

3 Martha C. Nussbaum, *Upheavals of Thought: The Intelligence of Emotions*, New York: Cambridge University Press, 2003, pp. 50–52.

视。由此努斯鲍姆认为，我们一方面需要吸收这个古典概念，但另一方面需要看到情感的偏倚性和不稳定性有时会妨碍到一种规范性的幸福概念的建构。

正是在亚里士多德幸福观念的基础上，努斯鲍姆发展出她的"能力进路（Capabilities Approach）"。"能力进路"是阿玛蒂亚·森与努斯鲍姆共同提出的理论。"能力进路"先是由森提出，他出于对用 GDP 这种抽象量化的方法来衡量各国经济发展水平的不满，提出了一种更重视个体性与物质分配的衡量幸福的方法。努斯鲍姆此后在森的基础上所创立的"能力进路"不仅重视物质的分配，更为重视能力的"运作（functioning）"。在她看来，如果"一个社会只赋予民众以充分的能力，但民众却从未将能力转化为运作，这就不能说这是一个好社会"，那么这种未被实现的能力也是"无意义的、被闲置的"[1]。

为此，努斯鲍姆指出，人的幸福决不能单单取决于那些基本的物质的支持，而在于人的"基本能力（basic capabilities）"的实现。她试图回答这样一个问题："在人类能力得到发展后可以进行的多种活动中，哪些是真正有价值的活动？哪些是一个最低限度公正社会所应努力去培育和支持的能力？"[2]在森的基础上，努斯鲍姆提出"能力门槛"的概念，这是一份"基本能力"的规范性清单[3]：

1. 生命：正常长度的人类预期寿命；不会过早死亡，或者在死亡之前，一个人的生活已经降到不值得活下去的水平。

---

1 玛莎·纳斯鲍姆：《寻求有尊严的生活：正义的能力理论》，田雷译，北京：中国人民大学出版社2016年版，第18页。

2 同上，第21页。

3 同上，第24—25页。

2. 身体健康：可以拥有良好的健康水平，包括生殖健康；可以摄取充分的营养；有体面的居所。

3. 身体健全：可以在各地之间自由迁徙；免于暴力攻击（包括性骚扰和家庭暴力）的安全；有机会得到性的满足，并在生育事务上有选择的机会。

4. 感觉、想象和思考：能够运用感官进行想象、思考和推理——以一种"真正人之本性"的方式进行上述活动，这是指应有充分的教育来提供信息和教养，包括但绝不仅限于读写、基础数学和科学训练。在体验和生产个人自我选择的宗教、文艺、音乐等作品和事件时，有能力运用想象力和思考。思考可以得到政治和文艺言论表达自由、宗教活动自由的保障。可以享有愉悦的经验，避免无价值的痛苦。

5. 情感：有爱的能力，可以去爱外在于我们自身的人与物；爱那些爱我们并且关怀我们的人，因为他们的离开而悲伤；总体上说，可以去爱，去悲伤，去体验渴望、感激和有正当理由的愤怒。切勿让恐惧和焦虑毁坏一个人的情感发展。

6. 实践理性：有能力形成一种人生观，进行有关生活规划的批判性反思（这就要求保护良心和宗教仪式的自由）。

7. 归属：（A）能够与他人共同生活在一起，承认并且展示出对他人的关切，参与各种形式的互动；能够设身处地地想象他人的处境。（B）享有自尊和禁止羞辱的社会基础；作为一个有尊严的存在而得到对待，其价值等同于他人的价值。这要求禁止基于种族、性别、性倾向、民族、种姓、宗教和国际身份的歧视。

8. 其他物种：在生活中可以关注动物、植物和自然世界，并与它们保持联系。

9. 娱乐：有能力去欢笑、游戏、享受休闲活动。

10. 对外在环境的控制：（A）政治上，可以有效参与塑造个人生活的政治选择；享有政治参与、自由言论和结社的权利。（B）物质上，能够拥有财产（包括土地和动产），可以在与他人平等的基础上拥有财产的权利；有权在与他人平等的基础上寻找工作；享有免于不正当搜查和占取的自由。在工作中，可以作为一个人进行工作，行使其实践理性，加入与其他工作者相互承认的有意义的关系。

从这份清单来看，努斯鲍姆的这一幸福图景一方面具有斯多亚学派意义上的普遍性与规范性（第二章具体讨论），另一方面也具有亚里士多德式的多元性与开放性。因为在努斯鲍姆看来，她所理解的幸福并不是关于至善生活的想象，她所规定的基本能力清单只是追寻幸福的前提与底线。不过，在后面的讨论中可见，这种逻辑上自洽的论证并不是没有矛盾与裂痕，对幸福的这种规范性论证还是会影响到在知性层面对于幸福可能性的探询，尤其是文学艺术在此方面所扮演的角色。在她所列的能力清单中，也包含了"有能力运用想象力和思考"的能力。那么这种能力，究竟是为她的"能力进路"服务，还是为了探询那个更为开放的"人应当如何生活"之问而存在呢？至少从她对亚里士多德的理解看，努斯鲍姆是偏向于后者的。

第三节　诗与哲学的联盟

美国大法官奥利弗·温德尔·霍姆斯曾经这样写道："生命是去画一幅画，而不是做一次运算。"[1] 通往亚里士多德的道路，有时可被视为一条通往诗／艺术的道路。亚里士多德对诗表现出一种特别的好感，并对其在哲学上的价值做出了高度评价。当柏拉图不遗余力地把艺术视为真理的影像并试图将之驱逐出理想的城邦时，亚里士多德却在艺术现象中发现了柏拉图所未见到的真理："他答应要从柏拉图和巴门尼德倾其一生试图退出的那个地方来从事他的哲学研究。"[2] 透过亚里士多德之眼，努斯鲍姆看到了一种不同于理论反思的实践智慧，并看到了诗与哲学结盟而非竞争的可能性。本节探讨在努斯鲍姆的论述中，亚里士多德如何认识到了诗的哲学价值，他又是如何看到了诗与哲学之间实现联盟的可能性，以及诗对于伦理学的贡献究竟是什么。

诗对哲学的挑战

众所周知，柏拉图对诗人的驱逐开启了西方美学史上"为诗辩护"的传统，作为他的学生，亚里士多德第一个站出来挑战老师的诗

1　Martha C. Nussbaum, *Poetic Justice: The Literary Imagination and Public Life*, Boston: Beacon Press, 1995, p. xix.

2　玛莎·C.纳斯鲍姆：《善的脆弱性：古希腊悲剧与哲学中的运气与伦理》（修订版），徐向东等译，南京：译林出版社2018年版，第368页。

学立场。西方美学史对于"诗与哲学之争"的问题大多聚焦于诗与真理以及存在之间的关系上，但这些讨论时常带有某种玄学色彩，最典型的便是海德格尔的《艺术作品的本源》。作为一位卓越的古典学者，努斯鲍姆自然也不会忽略这个问题。她对诗与伦理学关系的解释别出新意，不仅清晰地阐释了柏拉图痛恨诗以及亚里士多德推崇诗的原因，而且还把诗对生活复杂性与脆弱性的洞察予以揭示，认为其"更好地表述了我们对实践的直观感受"。[1]

努斯鲍姆指出，从柏拉图的《游叙弗伦篇》开始，希腊的道德哲学就体现了一种排除一切冲突矛盾，摆脱运气对人的控制的理论冲动。生活于伯罗奔尼撒战争期间的柏拉图，目睹其生活时代社会的动荡与价值的崩塌，燃起了一种对纯粹性和摆脱境遇束缚的渴望。于是理性抽象的言说方式开始成为哲学的主流论述方式，并对后世西方哲学产生深远影响。努斯鲍姆认识到，无论是柏拉图主义还是现代的功利主义与康德主义哲学，都存在着致命的缺陷，那就是它们试图用抽象的逻辑一致性来掩盖生活的复杂性与冲突性，并在追求自足性的同时，忽略了运气对于人的品格以及幸福所造成的影响。努斯鲍姆认为，在此问题上诗挑战了这种试图摆脱运气的哲学。

第一，诗所展示的人类实践冲突挑战了哲学上消除一切冲突的渴求。人类生活中的伦理冲突是无所不在的，悲剧是集中反映这些冲突的最重要媒介。努斯鲍姆指出，埃斯库罗斯的两个著名悲剧呈现了人类实践中的两难困境。《阿伽门农》讲述阿伽门农在赢得特洛伊战争返航途中所遭遇的"悲剧性情境"：军队由于触怒了女神阿尔特弥斯而遭遇了可怕的暴风，唯有献祭女儿伊菲革涅亚才能使军队

---

1 玛莎·C.纳斯鲍姆：《善的脆弱性：古希腊悲剧与哲学中的运气与伦理》（修订版），徐向东等译，南京：译林出版社2018年版，第36页。

摆脱困境。这就意味着阿伽门农只有两个选择：要么献祭女儿让军队得救，要么就是为了不杀害女儿而付出全军覆没的代价。《七将攻忒拜》则描述了因受到神的诅咒，俄狄浦斯之子埃特奥克勒斯在面对其兄弟波吕涅刻斯率领的敌军攻击时所面临的痛苦抉择。"兄弟相残"就如歌队所唱的那样："若同胞兄弟相互亲手残杀，/那样的罪愆连时光也难赎清。"[1]

除了在个体身上呈现选择冲突之外，悲剧作品还以个体之间的价值冲突来体现生活的复杂性。作为《七将攻忒拜》的情节后续，索福克勒斯的《安提戈涅》讲述了同胞兄弟在战争中双双阵亡，让妹妹安提戈涅陷入悲剧性的选择困境：她的一位哥哥埃特奥克勒斯为国捐躯，另一位哥哥波吕涅刻斯则因为敌国效力而被视为国家的敌人。依据安提戈涅所认定的家庭伦理，即便哥哥作为一位叛国者，他也应得到妥善的安葬；但她的选择与国王克瑞翁的命令形成冲突，在后者看来，城邦的利益高于一切，波吕涅刻斯不仅仅是敌人，而且还是城邦的叛徒，他下令禁止任何人来埋葬他的尸体。这部作品就是讲述这两位主要人物之间的激烈冲突及由此引发的悲剧性结局。

从亚里士多德到黑格尔，有关该悲剧的讨论已有久远的历史，努斯鲍姆依然从中发掘出新意。在她看来，这部悲剧通过对价值冲突的描述反思了一种试图消解冲突的简单价值观及其后果。埃斯库罗斯"表现了人们如何通过这种拒绝方法来避免相互冲突的要求所带来的痛苦。然而，他指出这种简单化，也许会代价太高"。[2]索福克勒斯则对那种柏拉图式的试图用简单规则来消解冲突的倾向给予了严

---

1 埃斯库罗斯等：《古希腊悲剧喜剧集》（第1卷），王焕生译，南京：译林出版社2015年版，第247页。

2 玛莎·C.纳斯鲍姆：《善的脆弱性：古希腊悲剧与哲学中的运气与伦理》（修订版），徐向东等译，南京：译林出版社2018年版，第56—57页。

厉审视。《安提戈涅》中的两位主人公克瑞翁和安提戈涅各自持有一套价值标准：克瑞翁的价值观建立在"城邦利益高于一切"的信条上，任何不关心城邦安危的人都被他视为心智不健康；与之相反，安提戈涅的信条则是"家庭价值高于一切"。尽管努斯鲍姆承认，安提戈涅在道义上要比克瑞翁高尚，但她依然认为两人对于生活的看法都是"狭隘"的。[1] 这部悲剧的重要价值在于提醒人们生活中价值的多样性、复杂性与冲突性，而不是黑格尔式的用更高的统一来消解这种对立。不仅在内容上，而且在《安提戈涅》歌词的结构、象征以及措辞中也同样呈现出"对复杂性的关注"。悲剧的形式本身旨在劝阻人们去"追求简单的，尤其是那种被化约的事物"。当然这部悲剧并非仅仅满足于呈现价值的冲突，而是通过呈现一个非和谐、非完美的世界来劝导观众"慎思"的重要性，也就是要学会"让步（yielding）"，不让自己"绷得太紧（strain too much）"，建议人们"在追求自己目标的时候，应该对外在世界的要求与力量保持开放的心态，培养自己面对外界灵活自如而不是僵硬的反应"。[2]

第二，诗洞察到现实中的偶然运气会对人的幸福生活（包括品格）造成影响。传统的西方哲学缘起于人对自身无助与世界混乱动荡的回应，从苏格拉底开始就产生了一种试图克服运气的理性技艺。从苏格拉底的"好人不受伤害"到斯多亚学派所倡导的德性自足，哲学家们都试图论证人类可以不受外界影响，完全掌控自己的幸福，因为真正的幸福只需要建立在稳定的内在人格或"美丽的灵魂"基础上。该思想有着根深蒂固的传统，该传统认为，存在着一个确定不变的伦理真理，人一旦认识到了伦理的真理，他就拥有了稳定的人

1　玛莎·C.纳斯鲍姆：《善的脆弱性：古希腊悲剧与哲学中的运气与伦理》（修订版），徐向东等译，南京：译林出版社2018年版，第75页。

2　同上，第118页。

格品质："一个好人将以稳定的方式趋于选择高贵的行为，避免可耻的行为。不管世界上发生什么事情，这个品格将逃避侮辱或腐化。"[1]但以悲剧为代表的诗恰恰展示"在具有好品格和生活得好之间具有一个实实在在的裂隙；未受控制的事件可以进入这个裂隙中，因此妨碍了好品格在行动中的恰当实现"。[2]它使人们认识到，这些运气或"外在善"是好生活的必要手段，一旦缺乏这些外在的善，我们可能就不仅仅是被剥夺了外在资源，而且也被剥夺了内在价值和好生活本身。

这在欧里庇得斯的作品《赫卡柏》中得到极为深刻的表达。该故事的情节是这样的：在著名的与雅典的战争中，特洛伊陷落了。特洛伊的王后赫卡柏沦为奴隶，并在其他沦为奴隶的特洛伊女性的搀扶下来到色雷斯海边，与她同行的还有她的女儿波吕克赛娜。国破家亡的痛苦时刻，她最为惦念的是她的儿子波吕多罗斯，儿子在战争前就被她送给朋友色雷斯国王波吕墨斯托尔照顾，但她总有不祥之感，"我的心从来没有像现在这么不停地／害怕和惊恐过"。[3]她担心的事还是一件一件地发生了。首先是她的女儿波吕克赛娜被奥德修斯带走，因为希腊军队为了平息在战争中死亡的阿喀琉斯的愤怒的灵魂，要把她作为牺牲供奉。波吕克赛娜最终以高贵而体面的方式走向死亡，并在精神上征服了希腊士兵，他们为此决定为她举行一个隆重的葬礼。在波吕克赛娜身上，人们能够深深体会到逆境中人的内在品性的高贵。赫卡柏的悲哀也因女儿的高贵赴死而得到缓解。但一个噩耗引发的悲伤尚未平复，另一个噩耗传来，她的儿子也遭到残害。赫卡柏马上意识到是波吕墨斯托尔的背叛，并决心

1　玛莎·C.纳斯鲍姆：《善的脆弱性：古希腊悲剧与哲学中的运气与伦理》（修订版），徐向东等译，南京：译林出版社2018年版，第630页。

2　同上，第520页。

3　埃斯库罗斯等：《古希腊悲剧喜剧全集》（第3卷），张竹明译，南京：译林出版社2015年版，第242页。

报复。她请求阿伽门农替她复仇，但阿伽门农拒绝出手。于是赫卡柏独自策划复仇计划。她诱骗波吕墨斯托尔带着他的两个儿子进入被俘妇女的帐屋，与众多特洛伊妇女一起杀死了他的儿子，还刺瞎了他的双眼。失明的波吕墨斯托尔只能双手爬行，并诅咒赫卡柏，要让她变成"一只狗，眼睛露出火光"，死后的墓碑将取名为"不幸的狗之坟"。[1]

努斯鲍姆指出，这部作品是对"人类美德不易败坏，比一棵植物要稳定得多"这一哲学信念的挑战，并向人们显示了稳定人格如何遭到破坏。人的品质是脆弱的，特别在一个道德堕落、价值失范的时代，连好人都有可能作恶。如果女儿的高贵之死让赫卡柏虽陷入悲伤，但尚未失却理智的话，儿子的死则使她彻底丧失理性，丧失原有的高贵人格。因为这个能够支撑起她高贵人格的外在环境变了，她最信赖的朋友波吕墨斯托尔犯下了不可饶恕的罪行，这就意味着"一切坚固的东西都烟消云散了"：那些"最坚固的东西被心不在焉地丢在一边，而且竟然可以被心不在焉地丢在一边"。[2]

由此努斯鲍姆指出，诗对哲学所形成的挑战及其试图向人们传达的智慧，在客观上与亚里士多德的伦理观存在契合之处；亚里士多德试图向我们传达的智慧，也是《安提戈涅》等作品试图想要表达的。那么，诗究竟如何与亚里士多德的伦理学形成内在的契合，亚里士多德又是如何实现了诗与哲学的结盟呢？

1　埃斯库罗斯等：《古希腊悲剧喜剧全集》（第3卷），张竹明译，南京：译林出版社2015年版，第311页。

2　玛莎·C.纳斯鲍姆：《善的脆弱性：古希腊悲剧与哲学中的运气与伦理》（修订版），徐向东等译，南京：译林出版社2018年版，第645页。

诗与亚里士多德伦理学的内在契合

通过对亚里士多德思想的考察，我们不难看到其思想与诗之间的亲缘关系。一方面这体现在亚里士多德通过《诗学》这样的作品来"为诗辩护"；另一方面其伦理思想对特殊性的强调、对感知与情感的重视、对价值复杂性与不兼容的认识以及对生命脆弱性的理解，恰恰也是"诗"之所长。除了亚里士多德伦理思想本身所具有的诗性内涵之外，努斯鲍姆还进一步指出其《诗学》在思想层面与《尼各马可伦理学》之间的关联。因为这关系到两种价值之间的联系："其中的一种价值是我们的伦理价值，即我们的幸福概念；另一种价值是我们的诗学价值，即我们对悲剧是否重要，以及其重要性是什么的评价。"[1] 通过诗的眼光理解人生，不失为一条亚里士多德的道路，更准确地说，就是通过诗来探索"人应当如何生活"这一伦理之问。

其一，亚里士多德的慎思观念与诗联系紧密。他强调感知（perception）与特殊性（particular）在伦理判断中的首要地位。"洞见取决于感知"，"这些事情取决于具体情状，而我们对它们的判断就在于'感知'"。[2] 在亚里士多德看来，伦理问题上的"判断"或"辨别"来自"感知"这种东西，即"一种关系到把握具体特殊事物而不是普遍事物的辨别能力"。普遍原则在此受到批评，因为它们既缺乏具体性又缺乏灵活性。反过来，感知则能够回应细微差别。这种追求感知与特殊性的实践智慧与那种科学式的理性思维形成对照。

一般或普遍的规则虽然有时是正确的，但它们的正确只是在不

1　玛莎·C.纳斯鲍姆：《善的脆弱性：古希腊悲剧与哲学中的运气与伦理》（修订版），徐向东等译，南京：译林出版社2018年版，第597页。译文有改动。

2　亚里士多德：《尼各马可伦理学》，廖申白译，北京：商务印书馆2003年版，第56—57页。

与特殊情状发生关系的情况下发生。在做具体的伦理判断时，亚里士多德则希望寻求另一种正确。那些只重规则而不懂得变通的人，亚里士多德将之比作一个建筑师试图用直尺去衡量复杂的雕花的圆柱，与之相反，勒斯比亚建筑师用的铅尺可以弯曲，能依其形状来测量石头。[1] 因此，好的伦理思考与人类现实的距离显得更近。"好的慎思，就像勒斯比亚尺一样，让自己去适应它所测量的对象，对对象的复杂性给予回应与尊重。"[2] 建立在这种感知基础上的慎思就带有某种"艺术性"："好的慎思就像戏剧或音乐中的即席发挥，关键在于面对外界的灵活性、敏感性与开放性；在此依赖于运算法则不仅是不够的，而且还是不成熟与虚弱的标志。我们或许可以在玩爵士独奏时脱离乐谱，根据乐器的特性来进行微小的变动。"[3]

其二，亚里士多德对情感与想象的重视与"诗"也存在着契合。他对情感的态度完全不同于中期柏拉图的理性主义，他也从未对人类的灵魂做出柏拉图那样的三分（理智、激情与欲望）。亚里士多德关注在人与动物之间所存在的某种连续性，并为人的欲望与情感赋予理性的价值，我们的本能欲望并不像柏拉图所说的那样简单和原始，而是存在着它自身的"意向性和选择性"。[4] 在努斯鲍姆看来，亚里士多德的著作淋漓尽致地展示了他对人类情感世界的好奇与认同。他不仅充分肯定情感的价值，而且还把情感置于道德的核心位置。他不仅认为"冷漠不是人的本性"[5]，而且还认为情感具有认知价值是

1　亚里士多德：《尼各马可伦理学》，廖申白译，北京：商务印书馆2003年版，第161页。对译文有所调整。

2　Martha C. Nussbaum, *Love's Knowledge: Essays on Philosophy and Literature*, New York: Oxford University Press, 1990, p. 70.

3　Ibid., p. 74.

4　玛莎·C.纳斯鲍姆：《善的脆弱性：古希腊悲剧与哲学中的运气与伦理》（修订版），徐向东等译，南京：译林出版社2018年版，第441页。

5　亚里士多德：《尼各马可伦理学》，廖申白译，北京：商务印书馆2003年版，第92页。

人类伦理生活的重要指引，如果在情感上麻木或有所缺失，那么他就"缺失了部分的洞察与感知力"。[1] 以悲剧为代表的"诗"恰恰为人们展示了一个生动而丰富的情感世界，悲剧最终通过恐惧与怜悯的方式给观众带来心灵的净化。文学的情感所传递的伦理洞见，无疑是亚里士多德《诗学》的核心主题。

其三，亚里士多德所强调的价值的多元及彼此间的不兼容性与"诗"存在着内在契合。前文已述，悲剧作品通过对生活具体的描写呈现出其复杂性与冲突性。无论是安提戈涅所认同的家庭伦理，还是克瑞翁所坚持的城邦伦理，都是构成好生活的不可或缺的善。但问题在于，在某种特定的情境中，我们不可能同时拥有这两种善，拥有一种善往往要以付出另一种善作为代价。价值之间的不兼容性是人类生活无法根本克服的现实。

其四，亚里士多德对人生脆弱性的认识恰恰来自"诗"的洞见。亚里士多德在其对悲剧的肯定中体现出他对运气及偶然性的认识。他在对悲剧进行定义时特别重视"行动"，从中可见他对好生活的观察与理解：

> 事件的组合是成分中最重要的，因为悲剧模仿的不是人，而是行动和生活。人的幸福和不幸均体现在行动之中，生活的目的是某种行动，而不是品质，但他们的幸福与否却取决于自己的行动，所以，人物不是为了表现性格才行动，而是为了行动才需要性格的配合。[2]

1　Martha C. Nussbaum, *Love's Knowledge: Essays on Philosophy and Literature,* New York: Oxford University Press, 1990, p. 79.

2　亚里士多德：《诗学》，陈中梅译，北京：商务印书馆1996年版，第64页。

好生活是需要建立在行动的基础之上的，光拥有美好的德性却没有行动，根本不能称之为生活，更不用说幸福。当人一旦采取行动时，其生活就会受到外在世界与运气的支配与影响。在此意义上，悲剧所体现的正是关于人类活动的故事，活动才是生活的本质。俄狄浦斯与阿伽门农的命运都在告诉人们，一个善良正直的人并不一定得到幸福。悲剧的故事印证了亚里士多德的主要伦理学观点：品格或灵魂之善对完整的幸福并不充分。我们要生活得好的渴望，在不受控制的偶然事件的影响下，特别容易变得脆弱。由此可见，只有在行动中的人才是在生活，只有在行动中生活的复杂性才得到了淋漓尽致地呈现。一个好人可能因为某种极端的情形而失去原有的品格，在具有好品格和生活得好之间存在着鸿沟。这个世界并不存在化解一切价值冲突的终极答案。

诗比历史更富哲学性

基于亚里士多德的立场，努斯鲍姆认为悲剧的最重要价值体现在对伦理问题的探询之中："伟大的悲剧情节探究了我们的善与我们的好生活，我们的存在（我们的品格、意图、渴望、价值）与我们作为人的实践活动之间的鸿沟……亚里士多德相信这个鸿沟既是真实的又是重要的。"[1]悲剧中的复杂故事"在提炼我们对人类生活的复杂'材料'的知觉中，能够发挥有价值的作用"。[2]

亚里士多德对诗的重视归根到底体现在诗所产生的伦理效果之中。他的《诗学》看似朴实客观，甚至略显乏味，但在其中渗透了这

1　玛莎·C.纳斯鲍姆：《善的脆弱性：古希腊悲剧与哲学中的运气与伦理》（修订版），徐向东等译，南京：译林出版社2018年版，第601页。

2　同上，第595页。

位思想家强烈的伦理关怀。努斯鲍姆对此做出颇有价值的解读，并有效地论证了亚里士多德如何看待诗对观众情感的影响，诗的内在形式如何与观众对人物的认同之间建立起有效的情感联系，以及诗所产生的激情如何道出生活的真理。

有关悲剧作品如何引发观众的情感，努斯鲍姆指出，这里存在着三个层次的对作品的情感回应：

> 1. 针对作品人物所产生的情感：(a)在认同过程中分享人物的情感；(b)对人物的情感作出回应。
>
> 2. 针对"隐含作者"所产生的情感，即对作为整体的作品所作出的情感回应：(a)通过同情来感受生活的意义及其情感；(b)以同情或批判的方式对此作出回应。这些情感可以在特殊与一般的多个层次上发生。
>
> 3. 针对一个人自身的可能性所产生的各种情感。这些情感也是在特殊与一般的多个层次上发生。[1]

努斯鲍姆在此借用文学理论家韦恩·布斯（Wayne C. Booth）的小说理论，把现实中的作者与隐含作者（implied author），现实读者与隐含读者（implied reader）区分开来。在布斯的叙事理论中，"隐含作者"用以解释作为整体的作品的意图，区别于现实中的作者，也区别于作品中的个别人物。比如在欣赏《俄狄浦斯王》时，观众可以对作品人物俄狄浦斯产生同情并做出回应；观众还可以对作为整体的《俄狄浦斯王》做出回应（努斯鲍姆指出，悲剧中的"歌队"通常会扮

1　Martha C. Nussbaum, *Upheavals of Thought: The Intelligence of Emotions*, New York: Cambridge University Press, 2003, p. 242.

演"隐含作者"的角色）。最后观众还会通过俄狄浦斯的悲剧性遭遇
而联想自己的生活：我是否也会遭受同样的苦难？因为现实中的观
众并不会对一部悲剧作品做出同样三个层次的情感回应，现实中的
观众会因为自身不同的心境与阅读方式，产生千差万别的阅读经验。
因此努斯鲍姆借助"隐含读者"这一概念来设想一种悲剧欣赏的理想
状态。

杰出的剧作家为了有效地引起观众的共鸣，往往需要对悲剧形
式有所重视。亚里士多德强调，成功的悲剧总是塑造跟我们普通人
相似的英雄形象，他们不能过于完美："这些人不具十分的美德，也
不是十分的公正，他们之所以遭受不幸，不是因为本身的罪恶或邪
恶，而是因为犯了某种错误。"[1] 但同时悲剧仍然"模仿比我们好的
人"。[2] 亚里士多德在此排除了那种他在《修辞学》中所谈到的不受伤
害、坚不可摧的人。因为这种人物对于悲剧情节而言毫无意义。当
我们认同于这类人物时是丝毫不会产生任何怜悯与恐惧的。虽然《诗
学》看上去平淡无奇，谈的都是形式问题，但其背后的伦理关怀不可
忽视，亚里士多德本质上强调的是"修辞即伦理"。正是通过这种形
式上的耐心处理，悲剧才能在观众身上激发出"类似的事情可能发生
（things such as might happen）"的真实情感[3]。

在此意义上，观众不仅仅是在阅读悲剧情节，而且还是在阅读
这个世界，阅读他/她自己。观众通过它来聚焦特定的个人现实，
其形式能够帮助我们穿透日常生活的迟钝与麻木，向我们显示了关
于我们以及现实处境的某些具有深度的东西。在此意义上，我们才

1　亚里士多德：《诗学》，陈中梅译，北京：商务印书馆1996年版，第97页。

2　同上，第113页。

3　Martha C. Nussbaum, *Upheavals of Thought: The Intelligence of Emotions,* New York: Cambridge University Press, 2003, p. 243.

能理解亚里士多德所说的"诗是一种比历史更富哲学性、更严肃的艺术"的含义所在。因为历史告诉我们实际发生的事情，但这种实际发生的事情并不一定合理；而诗则告诉我们可能发生的事情，虽然没有发生但却合情合理。因此诗较之于历史的高超之处就在于它能传达一种普遍意义，并能够在观众中得到共鸣。

在悲剧所引发的情感中，努斯鲍姆尤为重视亚里士多德所强调的"怜悯与恐惧"这两种情感。其所涉及的怜悯与恐惧并非世俗意义上的怜悯与恐惧，而是具有更深层次的内涵。"怜悯"是指一种对另一个人的痛苦或苦难的感同身受，这种苦难不是琐碎的，而是某种真正重要的东西。人之所以对他人产生怜悯之情，是基于我自己也同样脆弱的信念。努斯鲍姆对此这样写道：

> 我们怜悯菲罗克忒忒斯，因为他被遗弃，在痛苦中孤身生活在一个荒岛上。我们怜悯俄狄浦斯，因为他出于自己的品格而履行的恰当行动，并不是他出于无知而犯下的可怕罪行。我们怜悯阿伽门农，因为环境逼迫他把他自己的孩子杀死，而那个行为不论是对他自己的承诺来说，还是对我们的伦理承诺来说都是一件令人反感的事情。我们怜悯赫卡柏，因为环境剥夺了使她的生活变得有意义和有价值的一切人类关系。通过注意到我们对怜悯的回应，我们就可以指望自己更明确地认识到我们对生活中重要事情的不言而喻的看法，认识到我们最深的承诺的脆弱性。[1]

---

[1] 玛莎·C.纳斯鲍姆：《善的脆弱性：古希腊悲剧与哲学中的运气与伦理》（修订版），徐向东等译，南京：译林出版社2018年版，第606—607页。

　　"恐惧"也具有类似意义，它意味着那些糟糕的事情是巨大的或严重的，我们没有能力阻止它们发生。努斯鲍姆认为，在亚里士多德的世界中有些东西对幸福而言至关重要，是我们需要恐惧的。因此好的悲剧就是通过唤起人们的怜悯与恐惧，从而"把某些重要的、有关人类之善的东西向我们揭示出来"。[1]

　　当然，悲剧所产生的伦理效果并不止于怜悯与恐惧，这两种情感只是通往伦理真理过程中的手段，真正的伦理效果则要落实于"净化／澄清（katharsis）"之中。在努斯鲍姆看来，净化本质上是一种认知，指的是"把一个清晰的结果产生出来的过程，即对某些障碍的消除，而那个结果是在没有那些障碍的情况下产生的"。[2]这种"澄清"并非理智上的澄清，澄清一定是可以通过情感性的回应（作为规定性的状态）发生的。"这些真实的层面"是无法通过理智来揭示的，而是通过经历悲剧的震惊和打击才能得到。人的伦理智慧不仅仅是一种知识层面的简单知道，而是一种基于身体感知的人生智慧。努斯鲍姆以阿伽门农为例，他从头至尾都知道伊菲革涅亚是他的女儿，但他的"知道"并非"真正知道（really know）"，他缺乏一种"真正的理解（true understanding）"。[3]在这个理解中，情感与思想是在同时起作用的，记忆与慎思成为感情的基础，通过痛苦我们有所领悟。

　　这就意味着，悲剧所传达的伦理真理，不是认识论意义上的，而是情感意义上；这种真理也不是给"人应当如何生活"提供一个准确清晰的答案，有时反倒是一种困惑与疑问，促使人们对此做进一步的探询与追问："我们究竟认为自己是谁，哪里（哪一片天空）是

<hr />

1　玛莎·C.纳斯鲍姆：《善的脆弱性：古希腊悲剧与哲学中的运气与伦理》（修订版），徐向东等译，南京：译林出版社2018年版，第611页。

2　同上，第615页。

3　同上，第65页。

我们理想的家园？"[1]但这种探询并不是漫无目的的，其背后似乎也包含着一种确认："古希腊悲剧独具特色地展现了两件事情之间的一种抗争：超越纯粹属于人的东西的渴望和对这种渴望所导致的损失的承认。"[2]

这种对人生复杂性的体认，体现出悲剧在提升人们感知生活世界能力上所具有的价值。在努斯鲍姆看来，悲剧有助于培养精细的感知，而这种感知就是人类判断中最好的那种判断。因为其不仅帮助我们认识到人类生活的冲突性，"使我们体会到了真正思想的困难性、复杂性和不确定性"[3]，而且还让我们认识到，"没有冲突的人类生活，比起充满了冲突可能性的人类生活来讲，无论在价值和美感上都要逊色得多"[4]。在此意义上，努斯鲍姆对悲剧伦理内涵的理解与特里林提及的"道德现实主义"趋同。特里林忧虑地看到，在其生活时代的社会生活中充斥着太多不加审视的、廉价的，同时又是刚愎自用的道德热忱（或称"惰性的道德"）：

> 思想总是晚来一步，但诚实的糊涂却从不迟到；理解总是稍显滞后，但正义而混乱的愤怒却一马当先；想法总是姗姗来迟，而幼稚的道德说教却捷足先登。我们总是用自己最优秀的品质去与时代的紧迫要求相抗衡，因此似乎喜欢谴责这些优点，而非那些最恶劣的品质。[5]

1　玛莎·C.纳斯鲍姆：《善的脆弱性：古希腊悲剧与哲学中的运气与伦理》（修订版），徐向东等译，南京：译林出版社2018年版，第4页。

2　同上，第11页。

3　同上，第19页。

4　同上，第119页。

5　莱昂内尔·特里林：《知性乃道德职责》，严志军等译，南京：译林出版社2011年版，第84页。

为此，他希望人们能先停下来思考伦理生活的复杂性，而不是自信满满地忙于布道，因为"我们必须意识到我们最宏大的希望中所埋藏的危险"。在此意义上，悲剧与小说中的道德想象能够将"读者引入道德生活中去，邀请他审视自己的动机，并暗示现实并不是传统教育引导他所理解的一切"。[1]此外，波斯纳也表达过类似看法，伟大的作品从不提供安全感，特别是莎士比亚的悲剧，其伟大之处在于这样一个事实："不论任何作品中表达的是什么明确的见解或主张，它们都完全戏剧化了——也就是说，被放在一个复杂对话过程当中，这样它们就永远都不是单独作品的'最终语汇'。"[2]在探讨亚里士多德的诗学时，努斯鲍姆看到的就是诗的这种在洞悉生活复杂性、艰难性以及矛盾性中所展示出的卓越实践智慧。

当然，对于亚里士多德伦理学与诗学之间是否存在联系，有学者质疑。特里·伊格尔顿指出，"亚里士多德的伦理学和诗学并非完全一致"。在他看来，"《诗学》的风格单调乏味、杂乱无章、如讲稿一般，但却出了名地很少传达实际悲剧经验的意义"。[3]对此努斯鲍姆有所回应。首先，由于亚里士多德大部分作品已经永久佚失，所以这些作品无法表明"亚里士多德是如何把'哲学的东西'与'文学的东西'相互联系起来"。其次，由于在个性和才能上的差别，亚里士多德不像柏拉图那样在哲学写作中很好地融入文学的风格，但这并不代表他对文学缺乏尊重。最后努斯鲍姆还指出，要在伦理与诗之间建立联系，并不意味着必须要把"批评与癫狂、说明与激情揉成一

---

1 莱昂内尔·特里林：《知性乃道德职责》，严志军等译，南京：译林出版社2011年版，第119页。

2 理查德·A.波斯纳：《法律与文学》，李国庆译，北京：中国政法大学出版社2002年版，第432页。

3 特里·伊格尔顿：《甜蜜的暴力：悲剧的观念》，方杰等译，南京：南京大学出版社2007年版，第87页。

团"，"我们可以把他的伦理著作看作解释性的著作，看作对日常生活和悲剧诗中所发现的'现象'的整理"。[1]

在此意义上，努斯鲍姆完成了对亚里士多德伦理学的继承与改造，并在亚里士多德的指引下突出了诗在培养与塑造人类感知这一实践智慧中扮演的关键性角色。这种诗性的智慧会让人们以一种更为开放的态度去认识这个复杂的生活世界，并在对好生活的道德探询中认识到自身的脆弱。不过后文也将谈到，努斯鲍姆后期对诗的认识多少抛弃了这种情感认知意义上的探询，以及这种探询所得到的关于世界丰富性的认识，而更关注其所激发的同情如何为现实的社会正义事业服务，而这种社会正义却是由相对单一的道德规范所支撑。这在很大程度上跟希腊化时期伦理思想，尤其是斯多亚学派对她的影响有关。

1　玛莎·C.纳斯鲍姆：《善的脆弱性：古希腊悲剧与哲学中的运气与伦理》（修订版），徐向东等译，南京：译林出版社2018年版，第620—621页。

第二章
诗与哲学治疗：斯多亚学派的启示

尽管努斯鲍姆常被视为一位"亚里士多德主义者"，但她常称自己为"新斯多亚主义者"。这在很大程度上与希腊化时期伦理思想对她的影响有关。上一章已指出，对斯多亚学派的研究，让努斯鲍姆认识到亚里士多德思想中的一些缺陷。此外，希腊化时期的各种思想流派（伊壁鸠鲁学派、怀疑论学派以及斯多亚学派）将哲学作为灵魂治疗工具的设想，对于人类情感的深刻洞见，以及对叙事与修辞作为哲学论证手段的重视，都为努斯鲍姆提供了另一种重要的思想资源。努斯鲍姆在这一古代思想资源的基础上，发展出审美伦理思想的另一个维度。

第一节　哲学的治疗模式

"希腊化时期"是 19 世纪后期人们发明的一个称谓，用来指代马其顿国王亚历山大死后的三个世纪，这个时期"不仅具有希腊特征，而且还在不断接受希腊文化"。[1]但努斯鲍姆笔下的希腊化哲学不仅限于那个时代，因为除了希腊化时期之外，这些哲学思想也在罗马时期继续盛行与发展。

希腊化时期糟糕的社会现实状况无疑对哲学家的思考重心的改变产生影响。相较于希腊时期的柏拉图和亚里士多德，希腊化时期的哲学家开始失去那种探索形而上学和宇宙的"闲心"，现实的紧迫问题让他们将更多目光投注于伦理问题。麦金泰尔曾明确地指出了这一变化：

> 希腊政体的衰落和幅员辽阔的国家的兴起这些事实，对于道德哲学史的影响要远远大于对亚里士多德的分析可能产生的影响。道德生活的环境改变了；评价的不再是身边共同体中的人们，在这种共同体中，道德和政治评价的相互关联的特征，是种日常经验的事情；现在，是对那些来自远方的统治的人们的评价，人们在各种共同体中过着私人生活，而这种共同体在政治上毫无力量。在希腊社会，道德生活的中心点是城邦国家；在使用希腊语言的诸王国和罗马帝国，个人与国家之间的尖锐对立则不可避免。现在的问题不是问：正义能以什么样的社会生活方式表现出来？也不是问：非得践行什么样的德性，才能产生一种人们能在其中接受和实现一定目标的社会生活？而是问：我必须做什么才是幸福的？或者问：我作为个人能实现的善目是什么？人类的境况发生了很大的变化，以致个人必须从宇宙中的他个人的位置上，而不是在社会和政治架构中发现

---

[1] 西蒙·普莱斯等：《古典欧洲的诞生：从特洛伊到奥古斯丁》，马百亮译，北京：中信出版集团2019年版，第168页。

他的道德环境。[1]

在罗马时期这些思想继续盛行，也存在着类似的社会背景。无论是卢克莱修还是塞涅卡的笔下都展示着战争下的死亡、暴力与悲惨。努斯鲍姆指出，这些作家面对的是一个病态的社会：

> 它更看重金钱和奢华而不是灵魂的健康；它那关于性和爱的病态教义将一半成员转变为既受崇拜又遭憎恨的所有物，将另一半成员转变为因焦虑而痛苦不堪的虐待狂式的看守者；它为了逃避自己对脆弱的令人烦恼的恐惧而使用更加精巧的战争机器来杀戮成千上万的人。[2]

"哲学不再冷静地沉思世界，而是投入世界并成为其中的一部分"。[3]她指出，那个时代的哲学家普遍意识到，"哲学活动的核心动机就是人类痛苦的紧迫性，哲学的目标就是人的繁盛或希腊人所说的eudaimonia"。[4]希腊化时期的哲学家从事哲学研究，"不是把它作为一种致力于展示聪明的、超然的思想技术，而是把它作为一种努力克服人类苦难、身涉其中的世俗技术"。[5]他们劝导人们抛弃对错误信念的狂热追求，让生活回归到自然安宁的状态中来。为此，希腊化时期的哲学家更多关注人世的伦理问题，而非抽象的形而上学问题；他们经常用医学来类比他们的哲学，一种不同于物理学模型的医学模

---

1 阿拉斯代尔·麦金泰尔：《伦理学简史》，龚群译，北京：商务印书馆2003年版，第145页。

2 玛莎·努斯鲍姆：《欲望的治疗：希腊化时期的伦理理论与实践》，徐向东等译，北京：北京大学出版社2018年版，第103页。

3 同上，第35页。

4 同上，第13页。

5 同上，第1页。

型的哲学实践浮出水面。本节探讨的是，这一哲学的医学模型的特质如何，其在希腊化时期的哲学流派中分别是如何得到表现的，这一霍布斯鲍姆意义上"传统的发明"在多大程度上符合历史的事实，又在多大程度上源自努斯鲍姆的思想建构。

哲学医学模型的兴起

在努斯鲍姆有关希腊化时期哲学的论述中，"医学"或"医疗"是最重要的关键词。她将那个时期的哲学家称为"医生哲学家（the medical philosopher）"，把他们的哲学理解为"医学哲学（medical philosophy）"或"医学模型（medical mode）"，并将他们的论证形式称为"治疗论证（therapeutic arguments）"或"医学论证（medical arguments）"。

应当如何理解哲学的医学模型呢？努斯鲍姆将其放在古希腊两种伦理研究的进路（approach）的对比中加以理解。一条被称为"柏拉图式的进路"，另一条为"基于日常信念的进路"。前一条进路主要代表为柏拉图哲学。在其哲学中，伦理的真理或规范是"那种完全不依赖于人类、不依赖于人的生活方式或人的欲望而存在的东西"，伦理上的善"不是为了我们而形成的，我们也不是为了善而被造就出来的"。[1] 后一条进路则被归诸亚里士多德，当代的日常语言哲学亦是这一进路的表现形式。该进路认为真理更多体现在生活的传统与习俗信念中，哲学研究应在日常生活中发掘伦理真理，通过对日常经验的观察、搜集及比较来探索人如何度过自己一生的问题。希腊化时

1　玛莎·努斯鲍姆：《欲望的治疗：希腊化时期的伦理理论与实践》，徐向东等译，北京：北京大学出版社2018年版，第15页。

期哲学的医学模式是在对这两条进路的吸收与批判中建立起来的。

首先，基于对伦理及社会生活的关切，希腊化时期的哲学试图颠覆柏拉图式的进路，哲学家们试图用医学类比来重新思考哲学的可能性。在这一模式中，伦理上的善被认为要与人类生活相关，"它是一种面对人类生活并为了人类生活而存在的东西"[1]；哲学应当是一种参与性和投入性的技艺，"这种技艺的运作取决于它与它要治疗的那些人之间某种实用的合作关系"。[2] 因为"健康"不同于柏拉图式的"理念"，不在天上，并非与现实生活无关。在医学中发现真理的方式不同于物理科学，"在医学的情形中，病人在某种意义上是必不可少的，而在物理科学的情形中，看来没有任何人或人类实践在类似的意义上是必不可少的"。[3] 在医学上，"为了把规范应用到一群病人身上，他们就需要了解后者目前的状态，因为如果没有认识到某种疾病的症状，并按照自己对健康的典型说明来评估那些症状，他们就不可能治疗那种疾病"[4]。因此，哲学应同医学一样，成为一种关注人类生活的伦理学：为了找到这种伦理真理，那就必须"在我们的内部、在彼此间寻找它，把它作为一种能够回应我们对自己持有、对彼此持有的最深抱负和愿望的东西来寻求"。[5]

其次，哲学研究的医学模式也与"基于日常信念的进路"有别。后者认为，"伦理研究和教学仅仅是记录传统的社会信念，除此之外没有正当目的"。[6] 努斯鲍姆指出，尽管哲学的医学模式并不认为这一

1　玛莎·努斯鲍姆：《欲望的治疗：希腊化时期的伦理理论与实践》，徐向东等译，北京：北京大学出版社2018年版，第20页。

2　同上，第17—18页。

3　同上，第19页。

4　同上，第17页。

5　同上，第20页。

6　同上，第23页。

路径是完全错误的，但这一路径对日常信念缺乏必要的审视与反思。因为现存的欲望、直觉、情感常常是社会文化建构的产物，并不完全可靠，而且未被人意识到。尤其在希腊化时期，腐化的社会感染了生活于其中的人们的情感和欲望。哲学家（医生）应当向他们表明：他们对于自身健康的判断出现了错误，在此背景下，医生需要有自己的判断力，不应该过于信任病人。哲学家可能需要"诉诸一位审判员对可靠的伦理判断和健康所做的规范描述，后者的方法和裁决对学生来说具有示范作用，并且至少会尝试性地引导从事这项研究的方式"，而且他"不像一个柏拉图式的权威，因为就像病人一样，他自己也是人类共同体的成员，而且被认为代表了一个关于繁盛生活的理想，而这样的一个理想也是病人所渴求的，不管是多么模糊不清地渴求"。[1]于是，这一哲学模型所诉诸的关系就好比是在教师和学生、医生与病人之间的不对称关系。

　　总而言之，努斯鲍姆认为希腊化时期的伦理学试图将柏拉图主义的批判性力量与日常信念进路对现实世界的关切结合起来，在强调对信念和欲望进行严格审视的同时，也强调哲学必须在根本上回应现实世界中人们的日常信念和欲望。为了实现后一目标，"医学哲学往往也需要寻求比常见的演绎论证或辩证论证的技术更复杂、更间接、在心理上更投入的技术。它必须发现一些方法来探究学生[2]的内心世界，比如说用扣人心弦的例子和各种叙事技巧，求助于记忆

1　玛莎·努斯鲍姆：《欲望的治疗：希腊化时期的伦理理论与实践》，徐向东等译，北京：北京大学出版社2018年版，第25页。

2　这里的"学生"，狭义上指代希腊化时期在各个学派中学习哲学的人，广义上指代那些希望从哲学中获取生活智慧的人。在《欲望的治疗》中，努斯鲍姆根据史实虚构了一名叫"妮基狄昂"的女性，借助"她"在各个学派那里求学的叙事来勾勒一幅希腊化时期哲学思想的图景。第五章对此亦有介绍。

和想象，这一切都旨在把学生的生活引入分析过程"。[1]在该时期不同的学派的哲学实践中，"医学论证"的具体表现也不尽相同。下文具体介绍希腊化时期的伊壁鸠鲁学派、怀疑论学派以及斯多亚学派的哲学思想，在努斯鲍姆看来，各学派尽管存在着不同的特点，但它们都共享了治疗灵魂的医学设想。

从伊壁鸠鲁学派、怀疑论学派到斯多亚学派

在进入对希腊化时期哲学模型的描述前，有必要对亚里士多德在此方面的贡献予以说明。努斯鲍姆指出，尽管亚里士多德的哲学并不完全是"治疗式"的，但由于其对人类伦理问题的关注，其思想带有了一定的治疗特色，并对希腊化时期的治疗哲学的兴盛产生重要影响。

努斯鲍姆指出，亚里士多德在三个层面为哲学的治疗模式奠定了基础。首先，亚里士多德为哲学设置了实践目标，他要求伦理学研究不应停留于理论上的理解，也应对现实的改善有所贡献："我们的目的，不是想知道勇敢是什么，而是要勇敢，不是知道公正是什么，而是要公正，正如我们更想健康，而不是认识健康是什么，更想具有良好的体质，而不是认识良好体质是什么一样。"[2]其次，亚里士多德认为伦理真理在很大程度上依赖于人类经验，他尊重人类生活中的日常信念，并试图通过对各种不同日常信念的搜集、比照与反思来确立一种善的生活信念。这跟健康的观念存在很多相似之处，

1 玛莎·努斯鲍姆：《欲望的治疗：希腊化时期的伦理理论与实践》，徐向东等译，北京：北京大学出版社2018年版，第33页。
2 亚里士多德：《亚里士多德全集》（第1卷），苗力田主编，徐开来译，北京：中国人民大学出版社1994年版，第348页。

因为健康与每个人的身体状况密切相关。最后，亚里士多德对伦理的理解基于对具体情况的回应，跟医生问诊的模式存在相似之处："在医学中，永远都是症状的各种新组合，而在伦理学中，永远都是各种新的选择状况。"[1] 由此可见，亚里士多德的伦理思想带有一定的医学色彩。

不过，努斯鲍姆认为亚里士多德在一个重要的关键点上抛弃了医学类比，拒斥哲学的"治疗"特性。这具体体现在：医学类比隐含着医生与病人之间智识上的不对称性，亚里士多德则较为"民主"，认为伦理问题不像医治，"它们涉及一种互惠性的话语"[2]，是一个人人都能参与（尽管有阶层与性别上的限制）的实践活动。此外，亚里士多德认为哲学论证的理解不同于医学模式，后者仅仅在工具论的意义上理解论证，将其视为实现健康的手段，他强调论证本身的内在价值，因为好生活与这种理论上的澄清无法分离。为此努斯鲍姆认为亚里士多德思想中医学的要素与反医学的要素并存。

伊壁鸠鲁学派对哲学的医学类比更为显著："哲学论证如果不能帮助治疗人的疾苦就是空洞无益的。正如医术如果不能帮助解除身体的疾病就毫无益处一样，哲学如果不能去除灵魂中的疾苦，也就毫无用处。"[3] 伊壁鸠鲁学派对待其所处社会的态度，类似于医生对待病人的模式。在他们看来（怀疑论学派与斯多亚学派也持类似立场），他们生活于其中的社会是一个病态的社会，这个社会给人类带来无尽的痛苦，人们为那些错误的信念所支配，如对金钱的热爱、对死亡的恐惧、对宗教的迷信以及对爱情的向往等等。伊壁鸠鲁学派所

1　玛莎·努斯鲍姆：《欲望的治疗：希腊化时期的伦理理论与实践》，徐向东等译，北京：北京大学出版社2018年版，第66页。

2　同上，第70页。

3　伊壁鸠鲁等：《自然与快乐：伊壁鸠鲁的哲学》，包利民等译，北京：中国社会科学出版社2004年版，第3页。

要做的就是治疗人类的欲望与情感，将他们从这些"坏欲望"或"空洞的欲望"中拯救出来。为此伊壁鸠鲁修建"花园（garden）"，试图以打造远离尘世的小共同体的方式来实现治疗的目标。在实践的目标上，伊壁鸠鲁学派致力于将幸福作为哲学研究的唯一目的，排除了数学研究、逻辑研究以及科学研究等在柏拉图和亚里士多德看来同样重要的研究活动，"过着一种无忧无虑的生活"[1]。伊壁鸠鲁哲学也尝试如医学那样去回应具体情况，强调治疗上的"因人而异"，一些论证"更苦涩"或"更辛辣"，一些论证则可以是温和的。[2]伊壁鸠鲁哲学中最体现"医学"特质的，是该学派在教师与学生之间所确立的不对称关系，即"医生与患者、积极的和消极的、权威和权威的服从者之间的不对称"。[3]在伊壁鸠鲁的花园中，伊壁鸠鲁的地位相当于神明，学生们要称颂其为"人类救星"。该学派强调学生无条件地服从权威的意志，并用灌输式的教育取代苏格拉底式的平等对话式教育。努斯鲍姆对此批评道："伊壁鸠鲁学派学生的消极性，她的信任和尊敬的习惯，可能都会变成惯性，因此就毁了她，使她不能从事积极的批判任务。"[4]

怀疑论学派同样被努斯鲍姆纳入到希腊化时期的治疗传统中。她指出塞克斯都·恩披里柯（Sextus Empiricus）本人是一位医生，并受其生活时代医学思想的影响。怀疑论者对灵魂的治疗通过这几方面得到体现：其一，根据塞克斯都对怀疑论的定义，可以看到其哲学所预设的健康目标："怀疑论的起因正是对宁静（ataraxia）的向往。

---

1 卢克莱修：《物性论》，方书春译，北京：商务印书馆2012年版，第389页。

2 玛莎·努斯鲍姆：《欲望的治疗：希腊化时期的伦理理论与实践》，徐向东等译，北京：北京大学出版社2018年版，第125页。

3 同上，第130页。

4 同上，第140页。

那些才华卓著的人，为事物的矛盾所烦恼（tarasomenoi），对更应该赞同哪一方犹疑不决（aporountes），于是他们研究事物中什么是真的，什么是假的，并希望通过对这些矛盾的判定来获得宁静。"[1] 怀疑论试图通过论证来让其对象摆脱对信念的承诺而进入悬搁判断的状态，摆脱困扰则是这种论证的实践目标。其二，怀疑论重视对具体情况的回应。努斯鲍姆特别指出，《皮浪学说概要》中有一段迷人的文字，其标题是"为什么怀疑论者有时故意提出说服力较弱的论证"。塞克斯都指出，对于不同的患者要采取不同的治疗方法："对身染重病的采取重度治疗，对病情较轻的采取轻度治疗，同样怀疑论者给出力度不同的论证，在那些深受鲁莽之苦的人身上使用分量重的、能强有力地根除独断论自负之症的论证，而在那些自负之症流于浅表、易于治疗、通过适度说服即能治愈的人身上使用一般分量的论证。"[2] 这段话反映出针对不同的个体，怀疑论者的治疗方案有具体的针对性。其三，怀疑论对于理性论证的理解完全是工具论意义上的，甚至认为"论证过程是一种必须将其自身与坏的体液一道排出的药物"。[3] 与伊壁鸠鲁学派不同的是，怀疑论并未在医患角色之间预设那种不对称的关系——"没有谁比其他人更高明或更优越"以及"不存在把其他人的观点当作真理或部分真理来尊重的做法"。[4] 在怀疑论者看来，其治疗方案的结果是排除了信念与情感，最终将会排除"狂妄自大和脾气暴躁"。[5] 努斯鲍姆并不认可这种对待生活的态度，因为

1　塞克斯都·恩披里柯：《皮浪学说概要》，崔延强译注，北京：商务印书馆2019年版，第7—8页。

2　同上，第261页。

3　玛莎·努斯鲍姆：《欲望的治疗：希腊化时期的伦理理论与实践》，徐向东等译，北京：北京大学出版社2018年版，第313页。

4　同上，第315页。

5　同上，第320页。

这会导致人对他人命运的无动于衷。她在20世纪60年代的反文化运动中听到了怀疑论的回响："有很多人因为憎恨侵略，憎恨那种导致战争、个人嫉妒以及各种刻板行为的坚定承诺而追求这种无动于衷。"[1] 在她看来，这种哲学"更多地是与人类的本性相对立，而人类本性的一个显著特征就是要成为一个社会存在者，成为其他人当中的一员，能够形成对其他人的稳固承诺"。[2]

在所有希腊化时期的学派中，努斯鲍姆最为看重的是斯多亚学派，"医学类比对斯多亚主义者来说如同对伊壁鸠鲁主义者和怀疑论者一样重要"。[3] 该学派对治疗的承诺也在其代表人物的著述中有所反映。爱比克泰德（Epictetus）指出，"斯多亚主义的学校应该像大夫的诊室一样，让患者感到难受，而非舒适"。[4] 西塞罗则声称："从一开始，我们就会用哲学的方式来治疗我们的灵魂。如果我们愿意，我们的灵魂就会得到治疗。"[5] 努斯鲍姆指出，首先，斯多亚学派也设定了实践目标，即哲学的价值在于帮助人追寻真正的美德。较其他学派，斯多亚主义者希望哲学能影响更多的受众，因而更为重视论证的风格与技巧。其次，斯多亚学派一方面跟亚里士多德类似，认为好的治疗需要与病人的特殊体质相对应，"教师的目标是要除去把学生与善的关系遮掩起来的错误信念"；[6] 另一方面不同于亚里士多德将伦理生活限定在人类生活范围，斯多亚学派认为"伦理既在大地上

---

1 玛莎·努斯鲍姆：《欲望的治疗：希腊化时期的伦理理论与实践》，徐向东等译，北京：北京大学出版社2018年版，第322页。

2 同上，第322页。

3 同上，第325页。

4 威廉·B.欧文：《像哲学家一样生活：斯多葛哲学的生活艺术》，胡晓阳等译，上海：上海社会科学出版社2018年版，第53页。

5 西塞罗：《库斯图兰论辩集》，李蜀人译，北京：中国社会科学出版社2021年版，第104页。

6 玛莎·努斯鲍姆：《欲望的治疗：希腊化时期的伦理理论与实践》，徐向东等译，北京：北京大学出版社2018年版，第341页。

又在天堂中"，认为美德并不是只限于人类世界，"而是神的天意设计在我们当中嵌入的那种神圣完美的一个方面"。[1] 因此，伦理的善并不完全由人的措辞来规定，而是带有宇宙论的性质："医生的任务就在于发现一个不仅位于我们内部，而且也居于整个事物的本质之中的真理。"[2] 从此角度看，斯多亚学派唯一重视的是人的理性，并以理性为依据来审视各种错误信念，与亚里士多德式的医生相比，斯多亚学派的医生比较缺乏"人情味"，尤其体现在其"根除激情"的治疗策略中（后文会详述）。最后，斯多亚学派跟其他学派类似，注重根据学生的具体情况来进行诊断。如果说伊壁鸠鲁学派有时还坚持认为一般的教条是有意义的话，那么斯多亚学派对特殊性与具体情况是最为重视的。爱比克泰德、塞涅卡都重视交谈甚于写作，因为相较于写作的那种不分对象的任意"撒播"，交谈或对话则具有个体的针对性。[3] 斯多亚学派在人格尊严方面给予学生足够尊重。"在所有这些学派中，正是斯多亚主义者最有效地把灵魂深度的认识与对学生积极的实践推理的尊重结合起来，从而产生一幅哲学友谊的图景。"[4] 努斯鲍姆对该学派持有更多的同情与认可，也从该学派的思想中获益最多。

1　玛莎·努斯鲍姆：《欲望的治疗：希腊化时期的伦理理论与实践》，徐向东等译，北京：北京大学出版社2018年版，第341页。

2　同上，第342页。

3　约翰·杜翰姆·彼得斯：《对空言说：传播的观念史》，邓建国译，上海：上海译文出版社2017年版，第67页。

4　玛莎·努斯鲍姆：《欲望的治疗：希腊化时期的伦理理论与实践》，徐向东等译，北京：北京大学出版社2018年版，第503页。

传统的发明：努斯鲍姆的思想建构

在为《欲望的治疗》一书所写的书评中，伯纳德·威廉斯对努斯鲍姆所总结的希腊化时期哲学的"医学模型"质疑。首先，他从总体上质疑其作缺乏丰厚的历史材料来证实在希腊化时期真实存在着这样的治疗实践，包括教师与学生之间的教学活动以及心理治疗的相关记录；其次，针对努斯鲍姆的具体论述，威廉斯指出全书只有伊壁鸠鲁学派最符合努斯鲍姆所提出的"医学模型"，"它比任何其他学派都更为清晰地体现出，就其本身而言哲学究竟应该为病人做些什么"。[1] 他赞赏努斯鲍姆对卢克莱修的精彩解读，但并不认可努斯鲍姆将怀疑论学派与斯多亚学派一并装入"治疗模型"篮子的做法。威廉斯指出，皮浪学派只是怀疑论学派中的一个激进分支，并不足以代表该学派的全部，他也不认为塞克斯都对于"说服力较弱的论证"的说明是一个恰当的医学类比；此外，斯多亚学派对于德性的追寻是否可被视为治疗，更令他感到怀疑。他进一步指出，努斯鲍姆将重点聚焦于塞涅卡（塞涅卡深受罗马时代普遍存在的文化影响，对抽象概念并无兴趣），这就使她未能清晰全面呈现"斯多亚学派如何思考理论哲学与治疗事业之间的关系"。[2] 最后，威廉斯还对"哲学治疗"展开反思。他认为努斯鲍姆对哲学治疗的理解不同于维特根斯坦，后者认为需要治疗的是哲学本身，而努斯鲍姆试图治疗的疾病不是哲学本身以及哲学所制造的产物，而是涉及普遍的人类疾病：绝望、沮丧、焦虑等等。威廉斯并不确信哲学真能够治愈这些疾病。他的

1　Bernard Williams, *Essays and Reviews 1959—2002*, Princeton: Princeton University Press, 2014, p. 341.

2　Ibid., p. 343.

最终结论是，努斯鲍姆"或许并未如她希望的那样成功地将希腊化时代的思想带入我们当下的关切，但毫无疑问她将它们从哲学史的长期埋没中拯救了出来"[1]。

总体而言，威廉斯对努斯鲍姆的批判是客观中肯的。[2]这也在一定层面上揭示出努斯鲍姆对希腊化时期哲学的研究特色：她对该时期"医学模型"的提炼，有部分基于历史事实，也有部分基于她的主观建构。在对治疗模型进行"传统发明"的过程中，努斯鲍姆有意识地将一些不利于"医学模型"的言论与思想排除出去，或者以某种"张力"或"复杂性"的解释来处理她所面临的挑战。比如她为医学模型所确立的几条重要特征上，都能够发现与这些特征相悖的反例：

医学模型强调在医生与病人、教师与学生之间确立不对称的关系。

在努斯鲍姆的具体分析中，并非所有学派都赞成这一关系。尤其是在斯多亚学派那里，体现出一种教师与学生之间的平等互惠关系。就努斯鲍姆个人而言，她更赞赏那种平等对称的关系，而这种关系恰恰并不属于医学模型。

医学模型强调其实践目标旨在让学生／病人变得更好，并能在某个层次上回应学生／病人的深层愿望或需要。

按照努斯鲍姆对伊壁鸠鲁对神性的推崇以及斯多亚主义对激情的根除看，这些学派并未真正回应病人的深层愿望或需要，因为对神性的追求远离人性的实际情况。在她看来，其所推崇的实践目标也不是一个让人类变得更好的目标。

1　Bernard Williams, *Essays and Reviews 1959—2002*, Princeton: Princeton University Press, 2014, p. 345.

2　在一篇文章中努斯鲍姆自己表达了对威廉斯这篇书评的认同，认为他"做了正确的理解"。参见玛莎·努斯鲍姆：《道德（及音乐）危险：评伯纳德·威廉斯〈论歌剧〉及〈论文与书评：1959—2002年〉》，范昀译，《中外文论》2019年第1期，第199—207页。

医学模型强调哲学论证的纯粹工具性价值，认为该论证不具有任何内在的价值。

从努斯鲍姆对卢克莱修、塞涅卡文本的具体描述看，这些作家的文本也并不完全是工具性的，其形式本身具有重要的伦理价值。（第二章第三节）

但需要强调的是，努斯鲍姆对希腊化时期哲学的这一建构，是以一种坦率的方式完成的。不同于某种试图有所隐瞒，或是以欺骗为目的的建构，努斯鲍姆主动坦承其中的复杂性，让读者直接意识到她在思想史研究中的建构特色。为此我们需要考虑的不是在福柯意义上去戳穿其中的人为建构或权力话语，而是需要去思考她为何要进行霍布斯鲍姆意义上的"传统的发明"。

在努斯鲍姆的论述中我们不难看到，希腊化时期的哲学不仅是一种将主题定位于伦理生活的哲学写作，而且还是一种更有现实感，更富人情味，并对普通读者而言更为友善的思想实践。美国学者威廉·欧文就指出，相对于当代哲学的"学术性"，"许多古希腊和古罗马的哲学家，不仅认为人生的哲学是值得思考的，而且认为哲学存在的理由就是致力于探讨人生"[1]，而这恰恰是他的许多哲学同行不屑于去做的。纵观努斯鲍姆的作品可见，她对哲学医学模型的兴趣在很大程度上与其身处的哲学传统和她个人的哲学气质相关。美国哲学的实用主义传统自然会使哲学家更关心哲学对于改造现实的价值，努斯鲍姆个人对现实人生与社会的兴趣与关怀，也使她很难满足于做一位纯粹的学院派哲学家。她不仅把哲学研究理解为一个人在当

---

[1] 威廉·B.欧文：《像哲学家一样生活：斯多葛哲学的生活艺术》，胡晓阳等译，上海：上海社会科学出版社2018年版，第3页。

下过上良好生活的重要手段，而且还是巩固与修缮自由主义社会的必要工具。因此，希腊化时期的哲学自然会吸引努斯鲍姆的目光，她强烈的现实感也使她更容易注意到该时期哲学对社会弊病的关怀意识。

不可否认，希腊化时期哲学对努斯鲍姆哲学思想的影响是相当深入的。尽管从亚里士多德的意义上看，她的哲学思考具有一定的开放性，但我们也不能忽视其思想有时也会像伊壁鸠鲁学派或斯多亚学派那样趋向封闭。跟对古代哲学家对健康的思考那样，努斯鲍姆对于当下人类伦理与政治生活的健康程度的思考，也包含了规范性的诉求。在医学模型的引导下，她的思考的重心聚焦于"如何让人类生活走向健康"，而非基于亚里士多德意义去探询"何为健康"。比如在对人类各种情感的理解中，她有一个规范性的情感理想（第三章）。在此考量中，普遍规范的重要性要大于个别特殊的现实欲求，尽管她一再声明任何理论规范有时也需要受到现实欲望的挑战。

这种规范性与开放性之间的紧张，不仅体现在努斯鲍姆对好生活的思考中，而且还体现在她对社会正义的追寻中。她对社会正义问题的思考，同样触及特殊欲望与规范标准之间的张力。在社会选择的议题上，尽管她也试图在尊重主观欲望与客观规范之间寻求平衡与辩证的关系，因为一方面我们需要尊重现实生活中人类的各种欲望与偏好，而不是将一种非人类的价值强加于不同的人类个体，但另一方面人类部分欲望与偏好的非理性及其虚假特征，也确实无法成为制定社会政策的指引。但有时在她看来，这一平衡之中人类的欲望与偏好只能"发挥有限的辅助性作用"，因为"欲望发生社会形变的可能性相当大：正是由于这个原因，我们主要还是依赖一份获得独立证明的实质性善的清单"。[1]尤其在她对"能力清单"的重视中，凸显出努斯鲍姆对规范性力量的肯定。

不可否认，努斯鲍姆对这种规范性是存在疑虑的："在这些学派对健康的热情中，它们可能会让真理和好的推理屈从于治疗功效，而我始终对这种可能性感到困扰。"[2]因为按照人类的最深欲望来定义伦理真理并非不合情理。她也在部分论述中批评希腊化时期的各个学派无法做到使用开放的辩证策略，这"多多少少限制了学生对各种取舍的自由考虑，因此操纵了结果"。[3]这点也得到扬·普兰佩尔的认同，她指出努斯鲍姆"总体上区分了描述性和规范性的斯多亚派方案，接受前者，拒绝后者"。[4]尽管如此，探询与规范之间的紧张依然存在，努斯鲍姆依然未能摆脱将健康规范化与教条化的问题，因为她很可能将某些人类的欲望视为伦理真理，却在有意无意中忽略了人的其他欲望与信念。尽管她不再像柏拉图或斯多亚学派那样从非人的神性世界中寻找真理，但也可能将人类价值中的某些真理（如对平等的诉求）放大或片面化。这与其透过亚里士多德进路所进行的开放性伦理探询形成了一定程度的紧张。

1　玛莎·努斯鲍姆：《女性与人类发展：能力进路的研究》，左稀译，北京：中国人民大学出版社2020年版，第137页。

2　玛莎·努斯鲍姆：《欲望的治疗：希腊化时期的伦理理论与实践》，徐向东等译，北京：北京大学出版社2018年版，第504页。

3　同上，第506页。

4　扬·普兰佩尔：《人类的情感：认知与历史》，马百亮等译，上海：上海人民出版社2021年版，第29页。

第二节　情感与伦理智慧

　　希腊化时期各学派之所以将哲学视为处理人类疾病的装备精良的技艺，在于他们相信哲学能够诊断与治疗人类的激情和欲望。该时期哲学的重心在于对人类情感的认知与思考，其取得的思想成就对 17 世纪以来近代西方的情感主义（sentimentalism）产生深远影响。努斯鲍姆指出，必须重视希腊化时期哲学在情感研究方面所取得的成果，因为"斯多亚学派和伊壁鸠鲁学派的文本对情感提出的分析既精微又中肯，西方哲学史上处理这个论题的其他任何著作都无法超越"[1]。尽管亚里士多德对情感也有相关论述，但希腊化时期所取得的思想成就还是超越了他。"就情感的哲学观念而论，无视希腊化时期就意味着不仅无视西方传统中最好的原材料，也无视这个时期对后来发展的重大影响。"[2] 对于努斯鲍姆而言，希腊化时期哲学的最重要贡献体现在其对于人类情感的认识，他们普遍认识到情感在认知上的价值，并在该前提下认识到激情可能给人类生活带来的伤害。努斯鲍姆吸收了希腊化时期哲学，尤其是斯多亚学派有关情感的深刻见解，但摒弃该学派对情感给予彻底否定的做法，构建了一种对人类情感给予正视与批判性认同的"新斯多亚主义"。

1　玛莎·努斯鲍姆：《欲望的治疗：希腊化时期的伦理理论与实践》，徐向东等译，北京：北京大学出版社2018年版，第520页。

2　同上，第2页。

情感的认知价值

希腊化时期哲学的诸多流派普遍主张将情感理解为一种对世界的认知。在这些学派中，努斯鲍姆认为斯多亚学派走得最为深入，在克里西普斯（Chrysippus）那里取得"信念等于激情"的重要洞见。从努斯鲍姆的相关论述看，她最为重视与认同斯多亚学派的哲学论证，"斯多亚主义论述情感之本质和结构的著作，不论是在系统的综合性上，还是在具体分析的精确性上，都远远超出怀疑论，在某些方面也超出伊壁鸠鲁"。[1] 为此本节将重点探讨斯多亚学派对于情感认知价值的相关论述。

斯多亚学派对情感的理解，其内部各派是存在不同看法的。努斯鲍姆将其大致分为两派：一派将情感理解为一种认知，由克里西普斯所发展，并为塞涅卡、爱比克泰德所继承。这个派别的斯多亚主义者认为灵魂是一体的，"激情是判断，是对显像的赞同，因此它们能够被灵魂中的理性能力所修缮"；另一派不认为情感具有认知价值，这种观点主要在巴比伦的第欧根尼（Diogenes of Babylon），波西多尼乌斯（Posidonius）等人的作品中得到表达。这派斯多亚主义者继承了柏拉图的灵魂三分说，认为"激情是灵魂中的那个非理性部分的运动。该部分是不能通过对判断的修缮而得到改善，而只能通过'非理性的'方式使之'和谐'与平衡"。[2] 在这两派之间，努斯鲍姆较为赞

1 玛莎·努斯鲍姆：《欲望的治疗：希腊化时期的伦理理论与实践》，徐向东等译，北京：北京大学出版社2018年版，第326页。

2 Martha C. Nussbaum, "Poetry and the passions: two Stoic views." *Passions & Perceptions: Studies in Hellenistic Philosophy of Mind Proceedings of the Fifth Symposium Hellenisticum,* edited by Jacques Brunschwig. etc, Cambridge: Cambridge University Press, 1993, pp. 100—101.

同认知派，而对另一派缺乏同感。[1] 她以克里西普斯为代表的认知派观点为基础，对人的情感做了系统的哲学说明：

首先，人类的情感并非简单的自然冲动，而是有关什么的情感，跟事物的显像有关，是"关于对象价值或重要性的思考"。[2] 情感不是盲目的动物性力量。一阵风可能会吹打某些事物，但它并不会如情感那样与特定对象发生关系，如同"一种流动的、转瞬即逝的东西，就像风来了又去，人们不知道它是怎么运作的"。[3] 情感不同于食欲（appetites），如饥饿感、口渴等。食欲本身并不包含任何关于对象的价值或善的思考，与价值无涉。情感也不同于无对象的情绪（moods），情感总是有一个对象（即便是模糊的），而情绪（恼怒、愁闷、得意以及平静）往往无对象可言。此外，情感还不同于感受（feeling），不同的人对同一情感的感受也各有不同。比如悲伤有时候可通过哭泣来表达，但有时也可以笑的方式呈现，有时情感甚至不需要借助感受来得以呈现。努斯鲍姆引述塞涅卡指出，有时一个显像本身没有被接受或吸收、而只是撞在你面上时，它也会引起反应（如脸色苍白、心跳加速等），"但这些东西不是激情，而只是身体运动"，只有当显像已获准进入时，"我们才有了心灵的骚动，这种骚动就是激情"。[4] 由此可见，情感具有一种意向性觉察的形态，通常指向一个对象或者针对一个对象的觉察之形式。[5]

1　Martha C. Nussbaum, "Poetry and the passions: two Stoic views." *Passions & Perceptions: Studies in Hellenistic Philosophy of Mind Proceedings of the Fifth Symposium Hellenisticum,* edited by Jacques Brunschwig. etc, Cambridge: Cambridge University Press, 1993, p. 114.

2　Martha C. Nussbaum, *Upheavals of Thought: The Intelligence of Emotions*, New York: Cambridge University Press, 2003, p. 130.

3　扬·普兰佩尔：《人类的情感：认知与历史》，马白亮等译，上海：上海人民出版社2021年版，第22页。

4　玛莎·努斯鲍姆：《欲望的治疗：希腊化时期的伦理理论与实践》，徐向东等译，北京：北京大学出版社2018年版，第389页。

5　同上，第80页。

其次，情感本身包含着对于外在事物的信念，并随着信念的变化而变化。克里西普斯认为"激情是各种形式的错误判断或错误信念"。[1] 信念与情感以非常紧密的方式联系在一起，它看上去像是情感自身的一部分。我们不能通过感觉来区分恐惧、怜悯、嫉妒、愤怒等情感，唯有通过对其持有的不同信念的区分才能对这些情感进行区分。比如恐惧包含着未来糟糕可能性到来的信念，愤怒包含着关于伤害被错误地施加的信念，怜悯则需要一种关于他人重大苦难的信念。[2] 若要令人感到恐惧，我们就需要让他们确信某种糟糕的事情即将发生，它将威胁到他们或他们深爱的人；若要让人对某人感到愤怒，那么就需要让他们确信某些人正在损害他们的幸福生活。这些情感都是跟信念联系在一起的，一旦信念发生改变，情感也会发生改变。若让人确信即将到来的事情并不那么糟糕，那么人们的恐惧也不会如此强烈，甚至不会发生。由此可见，信念在情感中扮演着非常重要的角色。

最后，情感的意向性与信念都承载着价值，或者也可以说情感能够衡量与评判一个人的生活。根据斯多亚学派的观点，情感判断是一种对某一显像的认可，这一显像具有命题性的内容，包含了某种有关重要目的与计划的价值。动物是按照事物冲击它们的方式来运动的，而不做出承诺。人与动物的不同在于人需要进行挑选、识别和承诺，情感中就包含着这种理性的因素。在克里西普斯看来，"只要真正信奉或认可某种评价性命题，一个人就可以在情感上受到激发"。换而言之，"倘若情感没有出现，我们就有权说相应的命题

1　玛莎·努斯鲍姆：《欲望的治疗：希腊化时期的伦理理论与实践》，徐向东等译，北京：北京大学出版社2018年版，第375页。

2　Martha C. Nussbaum, *Hiding from Humanity: Disgust, Shame, and the Law*, Princeton: Princeton University Press, 2004, p. 27.

并未（或尚未）真正得到承认"。在此意义上，情感就是一种判断，可被看作是"理性的一种状态"，"认知本身就可以是一种强烈的活动"。[1] 克瑞翁并不是冷漠无情地接受儿子去世这个事实，然后才开始悲伤，情感与判断不分先后，那种"像针尖用力刺入手心"的体验本身就包含了理性的价值判断。

总而言之，"情感不仅仅是理性造物心理机制得以发动的燃料，而且它们还是这一造物自身理性高度复杂而混乱的部分"。[2] 努斯鲍姆从克里西普斯那里更是看到了情感激荡（emotional upheavals）中所蕴含的理性。这一比喻，来自普鲁斯特，他将情感理解为一种"思想的地形起伏（geological upheavals of thought）"。[3] 这种如地形一样的情感起伏意味着我们的生命是"不平坦的，不确定的，并且很容易反转"。[4] 由此可见，在确立情感知性意义的基础上，所有情感在某种程度上都可被视为是"理性"的。克里西普斯为代表的斯多亚主义者之所以拒斥柏拉图式的灵魂三分说，认为灵魂只有一个部分（理性部分）的主要意图就在于此。"判断不是理智置于命题之上的一种冷静而呆滞的活动，而是在自己内心深处的一种承认，即承认某件事情

1　玛莎·努斯鲍姆：《欲望的治疗：希腊化时期的伦理理论与实践》，徐向东等译，北京：北京大学出版社2018年版，第387、389页。

2　Martha C. Nussbaum, *Upheavals of Thought: The Intelligence of Emotions*, New York: Cambridge University Press, 2003, p. 3.

3　"人们不理解，德·夏吕斯先生精神上受到这种不安的折磨，并因此一时见多识广起来，究竟达到何等程度。爱情就这样造成思想上的地层崛起运动（*geological upheavals*）。在德·夏吕斯先生的爱情里，几天前，还颇像一片坦坦荡荡的平原，就是站在最遥远的地方，也不可能发现地表上有一个主意存在，顷刻之间拔地而起一群山脉，坚如顽石，而且是雕琢而成的群山，似乎有个能工巧匠，他不是把大理石运走，而是就地精雕细刻，形成规模壮阔的巨型群雕，愤怒、嫉妒、好奇、羡慕、怨恨、痛苦、高傲、恐怖和爱情纷纷扭怩作态。"参见马塞尔·普鲁斯特：《追忆逝水年华》（第四卷），许钧等译，南京：译林出版社2012年版，第453页。

4　Martha C. Nussbaum, *Upheavals of Thought: The Intelligence of Emotions*, New York: Cambridge University Press, 2003, p. 1.

就是这样"。[1]这就是情感所体现的认知价值。

对情感的批判

尽管斯多亚学派对情感关注有加，并确认情感所具有的认知价值，但这种关注绝非出于肯定与赞赏，而是旨在批判与否定。他们试图在对情感的分析与诊断中，寻找治疗或者根除情感的方案。在斯多亚学派看来，情感之所以危险，是因为它存在如下五方面的问题：

一、情感本身容易扰乱心智。斯多亚学派将激情视为人格的病态状况。他们普遍认为，"只要一个人易于具有强烈的激情，他就倾向于处于一种觉得虚弱、疲惫、缺乏稳固的状态。这是一种与体格虚弱、衰老不堪、神经衰弱的人的身体状态相似的心理状态"。[2]塞涅卡在《论愤怒》中有这样一段描述：

> 他的眼睛闪耀着怒火，他的整个脸色因为从心底涌上来的热血而变得深红，嘴唇颤抖，牙关紧咬，怒发冲冠，呼吸急迫而粗重，关节因为身体的扭动而咯咯作响，他呻吟着、咆哮着，迸发出谁也无法理解的言辞，同时不断拍打着双手，以脚踩地；他的整个身体处于极度亢奋之中，并且"怒气咻咻地威胁着"；这是被扭曲和膨胀了的疯子的一幅丑陋可怕的画面——你不能说清这个恶［愤怒］是否比前者［疯狂］更为可恶或可怕。[3]

1　玛莎·努斯鲍姆：《欲望的治疗：希腊化时期的伦理理论与实践》，徐向东等译，北京：北京大学出版社2018年版，第389页。

2　同上，第402页。

3　塞涅卡：《强者的温柔：塞涅卡伦理文选》，包利民等译，北京：中国社会科学出版社2005年版，第3—4页。

二、激情一定会过度，把激情控制在一定限度内的设想不符合现实。亚里士多德认可情感对于人类幸福的价值，他也反对情感的过度，但认为可以将其控制在一定的限度之内。斯多亚学派认为他的看法过于天真，因为激情在本质上难以驾驭。克里西普斯用比喻生动地指出这一点："当一个人在散步的时候，他可以随心所欲地检查和改变四肢的动作。但是，假如他在奔跑，就不再是这样了。运动凭借自身的冲力向前推进，于是，即使他想停下来或是想改变行程，他也做不到。"[1] 此外还有诸多的现实案例与文学故事证明：爱会导致过度的爱，愤怒则会导致过度的愤怒。

三、人类情感所包含的很多信念是在特定社会文化环境中形成的，有很多信念并非健康的信念，它们会对情感造成腐蚀，并造成心灵空虚。伊壁鸠鲁学派将人类的欲望分为"自然的欲望"与"空洞的欲望"，空洞的欲望是那种跟人的自然本性相对立的欲望[2]，那些"让我们去恐惧神灵和死亡的宗教迷信"，"将我们的自然性欲弄得错综复杂的爱情故事"以及"在我们周围用来美化财富和权力的交谈"[3]等都是情感腐化的外在条件。卢克莱修指出，甚至爱情也是一种虚幻的感情，这种"准宗教的幻觉污染了性关系"，而且还"妨碍我们把彼此作为人类存在者加以承认"。[4] 斯多亚学派的塞涅卡则认为，愤怒是一种非自然的情感，是特定社会的产物。对于情感的社会建构性，伊壁鸠鲁学派与斯多亚学派享有许多共识。

四、激情与激情之间是相互联系的，并相互转换，即便好的激

1　玛莎·努斯鲍姆：《欲望的治疗：希腊化时期的伦理理论与实践》，徐向东等译，北京：北京大学出版社2018年版，第405页。

2　同上，第153页。

3　同上，第107页。

4　同上，第165页

情也会引发坏的激情。有人认为，人们无需根除爱或者同情这些有益的激情，只需要克服与消除恐惧、愤怒、厌恶等负面情感即可，这在斯多亚学派看来低估了人类情感的复杂性。"人们并不是带着邪恶或侵犯本能来到这个世界上。相反，爱与和谐才是他们最初的冲动。"[1] 在斯多亚主义者看来，激情与激情之间是相互联系和相互转换的，爱会为愤怒提供最剧烈的燃料（《美狄亚》），怜悯与恐惧也是纠缠在一起的，人类的恐惧与一系列情感（如愤怒、厌恶、嫉妒）存在着关联。

五、情感对于追求自足的人生而言不仅毫无价值，而且成为阻碍。从斯多亚学派更为绝对的立场看，情感无论积极还是消极，都没有任何价值，因为其对激情的批判建立在对"外在善"的彻底蔑视中。[2] 在该学派看来，唯有美德才值得选择，"行动者无法充分控制的东西，例如健康、财富、免于痛苦、身体机能的良好运作，都没有内在价值，它们甚至也不是作为一种工具上必要的条件而与幸福发生因果关系"。[3] 情感的产生源自对外在世界的关切，预设了"外在善"，即存在着一些行动者不能够完全控制的东西，这对于追求自足的人生而言是一种阻碍，真正有智慧的人是完全摆脱激情的人。

由此可见，对情感的批判几乎成为希腊化时期各个学派的共识。他们普遍认为，很多激情依赖于某些社会信念，它们并非自然涌现，而是由特定的社会文化塑造而成。他们也普遍相信，正是被社会腐蚀了的情感导致了现实中的各种纷争与暴力，为此他们力劝人们对

1　玛莎·努斯鲍姆：《欲望的治疗：希腊化时期的伦理理论与实践》，徐向东等译，北京：北京大学出版社2018年版，第430页。

2　Martha C. Nussbaum, *Anger and Forgiveness: Resentment, Generosity, Justice,* Cambridge: Oxford University Press, 2016, p. 142.

3　玛莎·努斯鲍姆：《欲望的治疗：希腊化时期的伦理理论与实践》，徐向东等译，北京：北京大学出版社2018年版，第367—368页。

情感进行治疗，或者如斯多亚学派那样，干脆将情感从人类生活中彻底根除。

"新斯多亚主义"的情感哲学

斯多亚学派对情感的摒弃，很大程度基于他们对情感社会建构现实的认知，因为情感极有可能遭到糟糕社会现实的腐蚀。在努斯鲍姆看来，这点上他们的观点无疑是有价值的："希腊化时期的哲学有一项最令人难忘的成就，那就是令人信服地详细表明，具体的社会条件如何塑造了情感、欲望和思想。"[1]但她并不认同他们对待情感的这一激进立场，因为这一立场无法与哲学对人类生活的关注形成逻辑上的自洽："既然那些富于同情心的哲学家承诺要改善人类生活，他们是出于什么理由而断言应该把情感从人类生活中移除呢？"[2]为此，尽管肯定希腊化时期哲学对情感的深刻理解，但努斯鲍姆并不认可其对待情感的激进立场。

在此背景下，努斯鲍姆认为亚里士多德对情感的论述更有意义，并试图在斯多亚学派的基础上补充与发展亚里士多德的情感思想，那就是"从摆脱激情中转移出来，转向爱欲和同情"。[3]"一旦我们对这个分析做恰当的修正，它就可以向我们提供一个基础，使我们可以对情感做出一个当代的哲学阐释。"[4]努斯鲍姆将其对希腊化时期哲学（尤其是斯多亚学派）的批判性改造与发展称为"新斯多亚主义"。

---

1 玛莎·努斯鲍姆：《欲望的治疗：希腊化时期的伦理理论与实践》，徐向东等译，北京：北京大学出版社2018年版，第10页。

2 同上，第40页。

3 同上，第513页。

4 玛莎·纳斯鲍姆：《善的脆弱性：古希腊悲剧与哲学中的运气与伦理》（修订版），徐向东等译，南京：译林出版社2018年版，第7页。

首先，努斯鲍姆在希腊化哲学情感思想的基础上，结合当今时代的认知心理学、神经脑科学等学科的最新成果（尤其是斯多亚学派并不在意的对动物情感的研究），为这些古典思想提供了科学上的论证。马丁·塞利格曼（Martin Seligman）、理查德·拉扎勒斯（Richard Lazarus）、基思·奥特利（Keith Oatley）等学者都在相关的动物研究中支持了情感具有认知性这一结论；而约瑟夫·勒杜（Joesph LeDoux）、安东尼奥·达马西奥（Anthony Damasio）等人更是在对人类心理的研究中发现了情感在人类生活中所扮演的导航性功能。除此之外，她还通过一些有关动物的非虚构叙事［如乔治·皮茄（George Pitcher）的《那些待在这里的狗》（*The Dog Who Came to Stay*）］，证明动物与人在情感上的相似性。其次，努斯鲍姆试图论证成年人的情感与儿童情感之间的关系，并试图对成年人的情感如何从婴儿的原始情感发展而来的历程做一个发生学意义上的说明（第三章）。最后，努斯鲍姆从情感人类学的角度对情感的文化变异进行了说明。在她看来，尽管斯多亚学派认识到了情感的社会建构维度，但并未注意与分析不同社会文化在建构情感上所存在的差异。

希腊化时期哲学（尤其是斯多亚学派）有关情感认知价值的论证无疑为努斯鲍姆的审美伦理思想提供了重要的思想资源。无论是她对当代社会各种情感的探讨，还是她对文学艺术在伦理生活以及公共生活中意义的诠释，都围绕着"情感即判断"这一斯多亚学派的核心教义展开，"情感具有知性价值"成为其全部作品的重要基石。需要指出的是，无论在她所考察的斯多亚学派内部，还是在当代心理学界内部，对于情感究竟是什么，情感是否具有认知性，依然存在不少分歧。比如英国学者露丝·雷斯就指出，在当代的情感研究内部分为两个派别，一派是以理查德·拉扎勒斯、安东尼·肯尼、罗伯特·所罗门等为代表的认知主义派，其中也包括玛莎·努斯鲍姆，另一派则是以汤金斯、艾克曼、伊扎德以及格里菲斯为代表的非认知主义派。[1] 这就意味着，努斯鲍姆所持有的斯多亚式的情感哲学只是诸多有关情感理解中的一种，而且她对当代认知心理学研究成果的引述，未必能有效加强斯多亚学派情感哲学的说服力。

第三节 作为治疗的诗学

基于希腊化时期哲学思想的治疗理念以及对于治疗对象的认知，努斯鲍姆看到，这种治疗无法停留于抽象意义上的理性论证，而是需要深入到个别特殊的灵魂深处。治疗学派都深信，一个尽管"在逻辑上严密和精确"，但"无法用某种实践方式来吸引听众的论证"，依然是一个"有缺陷的哲学论证"。[2] 努斯鲍姆以印度为例：若要劝说一位声言不想接受更多教育的农村女性接受教育，农村发展部门的工作人员用简单的理性劝说恐怕不会有什么成效。她建议他们花费长时间跟她一道生活，分享并进入她的生活方式：

> 这段时间里，假设他们坐在她面前，用生动的故事向她讲述各种形式的教育如何改变了世界上其他地方女性的生活状况——他们需要努力发展一种相互信任的氛围，在这种氛围中，

---

1 露丝·雷斯：《情感的演化：20世纪情绪心理学简史》，李贯峰译，武汉：华中科技大学出版社2020年版，第6—7页。

2 玛莎·努斯鲍姆：《欲望的治疗：希腊化时期的伦理理论与实践》，徐向东等译，北京：北京大学出版社2018年版，第13页。

通过长时间的认真倾听，她在一些重要问题上就会有丰富的感触，比如说，她已经体验到什么，她认为自己究竟是谁，在一个更加深入的层次上对自身能力及其实现持有什么信念……总之，通过叙事、记忆和友好的交谈，对善的一种更加复杂的看法可能会开始凸显出来。[1]

这是一种"深入学生内心、把隐藏得很深的信念提取出来的论证"。[2] 努斯鲍姆认为，"当以医学的方式来从事哲学时，它所需要的是对复杂的人类互动的一种论述"，而要实现这一互动，哲学就需考虑"如何运用想象力、叙事、共同体、友谊以及可以有效地把一个论证包装出来的修辞形式和文学形式"。[3] 哲学家被认为应"塑造和构造"自己的灵魂，"培养同情、感知、文学技能以及对个别学生的回应"。[4] 这一看法得到了希腊化时期诸多学派的认同，"它们都一致同意哲学是一种复杂的生活形式，具有复杂的言谈和写作艺术"。[5] 于是在这一治疗的语境中，诗成为重要的哲学论证工具。

作为伊壁鸠鲁学派的创始人，伊壁鸠鲁并不认同诗的价值，但伊壁鸠鲁学派在罗马时期的继承者卢克莱修，却创造性地赋予了伊壁鸠鲁主义"诗的光环"。在他笔下诗被比作"蜜汁"，为道德哲学的说教赋予了无穷魅力。斯多亚学派对诗的兴趣，更是在其代表性作品中得到彰显。"对于斯多亚主义者来说，这意味着一个论证的修辞

1　玛莎·努斯鲍姆：《欲望的治疗：希腊化时期的伦理理论与实践》，徐向东等译，北京：北京大学出版社2018年版，第33—34页。

2　同上，第502页。

3　同上，第34页。

4　同上，第339页。

5　同上，第34页。

和文学维度并非纯粹偶然的装饰，反而属于论证工作所要关注的。"[1] 假若他们的论证没有成功地打动和改变灵魂，那他们就失败了。克里安特斯（Cleanthes）认为诗的形式能够让意义变得尖锐与浓缩，更清晰地将真理传达给听众；塞涅卡也持类似观点，指出以诗歌形式包装的道德准则更容易为年轻人所掌握与消化，尤其是其简练的品质能够激发任何年龄的听众进行自我审视与自我认知。斯特拉波（Strabo）将诗视为一种"第一哲学的类型"，其通过"小说与激动人心的故事"把听众带入道德课程，从而促进美德，因为诗不同于散文，其"戏剧性的结构"促使听众卷入其中。[2] 塞涅卡一贯强调要使用一种特定的风格来进行哲学论证。"他之所以选择用拉丁文写作，主要是为了吸引相对来说更加广泛的听众，尽管他的写作风格比爱比克泰德和穆索尼乌斯的大众风格更具文学色彩，更加精巧。"[3]

希腊化时期的哲学家对于人的激情洞察并不亚于当代的心理学家，对于诗对灵魂的作用亦存在普遍的共识，对于诗如何作用于人的激情更提供了卓越的思考与实践案例。努斯鲍姆尤其赞赏卢克莱修与塞涅卡的诗性写作，认为在他们身上体现了"哲学—文学分析的出色模型"，"文学语言和复杂的对话结构吸引并占据对话者（以及读者）的全部灵魂，这大概是一部抽象且缺乏个人色彩的散文著作做不到的"。[4] 下文就以卢克莱修与塞涅卡的写作为例，具体展示在努斯鲍姆的相关阐释中，诗如何实现对心灵的治疗。

1　玛莎·努斯鲍姆：《欲望的治疗：希腊化时期的伦理理论与实践》，徐向东等译，北京：北京大学出版社2018年版，第338页。

2　Martha C. Nussbaum, "Poetry and the passions: two Stoic views", *Passions & Perceptions: Studies in Hellenistic Philosophy of Mind Proceedings of the Fifth Symposium Hellenisticum*, edited by Jacques Brunschwig. etc, Cambridge: Cambridge University Press, 1993, p. 127.

3　玛莎·努斯鲍姆：《欲望的治疗：希腊化时期的伦理理论与实践》，徐向东等译，北京：北京大学出版社2018年版，第339页。

4　同上，第499页。

卢克莱修与诗

总体而言，伊壁鸠鲁学派对诗并不友善。伊壁鸠鲁本人对诗歌以及审美教育怀有敌意。伊壁鸠鲁主义者普遍相信，诗常常是空洞错误信念的制造者，并会腐蚀人类情感："情感所依据的信念往往是由故事、图画和诗歌——由我们后来所说的艺术表现——来传授的，这些东西被当作典范，用来引导我们理解我们在生活中所知觉到的迹象。"[1]无论是对死亡的恐惧，还是对爱情的向往，都离不开文学叙事的感染力。比如英国历史学家劳伦斯·斯通就曾指出，浪漫爱情的观念很大程度上源自故事的影响："爱是学习得来的东西，它在18世纪末由于读小说风气大盛而蔚为流行。"[2]

然而，卢克莱修与诗的关系却显得尤为复杂。一方面，他继承了伊壁鸠鲁学派的基本立场，对诗采取一种批判态度；另一方面，他却又以诗的形式进行哲学写作。用桑塔亚那的话说，"伊壁鸠鲁颓废的唯物主义也产生了一位诗人"。[3]在努斯鲍姆看来，卢克莱修敏锐地意识到诗的力量，这种力量既有可能成为一种破坏性的力量，也可能成为一种积极的力量。若能加以引导的话，可以为哲学的治疗做出贡献："当它与摆脱困扰之间的工具关系是一种有益关系时，就可以选择它。"[4]因此《物性论》不是一般的诗歌，而是伊壁鸠鲁式的诗

1 玛莎·努斯鲍姆：《欲望的治疗：希腊化时期的伦理理论与实践》，徐向东等译，北京：北京大学出版社2018年版，第191页。

2 劳伦斯·斯通：《英国的家庭、性与婚姻 1500—1800》，刁筱华译，北京：商务印书馆2011年版，第177页。

3 乔治·桑塔亚那：《诗与哲学：三位哲学诗人卢克莱修、但丁及歌德》，华明译，北京：商务印书馆2021年版，第60页。

4 玛莎·努斯鲍姆：《欲望的治疗：希腊化时期的伦理理论与实践》，徐向东等译，北京：北京大学出版社2018年版，第158页。

歌。他对诗歌语言的使用受到了实践和医疗动机的鼓舞。

首先，卢克莱修对诗的理解，在理念上跟贺拉斯相仿，对诗持"寓教于乐"的看法。为了让读者积极参与一个通向健康的治疗过程，他会用令人愉快的甜蜜外表来"装饰"这部诗作的内在论证，即其理性根据。于是诗歌成为这项医疗的"外套"。[1] 他有时将诗比作"甜汁""蜜糖"：

> 正如医生企图把讨厌的苦艾 / 拿给小孩子去吃的时候，就先 / 在杯口四周涂满甜汁和黄色的蜜糖，/ 使年轻而无思虑的孩童的嘴受了骗，/ 同时就吞下苦艾的苦汁，这样，/ 孩子虽然被逗弄，却不是全然受欺害，/ 反而因此恢复健康并重新长得强壮；/ 由于我的学说对未曾尝过它的人 / 看来一般地是有些太苦严，/ 大家总是厌恶地避开它，/ 所以现在我也希望用歌声 / 来把我的哲学向你阐述，/ 用女神柔和的语声，/ 正好像是把它涂上诗的蜜汁，—如果用这个方法我幸而能够 / 把你的心神留住在我的诗句上，/ 直至你看透了万有事物的本性，/ 并认识到这个对于你的好处。[2]

有时还把它比作"天鹅轻清的歌调"：

> 关于这，我将以甜蜜的诗句 / 而不是以很多的话来告诉你；/ 正如天鹅轻清的歌调远远胜过 / 散布在南方的云层之间的

1　玛莎·努斯鲍姆：《欲望的治疗：希腊化时期的伦理理论与实践》，徐向东等译，北京：北京大学出版社2018年版，第158页。

2　卢克莱修：《物性论》，方书春译，北京：商务印书馆2012年版，第209页。

／那些鹈鸟的大片混乱的噪声。[1]

唯有通过诗的语言，伊壁鸠鲁学派的哲学才能得到更好的传达。在"诗"的包装之中，卢克莱修运用的是理性的论证，比如死亡不值得害怕，因为人在死后并不会经验到死亡；人不会对出生前的事情担惊受怕，因此也没有理由害怕死后的事情；生活就是一场盛宴，会有最后的终点；愤怒和暴力不值得推崇，浪漫的爱情更不值得追求。这些干巴巴的道理一旦有了诗的润色，便会具有吸引力。

其次，诗的文体有利于深入内心并探索内在的心理现实，它能以非说教的方式与读者形成对话，让伊壁鸠鲁学派对"友谊"的推崇落到实处。卢克莱修的诗首先从被治疗者的情感出发，以生动形象的描述来揭示心理现实，比如对死亡的恐惧，对爱的向往以及对愤怒与侵犯的渴望，这会让被治疗者意识到他自身并没意识到的心灵疾病。即便治疗者对其欲望持批判态度，但毕竟会让治疗对象感到治疗者是理解她／他的，这会加强彼此之间的信任与沟通。在努斯鲍姆看来，卢克莱修的"这首诗温柔地引导对话者的灵魂，让他从对自身疾病的认识过渡到对真理的清晰把握，在每一个阶段都显示出对其需要和快乐的深情关怀"。[2]

再次，诗的文体能承载多重视角，既有被治疗者的视角，又有治疗者的视角；既有自然的视角，也有神的视角，这使得诗本身体现出一种巴赫金意义上的"复调"。"阅读他的诗篇会有一个相反的治疗效应：这部诗篇不仅是在对幻觉实施一个批评，也会让明米佑

1　卢克莱修：《物性论》，方书春译，北京：商务印书馆2012年版，第219页。

2　玛莎·努斯鲍姆：《欲望的治疗：希腊化时期的伦理理论与实践》，徐向东等译，北京：北京大学出版社2018年版，第283页。

（Memmius）[1] 在最深层次上将心思投入一种对幻觉进行批评的理性反思。他不仅会得到对一个论证及其结论的临时把握，而且，只要关注得当，也会获得全新的视觉习惯和欲望模式。"[2] 卢克莱修引导其治疗对象轮流用不同的方式来看待和描绘生活现象，甚至还有意识地考虑到了对立的观点。尤其是在对爱欲的治疗中，这种视角的转换显得尤其重要。因为该情感具有广泛普遍的日常生活基础，卢克莱修利用双重导向，通过模仿为人熟知的恋爱和失恋活动来赋予其批评以直观力量。在对方对爱欲有了深入体验后，卢克莱修对自然的爱与病态的爱的区分才能得到认同。此外，为了将读者（被治疗者）从对爱情的向往引向对这一激情的克服，卢克莱修还会在语言上有所调整，以某种非诗意的方式进行写作，最终达到"让自身转而反对自身"[3] 的目的。

最后，诗还可以通过细节的展示来实现一种"修辞的伦理"。比如对愤怒的治疗，"这首诗用一种接近病态的方式来详述暴力的细节，迫使读者去看到愤怒所招致的损害"：[4]

> 我们听说过在狂乱的屠杀中，／战车如何用它闪亮的镰刀／这样突然地把人的手脚砍掉／以致手脚离开身体之后仍在地面上颤动，／同时心灵和那个人的能力却感不到痛苦，／这是因为他受伤得太突然，／并且又全神贯注在战斗的狂热里面：／带着他身体残留的那部分，／他继续进行战斗和屠杀，／常常未注意

1　明米佑，古罗马政治家，伊壁鸠鲁学派的信徒，卢克莱修的《物性论》是献给他的。在此意义上，他成为卢克莱修的治疗对象。

2　玛莎·努斯鲍姆：《欲望的治疗：希腊化时期的伦理理论与实践》，徐向东等译，北京：北京大学出版社2018年版，第168页，对译文略做修改。

3　同上，第146页。

4　同上，第267页。

到他执盾的左臂已丢掉，／已被车轮和镰刀带到马蹄中间去；／另一个人没有注意到右手已失落，／还想再跨上马背向前冲。／第三个人已断了腿却企图站起来，／而就在附近地上，那垂死的脚／还扭动着它那伸出的足趾。／脑袋从温暖而活着的身体砍掉之后，／落在地上也还摆出那副活着的面孔，／带着睁开的眼睛，直至最后／它才交出它那全部剩下的灵魂。[1]

与此同时，卢克莱修还通过诗意的想象来展现自然生活的状态。在《物性论》中每一卷中，卢克莱修都通过序诗向明米佑展现某种美好的愿景，也就是灵魂治疗将会达到的目标。第一卷序诗描绘了人类从宗教的阴影中解脱出来，进入到一个令人欢乐的世界：大地和蔼可亲、色彩斑斓、海面微笑，天宇宁静，风和日丽。"在这里没有疯狂，也没有对他人的残忍。"[2]

综上，努斯鲍姆总结道，卢克莱修对诗的使用体现在："通过一种自我认知的震惊将读者和对话者激发起来，使他们逐渐卷入哲学。一旦卷入哲学，他们会发现，在诗人言说者和对话者（以及对话者与读者）之间的那种想象关系中，存在着一种既不是嫉妒性的也不是自卫性的仁慈关怀——因为诗人为其创造殚精竭虑，并坚持认为自己最终得不到大众的支持。他们会发现一种友谊，这种友谊一开始是不对称的，但最终会变成互惠的，而且会因为希望获得一种平等而受到鼓舞。随着诗歌的语言和严格的论证以一种在伊壁鸠鲁传统中前所未有的方式结合起来，这种友谊没有受到竞争精神的

1　卢克莱修：《物性论》，方书春译，北京：商务印书馆2012年版，第178—179页。

2　玛莎·努斯鲍姆：《欲望的治疗：希腊化时期的伦理理论与实践》，徐向东等译，北京：北京大学出版社2018年版，第161页。

毒害。"[1]

的确，正如斯蒂芬·格林布拉特所言，卢克莱修恐怕低估了诗的力量。[2]他的诗在某种意义上其实已经溢出伊壁鸠鲁学派的主张。在教师与学生的关系上，他用友情式的平等对话取代了严厉的权威训诫；在治疗的目标上，他以一种对人类生活的依恋取代了追求神性境界的实践目标。在努斯鲍姆看来，卢克莱修的诗性哲学多少背离了伊壁鸠鲁学派的正统主张。跟他对爱与死亡的抗拒态度相比，有时候"他更愿意承认我们难逃一死的状况给我们带来的困窘"。[3]卢克莱修的这一变化与突破恐怕无法与诗的伦理价值分离开来。

斯多亚学派的悲剧诗学

斯多亚学派最为注重诗（悲剧）的力量，并论证这种"写作形式较之散文写作往往能更清晰地展现出一个哲学论证对于人类所具有的含义"。[4]据努斯鲍姆整理，斯多亚学派诸多人物都写过不少与诗主题相关的文字[5]：芝诺写过文章《论听诗》（"On listening to the poetry"），并可能在《论措辞》（"On diction"）中讨论过诗歌；克里安特斯写过《论诗人》（"On the poet"）并创作诗歌，常常引用荷马与欧里庇得斯；克里西普斯在一本书中写过《论诗》（"On poetry"），

---

1 玛莎·努斯鲍姆：《欲望的治疗：希腊化时期的伦理理论与实践》，徐向东等译，北京：北京大学出版社2018年版，第283页。对译文略作改动。

2 斯蒂芬·格林布拉特：《大转向：世界如何步入现代》，唐建清译，北京：社会科学文献出版社2020年版，第166页。

3 玛莎·努斯鲍姆：《欲望的治疗：希腊化时期的伦理理论与实践》，徐向东译，北京：北京大学出版社2018年版，第281页。

4 同上，第454页。

5 参见Martha C. Nussbaum, "Poetry and the passions: two Stoic views", *Passions & Perceptions: Studies in Hellenistic Philosophy of Mind Proceedings of the Fifth Symposium Hellenisticum,* edited by Jacques Brunschwig. etc, Cambridge: Cambridge University Press, 1993, p. 98.

并在两本书中写过《论人如何需要听诗》（"On how one should listen to poetry"）这个主题的文章。其中最为夸张的说法是，如果你把克里西普斯所有关于诗的引用都删去的话，那么"书中纸页上留下的就是光秃秃一片"[1]；巴比伦的第欧根尼则为《论声音》与《论音乐》中的辩论做出过贡献；波西多尼乌斯则为该主题提供了一个新的方向；此外，在爱比克泰德、塞涅卡以及地理学家斯特拉波的作品中，诗的主题更是无所不在。

较其他学派，努斯鲍姆认为斯多亚学派对诗的理解最为复杂。一是斯多亚学派对激情的否定和对诗的同情共存，体现出耐人寻味的张力："一方面……没有其他学派（像斯多亚学派那样）会向激情表现出偏执而着迷般的敌意；另一方面，没有其他古典学派（像斯多亚学派那样）向诗人表达同情，而后者恰恰是激情的臭名昭著的培育者。"[2] 在其主张根除激情与赞赏诗的伦理教育功能之间存在着张力。二是斯多亚学派内部因对情感的理解不同导致对于诗的关注重点出现差异。一派以波西多尼乌斯为代表，这些斯多亚主义者反对情感的理由源自柏拉图主义的传统，他们将情感理解为一种非理性的现象，没有任何认知上的价值；在对诗作为教育资源的理解上，更看重音乐、韵律等元素，因为音乐可以非认知的方式直接作用于人的灵魂。另一派以克里西普斯为代表，认为情感具有认知价值，他们重视文本以及叙事的内容，文本以认知判断的形式作用于人的灵魂。[3] 相比之下，努斯鲍姆认可后一派斯多亚主义者的主张，她重点

1　第欧根尼·拉尔修：《名哲言行录》，徐开来等译，桂林：广西师范大学出版社2010年版，第380页。

2　Martha C. Nussbaum, "Poetry and the passions: two Stoic views", *Passions & Perceptions: Studies in Hellenistic Philosophy of Mind Proceedings of the Fifth Symposium Hellenisticum*, edited by Jacques Brunschwig. etc, Cambridge: Cambridge University Press, 1993, p. 98.

3　Ibid., p. 102.

对克里西普斯、爱比克泰德、塞涅卡等人的相关思想进行了考察。她看到，为了实现诗对人类激情的治疗，这派斯多亚主义者践行了一种不同于亚里士多德的诗学思考。

努斯鲍姆指出，为了将诗纳入斯多亚主义追求"自足"的人生目标，该派斯多亚主义者会采取四种策略：一是审查，但关于这方面的文献缺失，对此努斯鲍姆未做太多论述。二是写新诗或对旧诗进行改编。比如芝诺曾改写过赫西俄德、索福克勒斯的悲剧，克里安特斯改写了欧里庇得斯的《厄勒克特拉》中的部分语句。三是寓言性的阐释。该方法由克里西普斯开创，在他看来，任何作品，不管其在表面上存在多少错误，只要遵循必要的建议，都有可能成为真理的源泉。他们会采取一种反经验惯例的艺术解读模式，比如克里西普斯会将一幅带有色情意味的古代绘画解读为宗教性的寓言。四是批判性的观看，即在对诗的欣赏中持一种批判性、疏离性的立场。观众"不仅不能与表演人物产生认同，而且他甚至都不能把它们理解为人类。相反，他把它们视为符号，通常是自然或理性的某些非人性的层面"。[1]

但部分斯多亚主义者认为还存在另一种更为高明的疏离性观看，其一方面"更接近于日常生活以及人类的激情"，[2]能对诗有一种人性化的体验；另一方面，这种观看又能保持旁观者的超离与冷静。爱比克泰德和塞涅卡都指出，诗其实是一种谎言，不必当真。作为观众，应当是"警觉的、积极的，而不是被动接受的"。[3]他可以更为冷静地观察剧中人物的选择及其命运，并做相关反思。在此意义上，悲剧

1　Martha C. Nussbaum, "Poetry and the passions: two Stoic views", *Passions & Perceptions: Studies in Hellenistic Philosophy of Mind Proceedings of the Fifth Symposium Hellenisticum,* edited by Jacques Brunschwig. etc, Cambridge: Cambridge University Press, 1993, p. 136.

2　Ibid., p. 146.

3　Ibid., p. 138.

是"一项需要受到谴责的关于愚蠢的记录"。[1]他们与作品人物之间的关系被塑造为"医患关系"。在斯多亚学派所设想的观众眼中，亚里士多德意义上的悲剧主人公，只是一些被错误信念所腐化了的愚蠢的人物而已。为了确立起这种超然的态度，斯多亚主义者的作品中经常有一些直接的评论，并使用幽默与讽刺。比如爱比克泰德认为阿伽门农和阿喀琉斯"因为随自己的表象而动，所以他们才会做出这么多的坏事，才会遭受那样的不幸"。他还认为美狄亚"这个可怜的女人在理解什么是最重要的事情上犯了错误，所以从人变成了毒蛇。"[2]这就促使观众发现"对那些微不足道的事物注入感情是多么的愚蠢，并让他们去嘲笑那些哭泣者"。[3]

塞涅卡无疑是该派斯多亚主义者中最具代表性的一位。他非常重视运用各种文体与叙事形式来实现哲学治疗的效果。在他看来，"一个优雅且整洁有序的逻辑论证不能完成这项任务，论证必须密切关注对话者心中那些混杂的驱动力量"，除了不断地重复自身之外，"还要不停地举例，以心理上适当的方式来回答每一个令人焦虑的问题，并用这种方式迫使斯多亚学派的训诫渗入对话者的灵魂深处"。[4]比如他的《论愤怒》采用了书信体的对话形式，并通过戏剧化的场景来论证愤怒的危害。当然，塞涅卡对诗最为精彩的利用体现在他对《美狄亚》的改编上。

在诸多古代戏剧中，斯多亚学派最重视欧里庇得斯的《美狄

1　Martha C. Nussbaum, "Poetry and the passions: two Stoic views", *Passions & Perceptions: Studies in Hellenistic Philosophy of Mind Proceedings of the Fifth Symposium Hellenisticum,* edited by Jacques Brunschwig. etc, Cambridge: Cambridge University Press, 1993, p. 139.

2　爱比克泰德：《爱比克泰德论说集》，王文华译，北京：商务印书馆2019年版，第146、142页。

3　Martha C. Nussbaum, "Poetry and the passions: two Stoic views", *Passions & Perceptions: Studies in Hellenistic Philosophy of Mind Proceedings of the Fifth Symposium Hellenisticum,* edited by Jacques Brunschwig. etc, Cambridge: Cambridge University Press, 1993, p. 141.

4　玛莎·努斯鲍姆：《欲望的治疗：希腊化时期的伦理理论与实践》，徐向东等译，北京：北京大学出版社2018年版，第417页。

亚》。克里西普斯将美狄亚视为一个病态形象，曾以讽刺的方式来描绘美狄亚的愤怒；爱比克泰德对《美狄亚》的兴趣也超过其他悲剧，他在指摘该人物所犯错误的同时，也允许观众能够对美狄亚有所关心，尽管这种关心并非同情意义上的，被她的愤怒与爱所感染，而更像是医生对病人的关心。斯多亚学派的这番构想也在 20 世纪布莱希特的"疏离化"理论中得到回应。但努斯鲍姆不认为这个意义上的文学治疗是可行的，因为剧场演出对人们的影响要远大于哲学评论，更重要的还是介入创作，而非评论与解读。在此方面，塞涅卡有着更为深入的思考与实践。其创作的戏剧是一种"讲述式戏剧（recitation–drama）"，而非"剧场式戏剧（staged drama）"，这一模式的戏剧被认为适合于斯多亚学派所需要的说教与辩证进路。[1] 那么，塞涅卡的《美狄亚》如何实现了斯多亚式的灵魂治疗，以及这种治疗可能遭遇怎样的挑战？

首先，努斯鲍姆认为塞涅卡笔下的故事是一个为斯多亚哲学所赞赏的故事。因为从作品情节的角度来看，这是一个激情带来灾难的悲剧，一个因爱生恨的故事。这部戏剧讲述的是美狄亚为了爱情与伊阿宋私奔，背叛了自己的国家与父亲，她的巨大付出却并未换来伊阿宋在情感上的专一。后者的移情别恋最终导致美狄亚采取了一种令人震惊的报复行动，她不仅召唤复仇女神毒死伊阿宋的未婚妻克莱乌萨，而且还狠心地杀死了她的孩子。在塞涅卡看来，美狄亚错误地对外在事物赋予价值并投入情感，她若没有犯下这样的错误，那种杀戮性的愤怒及一系列的灾难都不会发生。斯多亚学派认为借助于悲剧的力量，观众可以看到那些不幸如何降临在人们头上，

1　Martha C. Nussbaum, "Poetry and the passions: two Stoic views", *Passions & Perceptions: Studies in Hellenistic Philosophy of Mind Proceedings of the Fifth Symposium Hellenisticum*, edited by Jacques Brunschwig. etc, Cambridge: Cambridge University Press, 1993, p. 148.

尤其是那些拥有财富以及身居高位的人。这些作品教导人们，"不仅要为不幸做好准备，而且不要过度依恋那些可能会被运气改变的事物，不要去羡慕拥有许多那些事物的人"。[1]

其次，该悲剧淋漓尽致地展示了斯多亚学派对于人类心理世界的深刻洞见。我们所有人都会为情感（尤其是爱与愤怒）所困扰，美狄亚对伊阿宋的爱，对孩子的爱，对她的权力和地位的爱以及这些爱所带来的心灵动荡，都是在日常生活的经验内可以得到体认的情感。与欧里庇得斯同名剧本不同，塞涅卡对美狄亚内心活动的呈现远远超过了对其外部行动的描写："如果我们把女仆的汇报和歌队的评价包含进来，杀人的念头和欲望这一幕就足足占据了全剧的五分之一。"[2] 这也非常符合斯多亚学派的哲学兴趣：认为一切罪恶与不幸的根源在于人的内在情感世界。通过对情感世界的洞察，塞涅卡挑战了亚里士多德关于激情可以得到控制的见解，认为激情本身只会过度并造成灾难。无论是消极意义上的愤怒，还是积极意义上的爱，都可能导致疯狂与残杀，而且两者之间会相互转化："爱本身（它自身对于对象所怀有的评价性的推崇）就为愤怒提供了最剧烈的燃料。"[3] 这部戏剧试图以实现斯多亚式的"自足"作为治疗目标："只要我们心有所爱，我们就无法阻止自己想要杀戮的愿望；而杀戮的愿望本身就是凶手。"[4]

再次，剧本还呈现了激情的复杂性以及激情之间相互转化的可

1　Martha C. Nussbaum, "Poetry and the passions: two Stoic views", *Passions & Perceptions: Studies in Hellenistic Philosophy of Mind Proceedings of the Fifth Symposium Hellenisticum*, edited by Jacques Brunschwig. etc, Cambridge: Cambridge University Press, 1993, p. 128.

2　玛莎·努斯鲍姆：《欲望的治疗：希腊化时期的伦理理论与实践》，徐向东等译，北京：北京大学出版社2018年版，第488页。

3　同上，第452页。

4　同上，第453页。

能性。"我从来没有在愤怒中犯罪：/驱使我的总是不幸的爱情。"[1] 美狄亚心中产生残忍的杀人愿望并不是"某种邪恶的嗜好，而仅仅是因为她对克莱乌萨现在拥有的那个男人怀有无可救药的强烈欲望"。[2] 恰恰正是在"这种好的、温柔之爱的本性中，在强烈的情欲之爱的本性中，事情才应该是这样"。[3] 除此之外，塞涅卡还通过精心创造的意象来实现对心灵世界的刻画，他对"缰绳""浪潮""蛇"等意象的使用颇显才能，努斯鲍姆对剧本中蛇的相关意象做了精彩而深入的分析。

最后，斯多亚式的"画外音"通过歌队的唱词得到实现。与欧里庇得斯的歌队不同，塞涅卡的歌队并不同情美狄亚，"美狄亚不知道怎么控制愤怒，/也不知道怎么控制爱情。/现在愤怒和爱情结合在一起了，/结果会发生什么呢？"[4] 塞涅卡的戏剧也如其他斯多亚主义者的那样，试图阻止某种亚里士多德式的同情共感，鼓励观众/读者以一种超离的批判性立场来看待作品及其中的人物命运。

在此意义上，塞涅卡用他的创作实践来有力地论证"悲剧是最适宜于驳斥激情的文学形式"这一观点，因为"通过这种更清晰也更明确的形式，诗歌就能向摇摆不定的灵魂生动地描绘爱的风险和罪恶，探查灵魂潜在的同情和暗藏的矛盾，使其面对一个关于愧疚的故事，而灵魂也不得不承认这个故事就是它自己的"。[5]

那么，塞涅卡的创作是不是真能实现他的目标？努斯鲍姆笔下

1　塞涅卡：《强者的温柔：塞涅卡伦理文选》，包利民等译，北京：中国社会科学出版社2005年版，第114页。

2　玛莎·努斯鲍姆：《欲望的治疗：希腊化时期的伦理理论与实践》，徐向东等译，北京：北京大学出版社2018年版，第490页。

3　同上，第492页。

4　塞涅卡：《强者的温柔：塞涅卡伦理文选》，包利民等译，北京：中国社会科学出版社2005年版，第149页。

5　玛莎·努斯鲍姆：《欲望的治疗：希腊化时期的伦理理论与实践》，徐向东等译，北京：北京大学出版社2018年版，第454页。

的学生妮基狄昂是否真的会被斯多亚学派所说服？其实也并不尽然。在努斯鲍姆看来，有时诗的形式溢出了道德说教的控制，按塞涅卡的初衷，该悲剧对爱欲的展示是为了揭示这一激情可能导致的灾难性后果，从而让接受者望而生畏。但在这一展示的过程中，诗的意象不可避免地表现出自身魅力，激发了读者的兴趣。这在有关"蛇的意象"中得到充分展示。努斯鲍姆指出，塞涅卡笔下的蛇不同于卢坎（Lucan）笔下的蛇，后者将其描绘为"斯多亚式的英雄加图最致命的敌人"[1]，而在塞涅卡笔下，蛇不是丑陋骇人的，"带有一种神话的、半神的力量，它们具有一种我们无法用任何简单方式加以鄙视的美丽"[2]，这些传说中的蛇纷纷出场，"向我们暗示了爱欲的力量根本就不是微不足道的恶，而是一种古老的宇宙力量，一种既与死亡和屠杀相联系的神圣力量，也与重生和诞生相联系的神圣力量"[3]。这就使得无论对于爱欲还是对于美狄亚，我们都无法采取如斯多亚教条所倡导的那种善恶二分进行评价，而需正视其中的复杂性。在此意义上，戏剧的形式结构及其背后的伦理内涵就超越了作者本身的意图，它提示读者在试图接受斯多亚学派的说教，并打算抛弃爱之前，先对自身的经验与生活的目的有所审视："如果我们像这部戏剧所教导的那样对爱不予考虑，那我们也就忽略了一种不可抵挡的诧异和活力的力量，其美好既非道德的美好所能比拟，也不亚于道德的美好。"[4]

　　由此可见，跟卢克莱修的哲学实践所遭遇的困境一样，"对于一

1　玛莎·努斯鲍姆：《欲望的治疗：希腊化时期的伦理理论与实践》，徐向东等译，北京：北京大学出版社2018年版，第471页。

2　同上，第472页。

3　同上，第472—473页。

4　同上，第493页。

个斯多亚主义者来说，尝试用悲剧的形式来写作是危险的。悲剧就像美狄亚的巨蛇一样，通过它自身的戏剧感、通过诉诸观众的想象和记忆的独特方式以及自己的价值方案，轻松地潜入斯多亚式的道德中。在这里，在这部戏剧中，文学给哲学带来的真正危险最明显不过了：因为正是在将悲剧转变成斯多亚式论证的过程中，斯多亚主义给了自己一记痛击"。[1] 在此意义上努斯鲍姆认为，"对叙事的强调让他背离了冷酷，转向充满同感的同情和仁慈"。[2] 在这部剧本中，塞涅卡展示了其与斯多亚学派"冷酷"的明显不同之处，因为他认为我们不能也不该期待，"人类生活这只已经布满裂隙的容器能够被修复得焕然一新"。[3]

努斯鲍姆的诗学立场

努斯鲍姆引述普鲁塔克的话说，聆听一首诗就好比吃鱼头，鱼头很好吃，但会给予你糟糕的梦。[4] 就根本而言，斯多亚学派对文学是怀有敌意的。尽管该学派不像柏拉图那样，要将诗人从理想国逐出去，但依然试图对诗进行改造，让它符合一种有助于灵魂健康的目标。如果说哲学的治疗传统致力于从工具论的意义上来使用文学的话，有时文学也会溢出其工具论范畴。哲学有时不仅无法规训文学，而且还要受到诗的教诲。诗会以其特有的方式暗示："并不是所有的美丽和奇妙都能被强制性地放进某种对完美生活和健康生

1　玛莎·努斯鲍姆：《欲望的治疗：希腊化时期的伦理理论与实践》，徐向东等译，北京：北京大学出版社2018年版，第484页。

2　同上，第510页。

3　同上，第437页。

4　Martha C. Nussbaum, "Poetry and the passions: two Stoic views", *Passions & Perceptions: Studies in Hellenistic Philosophy of Mind Proceedings of the Fifth Symposium Hellenisticum,* edited by Jacques Brunschwig. etc, Cambridge: Cambridge University Press, 1993, p. 97.

活的缜密规划中"，"有些重大的价值要求我们不应把对健康的关注置于其他一切事物之上"。[1]因为诗的独特形式是具有伦理意义的，是通过某种与自我情感关涉的方式来影响读者的："我们被要求去面对自己最深层的情感，去看到它们包含着永久的风险，可能引发混乱和恶。"[2]

从努斯鲍姆对亚里士多德和希腊化时期哲学思想的研究不难发现，她继承了两套不尽相同的诗学观念。如果说亚里士多德式的文学伦理观将文学视为感知与认识生活的一面镜子，致力于探询生活的复杂困难面目的话；那么希腊化时期哲学的文学观念则更强调文学作为哲学手段所具有的治疗与教育功能。比如在对悲剧的解释中，基于亚里士多德的伦理探询立场，努斯鲍姆更偏重悲剧所揭示的人类生活的复杂性与脆弱性；但基于希腊化时期哲学的治疗视角，悲剧则只被视为引发同情共感的手段："我们对遭受如此打击的人类情景的反应非常不同于我们对吹起风中沙粒的一场风暴的反应。因为我们将人看作有价值的目的自身，一种令人心生敬畏的存在，以至于见到这个人被命运的洪流击倒，我们会感到恐惧"，"这种反应给予我们强有力的动机去保护人类身上那种使我们充满敬畏的东西"。[3]

如果说在规范性与特殊性之间，亚里士多德更偏向于后者的话，希腊化时期的哲学则偏向于前者。努斯鲍姆指出，斯多亚学派对特殊性的强调，只是"体现在医生力图治疗病人之疾病的时候，而不

1　玛莎·努斯鲍姆：《欲望的治疗：希腊化时期的伦理理论与实践》，徐向东等译，北京：北京大学出版社2018年版，第493页。

2　同上，第455页。

3　玛莎·努斯鲍姆：《女性与人类发展：能力进路的研究》，左稀译，北京：中国人民大学出版社2020年版，第59页。

是在他把健康规范本身表达出来的时候"。[1] 尽管她认为"健康规范本身必须回应真实的人身上的某些东西，特别是他们的一些最深的需要和欲望，否则它就不是一个关于健康的规范"，[2] 但从希腊化时期的哲学实践来看，这种健康理念就跟当今时代数字化的健康标准一样，是封闭的、教条的，缺乏灵活性。虽然我们不能将这两种观念截然对立起来，因为在亚里士多德式的感知概念中隐含着何为好生活的理念，在斯多亚式的治疗理念中也不乏对伦理知识的探求，但相较而言，前一种观念更注重探询"好生活究竟是什么"，强调诗在其自身的独立性中所形成有关人生的伦理知识，后一种观念则更偏重"如何实现好生活"，强调诗在治疗情感和欲望中的功用价值。前一种观念致力于对好生活的探询，而后一种观念则致力于推动好生活的实现。这两种关于诗的观念共同影响和塑造了努斯鲍姆对审美伦理的理解，其中暗含的矛盾与紧张也在她对文学、艺术以及审美教育的思考与实践中得到彰显。

---

1 玛莎·努斯鲍姆：《欲望的治疗：希腊化时期的伦理理论与实践》，徐向东等译，北京：北京大学出版社2018年版，第500页。

2 同上，第501页。

第三章
情感论：公共生活中的激情

　　虽然情感在古代思想中深受哲学家的重视，但在当代，该主题在很长一段时间内为研究者忽视。一方面，这跟心理学研究中行为主义流派占据主导地位相关。不少心理学家曾预言，"情感"将很快在科学研究的视野中消失，因为它被视为一种"模糊"和"无法观察的"的现象，是"一种前科学时代的遗迹"。[1]另一方面，这跟当代哲学界对情感问题缺乏兴趣有关。尤其是理应对人类感性世界有所关注的美学学科，对情感问题的关切并不充分。自黑格尔以来，美学研究对艺术的重视，远远超过对情感的重视。[2]诺埃尔·卡罗尔指出，即便当代人文研究都注重心理分析，但这类流行的心理分析"并不真正地关注普通情感——也就是说，日常对话所具有的情感，如恐惧、敬畏、同情、钦佩、愤怒等等——事实上，正是这些普通情感使艺术品影响了观众"。[3]我们理当重视情感研究的价值，"当我们说'审美文化'时，我们并非一定要将有关文化的某种特定的高雅艺术层面牢记心头，相反可以来指文化在道德和政治方面发展而出的特殊的

1　Martha C. Nussbaum, *Upheavals of Thought: The Intelligence of Emotions*, New York: Cambridge University Press, 2003, p. 93.

2　努斯鲍姆指出当代哲学家在情感研究上很少投入时间。参见Martha C. Nussbaum, *Anger and Forgiveness: Resentment, Generosity, Justice,* Cambridge: Oxford University Press, 2016, p. 15.

3　诺埃尔·卡罗尔：《超越美学》，李媛媛译，北京：商务印书馆2006年版，第343页。

情感性"。[1] 韦尔施的建议切中肯綮。

情感研究在近年来开始得到重视并有所复兴，这很大程度与心理学以及神经科学取得的进展有关。这些最新的研究成果对"人在不动用情感的情况下从事实践推理的能力提出了质疑"。[2] 在此背景下，当代人文与社会科学的各个领域都出现了所谓的"情感转向（affective turn）"。在人类学领域，情感人类学日益浮出水面。人类学家威廉·雷迪（William M. Reddy）在对文化人类学的批判中提出情感有其自身的历史，并发明"情感表达（emotives）"概念，将其应用于对人类历史的解释。[3] 在哲学领域，不少学者基于对理性主义的反思，试图在历史中重新发现"激情"的价值。苏珊·詹姆斯（Susan James）对情感在 17 世纪哲学中的地位进行"翻案"，她通过对笛卡尔、霍布斯、斯宾诺莎等人作品的诠释指出："对于十七世纪哲学家而言，激情可不是装饰品，仅仅是一部著作本身完成之后聊附骥尾，或仅仅在勘探和测量竣工之后添于图侧。相反，激情是整个地貌的一部分。"[4] 迈克尔·弗雷泽（Michael L. Frazer）对 18 世纪的"理性时代"进行重新理解，指出"18 世纪不仅是理性的天下，也是同情的时代"。[5]

努斯鲍姆亦被视为这一情感研究复兴中所涌现的重要学者之一。她对情感的关注，跟近年来西方政治思想领域对情感的重视有关。长期以来，传统政治哲学一直将激情排除在政治思考与实践之外，

1　沃尔夫冈·韦尔施：《重构美学》，陆扬等译，上海：上海译文出版社2002年版，第24页。

2　莎伦·R.克劳斯：《公民的激情：道德情感与民主商议》，谭安奎译，南京：译林出版社2015年版，第3页。

3　在《感情研究指南》中，雷迪对1700—1850年的法国历史进行了全新的理解，对情感在启蒙运动、法国革命及之后法国社会政治中所扮演的角色进行了有力的勾勒。参见威廉·雷迪：《感情研究指南：情感史的框架》，周娜译，上海：华东师范大学出版社2020年版。

4　苏珊·詹姆斯：《激情与行动：十七世纪哲学中的情感》，管可秾译，北京：商务印书馆2017年版，第24页。

5　迈克尔·L.弗雷泽：《同情的启蒙：18世纪与当代的正义和道德情感》，胡靖译，南京：译林出版社2016年版，第2页。

对此不少当代学者感到不满，他们认为"情感乃是实践合理性本身的一部分，根本不存在什么与情感完全分离的实践理性能力"。[1]努斯鲍姆对情感的关注也基于类似的考虑。在她看来，

> 那个经常被哲学隔离在人类动机和社会交往的纷扰事物之外的问题，实际上是一系列非常复杂的人类问题，其中很多是伦理与社会问题。如果不对情感和欲望进行反思，如果不在历史和社会情境中描述各种可能的人类之爱和友谊，当一对单身男女尝试着心怀体谅共同生活时，除了别的事情以外，如果不问一问爱、政治、权力、羞耻、欲望以及慷慨是如何交织在一起的，那么我们就不可能真正充分描述那些伦理和社会问题，更不用说解决它们了（如果可能解决的话）。[2]

以约翰·罗尔斯和尤尔根·哈贝马斯为代表的当代政治理论基于理性主义模型，认为只有理性才能实现一种无偏倚的价值共识，对情感的价值着墨甚少。但按莎伦·克劳斯的看法，"事实上罗尔斯和哈贝马斯都在他们的正义理论中为情感留出了空间"。[3]努斯鲍姆也认同这一看法，她尤为看重罗尔斯的正义理论，并把自己对情感的讨论视为对罗尔斯思想的继承与完善，试图用情感的"血肉"来丰富正义理论的"骨骼"。

在对情感展开研究的过程中，努斯鲍姆格外注重自身的情感体验。在《思想的激荡》的开篇，她讲述了一个自己的情感故事：1992

---

1 莎伦·R.克劳斯：《公民的激情：道德情感与民主商议》，谭安奎译，南京：译林出版社2015年版，第4页。

2 Martha C. Nussbaum, *Sex and Social Justice*, New York: Oxford University Press, 1999, p. 372.

3 莎伦·R.克劳斯：《公民的激情：道德情感与民主商议》，谭安奎译，南京：译林出版社2015年版，第4页。

年的 4 月，她在爱尔兰都柏林的三一学院讲学，突然收到远在费城医院母亲的病危通知，这个消息"像一根钉子钉到我的胃里"。她赶紧预订回国机票，但当天已无航班，只能等到第二天。当天晚上她如期完成主题为情感的演讲，深夜还做了一个关于母亲的梦。在第二天的飞机上，她被各种情绪所萦绕：对母亲健康的希望与担心，对医生感到愤怒（他为什么允许危机发生？），对空乘人员感到愤怒（他们总是那样微笑，好像什么事都没有发生）。飞机抵达费城后，她电话获悉母亲已在 20 分钟前离世。她一路"跑过乱糟糟的下城街道"，"在迷宫般的走道尽头，远处传来餐厅里医院工人的谈笑声"，最终来到母亲的病房。看到母亲安详的遗容，握着护士递来的水杯，她"完全失去控制地哭泣"。接下来的一周，她出现"间歇性的极度痛苦地哭泣，全天毁灭性的疲倦"，在噩梦中她感到"缺乏保护与孤独"；她再次感到愤怒，对护士未能在她到达前阻止母亲死亡感到愤怒，对医生让例行手术导致死亡感到愤怒，对那些用手机打电话的人们感到愤怒，因为在他们的世界里似乎什么事情都没有发生。她还对自己感到愤怒，始终不渝对工作的投入使她没有花更多时间来照看母亲。随着时间的流逝，她的情感日益得到平复。在葬礼当天，她见到了自己的前夫，这让她感到开心，"因为我可以在他身上体会到与母亲共度的那 20 年"。[1]

努斯鲍姆将之形容为"情感的激荡"。在对其情感进行反思的过程中，她发现了情感的独有力量："我对糟糕的喧闹的感受，我对那些未经我同意或完全理解的涌流全身的泪水的感受；我对在希望与恐惧之间拉锯斗争的感受，似乎这是两股彼此争斗的风；我对那股要把

1　Martha C. Nussbaum, *Upheavals of Thought: The Intelligence of Emotions*, New York: Cambridge University Press, 2003, pp. 19–22.

我撕开或者把我骨头扯断的强大力量的感受；简而言之，情感的这种可怕力量或紧迫性，它们与一个人自我意识之间的不确定关系，人会意识到在它们面前，自身的被动或者无力。"[1] 这种"无思考能力的运动"看上去至少捕捉到了一些发生的事情，由情感抵达的认知具有某种暴力性。[2] 带着这种切身的体验，她在很大部分的著作[3]中对人类情感展开全面深入的探索。

　　本节首先介绍努斯鲍姆对于人类情感发展历程所做出的勾勒，其次聚焦于她对人类的羞耻、恐惧以及愤怒等消极情感的讨论。努斯鲍姆对这些情感总体持批判与否定立场，认为它们若没获得有效引导，将会对个体生活与公共生活形成破坏。除治疗消极情感之外，努斯鲍姆还试图培育和引导积极的情感（如同情与友爱），因为这些情感对于其所追求的社会正义意义重大。在诸多情感中，爱是最为特殊的一种人类情感，难以用积极／消极这种二分概念来进行评价，其不仅会与同情发生冲突，而且还会成为激发恐惧、嫉妒以及愤怒等情感的重要因素。努斯鲍姆对这一情感的复杂形态着墨甚多，谱出了一曲爱的多重奏。

1　Martha C. Nussbaum, *Upheavals of Thought: The Intelligence of Emotions*, New York: Cambridge University Press, 2003, p. 26.

2　Ibid., p. 45.

3　除了探讨希腊化时期思想的论著《欲望的治疗》之外，努斯鲍姆在情感问题上的代表性论著有《思想的激荡》《政治情感：为何爱对于正义如此重要》《隐藏人性：厌恶、羞耻与法律》《愤怒与宽恕：怨恨、慷慨、正义》《恐惧的君主制：一位哲学家眼中我们的政治危机》《傲慢的城堡：性虐待、问责及和解》等。

第一节　情感的历程

　　在对斯多亚学派的探讨中努斯鲍姆已指出，有必要从一个人情感发展的历史维度去认识情感：因为"假如我们不明白儿童的恐惧和渴望如何在成年人那里保存下来，我们就不可能很好地理解成年人的很多情感为何如此顽固地抵制理性说服"。[1] 她援引《追忆逝水年华》指出，该小说的重要主题就在于论证一个人"后来的爱是与童年时期的需要与渴求有关"。[2] 主人公马塞尔的情感问题与他童年时期缺失母亲的关爱有关，他总是以过去这面棱镜来看待现在，即便已长大成人，童年的影响依然挥之不去，这在他对待女友阿尔贝蒂娜的态度中得到充分体现。努斯鲍姆指出，斯多亚学派对情感有深刻的见解，但他们"忽略了过去，只是将其视为一种暂时性的范畴"，并没有赋予过去事件以重要的地位，"尤其是那些在婴儿与童年时期的事件"，对于一个人"当前情感的影响"。[3] 在她看来，哲学层面对人类情感发展的探讨远远比不上心理学研究与文学创作，她自己深受心理学家唐纳德·温尼科特（Donald Winnicott）的影响，并试图基于这位心理学家的研究成果来构建情感的发展史。她对人类情感发展的勾勒，试图揭示人类童年时期情感发展所带来的深远影响，旨在为"情感的

1　玛莎·努斯鲍姆：《欲望的治疗：希腊化时期的伦理理论与实践》，徐向东等译，北京：北京大学出版社2018年版，"2009年版导论"，第6页。

2　Martha C. Nussbaum, *Upheavals of Thought: The Intelligence of Emotions*, New York: Cambridge University Press, 2003, p. 176.

3　Ibid., p. 177.

某些神秘及不受控制的方面留出空间"[1]。

努斯鲍姆指出，人类的情感是在婴儿阶段逐渐发展起来的。婴儿在出生之前，处于神话所说的"黄金时代"中。在那时，婴儿不需要别人为它[2]做什么，生活在一个"极乐的整全状态之中"，[3]并有无所不能（omnipotence）的感觉，它感到这个世界是围着它转的，并已完全安排好满足其需求的一切。但当婴儿出生，原先的那个美好世界便不复存在。对此，努斯鲍姆引用卢克莱修在《物性论》中的诗句："（婴孩）像一个被残酷的浪头抛到岸上的水手一样，/赤裸裸地躺在地上，不会说话，/缺乏生命的一切需要，当自然/带着生育的痛苦最初把它/从母亲的子宫抛上光之岸/而它则用可怜的哭声/充满整个屋子的时候——/对于一个生命中正有这样多灾难/在等候着它的人，这也不足奇怪。"[4]

透过卢克莱修所描绘的图景，努斯鲍姆指出婴儿开始发展出这几方面的情感体验：首先是无助感。它需要得到外在世界的安慰与呵护，一旦缺乏这些，就会为焦虑与愤怒提供发展空间。在生命早期的几个月中，其情感发展是与身体需求联系在一起的。它在食欲上的需求与感激不同于对安全与抱持的需求，这时候会因是否得到满足而发展出初级意义上的感激与愤怒。与此同时，好奇同愉快与感激混合在一起。大概到六个月之后，婴儿的感知能力有所发展，它能够把部分的自己与外在的环境区别开来，但依然无法将哺乳的母

1　Martha C. Nussbaum, *Upheavals of Thought: The Intelligence of Emotions*, New York: Cambridge University Press, 2003, p. 232.

2　努斯鲍姆在描述儿童成长过程时，会使用不同的人称代词，用"它（it）"来指代婴儿，稍大一些的儿童则用女性人称的"她（she）"来指称。

3　Martha C. Nussbaum, *Hiding from Humanity: Disgust, Shame, and the Law*, Princeton: Princeton University Press, 2004, p. 179.

4　卢克莱修：《物性论》，方书春译，北京：商务印书馆2012年版，第300页。对译文略作改动。

亲与自身完全分离开来。婴儿在此条件下发展它的基本情感：因饥饿与安抚的缺失而产生恐惧，因食物与安慰的到来产生爱。这些情感不同于成人的情感，并不指向一个特定的客体，而是模糊而朦胧的，同时也是自我中心的。当未能得到食物或安慰时，婴儿会经历沮丧，并发展出愤怒的情绪，一旦得到，则会产生爱的情感。努斯鲍姆指出，婴儿在十个月左右时，开始发展"换位思考"与"共感"的能力，开始能用哭声对其他婴儿的哭声作出回应，还能做出一些帮助和安慰性的行为。

由于婴儿并未意识到自身是一个独一无二的个体，也未意识到照顾他的人是一个独一无二的个体，因此它并不清楚自己感激或沮丧的源头是在外界还是内在于自身。这种因认知与身体能力反差所造成的矛盾情感（ambivalence）是人类情感独一无二的特征。[1]一旦这种情感未得到有效回应，可能会激发更为强烈的愤怒以及占有式的爱。在《欲望的治疗》中努斯鲍姆也有类似论述：婴儿并非天生冷酷、爱攻击、邪恶。他欢快地张开双臂接受父母的慈爱。他的天性其实是温和的，爱他人，天生愿意帮助别人。但是这种柔软和温和，总是会转为冷酷。[2]

努斯鲍姆援引心理学研究指出，除了恐惧之外，羞耻也是人最早发展出来的情感。[3]当婴儿感到自身的无助，并感到想要在人们面前去掩饰自身的缺陷时，一种原初意义上的羞耻感（primitive shame）就产生了。羞耻在生命的第一年中得到发展，并只有在获得一种自

1　Martha C. Nussbaum, *Upheavals of Thought: The Intelligence of Emotions*, New York: Cambridge University Press, 2003, p. 209.

2　玛莎·努斯鲍姆：《欲望的治疗：希腊化时期的伦理理论与实践》，徐向东等译，北京：北京大学出版社2018年版，第431页。

3　Martha C. Nussbaum, *Political Emotions: Why Love Matters for Justice*, Cambridge: The Belknap Press of Harvard University Press, 2013, p. 362.

身的分离意识时才成长为成熟的情感。[1] 在羞耻感之后到来的是厌恶感（disgust），这是一种针对跟身体特征相关事物所产生的强烈身体反应。在三岁之前，儿童并无厌恶的情感，其只会对事物产生讨厌（distaste）的感受，如不喜欢苦涩的味道。婴儿在四岁前很少会对粪便等事物产生厌恶。尽管厌恶具有生理进化论意义上的基础，但它很大程度是后天文化和教育的产物，儿童对粪便的厌恶源自父母的引导与教育（如厕训练等）。[2]

　　两岁之后，孩子开始在母亲面前学习独处，并开始通过玩具等"过渡性客体"（transitional object）来获得安全感。在未获得安抚的情况下，她需通过想象来获得安全感。在该时期孩子逐渐意识到其快乐与痛苦的来源是相同的："她意识到她的父母是这样的存在，她依赖他们，并且他们并不在她的控制之中。"[3] 在努斯鲍姆看来，这个阶段是儿童情感发展的关键阶段，由于她能够认识到自我之外的独立个体，那么可以说已经发展出了真正的爱，但这种爱同时也跟愤怒、焦虑、愤恨交织在一起。此外她还产生了嫉妒（jealousy）与羡慕（envy），前者表达了一种"消除竞争，完全占有美好事物的愿望"[4]，后者则意味着她"想要去取代别人的位置（如母亲配偶）"。[5] 但好在这之前婴儿通过游戏所具有的"微妙的互动（subtle interplay）"发展出诸如感激、好奇、想象等积极的情感与能力，使她不至于完全陷入羞耻等消极情感中去。

1　Martha C. Nussbaum, *Hiding from Humanity: Disgust, Shame, and the Law*, Princeton: Princeton University Press, 2004, p. 184.

2　Ibid., p. 94.

3　Martha C. Nussbaum, *Upheavals of Thought: The Intelligence of Emotions*, New York: Cambridge University Press, 2003, p. 209.

4　Ibid., p. 210.

5　Ibid., p. 210.

在这一关键阶段，当儿童开始意识到她所愤怒与爱的对象是同一个对象，她第一次产生负疚（guilt）的情感。这一情感让儿童开始意识到她身上存在着糟糕的部分。这种复杂的情感还会造成悲伤（grief），她由此获得一种深刻的无助感："这个世界并不是一个黄金的世界，危险随时都在爱的旁边。"[1] 但同时，由于她拥有爱与感激，并开始意识到他人也有自身的需求，而不是以自己为中心的，其便开始产生"正义"与"补偿（reparation）"的观念。由此，"孩子们同意生活在一个这样的世界，在那里其他人可以有合法的需求，一个人自身的欲求要有合适的边界"。[2] 这种道德意识让她感到安全，事实上起到了类似母亲的"抱持（holding）"作用。她将会减少嫉妒与羡慕，也由此减少负疚的可能性。这种道德并不要求人完美，而是告诉她这个世界存在着原谅与仁慈的可能，这样就不必忧虑自身的不完美。

但并非所有人的情感会以如此健康的轨迹发展。尤其当一种非良性的完人标准介入人的成长时，孩子的"矛盾情感"就会成为"无法忍受的焦虑的源泉"[3]。此时占据主导的情感不是负疚而是羞耻。孩子无法处理自己的愤怒，更无法发展出成熟的道德意识。努斯鲍姆指出儿童在这个阶段的发展中，负疚感要比羞耻感更具有积极意义，因为前者有助于克服全能感，使其愿意"生活在一个充满客体的世界中"。[4] 情感的发展对于道德成熟而言具有重要的价值。

通过对儿童情感发展的勾勒，努斯鲍姆看到，人类拥有很多情

1　Martha C. Nussbaum, *Upheavals of Thought: The Intelligence of Emotions*, New York: Cambridge University Press, 2003, p. 214.

2　Ibid., p. 216.

3　Ibid., p. 217.

4　Ibid., p. 218.

感，"所有这些情感并不都是平等待人的（equal）"。[1]诸如愤怒、厌恶这样的情感暗含了一种对他人的排斥与抗拒，且不易消除，它们"深深植根于人类生活的结构之中，植根于我们与无法控制客体以及身体的无助的爱恨交织的关系之中"。[2]因此努斯鲍姆认为我们不可能如斯多亚学派所建议的那样，从根本上根除激情，我们需要做的是正视与深入了解人类的情感，并通过某种意义上的分类，修缮与克服消极情感（恐惧、羞耻、厌恶、愤怒），引导与培育积极情感（同情与爱），从而推动人类道德进步与社会正义。

第二节　消极的情感

　　总体而言，努斯鲍姆对人类情感的考察，基于一种伦理的视角。她会以积极／消极来对情感进行区分。[3]当认为某种情感对于人类伦理生活具有负面价值时，她会提出批评并寻求治疗的方案。纵观她的作品可以见出，她对羞耻与厌恶总体持否定立场，从《思想的激荡》（2001）到《隐藏人性》（2004）再到《政治情感》（2013），一以贯之。但在对待恐惧与愤怒的问题上，则有一个渐变的过程。比如在《隐藏人性》中，努斯鲍姆认为一个自由的国度需要与愤怒、同

1　Martha C. Nussbaum, *Upheavals of Thought: The Intelligence of Emotions*, New York: Cambridge University Press, 2003, p. 453.

2　Ibid., p. 234.

3　在笔者与她的讨论中，努斯鲍姆特别指出，人类的情感本身从感情色彩看，可以分为正面与负面的，比如高兴是正面的，悲伤则是负面的。但这种正面／负面的区分，不代表伦理上的积极／消极之别。

情、恐惧、爱以及感激这些情感建立一种亲密的联系。[1] 当时她认为威胁到民主社会的情感主要是羞耻与厌恶，相比之下，愤怒或义愤（indignation）是一种较为积极的情感，有助于去回应那些对人性的伤害。当然她也指出，并非所有愤怒都是可靠的。当"愤怒"不仅对美国当下的民主政治产生不容忽视的影响，而且还在数字时代日渐成为一种弥漫于全世界的流行情绪时，她对"愤怒"的评价也从肯定逐渐走向否定，并认为这一情感有待修缮与转化。在2016年的《愤怒与宽恕》中，她对愤怒持更为严厉的批判态度。对于恐惧这一情感，其早期也持一定的肯定态度，认为恐惧与忧伤是"一种对公民而言合适的情感，让他们认识到人类生活会遭到巨大风险的威胁，而最有价值的事物的丧失总是存在可能"。[2] 但在2012年出版的《新宗教不宽容》中，她的评价趋于负面；2018年出版的《恐惧的君主制》中，基于特朗普上台后的社会文化背景，她对恐惧这一情感进行系统批判，并认为这种情感会进一步激发与强化愤怒、厌恶、嫉妒等等情感。

羞　耻

　　羞耻是一种独属于人类的情感，马克斯·舍勒曾指出，这"仿佛属于人类模棱两可的天性"，因为迄今为止的所有观察都证明，动物"似乎缺乏害羞和对羞感的特定表达"。[3] 从外在表现的角度看，羞耻经常体现为脸红；从内心的角度观，羞耻体现为我们想要在他人面前

1　Martha C. Nussbaum, *Hiding from Humanity: Disgust, Shame, and the Law*, Princeton: Princeton University Press, 2004, p. 347.

2　Ibid., p. 345.

3　马克斯·舍勒：《道德意识中的怨恨与羞感》，罗悌伦等译，北京：北京师范大学出版社2017年版，第168—169页。

隐藏自身的企图。这种情感给人带来痛苦与尴尬，按伯纳德·威廉斯的看法，"在羞耻经验中，一个人的整个存在似乎被贬低了"，当他人看到我的全部，看穿我的全部时，我"不仅是想要藏起来，想要把我的脸面藏起来，而是想要消失，想要离开此地"。[1] 羞耻感常常被认为与身体的裸露有关，"与羞耻相关联的基本经验是被看见……它直接同赤裸联系在一起，特别是在性关系中"。[2]

努斯鲍姆试图从超越身体层面的角度来探讨羞耻，并认为人们对性的羞耻在本质上是对自身不完整所做出的回应。她以柏拉图《会饮篇》中阿里斯托芬的演说为例：人原本是二人合一的整体，由于触怒了众神被劈成两半。爱情的本质其实就是"试图回复到我们原初的完整本性"[3]，生殖器象征着神对人的惩罚，让人意识到自己的不完整。我们之所以对性感到害羞，并不是因为性，而是因为性是必死性与匮乏的一个象征。努斯鲍姆指出，羞耻是"以自尊（self-regard）作为其关键性的背景，因为只有一个人希望自己有价值或者在某些方面是完美的，他才会将自身的无价值或不完善掩饰起来"。[4]

与其他情感相比，羞耻与负疚存在相同之处，两者都是指向自我的痛苦情感。但两者间也存在根本区别：负疚是"回顾性的（retrospective）"，是一种"自我惩罚性的愤怒"，是犯错者对自身行为的反应。它关注的是行为（或行为的意愿）的对错，而不像羞耻那样关注自身的不完整；负疚寻求的是"道歉与修补"，羞耻则试图"把

1　伯纳德·威廉斯：《羞耻与必然性》，吴天岳译，北京：北京大学出版社2014年版，第99页。

2　同上，第85—86页。

3　柏拉图：《柏拉图全集》（第5册），王晓朝译，北京：人民出版社2016年版，第168页。

4　Martha C. Nussbaum, *Hiding from Humanity: Disgust, Shame, and the Law*, Princeton: Princeton University Press, 2004, p. 184.

自己隐藏起来"[1]；负疚着眼于"建设性的未来"，羞耻则往往不具有这样的眼界，反倒倾向于朝"全能世界的自恋主义回归"。[2]较之于厌恶，羞耻更为复杂。如果说厌恶是一种内在的自欺情感，全无积极价值的话，那么某些形式的羞耻具有伦理上的积极意义，它会提醒人们：某种目标是有价值的，我们居然未能实现它。

　　总体而言，努斯鲍姆认为羞耻具有自恋的特质，或用加布里埃尔·泰勒的话说，是一种"自我保护的情感"。[3]这是一种当婴儿寻求控制一切，却发现自身有限与无助所产生的情感。婴儿的出生让它来到一个由客体对象所构成的世界，它需要依靠这些客观物质来维持它的生存。当它逐渐意识到这个世界并不是一个由其所掌控和以其为中心的世界，而是一个难以掌控并充满风险的世界时，便会产生一种强烈的冲动，试图回到出生之前的那个幸福的黄金时代。努斯鲍姆将这种人类婴儿特定的自恋所产生的羞耻称为"原初性羞耻"。

　　不少人会在成长中逐渐克服羞耻，意识到他人的存在并转向对他人的关注。但由于人在本质上的有限性与脆弱性，不少人无法从根本上摆脱这种羞耻，这种羞耻会伴随着抑郁、沮丧、愤怒。这在普鲁斯特笔下的马塞尔身上尽显无遗：儿童时代的他无法容忍一个缺乏母亲之爱的世界，每天上楼去睡觉时，"唯一的安慰是等我上床之后妈妈会来吻我"。[4]普鲁斯特的虚构人物在现实中也能找到对应人物。温尼科特对其患者 B 的心理问题进行了描述。这是一位医学专业的学生，他无法自然地表达自己的思想，在面对他人时，更无法

1　Martha C. Nussbaum, *Political Emotions: Why Love Matters for Justice*, Cambridge: The Belknap Press of Harvard University Press, 2013, p. 361.

2　Martha C. Nussbaum, *Hiding from Humanity: Disgust, Shame, and the Law,* Princeton: Princeton University Press, 2004, p. 207.

3　伯纳德·威廉斯：《羞耻与必然性》，吴天岳译，北京：北京大学出版社2014年版，第99页。

4　马塞尔·普鲁斯特：《追忆逝水年华》（第一卷），李恒基等译，南京：译林出版社2012年版，第13页。

与他人正常交流。温尼科特在治疗中发现，问题源于患者 B 在婴幼儿时期未能得到父母负责任的照顾，母亲对他有着完美主义的期待，进而影响到孩子对自我的期待，让他无法容忍自我的不完美。[1]B 的表达障碍被认为源自羞耻的心理，它妨碍了一个人看到自身的脆弱性。约翰·斯图亚特·密尔的人生经历中也存在类似问题。据密尔的自传回忆，他从小就受到父亲非同寻常的严格教育，他父亲深受斯多亚与伊壁鸠鲁哲学的影响，认为生活的完整性完全可以得到理性的控制与管理，试图把儿子培养成完美无缺的人。他重视儿子在理性分析能力方面的训练，"对于各种各样的强烈感情和人们提升这些感情的所说所写，他都嗤之以鼻"。[2]在成长过程中密尔接受的这套教育虽使他在理智水平上超过了同龄人，但却使他在二十岁时遭遇严重精神危机。因为他的内在生活及自身的脆弱从未得到父母的关爱。无论是父亲灌输的那套分析习惯还是他对社会福利的思考都无法使他从这场危机中解脱出来，直到后来通过阅读马蒙泰尔的《回忆录》、华兹华斯的诗歌他才度过危机："就从那一刻起，我的思想负担变轻了。那种自认为内心的所有感情都已消散的那种压抑感也已烟消云散。我不再绝望，我也不再是一块木头或石头。"[3]

羞耻不仅会给人生带来诸多问题，而且还会造成社会的不正义。努斯鲍姆指出，当我们无力追求完美而感到羞耻时，就会去寻找替罪羊为我们的无能辩护，并借此获得安全感。这就是社会意义上的"污名（stigma）"。努斯鲍姆借助社会学家欧文·戈夫曼的相关研究来证明社会性的"污名"会引发一种人为的羞耻感。戈夫曼指出，在荣

---

1 Martha C. Nussbaum, *Hiding from Humanity: Disgust, Shame, and the Law*, Princeton: Princeton University Press, 2004, pp. 189–193.

2 约翰·穆勒：《约翰·穆勒自传》，郑晓岚等译，北京：华夏出版社2007年版，第37页。

3 同上，第104页。

誉系统衰落的当代，人人对自我的看法趋向于一致。即便是蒙受污名者，他内心深处的自我认识也许就是做个"正常人"，并用社会中占据主流的包含偏见的评判标准来评判自己，这使"他对他在别人眼中的缺点尤为敏感"，当他发觉"自己拥有的某种特征成为了污染源，而他情愿自己没有这种特征，羞耻于是极可能油然而生"。[1]努斯鲍姆试图将羞耻感纳入到美国社会语境中进行思考，她发现在美国社会中，主流人群会对特定群体（如残疾人、同性恋、老年人、罪犯以及事业上的失败者）予以污名化，将他们视为"不正常"，"并要求他们为自己是谁而感到脸红"，而主流人群则"往往将自己身上会被社会视为羞耻的东西隐藏起来，或对获得那种特性的可能性感到焦虑，让他人遭受耻辱可以获得某种心理上的宽慰"。[2]菲利普·罗斯的短篇小说《狂热者艾利》就呈现了生活在基督教白人社区的犹太人的"自我憎恨"与羞耻感。（第六章第五节）这种情感的存在会制造社会裂痕，破坏人们之间的同情与爱，威胁到公共生活的良性运行。

努斯鲍姆还分析了羞耻在司法正义可能扮演的负面角色。不少法学家认为羞耻在法律上具有积极意义，比如有人认为羞耻可在惩罚违规或犯罪行为上扮演积极角色："若能对那些举止不端者（因酗酒或吸毒寻衅滋事的人、单身母亲、靠社会福利为生的人等等）给予污名，我们就能更好地促进社会秩序，并给予那些与家庭与社会生活相关的价值以支持。"[3]但努斯鲍姆认为这种考虑缺乏对人格的应有尊重，羞耻不能被当作维护与促进正义的工具。她肯定密尔在《论自由》中为个人自由以及平等的尊严所做出的辩护，认为"通过思考群体自恋

---

1 欧文·戈夫曼：《污名：受损身份管理札记》，宋立宏译，北京：商务印书馆2009年，第9页。

2 Martha C. Nussbaum, *Political Emotions: Why Love Matters for Justice*, Cambridge: The Belknap Press of Harvard University Press, 2013, p. 360.

3 Martha C. Nussbaum, *Hiding from Humanity: Disgust, Shame, and the Law*, Princeton: Princeton University Press, 2004, p. 227.

与羞耻的动态，可以帮助我看到为何个人在社会中总是陷入危险的境地"。[1] 羞耻在公共生活常常是以"羞辱（humiliation）"的面孔出现的："它将充满敌意的羞耻强加于人。"[2]

既然羞耻作为一种情感如此成问题，那么人是否需要拒绝羞耻而成为没有羞耻感（shameless）的人呢？努斯鲍姆的回答是否定的。首先，"无耻"同样是一种自恋的信号，一个不会感到羞耻的人"不会是个好的朋友、爱人或者公民"。[3] 其次，羞耻根植于人的脆弱性，即便是强大、拥有权势的个体，在面对生命的有限性上也是无助的，因此羞耻无法根除。一个成熟的人一方面"需要接受自身在道德上的不完善"，另一方面也要"认识到一个人对个体理想的追求可以得到他人智慧的改善"。[4] 努斯鲍姆进而提出一种"建设性的羞耻（constructive shame）"的可能性。比如她在印度领导人尼赫鲁对印度农民极度贫穷的感受中发现了这样一种羞耻："我满怀羞耻与悲伤，对自己顺风顺水的舒适生活感到羞耻……为印度的堕落与巨大的贫困感到悲伤。"[5]

此外，她援引美国作家芭芭拉·艾伦瑞克（Barbara Ehrenreich）的作品《我在底层的生活》（*Nickel and Dimed*）做进一步的说明。在这部作品中，作者通过自身的经历描绘了美国社会中日益扩大的贫富不均问题。在结尾艾伦瑞克这样写道，当美国的中产阶级读到这

1 Martha C. Nussbaum, *Hiding from Humanity: Disgust, Shame, and the Law*, Princeton: Princeton University Press, 2004, p. 278.

2 Martha C. Nussbaum, *Political Emotions: Why Love Matters for Justice*, Cambridge: The Belknap Press of Harvard University Press, 2013, p. 361.

3 Martha C. Nussbaum, *Hiding from Humanity: Disgust, Shame, and the Law*, Princeton: Princeton University Press, 2004, p. 216.

4 Ibid., pp. 215–216.

5 Martha C. Nussbaum, *Political Emotions: Why Love Matters for Justice*, Cambridge: The Belknap Press of Harvard University Press, 2013, p. 353.

些底层的艰辛故事时，"罪恶感，你也许会小心翼翼地这么想。我们应该有这样的感受，对不对？但罪恶感根本不够，我们真正该有的感受应该是羞耻，对我们如此依赖他人以过低薪付出的劳力感到羞耻"。[1] 通过这种羞耻，她吁求人们能够更多地检视自己的习惯及其国民性格，社会的不公是否跟我们对社会福利体系的憎恨有关，是否跟我们认为贫穷是穷人自身不努力的结果有关。在努斯鲍姆看来，这样的情感是积极的，并与那种自恋式的羞耻有所区别。这是一种人们对自己与坏的公共标准之间的共谋而感到的羞耻，它会激发人们去反思那些既定的道德原则与标准；羞耻会让人感到仅有同情心是不够的，还能让人感到自身为改变这种社会不公现象在行动上参与的不足。他们的羞耻是一种"对他们（之前）认为自身高人一等的倾向，以及低估自己与那些穷人之间共性的羞耻"。[2] 在此意义上，努斯鲍姆认为这种"建设性的羞耻"具有积极意义。这种羞耻与一种道德上善的标准相联系；艾伦瑞克作品所激发的羞耻不是自恋的，而是反自恋的。借助羞耻，读者"能够认识到这样的事实：她已经与他人的生活现实失去了联系，那么，她正向前迈着蹒跚的脚步走出自恋"。[3]

恐　惧

作为一种人类普遍的情感，恐惧一直深受哲学与政治学研究的重视。自霍布斯以来，不少学者认为恐惧可以作为一种积极的资源来推动政治和平与社会正义。在当代自由主义的语境中，不少学者

1　芭芭拉·艾伦瑞克：《我在底层的生活》，林家瑄译，北京：北京联合出版公司2014年版，第251页。对译文做了微调。

2　Martha C. Nussbaum, *Hiding from Humanity: Disgust, Shame, and the Law*, Princeton: Princeton University Press, 2004, p. 213.

3　Ibid., p. 213.

深受茱迪·史珂拉（Judith Shklar）的著名论文《恐惧的自由主义》启发，认为恐惧拥有一种支持社会团结和道德复兴的重大潜力。比如乌尔里希·贝克认为人类共同的恐惧被证明是形成新联合的最后的——具有矛盾心理的——源泉。安东尼·吉登斯也有意识地尝试将人们的恐惧重塑为道德复兴的源泉，提出围绕"恶"而形成团结的"负面乌托邦"。对恐惧的积极解读在当代依然具有广泛的影响力。

然而，在恐惧情感是否适合作为一种道德与政治力量加以利用的问题上，学者们并非存在一致的看法。比如美国学者柯瑞·罗宾认为恐惧是很难带来效益的，我们必须抛弃恐惧能够作为政治生活基础的观念。[1]弗兰克·富里迪则对恐惧在社会中的弥散深感忧虑。在他看来，"恐惧的政治看来正在主宰西方世界的公共生活，我们已经变得非常善于彼此恐吓并显出一副被恐吓的样子"，"这种实践已经内化于整个政治阶层，并制度化于公共生活"。[2]此外，还有学者从国际地缘政治的角度指出过度恐惧的危险性："被真实的或是臆想中的恐惧所包围，都是对人与外部世界沟通能力的极大障碍，国内和国际上都是如此。"[3]在诸多当下对恐惧文化的反思中，努斯鲍姆的思考同样不容忽视，她亦敏锐意识到在当下美国社会四处弥漫的恐惧情绪："许多美国人感到自身的无力，对自己的生活失去控制。他们对他们以及他们至亲的未来感到恐惧。他们恐惧美国梦（希望你的孩子茁壮成长，比自己做得更好）已经幻灭，所有一切都悄悄离他们而去。"[4]

1　柯瑞·罗宾：《我们心底的"怕"：一种政治观念史》，叶安宁译，上海：复旦大学出版社2007年版，第4页。

2　弗兰克·富里迪：《恐惧的政治》，方军译，南京：江苏人民出版社2007年版，第1页。

3　多米尼克·莫伊西：《情感地缘政治学：恐惧、羞辱与希望的文化如何重塑我们的世界》，姚芸竹译，北京：新华出版社2010年版，第97页。

4　Martha C. Nussbaum, *The Monarchy of Fear: A Philosopher Looks at Our Political Crisis*, New York: Simon & Schuster, 2018, p. 62.

卢克莱修在《物性论》中对人类的无助感以及死亡恐惧所做的精辟分析，对努斯鲍姆关于恐惧的思考有着重要的启发。首先，努斯鲍姆认为卢克莱修对人类婴儿状态富于洞见的描述，揭示了人类生命的独有的脆弱性，这种脆弱性正是催生恐惧情感的必要条件。其次，鉴于恐惧与人类自身脆弱性之间的紧密关联，卢克莱修暗示：恐惧并不会随着人类的个体成长或技术的发展彻底消除，它是人类生活中潜在的、挥之不去的情感。尽管人类在生活中并不是每时每刻都感到死亡的恐惧，但却无时无刻不以无意识的方式受制于这种情感。最后，恐惧还会为其他负面情感的产生与发展创造条件。卢克莱修指出死亡的恐惧是诸多人类心灵疾病的根源。这种恐惧驱使人们"用同胞的血来为自己积累好运"；出于同样的恐惧，"嫉妒就常常使他们憔悴"；恐惧所激起的疯狂还让他们"对活着和看见阳光"感到憎恨。[1]人类的许多负面情感都与恐惧存在着密切的关联，恐惧孕育并制造出一系列具有社会破坏性的情感。

基于对卢克莱修的阐释，努斯鲍姆提出自己对恐惧的理解。她认为，恐惧是一种相当原始的情感，尽管该情感在人类的自我保存与进化中扮演着重要的角色，但它很难与现代社会生活的复杂性相适应。比如本能会使人对类似蛇形的事物感到恐惧，但有时该事物可能只是一条跳舞使用的丝带。当社会变得越来越复杂时，事物表象与实质之间的不一致会日渐增多，单凭直觉已经无法帮助我们做出有效的判断。此外，恐惧也难以与人类现代文明所追求的互惠相兼容。因为恐惧本质上是一种自恋的情感，它只关注自身的安全，不关注他人的存在。它"驱逐了所有对他人的关切，即便这些关切

1　卢克莱修：《物性论》，方书春译，北京：商务印书馆2012年版，第147页。

表现为不同的形式"[1]。虽然这种情感具有一定的合理性，但从本质上这种情感所支配的世界观极其狭隘。[2]它会把我们包裹起来，并导致很多"自恋主义的，自我逃避的以及否定的策略"。[3]努斯鲍姆以埃里希·雷马克的小说《西线无战事》中的一段战事描写为例：

> 三发炮弹在我们旁边发出隆隆声。火光斜射入夜雾，大炮轰鸣，隆隆地响着。我们冷得发抖……
>
> 我们的脸既不比往常苍白，也不比往常红润；既不更紧张，也不更松弛，但是它们确实变了样。我们感觉到，在我们的血液里，有个触点一下子接通了。那不是空话；那是事实。那是前线，是前线的意识，是它引起这次接通的。在第一批榴弹呼啸着、空气被火炮轰击撕碎的那一瞬间，在我们的血管里，在我们的双手里，在我们的眼睛里，突然出现了一种为躲避打击而低下头的等待，一种焦躁的期待，一种更为强烈的警惕，一种不寻常的感官的灵活性。我们的身体同样一下子做好了充分的准备。
>
> ……
>
> ……也许这就是我们藏得最深的、最秘密的生活，它正在颤动着，并奋起进行抵抗。[4]

---

1 Martha C. Nussbaum, *The Monarchy of Fear: A Philosopher Looks at Our Political Crisis*, New York: Simon & Schuster, 2018, p. 29.

2 Martha C. Nussbaum, *The New Religious Intolerance: Overcoming the Politics of Fear in an Anxious Age*, Cambridge: The Belknap Press of Harvard University Press, 2012, p. 56.

3 Martha C. Nussbaum, *The Monarchy of Fear: A Philosopher Looks at Our Political Crisis*, New York: Simon & Schuster, 2018, p. 43.

4 埃里希·玛利亚·雷马克：《西线无战事》，李清华译，南京：译林出版社2001年版，第40页。

借助雷马克这段关于战争中恐惧的心理描写，努斯鲍姆指出恐惧是一种高度自我中心的情感，它把人的注意力"缩减为一种只关注自我身体，或者最多关注一个与自我身体相关的狭隘小圈子的人与事物的生动意识（vivid awareness）"。[1] 这种情感总是被生物机能所驱动，并不会涉及道德思考，恐惧内在的自恋特质会阻碍人在情感上的成熟。

因此，恐惧作为一种原初的情感，无法为复杂现代生活提供指引。努斯鲍姆进一步透过卢梭的思想，指出恐惧情感在政治上具有某种专制的特质。卢梭指出，婴儿首先获得的观念，就是权势和奴役的观念。恐惧是一种绝对君主的情感，他从不关心任何事物或任何人。孩子们的啼哭，"以请求别人帮助他们开始，以命令别人侍候告终；这样，由于他们本身的柔弱，所以他们起先是想依赖，随后就产生了统治与控制别人的想法"。[2] 从伦理学层面看，这种人格拒绝成长，不能将他人作为目的来平等对待；从政治学层面看，这种人格并不兼容于民主社会，会成为破坏民主与社会正义的潜在因素。为此，努斯鲍姆更为关注恐惧对社会生活所造成的威胁。因为人类除了出自本能的恐惧之外，还会发展出一种想象性的恐惧。在此意义上，亚里士多德对恐惧的定义令人深思："一种由于想象有足以导致毁灭或痛苦的、迫在眉睫的祸害而引起的痛苦或不安情绪。"[3] 人类恐惧的特点在于"想象"。动物的恐惧建立在直接的危险事实的基础上，人类的恐惧则常常建立在想象的危险中。这也得到了其他学科研究的证实。人文地理学家段义孚也指出，"人的想象力会极大地增加人

1　Martha C. Nussbaum, *The New Religious Intolerance: Overcoming the Politics of Fear in an Anxious Age*, Cambridge: The Belknap Press of Harvard University Press, 2012, pp. 28–29.

2　Jean–Jacque Rousseau, *Emile*, trans. Allan Bloom, New York: Basic Books, 1979, p. 66.

3　亚理斯多德：《亚理斯多德〈诗学〉〈修辞学〉》，罗念生译，上海：上海人民出版社2016年版，第215页。

类社会中恐惧的种类和强度"。[1] 人不仅会对那些子虚乌有的事物（如女巫鬼怪等）产生恐惧，而且也会因文化偏见对某些特定人群或事物产生恐惧。

从亚里士多德的定义中，努斯鲍姆看到恐惧具有被"操控"的可能。亚里士多德指出，政治家们完全可以动用修辞的力量来制造恐惧：首先，他们可以将即将到来的事件描述为对于个人而言生死攸关；其次，他们可以将即将到来的危机描述为"可怕"且"迫在眉睫"；最后，他们还会设法让人们感到自身个体的脆弱与无助。亚里士多德的洞见历久弥新。对恐惧的操控不仅体现在当代种种关于反恐、移民等的政治宣传中，而且也体现在各类商业与媒体的广告宣传中。这些宣传不约而同地通过激发人的恐惧感，让人们失去对事物应有的理性判断。努斯鲍姆援引心理学中的"可得性启发（the availability heuristic）"指出，如果我们在经验中经常想到某个问题，那么这就特别容易导致我们高估该问题的重要性。她指出，这种情况常常发生在人们对环境危机所产生的恐惧中。比如人们曾经听到过苹果遭到一种致命的杀虫剂的污染，这就使得人们对杀虫剂本身产生极大的恐慌。[2] 当代科技发展与新媒体技术的广泛使用，使社会文化中"恐惧文化"的制造与传播变得愈发容易。努斯鲍姆也很早觉察到当代社交媒体在制造恐惧文化方面所扮演的重要角色。[3]

此外，恐惧不仅就其自身而言给社会生活带来危机，而且还是一系列消极情感（如愤怒、厌恶、嫉妒等）产生的根源，并与这些

---

[1] 段义孚：《无边的恐惧》，徐文宁译，北京：北京大学出版社2011年版，第4页。

[2] Martha C. Nussbaum, *The Monarchy of Fear: A Philosopher Looks at Our Political Crisis*, New York: Simon & Schuster, 2018, p. 48.

[3] 她在2010年与同事索尔·拉夫莫尔（Saul Levmore）合编的文集《冒犯性的互联网：言论、隐私以及名声》（*The offensive Internet: Speech, Privacy, and Reputation*）探讨了互联网时代对当代社会所形成的挑战。

情感融合在一起，侵蚀着人与人之间的信任与互惠。努斯鲍姆指出，"恐惧无论从遗传学还是因果关系的角度看，都是最为根本的"。由于遭到恐惧的感染，愤怒、厌恶以及嫉妒才"变得有害，并威胁到民主"。[1] 首先，在当下美国社会中到处弥漫的愤怒情绪，源自人的恐惧，"愤怒是恐惧的孩子"[2]。其次，厌恶也与恐惧熔铸在一起。过多的恐惧就会制造出更多的厌恶，后者会在分化人群与社会，制造道德与人性灾难上扮演特殊的角色。最后，恐惧是孕育嫉妒（envy）的土壤。嫉妒是一种关注他人优势的痛苦的情感，非常不快地将自己的处境与他人相比较。这种情感源自一种无能感，与她所谓的"原初的恐惧"密切相关。

由此可见，努斯鲍姆对恐惧的批判是全方位的，她不仅看到恐惧作为生物本能的自恋性与潜在性，而且还看到社会文化在建构恐惧情感中的巨大力量，更是看到恐惧对其他情感的腐蚀性，以及它对当代公共生活所形成的巨大威胁。

那么，应当如何来克服恐惧呢？思想史上存在两条路径：一条是"对恐惧进行道德化"。这个观点由约翰·密尔提出，并在史珂拉的"恐惧的自由主义"中得到了系统的阐发，后者认为自由主义应当建立的唯一基础就是对"至恶（summun malum）"的恐惧，"这种至恶是我们每个人所熟知且唯恐避之不及的"。[3] 另一条路径是消解或彻底根除恐惧。比如卢克莱修与斯多亚学派力劝我们所做的那样，超越必死的命运，像神那样冷漠地生活。对于这两条路径，努斯鲍姆都心存疑虑。一方面，她指出时下的社会政治状况并没有为这种"恐惧的

---

1 Martha C. Nussbaum, *The Monarchy of Fear: A Philosopher Looks at Our Political Crisis*, New York: Simon & Schuster, 2018, p. 9.

2 Ibid., p. 63.

3 茱迪·史珂拉：《政治思想与政治思想家》，左高山等译，上海：上海世纪出版集团2009年版，第11页。

道德化"提供合适的条件。恐惧不仅无法凝聚全社会的道德共识，反倒会成为分化社会的重要因素。另一方面，她也并不认同根除情感的神性追求，因为"在失去恐惧的同时我们也会失去爱"。[1] 她对恐惧究竟持什么态度呢？《欲望的治疗》中的这段话可以代表她的基本立场，"妮基狄昂"在面对死亡恐惧时，可以采取这样的态度：

> 死亡恐惧是恰当的，因为它立足于关于死亡之糟糕和生活之价值的真实信念。……她不会回避引发恐惧的状况，也不会试图为自己塑造一种无恐惧的生活，因为她知道恐惧是如何与她经过反思而认同的一种善观念相联系。我们必须强调，这并不意味着她会把恐惧看做一种好东西，或者不再去对抗恐惧。[2]

在她看来，彻底地摒弃恐惧而追随神的生活，就是摒弃了人的幸福，包括那些富于魅力的友谊、同情、爱以及希望。因此更好的治疗，"不是消除恐惧，而是用那些应当削弱其顽固力量的其他反思来平衡和对抗恐惧"。[3] 用一位评论者的话说，努斯鲍姆要我们"感到恐惧，但不要过于恐惧"。[4]

要有效地克服恐惧，单凭理性并不奏效。正如蒙田所言：除了恐惧以外，没有任何情绪能更迅速地使我们丧失判断力。[5] 为此，努斯鲍姆认为需要的是一种情感的转化。希望与恐惧虽然大相径庭，

1　Martha C. Nussbaum, *The Monarchy of Fear: A Philosopher Looks at Our Political Crisis,* New York: Simon & Schuster, 2018, p. 85.

2　玛莎·努斯鲍姆：《欲望的治疗：希腊化时期的伦理理论与实践》，徐向东等译，北京：北京大学出版社2018年版，第235—236页。

3　同上，第237页。

4　参见Jennifer Szalai, "When It Comes to Politics, Be Afraid. But Not Too Afraid". *The New York Times*, July 4, 2018.

5　拉斯·史文德森：《恐惧的哲学》，范晶晶译，北京：北京大学出版社2010年版，第33页。

但也存在共性：这两种情感都"涉及把结果看得非常重要，涉及结果的巨大不确定性，还涉及对被动性或缺乏控制力的衡量"。[1]基于此，努斯鲍姆认为存在着由恐惧向希望转换的可能性，人们可以像转换开关一样将恐惧转化为希望："在恐惧中，你会关注可能发生的糟糕结果；而在希望中，你则会关注美好的结果。"[2]

厌 恶

厌恶也是人类所独有的情感，最经典的表现形式就是"呕吐"。厌恶的对象非常广泛，人们本能地对肮脏的粪便垃圾、阴沟里散发的臭味、苍蝇或蟑螂沾染过的食物以及尸体感到厌恶。努斯鲍姆指出，厌恶的对象不限于这些对象，人们还会对生理缺陷产生厌恶（如残疾），对非正常的举止感到厌恶（如乱伦、同性性行为等等），还会对特定人群产生厌恶（如犹太人、女性、非洲裔美国人以及同性恋人群等），甚至还会对相关人群所接触过的事物产生厌恶。在某些时候，厌恶具有积极的道德内涵，比如人们会对某位政客的腐败或糟糕的社会感到厌恶。

不少学者认为，厌恶包含了内在的认知与价值判断，能够以特定的方式提醒人们某些方面的生活价值正在遭遇挑战，不少法学家甚至认为可将厌恶作为评判标准，纳入到司法实践中去。此外还有学者认为，人类文明的进步也与厌恶联系在一起，人类越能对相关事物产生厌恶，就会越趋向文明。努斯鲍姆对此提出了质疑，认为厌恶并不是一种值得信赖的情感。

---

1 Martha C. Nussbaum, *The Monarchy of Fear: A Philosopher Looks at Our Political Crisis*, New York: Simon & Schuster, 2018, p. 203.

2 Ibid., p. 205.

努斯鲍姆援引心理学家保罗·罗津（Paul Rozin）的研究成果指出厌恶的独有特征：首先，厌恶跟讨厌不同。讨厌往往因为事物的气味或形状，但厌恶则往往取决于人的观念。比如即便一只被消毒的干蟑螂跟糖的味道一样，人们也往往会感到恶心而拒绝食用。其次，厌恶常被视为"恐惧的第一堂兄妹"。[1]厌恶虽常常被认为是对某种危险的警示，但事实有时并非如此。遭人厌恶的事物会一直遭到厌恶，即便它不存在任何危险（如被消毒了的蟑螂，或者把巧克力做成粪便的形状）。再者，厌恶跟羞耻不同。羞耻是对针对自我而言的，厌恶则是面向外在世界的。最后，厌恶区别于愤怒或愤慨。愤怒或愤慨包含了对某种错误观念或伤害行为进行报复或惩罚的态度，其依托于可以公开表达与修正的理性。[2]与之相反，厌恶无需得到理性解释，要劝说一个人厌恶某种事物，并不需要说理，只需将其描述得足以引发恶心即可。为此，努斯鲍姆认为厌恶具有非理性的、自我欺骗的性质。

"厌恶"的核心观念是自我受到污染，表达了对可能存在着污染的拒绝。跟羞耻和恐惧一样，厌恶同样源自人对自身动物性与脆弱性的拒绝。"我们所忧虑的是一种我们与其他动物共有的脆弱性，那种自身溃败并成为废弃物的趋势"。[3]人们无法忍受"每日面对他们自身正在溃败的身体"。[4]人们之所以对有些动物（如昆虫）以及动物的产物（如粪便等）感到厌恶，本质上是由于它提醒了我们的有限性

1　Martha C. Nussbaum, *The New Religious Intolerance*: *Overcoming the Politics of Fear in an Anxious Age*, Cambridge: The Belknap Press of Harvard University Press, 2012, p. 36.

2　Martha C. Nussbaum, *Hiding from Humanity*: *Disgust, Shame, and the Law*, Princeton: Princeton University Press, 2004, p. 99.

3　Ibid., p. 92.

4　Ibid., p. 102.

与脆弱性，"它是动物的脆弱性与必死性的提醒"。[1]

从进化遗传的角度而言，厌恶的情感有其积极的价值，它能帮助我们躲避生命中存在着的危险。学会对粪便、臭味以及腐败事物感到厌恶有助于孩子健康地成长，在此意义上，一种轻微的厌恶感是有其存在必要的；但在更多的情况下，这种情感受到特定社会文化的建构，这就使这一情感显得更为复杂。"通过教导如何看待厌恶及其对象，社会强有力地传达着对待动物性、必死性以及与此相关的对待性别与性的态度。"[2] 努斯鲍姆指出，在很多情况下，厌恶扮演了一个并不光彩且有害的角色，并给人的伦理判断和行为提供了错误的引导："因为它并没有发现真正的危险；因为它与非理性的魔幻思想联系在一起；最重要的是，因为它具有高度的社会可塑性并经常被用来对付弱势的个人与群体。"[3] 努斯鲍姆所谓的"投射性厌恶（projective disgust）"就是这样一种在道德上危险的，对人类的平等价值提出严峻挑战的情感。

"投射性厌恶"的最大危害在于它会被政治利用，成为一种社会歧视工具。为了维护自身的优越社会地位，人们会持续不断地把令人厌恶的特性投射到特定群体上。普里莫·莱维在《被淹没的和被拯救的》中描绘了集中营里的犹太人如何被当作动物来对待：在集中营"没有勺子，就没有办法喝到每天供应的汤，除非像狗一样去舔"。[4] 努斯鲍姆还指出，各个社会中普遍存在的"厌女症（misogyny）"同样

1　Martha C. Nussbaum, *Hiding from Humanity: Disgust, Shame, and the Law*, Princeton: Princeton University Press, 2004, p. 94.

2　Martha C. Nussbaum, *Upheavals of Thought: The Intelligence of Emotions*, New York: Cambridge University Press, 2003, p. 96

3　Martha C. Nussbaum, *Hiding from Humanity: Disgust, Shame, and the Law*, Princeton: Princeton University Press, 2004, p. 122.

4　普里莫·莱维：《被淹没和被拯救的》，杨晨光译，北京：生活·读书·新知三联书店2015年版，第125页。

源自这种"投射性的厌恶"。这种不把人当人的看法，就会导致排外行为与社会分化。她以 2002 年发生在印度古吉拉特邦针对穆斯林群体的暴力为例指出，印度教的民族主义者用"纯洁与污染"的观念将穆斯林群体描述为威胁到印度教纯洁性的"好色的动物性存在"，这种厌恶情感成为大量非人道的暴力与折磨的心理基础。[1]

厌恶的复杂性有时会以道德化的形式表现出来。比如人们对政客腐败的厌恶，对可怕的犯罪感到厌恶，对种族主义与性别歧视的行为也会产生厌恶。有不少学者认为，这种"道德化厌恶（moralized disgust）"具有伦理与政治上的积极意义。在努斯鲍姆看来，即便如此，这种情感也"并不具有社会意义上的建设性，因为那些感到厌恶的人只是想逃离，而不是想去解决问题"。[2]因为它会将人们的注意力从应当严肃对待的道德问题那里转移出去。厌恶这种情感，并未指出某种伤害正在发生，而只是表明某种事物被污染了，我们需要与它保持距离。对于一个自由社会而言，"让我们把这些恶心的老鼠从这里赶出去"[3]，这种做法并无帮助，人们需要反对的是坏的行为而不是人。厌恶背后所预设的纯洁愿景是非现实的，是一种浪漫的幻想。

"道德化厌恶"常常反映在现代主义的文艺作品中。这些作品在与现实社会疏离的过程中常常会表现出反社会的倾向。"这个时代的愚蠢现象真令人反感，我感觉到要脱肠了，粪便都涌到嘴巴上面来了。"[4] 这是福楼拜对他身处时代所做的反应。D.H. 劳伦斯更是用他的

1　Martha C. Nussbaum, *Hiding from Humanity: Disgust, Shame, and the Law*, Princeton: Princeton University Press, 2004, p. 114.

2　Martha C. Nussbaum, *The Monarchy of Fear：A Philosopher Looks at Our Political Crisis*, New York: Simon & Schuster, 2018, p. 115.

3　Martha C. Nussbaum, *Hiding from Humanity: Disgust, Shame, and the Law*, Princeton: Princeton University Press, 2004, p. 106.

4　彼得·盖伊：《历史学家的三堂小说课》，刘森尧译，北京：北京大学出版社2006年版，第96页。

诗歌《资产阶级多么讨厌》（*How Beastly the Bourgeois Is*）表达对中产阶级世界的厌恶：

> 资产阶级是多么讨厌
> 特别是其中的男人——
>
> 干干净净的小白脸，像个蘑菇
> 站在那里，光洁、笔挺、悦目——
> 像个酵母菌，靠过去生命的遗骸生存
> 从比它伟大的生命的枝叶中吮吸养分。[1]

针对厌恶情绪在现代文学艺术中的蔓延，批评家莱昂内尔·特里林有所觉察："我们这个时代的文学的一个主要目的便在于破坏这种被认为是'伪善'的现象……只要我们发现作品强调肮脏而令人厌恶的事物，并且对主流的道德或生活习惯表示污蔑，那么我们就可能认为自己发现了那种试图破坏'伪善'的意图，自己所勉励的正是灵性，或者是获得灵性的愿望。"[2]在此意义上，人们常常谈到文艺青年的"愤世嫉俗"，其实在语义上并不准确，这里的"愤世"用"厌世"来替代更为合适。

对于文艺作品中的"道德化厌恶"，努斯鲍姆也有自己的看法。她对古斯塔夫·马勒的第二交响曲（*Symphony No.2*）中的著名唱段"厌恶的呼喊（cry of disgust）"进行分析。第三乐章的主题与马勒的

---

1 劳伦斯：《劳伦斯诗选》，吴笛译，桂林：漓江出版社1988年版，第132页。

2 莱昂内尔·特里林：《知性乃道德职责》，严志军等译，南京：译林出版社2011年版，第442页。

另一部歌曲集《少年魔法号角》[1]相关，那首曲子讲述了一个民间传说：圣·安东尼准备到教堂布道，结果到了教堂发现整个教堂是空的，小镇的人们并不理睬他。于是他转而向鱼布道，各种各样的鱼都抬起它们的头听他布道，但对布道内容一无所知。人们可以从音乐中体会到一种肤浅与愚蠢的服从，以及"人类生活的无方向感"。[2]在此意义上，音乐表现出对社会现实的批判。努斯鲍姆指出，马勒的这一乐章多次出现复调旋律，但在一段非常优美甜蜜的旋律之后，整部管弦乐突然转为厌恶而绝望的叫嚷声，被马勒称为"厌恶的呼喊"与"灵魂的恐惧尖叫"。在1896年写给马克斯·马夏克的信中，他写道："不停移动、不肯停歇、难以理解的熙攘人群变得很可怕，你仿佛站在黑夜的舞厅外，看见灯火通明的舞池中的摇曳、舞动的身影……你可能会厌恶得叫嚷着离开。"[3]据《马勒传》作者史蒂芬·约翰逊的描述，即便是甜美的小号曲调也强烈透着厌恶。

对于这部作品（而且是努斯鲍姆本人最喜爱的音乐）中所呈现出来的厌恶，努斯鲍姆的态度颇为矛盾。一方面，她认为这种厌恶是有价值的，因为这是一种对社会互动死亡的道德回应，是一种对人们的伪善、令人窒息的僵化的习俗以及缺乏真正同情心的回应，因此厌恶具有道德内涵；但另一方面，她依然认为这种情感是"反社会的"，因为这意味着"这些令人窒息的制度令我感到呕吐，我拒绝它们成为（纯粹的）我的一部分"。愤慨可以纠正错误的行为，但厌恶并非如此，"在这一刻，怀着厌恶情绪逃离这个世界的艺术家完全

1 《少年魔法号角》（*Des Knaben Wunderhorn*），又译《少年魔号》，是古斯塔夫·马勒1888年到1898年创作的歌曲集。歌词皆选自19世纪初出版的同名民间诗集，由克莱门斯·布伦塔诺和阿希姆·阿尔尼姆共同编辑，诗集收录了不少无名作家的诗。马勒根据其内容创作了12首歌曲，并做成歌曲集。

2 Martha C. Nussbaum, *Upheavals of Thought: The Intelligence of Emotions,* New York: Cambridge University Press, 2003, p. 625.

3 史蒂芬·约翰逊：《马勒传》，辛红娟译，长沙：湖南文艺出版社2016年版，第58页。

不是政治性的存在，而只是一个浪漫式的反社会存在"。[1]令她感到庆幸的是，在此后的乐章中马勒最终克服厌世情绪而转向对人类的普遍同情，通过描绘在年轻孩子中的同情感来克服厌恶感："这时候我们把人性看作为柔和的、脆弱的、像花朵一样：我们需要克服那种短暂出现的对现实的不完美感到恶心的倾向"。[2]

愤　怒

　　针对愤怒这一备受争议的情感，不少思想家持肯定看法，认为愤怒是与强调自尊、反抗不公正联系在一起。密尔曾这样写道："如果有人试图侵害，或者已经侵害了我们本人、或我们所同情的人，那么对这样的行为感到愤怒、进行反抗或报复，是很自然的事情。"[3]苏珊·奈曼（Susan Neiman）则指出，人甚至是动物，在遭遇不公平的时候都会感到愤怒。尽管"你发怒的方式可能不对，但你的愤怒本身是完全正当的"。[4]受斯多亚传统影响，也有不少学者对愤怒持否定看法。努斯鲍姆对于愤怒的看法比较复杂，其立场也有一个变化的过程，从早期的部分肯定转向后期的否定。

　　努斯鲍姆对愤怒的思考，深受亚里士多德与斯多亚学派影响。亚里士多德把愤怒定义为："一种针对某人或其亲友所施加的为他们所不应遭受的显著的轻慢所激起的显著的报复心理所引起的有苦恼

1　Martha C. Nussbaum, *Hiding from Humanity: Disgust, Shame, and the Law*, Princeton: Princeton University Press, 2004, p. 105.

2　Ibid., p. 105.

3　约翰·穆勒：《功利主义》，徐大建译，北京：商务印书馆2014年版，第63页。

4　苏珊·奈曼：《为什么长大》，刘建芳译，上海：上海文艺出版社2014年版，第95页。

相伴随的欲望。"[1] 努斯鲍姆指出该定义包含了五个重要元素：一是轻慢或贬低；二是自己或与自己亲近的人；三是有错误或不合适的行为；四是伴随着痛苦；五是包含了报复的欲望。[2] 愤怒的情感比较复杂，包含了痛苦和愉悦。痛苦是因为受到伤害，愉悦则由报复而来。愤怒跟悲伤不同，悲伤聚焦于伤害或损失本身，并不关注目标，愤怒包含了对因果的思考，会有它的目标。亚里士多德对愤怒持肯定态度。在他看来，"一个人如果从来不会发怒，他也就不会自卫。而忍受侮辱或忍受对朋友的侮辱是奴性的表现"。如果怒气得不到发泄，"这样的人对自己、对朋友都是最麻烦的"。[3]

斯多亚学派对愤怒的理解有所不同。他们普遍认为，愤怒对民主社会是一剂毒药，甚至认为其在本质上是对自身脆弱的恐惧。愤怒不仅被视为一种自足性美德丧失的表现，而且还是引发暴力与战争的根源。塞涅卡对愤怒的论述集中体现该学派的立场。在对《论愤怒》的解读中，努斯鲍姆指出塞涅卡试图通过论证来说服对话者诺瓦图斯将愤怒从灵魂中完全祛除的可能性与必要性。其论证有三：一是愤怒是不自然的和不必要的，是一种人为的产物；二是愤怒作为正确行为的动机并不是必要的，甚至也不是有用的；三是愤怒存在着过度的危险，愤怒的人有暴力和残忍的倾向。[4] 根据塞涅卡的看法，人之所以会愤怒源自对自身境遇缺乏认识："一个神志清楚的人会因苹果并非挂在灌木枝上而感到惊奇吗？他会因荆棘和石楠树上没有布满有用的果实而感

---

1 亚理斯多德：《亚理斯多德〈诗学〉〈修辞学〉》，罗念生译，上海：上海人民出版社2015年版，第203页。

2 Martha C. Nussbaum, *Anger and Forgiveness: Resentment, Generosity, Justice,* Cambridge: Oxford University Press, 2016, p. 17.

3 亚理斯多德：《尼各马可伦理学》，廖申白译，北京：商务印书馆2003年版，第115—116页。

4 玛莎·努斯鲍姆：《欲望的治疗：希腊化时期的伦理理论与实践》，徐向东等译，北京：北京大学出版社2018年版，第419—420页。

到惊奇吗？"在他看来，"智慧的人是不会对自然本性感到愤怒"。[1] 在否定愤怒的基础上，塞涅卡认为不愤怒并不意味着丧失人性，与愤怒那种试图"对一桩罪行进行复仇的欲望"不同，不愤怒的人只会出于理性的动机对罪行施以惩罚，而且这种惩罚的目的是使罪犯得到治愈："斯多亚主义者之所以认为惩罚是合理的，不是因为不义行为本身的严重性，也不是因为受害者所承受的痛苦和不义，……而仅仅是为了行不义者的福祉"。[2] 为此，斯多亚学派颁布抑制愤怒的禁令，人们"要去沉思未来的恶，不要把伤害看作极度重要的东西，要对罪犯采取一种治疗的态度——不是作为与其他人隔绝和分离开来的策略，而是作为获得真正人道和文雅的公共生活的必要手段"。[3]

亚里士多德与斯多亚学派对待愤怒的立场大相径庭，努斯鲍姆试图在两者之间寻找折中立场。她认可斯多亚学派对于愤怒的部分诊断，认为该情感确实会造成不可想象的后果（如美狄亚因爱生恨所导致的悲剧），但她同时无法认同斯多亚学派对于世间诸多不义的"不动心"。她敏锐地发现，即便是塞涅卡本人都无法完全遵循斯多亚学派的教义。比如塞涅卡曾讲述这样一个故事：波斯国王康比斯喝酒上瘾，他的最好的朋友普拉克赛斯派斯规劝他喝酒要更节制些，声称酗酒对一个国王来讲很不体面。对此，

> 康比斯回答说："为了使你相信我绝对没有失去自控力，我将向你证明，尽管喝了酒，我的手和眼睛还是能履行职责。"于是他拿了更大的杯子，喝得比原先更凶了。最后当他喝得昏昏

---

1 塞涅卡：《强者的温柔：塞涅卡伦理文选》，包利民等译，北京：中国社会科学出版社2005年版，第35页。

2 玛莎·努斯鲍姆：《欲望的治疗：希腊化时期的伦理理论与实践》，徐向东等译，北京：北京大学出版社2018年版，第426—427页。

3 同上，第432—433页。

沉沉、酩酊大醉的时候，他命令这个批评者的儿子走到门槛外面，左手举过头顶站在那里。接着他拉开弓一箭射中了这个年轻人的心脏——他已经说过这作为箭靶——他切开受害人的胸膛，展示了扎进心脏的箭头，然后转向那位父亲，询问他的手是否足够稳当，而这位父亲却回答说阿波罗自己也不能射得比这更准了。老天诅咒这样一个人，一个在精神上而不是身份上的奴隶！他赞扬了一个行为，一个甚至是惨不忍睹的行为。他儿子的胸膛被撕开，心脏因为它的伤口而颤动，他却为奉承找了一个恰当的借口。他本该就国王的自夸挑起一场和国王的争论，并且要求再射一次，这样这位国王可能就会有兴致在这位父亲自己的身体上展示一只更为稳妥的手。这是一个多么嗜血成性的国王！对其追随者的弓来说他又是一个多么合适的靶子！尽管我们可以因为国王用惩罚和死亡来结束宴会而诅咒国王，然而，赞扬这一箭比射这一箭更应受到诅咒。稍后我们就将看到，当这位父亲站在他儿子的尸体边，看到这场他自己既是见证人又是引起者的谋杀时，他会有何表现，现在在讨论的要点是很清楚的，也就是说，愤怒是可能压制的。[1]

努斯鲍姆指出，尽管塞涅卡通过这样的叙事试图教导人们不要愤怒，但其字里行间所反映出来的情绪暗示，连塞涅卡自己都无法遵循自己给出的建议。读者能够感受到塞涅卡强压着心中的怒火，这时他"不再是一个温和的医生，而是希望犯罪者遭到报应"。[2]

---

[1] 塞涅卡：《强者的温柔：塞涅卡伦理文选》，包利民等译，北京：中国社会科学出版社2005年版，第74页。

[2] 玛莎·努斯鲍姆：《欲望的治疗：希腊化时期的伦理理论与实践》，徐向东等译，北京：北京大学出版社2018年版，第444页。

在此意义上，愤怒有其存在的合理性。努斯鲍姆在人生经验中体察到诸多愤怒经验及其价值，但她认为斯多亚学派的批评依然值得认真对待，同时有必要对愤怒进行改造，将其引向更为积极的方向上去。努斯鲍姆的相关努力集中体现在她 2016 年出版的《愤怒与宽恕》及其发表的杰弗逊演讲（Jefferson Lecture）中。她指出，"愤怒"具有三方面工具性的价值：其一，愤怒对于保护个体尊严是必要的；其二，对过错的行为感到愤怒是一种对待做坏事者的严肃态度（并不是将其当作孩子或豁免责任的人）；其三，愤怒对于反抗不公正也至关重要。[1]

然而，在很多情形下的愤怒并不恰当：[2] 一是显而易见的错误愤怒。因错误的信息，或高估了某种错误的严重性而产生愤怒。比如别人忘记了你的名字，这种愤怒就是不合适的，也势必引起行动的错误。二是因地位问题引起的愤怒。这种愤怒主要是对"地位降低"的回应。很多人会在乎地位，并会为自己的地位遭到他人贬低而感到愤怒。努斯鲍姆指出，这种对自身地位的沉溺存在很大问题，因为生活并不是由名誉所构成，生活有更重要的东西：爱、正义、工作以及家庭。三是带着报复偿还心态的愤怒。由于各种宗教以及社会文化的影响，在愤怒中的那种报复意愿根深蒂固地普遍存在于人性之中。努斯鲍姆指出，"以牙还牙，以眼还眼"的观念尽管流行，但经不起推敲。愤怒者不仅无法在报复中获得什么，而且也无助于正义的实现。四是因无力感而导致的愤怒。这个世界总是充满着各种各样的偶然性，再完善的医疗技术都无法让人们彻底免于疾病和死

1　Martha C. Nussbaum, *Anger and Forgiveness: Resentment, Generosity, Justice*, Cambridge: Oxford University Press, 2016, p. 6.

2　参见Martha C. Nussbaum, "Powerlessness and the Politics of Blame", 2017年5月1日，努斯鲍姆受约翰·肯尼迪中心的邀请发表的杰弗逊演讲（Jefferson Lecture）"无力与责备的政治"。网页链接参见http://www.law.uchicago.edu/news/martha–nussbaums–jefferson–lecture–powerlessness–and–politics–blame

亡，再公正的社会政策也无法阻止因自然灾害所造成的经济困境。但人类总是根深蒂固地认为这个世界是公正的，而让我们陷入不幸的是某些人或某些群体的阴谋。这种思维方法让我们感到慰藉，并感到自己能够摆脱脆弱性并控制一切。一旦无力掌控就会感到愤怒，并把愤怒投射到他者身上。

为此，努斯鲍姆提出了构建一种积极意义上愤怒——"转化的愤怒（Transition-anger）"[1]——的可能性。这种愤怒之所以有益，是因为其着眼于问题的解决与未来的改善，而无意深陷于报复的循环中。努斯鲍姆受到埃斯库罗斯的悲剧《奥瑞斯特斯三部曲》（包括《阿伽门农》《奠酒人》《报仇神》）的启发。在充斥着愤怒与报复主题的悲剧尾声，出现了两个重要变化：一个变化经常得到讨论，雅典娜试图用法律制度来替代并终结血腥报复的死循环，宣称杀人罪可以通过法律而不再以复仇的方式得到解决；另一种变化却并不为人所重视，其体现在复仇女神自身性格的变化。复仇女神从开场时满满的复仇心态，充满野蛮气息的嗜血心态[2]，到最终愿意听从雅典娜的建议，寻求一种全新的温和宽容的情感："你似乎已把我感动，怒火已平息。"[3]努斯鲍姆认为，这一变化跟前一种变化同样意义重大。埃斯库罗斯向我们暗示：民主社会的法律秩序的维持，不能仅仅满足于把这些野蛮关入牢笼，而需要落实于对人性的培养。

1　努斯鲍姆认为"愤慨"或"义愤"（indignation）的日常用法常常可以表达这种transition-anger的含义，但该词的使用并不太稳定，所以她还是更倾向于新造一个词语。参见Martha C. Nussbaum, *The Monarchy of Fear: A Philosopher Looks at Our Political Crisis*, New York: Simon & Schuster, 2018, p. 74.

2　"不幸的我啊，遭受侮辱，我要把愤怒/向这片土地发泄，/我要把毒汁，把蕴藏心中的毒汁/向这片土地喷吐，/使它受害变荒芜。/从此枝叶不生不结果，正义的报复，/蔓延于这片大地，/把瘟疫抛向这片土地，居民死亡。"参见埃斯库罗斯等：《古希腊悲剧喜剧全集》（第1卷），王焕生译，南京：译林出版社2015年版，第498页。

3　埃斯库罗斯等：《古希腊悲剧喜剧全集》（第1卷），王焕生译，南京：译林出版社2015年版，第504页。

不过努斯鲍姆也承认，这种"转化的愤怒"要在现实生活中获得实现，并非易事。即便是主张不要愤怒的塞涅卡，也无法完全克制自己的无理愤怒。[1] 因为报复的本能深植于人性，其一方面源自生物演化，另一方面受到文化建构。因此要实现这种转化，"通常必须经过长期的自律"。[2] 只有少数人能够在此方面表现卓越，比如马丁·路德·金、迈克尔·乔丹[3] 等人。努斯鲍姆分别从亲密关系、中间领域[4] 以及政治领域探讨愤怒的各种表现形式及其治疗方案。在亲密关系中，她探讨了父母与子女之间、配偶或伴侣之间以及人对自我的种种愤怒。她以菲利普·罗斯的《美国牧歌》中瑞典仔对女儿的愤怒为例，探讨了在亲密关系中实现情感良性互动的可能。[5] 在对中间领域的探讨中，她认为人们不必为那些微不足道的事情愤怒，在面对较为严重的侵害或侮辱行为时，法律的介入可以为愤怒的转化提供条件，并强调幽默感与好性情的培养对于克服愤怒的价值。[6] 在政治领域层面，她反对甘地的不愤怒主张，赞赏金与曼德拉如何将愤怒进行了有效的转化（第六章第二节）。此外，她还以南非作家阿兰·佩顿（Alan Paton）的小说《哭泣的大地》（*Cry, the Beloved Country*）为例探讨了一个愤

1　据塞涅卡的书信记载，塞涅卡年老时造访他的旧居，因为房屋破损严重，便向管家抱怨。管家辩解说这不是他的错，而是这房屋本来就老旧。塞涅卡把这句话当作是对他年纪的嘲讽，因为那年他已近七十岁，他为此大为光火。

2　Martha C. Nussbaum, *Anger and Forgiveness: Resentment, Generosity, Justice,* Cambridge: Oxford University Press, 2016, p. 36.

3　迈克尔·乔丹在他父亲被谋杀之后的一次电视采访中被问到如果抓住凶手是否要处死对方，乔丹悲伤地回答："为什么？那也无法把他带回来。"

4　中间领域（Middle Realm）指介于亲密领域与政治领域之间的人类日常活动领域，涉及与陌生人交流、生意关系、同事关系等等。

5　Martha C. Nussbaum, *Anger and Forgiveness: Resentment, Generosity, Justice*, Cambridge: Oxford University Press, 2016, p. 105.

6　Ibid., p. 168.

怒转化为仁慈的故事。[1] 总之，"那些愤怒中的错误必须得到思考，那些不愤怒的技术也需要得到努力培育"。[2]

第三节 积极的情感

为了克服消极情感，理性并不一定奏效，努斯鲍姆采纳了阿尔伯特·赫希曼所谓的"用激情制衡激情"[3] 的办法，试图用同情与爱等积极的情感来实现对消极情感的克服与转化。不过努斯鲍姆并不认为有些正面的情感一定是积极的，比如感激（gratitude），因为这一情感隐含着偿还的意味。她更为关注同情与爱这两种情感，同情是对于公共生活的建设而言最重要的情感。相较于同情，爱则显得更复杂。本节将重点探讨以友谊为代表的互惠之爱，在第四节中则探讨欲望之爱。

---

1 努斯鲍姆专门就《哭泣的大地》写过一篇论文，参见 "Reconciliation Without Anger: Paton's Cry, the Beloved Country", *Fatal Fictions: Crime and Investigation in Law and Literature*, edited by Alison L. LaCroix, Richard McAdams, and Martha C. Nussbaum, New York: Oxford University Press, 2017, pp. 177–194.

2 Martha C. Nussbaum, *Anger and Forgiveness: Resentment, Generosity, Justice,* Cambridge: Oxford University Press, 2016, p. 245.

3 阿尔伯特·赫希曼：《欲望与利益：资本主义胜利之前的政治争论》，冯克利译，杭州：浙江大学出版社2015年版，第17页。对译文有所修改，将"欲望"改译为"激情"。

同　情

　　同情（compassion）[1]是努斯鲍姆最为重视的情感，因为同情有助于克服羞耻、恐惧、厌恶以及愤怒等消极情感，而且还在推进良好公共生活与社会正义中发挥积极作用。在她看来，同情有助于决策者制定更为人性与正义的公共政策，尤其对她提出的"能力进路"而言实践意义重大；同情对于司法正义的实践也具有重要价值，法律正义需要富于同情心的法官与律师，尽管她不认同情感可以取代理性成为判决的唯一标准，情感会发生错误，但不能因此"在法律审议中将其完全忽略"。[2]此外同情也有助于超越人类中心主义，能够将关切拓展到非人类的动物世界中；从国际层面看，同情还能成为推进全球正义的重要心理基础。

　　努斯鲍姆对同情的理解，主要来自古典与现代两方面的思想资源。在古典方面，亚里士多德在《修辞学》中的相关论述给予努斯鲍

1　努斯鲍姆对怜悯（pity）、共情（empathy）、同情（sympathy）、同情（compassion）做过区分：首先，在她看来，英语中的pity带有某种居高临下的优越感，它不同于卢梭的pitié，也不同于希腊语中的eleos与oiktos。因此在她的写作中，很少使用pity。其次，共情（empathy）常常用来形容一种对他人经验的想象重构，但并不对该经验做出评价，无论经验的好坏。在努斯鲍姆看来，共情者有时就像一位技术出众的演员，她能够充分投入到表演对象的情境中去，但同时又清醒地意识到自己并不是她所表演的对象。在这点上，共情与同情存在着相近之处。但她同时又指出，共情与同情之间依然存在着一段距离。在共情中，尽管演员会对各种人物所处的悲惨遭遇产生共情，但她同时并不一定对他们的遭际产生任何特殊的情感。他们会认为这些人是邪恶的，并不值得同情；或者认为这仅仅是虚构人物，投注感情并无意义。这种有共情而无同情的情况在日常生活中不难找到，有时候某种共情甚至是非常糟糕的。努斯鲍姆以虐待者为例，虐待者之所以会选择极端残忍的刑罚，就是因为他对那些刑罚可能在受害者身上造成的伤害产生共情，但在这种共情之中毫无同情可言。最后，empathy跟sympathy有所区别，后者会对这种经验做出评判；sympathy是英国18世纪作品中经常被使用的词，与当代的compassion含义相近，若要指出两者间的细微区别的话，那么compassion在情感上更强烈，并暗示某人遭受某种程度更深的苦难。但它们都跟empathy不同，包含了对某种经验的判断。参见Martha C. Nussbaum, *Upheavals of Thought: The Intelligence of Emotions*, New York: Cambridge University Press, 2003, pp. 301–302.

2　Martha C. Nussbaum, *Upheavals of Thought: The Intelligence of Emotions*, New York: Cambridge University Press, 2003, p. 441.

姆启发。亚里士多德将"怜悯（eleos）"定义为"一种由于落在不应当受害的人身上的毁灭性的或引起痛苦的、想来很快就会落到自己身上或亲友身上的祸害所引起的痛苦情绪"。[1] 在现代方面，18 世纪的思想家（如斯密、卢梭、莱辛等）为她提供启示，尤其是卢梭对同情（pitié）的理解以及斯密的"公正的旁观者（judicious spectator）"概念。此外，努斯鲍姆还从生物学以及心理学的最新研究中获得启发。她指出同情是一种普遍存在于动物与人类生活中的情感，是一种针对其他动物或人所遭受的苦难所产生的痛苦情感。人与动物都具有程度不同的同情心，动物行为学的实验表明，不少动物跟婴儿一样，都会产生同情，她援引心理学家保罗·布鲁姆（Paul Bloom）实验成果指出，人早在社会教化之前就具有了共感与同情的能力。[2]

基于对情感的认知性理解，努斯鲍姆认为同情涉及四个方面的思想[3]：一是"关于严重性的思想（thought of seriousness）"。人们之所以对某个人的遭遇有所同情，是因为他所受到的苦难是严重的，并非微不足道。比如死亡、失去至亲、严重的疾病、孤寂一人、遭到他人侵犯等等。我们一般不会对某人买不起高价的奢侈品有所同情，但会普遍对某人因身患癌症而无法支付巨额医药费深表同情。努斯鲍姆指出，如果一个人失去了她在"能力清单"中所罗列的这些基本能力（第一章），那么他理应受到其所在社会其他成员的同情。[4] 二是"关于非过错的思想（thought of nonfault）"，指的是人们不会去同

1　亚理斯多德：《亚理斯多德〈诗学〉〈修辞学〉》，罗念生译，上海：上海人民出版社2016年版，第225页。

2　Martha C. Nussbaum, *Political Emotions: Why Love Matters for Justice,* Cambridge: The Belknap Press of Harvard University Press, 2013, p. 156.

3　以下参见Martha C. Nussbaum, *Political Emotions: Why Love Matters for Justice,* Cambridge: The Belknap Press of Harvard University Press, 2013, pp. 142–146.

4　努斯鲍姆并不认为这个清单包含了所有跟严重性相关的事物，但认为它能为人们的同情提供一种导航。

情那些因自己过错而陷入困境的人，而会同情那些因非自身过错而陷入不幸的人，认为其不应遭受这样的苦难。三是"有关相似可能性的思想（thought of similar possibilities）"。人们倾向于同情那些与他们生活接近或类似的人，比如自己的家人与朋友，对那些距离遥远、生活完全不同的人则缺乏足够的同情。努斯鲍姆并不认为相似性是同情的必要条件，在缺乏相似性的前提下，人与人之间（甚至人与动物之间）都可能存在同情。四是"有关幸福的思想（eudaimonistic thought）"。如果说前三种对同情的思想可以追溯到亚里士多德那里的话，最后一种看法则是努斯鲍姆的原创性贡献。这是一种将他人的苦难视为自己生活重要部分的思想。这种思想不是一种自我中心论，而是聚焦于生活中最重要的目标与计划。

不过，努斯鲍姆也坦承在现实中同情并不是一种完美的情感。在不同的社会文化传统的影响下，人类的同情也会产生各种问题：人们对于什么样的遭遇值得同情会发生错误判断，也会对其严重性的程度产生判断上的分歧，人们总是倾向于将同情的对象限制在一个狭隘的范围内，他们更愿意对家人与朋友的不幸感到同情，却无法同情远在卢旺达或者伊拉克发生的悲剧，即便新闻叙事引发了对远方苦难的同情，却也无法得到长期维持。[1] 为此她指出人们在思考同情的时候，需要认真面对思想史上对同情所提出的各种质疑，尤其是斯多亚学派的批判及其提出的解决方案。

对斯多亚学派而言，同情的问题有三：第一，同情可能妨碍人们认识与正确评估人生中最重要的事物。同情不仅意味着人们会赋予外在事物（金钱、地位、荣誉等）重要价值，而且还会让人轻视

---

1 Martha C. Nussbaum, "Compassion & Terror", *Daedalus*, Vol.132, No. 1, On International Justice 2003, pp. 10–26.

自身人格的尊严。这种观点在斯宾诺莎、斯密、康德那里得到了继承与发展。即便在被誉为"同情的世纪"的18世纪，同情也需要受到理性的检验。以流泪多寡来衡量剧作质量的德国思想家莱辛，无法接受拉奥孔在雕塑中的哀号，因为"哀号会使面孔扭曲，令人恶心"[1]；斯密虽然倡导同情，却也认为"肉体的疼痛无论怎样不可忍受，大叫大喊总是显得缺乏男子气概和有失体面"。[2]康德则认为同情是一种"侮辱性的行善"[3]，这种行善被称为软心肠，不应出现在人类中间。第二，同情被认为会与各种坏的激情（如愤怒与报复）联系在一起，同情的软心肠会被怨恨与憎恨的毒蛇所侵入。在斯多亚学派看来，同情是怨恨的第一个堂兄妹。塞涅卡在给尼禄的信中谴责了同情，希望尼禄少在意那些对他的名声、财富以及权力的侮辱，这样他才能成为一位文雅而富有人性的执政者。尼采继承与发展了塞涅卡的这个看法，指出柏拉图、斯宾诺莎、拉·罗切福考和康德虽然在思想上相差很大，但在"藐视同情"的问题上是一致的。[4]因为在其看来，同情心的背后隐含着怨恨与复仇的力量。第三，同情具有偏向性与狭隘性。它存在着亲疏远近之别，我们更容易对身边人遭遇的不幸产生同情，而对远方发生的苦难缺乏感受。因此同情很可能呈现出一个"不平衡的世界图景，把平等的价值与所有人性的尊严一并抹去"。[5]

　　斯多亚学派描绘出了一幅摒弃同情，尊重人格的生活图景。在这一图景中，人以理性的方式生活，彼此尊重人格的尊严，避免了

1　莱辛：《拉奥孔》，朱光潜译，北京：人民文学出版社1979年版，第13页。

2　亚当·斯密：《道德情操论》，蒋自强等译，北京：商务印书馆1997年版，第30页。

3　康德：《道德形而上学》，张荣、李秋零译注，北京：中国人民大学出版社2013年版，第234页。

4　尼采：《论道德的谱系·善恶之彼岸》，谢地坤等译，桂林：漓江出版社2000年版，第5页。

5　Martha C. Nussbaum, *Upheavals of Thought: The Intelligence of Emotions,* New York: Cambridge University Press, 2003, p. 360.

因情感亲疏而导致的偏狭，也避免了各种情绪所导致的暴力和战争。但努斯鲍姆并不认为这一图景是值得追求的。首先，她认为斯多亚式的人格观念完全无视动物的权利。其次，人格的观念完全排除了对运气与外在善的关注，对人类的不幸漠不关心。比如在塞涅卡看来，一个人即便沦为奴隶，也无损于他的人格。最后，她认为斯多亚学派描绘的是一幅死亡的图景。她以马克·奥勒留为例指出，这位著名的罗马皇帝为了克服人类情感的偏倚性，教导人类从一个与情感牵绊相关联的世界（性、孩子、家庭、城市、国家）中摆脱出来。这就好比是"生活的死亡"，而只有在这种近似于死亡的条件下，"道德正直才得以可能"。[1]

努斯鲍姆认为斯多亚式的图景并不值得人类追求。尽管同情存在缺陷，但其依然值得捍卫。人类可以通过好的政治制度、法律、媒介文化为培养"合宜的同情（appropriate compassion）"[2]创造环境，尤其是通过教育（尤其是培养想象力的审美教育）来克服同情的偏狭，使之突破文化社会的隔阂与界限而得到拓展。

友　爱

同情的偏狭性，有时需用一种更为宽广的爱的情感加以克服。于是就需谈到爱。努斯鲍姆指出，"爱"指涉的内涵有时会超出情感的范围，"既指代一种情感，也指代一种更为复杂的生活形式"。[3]她对爱的论述，有时聚焦于情人之间的欲望／浪漫之爱（《爱的知

1　Martha C. Nussbaum, *Political Emotions: Why Love Matters for Justice*, Cambridge: The Belknap Press of Harvard University Press, 2013, p. 224.

2　Martha C. Nussbaum, *Upheavals of Thought: The Intelligence of Emotions*, New York: Cambridge University Press, 2003, p. 425.

3　Ibid., p. 474.

识》）；有时则侧重于友爱、互惠之爱、博爱以及对国家的爱（《政治情感》等）。

对于两种爱的区分，茨维坦·托多罗夫（Tzvetan Todorov）提供了重要洞见。他指出，古希腊思想对"作为欲的爱（eros）"或"爱-欲（love-desire）"与"作为欢乐的爱（philia）"或"爱-乐（love-joy）"的区分值得重视。"作为欲的爱"的特性有二：第一，它是由一种空缺构成（不满足是其必要的起始条件）。这种爱的存在取决于它受到阻碍和不被满足，"他的欲望受到对手与对手所引起的嫉妒心的滋养，障碍对于他是不可缺少的"。第二，它是从爱的主体出发，而不是从爱的对象出发；它表明的（却绝不会达到的）目标是"两个爱人融为一体"。这个意义上的爱充满自我中心主义色彩，"这是一种贪欲之爱，在这种爱中我更愿索取而非付出"。[1]这种富于神秘色彩之爱欲，与伦理之间存在着紧张关系。"作为欢乐的爱"与之针锋相对："有对方的在场的喜悦代替了对空缺的崇拜，你不仅仅根据我来定义，制约两者交流的理想不再是两者的融合而是两者的互信互惠（reciprocity）。你不再是一种手段，而是变成目的。"[2]托多罗夫指出，这是一种能够与人文主义兼容的爱。这个意义上的爱，跟亚里士多德所强调的友爱类似，同时也是努斯鲍姆经常强调的"互惠之爱"。

对于这种友爱，跟同情一样，努斯鲍姆将其放在社会关系的维度进行理解。她对友爱的讨论，集中体现于她对亚里士多德关于"友爱（philia）"的阐释中。她指出，亚里士多德的"友爱"概念包含两个重要特点：一是友爱之中包含了一种长期性的亲密关系。友爱是一种相互受益的关系："友爱的定义可以这样下：一种为某人好——

1　茨维坦·托多罗夫：《不完美的花园：法兰西人文主义思想研究》，周莽译，北京：北京大学出版社2015年版，第127、129页。

2　同上，第135页。

不是为自己好——而希望他获得并竭力为他获得我们认为好的东西的心情"。[1]友爱追求一种共同的生活："无论一个人把什么当作他的存在或使他的存在值得欲求的东西，他都希望与他的朋友共同享有之。所以，有些朋友一起喝酒，有些一起掷骰子，另一些则一起锻炼，一起打猎，一起从事爱智慧的活动。每种人都在对他们而言是最好的那种事情上一起消磨时光。由于希望与朋友共同生活，他们都尽可能参加给他们以共同感觉的那种活动"。[2]友爱的第二个特点是，"那种无私的帮助、共同的分享和相互的依存；与其说它所强调的是癫狂，倒不如说它强调的是一种罕见的均衡与和谐"。[3]友爱是在彼此皆为独立的个体前提下实现的，"友爱，即出于另一个人本身的缘故而对他全部的爱，就是那种对美德、人性和相互依存的爱。柏拉图的'爱欲'试图完全占有，而亚里士多德的友爱则拥抱对方"。[4]

对于亚里士多德如何看待友爱的价值，努斯鲍姆分别从工具的价值与内在的价值两个层面展开论证。从工具的价值看，首先，这种具有亲密性的友爱能实现政治体制无法实现的道德教育，尤其从父母与孩子之间的关系看，爱减轻了教育者任务的困难，因为这种情感能强化父母命令的力度。其次，从成年人之间的友爱看，双方能在这种情感中受益。亚里士多德指出，"公道的人之间的友爱则是公道的，并随着他们的交往而发展。他们在其实现活动中通过相互纠正而变得更好"。[5]友爱的双方可以通过"劝告和纠正的机制""同

---

1 亚理斯多德：《亚理斯多德〈诗学〉〈修辞学〉》，罗念生译，上海：上海人民出版社2016年版，第211页。

2 亚里士多德：《尼各马可伦理学》，廖申白译，北京：商务印书馆2003年版，第288页。

3 玛莎·C.纳斯鲍姆：《善的脆弱性：古希腊悲剧与哲学中的运气与伦理》（修订版），徐向东等译，南京：译林出版社2018年版，第553页。

4 同上，第558页。

5 亚里士多德：《尼各马可伦理学》，廖申白译，北京：商务印书馆2003年版，第288页。

化性的影响"以及"效法和模仿的机制"得到成长。最后，由这种友爱所促成的共同生活，能够提高人的自我认知，"强化了我们对自己的品格和渴望的理解，改进了自我批评，并使判断变得尖锐"。[1] 从内在的价值看，亚里士多德指出友爱是人的幸福的必要成分，友情本身就是值得追求的："说一个幸福的人自身尽善皆有，独缺朋友，这又非常荒唐"。因为在他看来，"人是政治的存在者，必定要过共同的生活。幸福的人也是这样"。[2]

此外，努斯鲍姆在很多文本中频繁提到的"互惠（reciprocity）""博爱（fraternity）""公共情感（public emotion）"以及"政治之爱（political love）"等在某种意义上是对亚里士多德"友爱"概念在政治学意义上的拓展。因为亚里士多德的"友爱"就是用来描述一种彼此尊重和互惠情感的好概念。[3] 努斯鲍姆将其拓展为具有多样性的，致力于"鼓励合作与非自私行为"的爱：包括对家庭、家乡、社团、城市、国家、世界及其生活于其中的人类的爱。

不过，努斯鲍姆认为仅仅拥有"友爱"还是不够的，不能忽视人类生活中普遍存在的欲望之爱（erotic love）。即便这种欲望之爱似乎不具有某种公共性与政治性，但对它的忽略不仅是伦理学上的缺失，而且更意味着人生价值上的缺陷。尤其不可忽视的是柏拉图在《斐德罗篇》中对欲望之爱的肯定（第三章第四节）。为此，努斯鲍姆看到亚里士多德的缺陷。她指出，亚里士多德的友爱虽然并未排除性爱的内涵，"但他的沉默表明，他并不认为那种东西具有中心的重要性"。努斯鲍姆认为，对爱欲的回避限制了亚里士多德的视野与想

---

1 玛莎·C.纳斯鲍姆：《善的脆弱性：古希腊悲剧与哲学中的运气与伦理》（修订版），徐向东等译，南京：译林出版社2018年版，第570页。

2 亚里士多德：《尼各马可伦理学》，廖申白译，北京：商务印书馆2003年版，第278页。

3 Martha C. Nussbaum, *Upheavals of Thought: The Intelligence of Emotions*, New York: Cambridge University Press, 2003, p. 498.

象，她甚至将亚里士多德对女性的歧视以及对同性爱欲的忽视，归因于他对爱欲问题的无动于衷。其原因在于"亚里士多德对现实的耐心关注已经妨碍他在想象力上大胆跳跃"，与之相反，"柏拉图主义，因为不太尊重现实信念，所以在采取这种跳跃上就显得更加自由"。[1]在此意义上，努斯鲍姆需要超越亚里士多德的视野去理解这种癫狂的欲望之爱，对这种欲望之爱的伦理理解与评价，也对她的思考形成了强大的挑战。

第四节　爱的多重奏

在所有的人类情感中，欲望之爱（笔者注：文中有时简称为"爱"或"爱欲"）无疑是最为特殊、模糊且神秘的情感，也是哲学上最难以言说又令哲学家们魂牵梦萦的问题。从古希腊哲学家柏拉图的《会饮篇》到当代法国思想家阿兰·巴迪欧的《爱的多重奏》，爱的问题从未淡出哲学家的视野，努斯鲍姆亦不例外。[3]在她看来，欲望之爱是一种比其他情感更为神秘的激情，该情感"极为复杂，并具诸多面向"。[4]

努斯鲍姆对爱的兴趣，代表了当代自由主义思想在克服自身危机过程中所做的努力。当人们以敌视情感与助长自私来指责自由主

1　玛莎·C.纳斯鲍姆：《善的脆弱性：古希腊悲剧与哲学中的运气与伦理》（修订版），徐向东等译，南京：译林出版社2018年版，第581页。

2　以爱为主题的当代研究有如阿兰·布鲁姆《爱的设计：卢梭与浪漫派》《爱的阶梯：柏拉图的会饮》、阿兰·巴迪欧《爱的多重奏》、保罗·利科《爱与公正》、让-吕克·南希《我有一点喜欢你：关于爱》、伊娃·易洛思《爱，为什么痛》、李海燕《心灵革命》、韩炳哲《爱欲之死》等等。

3　如《爱的知识》（1990）、《政治情感：为何爱对于正义如此重要》（2013）。

4　Martha C. Nussbaum, *Upheavals of Thought: The Intelligence of Emotions,* New York: Cambridge University Press, 2003, pp. 476–477.

义之际，爱成为自由主义用以修缮自身的重要资源。用保罗·卡恩的话来说："我们不仅想要尊重个体自主性的边界，也想要克服它们。我们将这种克服自身的普遍体验命名为'爱'。爱是一种双向运动，它一边实现着自我，一边牺牲着自我。"[1] 努斯鲍姆同样看到，这种源自婴儿期的情感在伦理价值上同时存在着积极与消极的面向。爱既包含了自我向外在世界的开放，也蕴含着强烈自我中心与占有欲，爱甚至还是怨恨、嫉妒以及愤怒得以滋生的源头。这势必令这种情感与公共生活之间发生紧张关系。如何让爱实现其公共价值，成为努斯鲍姆最为关注的问题。为了克服爱的危机，在哲学史与文学史上出现多种治疗爱欲危机的方案，努斯鲍姆也在考察这些方案的过程中展示了爱的多重面向，并对理想之爱进行了探索。

爱的危机

我从那个颧骨很高、推自行车的棕色皮肤姑娘身边经过。有一瞬间，我的目光与她那斜睨的笑盈盈的目光相遇……

如果我们认为，这某某姑娘的双眸只不过是发亮的云母圆片，我们就不会贪婪地要了解她的生活并且将她的生命与我们结为一体了。但是我们感觉到，在这个反光圆体中闪闪发光的东西，并非只源于其物质结构。我们感觉到，这是这个生命对于它了解的人和地点——赛马场的草地，小径上的沙土——所形成的看法的黑色投影。这黑色投影是什么，我们还不了解。这个小贝里，比波斯天堂中的贝里对我更有诱惑力。她蹬着车

---

1 保罗·卡恩：《摆正自由主义的位置》，田力译，北京：中国政法大学出版社2015年版，第136页。

穿过田野和树林，可能会把我带到那些地方去。我们感觉到，她那目光也是她就要回去的家、她正在形成的计划或者人们已经为她作出的安排的投影。我们尤其感觉到这就是她本人，怀着她的欲望，她的好感，她的厌恶，她那朦朦胧胧、断断续续的意愿。我知道，如果我不能占有她目光中的东西，我就更不能占有这个骑自行车的少女。因此，使我产生欲望的，是她整个的生命。痛苦的欲望，因为我感到这是无法实现的，也是令人心醉的欲望；直到此刻的我的生命已骤然停止，已不再是我的整个生命，而是成了我面前这块空间的一小部分，我迫不及待地要将这空间占据，这空间乃由这些少女的生命组成。是这种欲望赋予我这种自我延伸，自我扩展，这就是幸福。[1]

《追忆逝水年华》中的这个段落，呈现了马塞尔在巴尔贝克海岸见到阿尔贝蒂娜的场景与心理：他爱上了阿尔贝蒂娜。他的爱欲中充满焦虑，那种试图占有阿尔贝蒂娜的嫉妒控制了他的全部身心，"没有任何空间留给友谊或正义"。[2]努斯鲍姆指出，首先，这种爱欲具有很强的偏向性，作品背景所涉及的年代也是德雷福斯事件发生的年代，但恋爱中的主人公似乎不会有兴趣去关注这类议题，他只会关注他的阿尔贝蒂娜。其次，马塞尔的爱中包含了嫉妒与报复的欲望，对其而言，要阻止自身的痛苦的唯一办法就是将痛苦加诸阿尔贝蒂娜身上。正如托多罗夫所言，在这种爱中会经常会发生的情况是："为了这个人我准备付出一切，但唯一的条件是这个人爱我。如果情

1　马塞尔·普鲁斯特：《追忆逝水年华》（第二卷），桂裕芳等译，南京：译林出版社2012年版，第345—346页。

2　Martha C. Nussbaum, *Upheavals of Thought: The Intelligence of Emotions*, New York: Cambridge University Press, 2003, p. 459.

况相反，这个人不再爱我，仇恨就代替了爱：如有必要，我宁愿让他死去但属于我，也不愿意他活在他人的怀里。嫉妒与占有欲相辅相成"，在此意义上，这种爱是"一种贪欲之爱，在这种爱中我更愿索取而非付出"[1]。

在西方传统中，爱欲备受批评。除了斯多亚学派对情感彻底否定之外，即便是对人类情感颇为同情的康德、斯密、叔本华也都认为爱在伦理上存在问题。一是由于爱的对象具有独一无二的特殊性，因此它是有所偏倚的，无视他人的存在；二是爱欲中的关系有时缺乏互惠与平等，陷入爱情的人常常将被爱对象视为物件而非平等的个体；三是爱欲中包含着嫉妒、怨恨与复仇的因素。爱在一方面可以用来克服羞耻与厌恶，但另一方面爱的过度也会反过来强化这些情感。然而，我们似乎不能因此认为爱对于好生活无足轻重，缺失激情爱欲的生活依然是不完整的。这不仅体现在人类的很多其他有价值的情感与爱相互联系，而且还在于爱本身所具有重要的价值。若要考察人类情感对于伦理学的意义，就有必要认真对待欲望之爱，因为它是其他情感的源头。[2]努斯鲍姆思考的问题是，人们应当如何面对爱欲的三方面问题："其偏倚性或一边倒的关注，其过度的需求与依赖以及由此引起的愤怒与报复"[3]，是否有可能对爱欲进行治疗？有没有可能以一种更为积极爱来克服爱欲的诸多问题，而不付出根除整个情感世界作为代价？

努斯鲍姆看到，西方的哲学与文学传统提供了一种"升华（ascent）"的方案，即"拥有渴求的爱人（aspiring lover）攀爬阶梯，

---

1 茨维坦·托多罗夫：《不完美的花园：法兰西人文主义思想研究》，周莽译，北京：北京大学出版社2015年版，第129页。

2 Martha C. Nussbaum, *Upheavals of Thought: The Intelligence of Emotions*, New York: Cambridge University Press, 2003, p. 459.

3 Ibid., p. 527.

在困难重重中从寻常之爱开始升华到一种宣称的更高且更为真实，令人满意的爱"。[1] 这些"升华"体现在许多哲学论著与文艺作品中，它们共同为各种形式的爱的升华提供了思考与想象的空间。努斯鲍姆重点探讨了四种类型的爱的"升华"：沉思型的升华、基督教的升华、浪漫的升华以及日常性的"反升华（reverse ascent）"。

爱的谱系

沉思之爱

努斯鲍姆首先探讨以柏拉图、斯宾诺莎为代表的沉思型升华传统，该传统持这样一种基本信念，认为理解的激情（passion for understanding）可以治疗或取代激情的脆弱性。[2] 这种思考在弗吉尼亚·伍尔夫与普鲁斯特的作品中有所呈现。

在《会饮篇》中，柏拉图借助苏格拉底之口提出将爱欲上升到抽象层面的必要性。该对话批判了阿里斯多芬的爱欲观，后者将爱欲理解为人对另一半的寻求，他们的"每一半都非常想念自己的另一半，他们奔跑着来到一起，互相用胳膊搂着对方脖子，不肯分开"。[3] 阿尔基比亚德的爱情也是如此，这种爱情充满危险与伤害：

> "求求你，阿伽松，"苏格拉底说，"别让这个人伤害我！
> 你无法想象和他有了爱情会是什么样；从我钟情于他那一刻起，
> 他就不允许我跟其他人说一句话——我正在说，我甚至不能看

---

1 Martha C. Nussbaum, *Upheavals of Thought: The Intelligence of Emotions*, New York: Cambridge University Press, 2003, p. 469.

2 Ibid., p. 482.

3 柏拉图：《柏拉图全集》（第5册），王晓朝译，北京：人民出版社2016年版，第168页。

别人一眼，哪怕这个人一点儿吸引力都没有，要是我看了，他就妒性大发。他用最难听的话骂我，他吓唬我，他甚至要扇我耳光！"[1]

柏拉图试图用哲学的沉思来克服这种危险的爱欲。他借用狄奥提玛之口指出："有爱情的人并不寻找一半或者整体，除非，我的朋友，事情变成也在求善。"[2] 在努斯鲍姆看来，狄奥提玛在对爱的提升中试图将爱定位于对善的追求，而且旨在永远地拥有善。于是，阿里斯多芬式的带有强烈嫉妒与报复心理的占有式爱情就被另一种更为良性的爱情所取代，并在著名的"爱的阶梯"的论述中得到展示：这种爱情从爱具体的美的形体开始，慢慢拓展到爱一切美的形体，再从对形体美的爱上升到对灵魂之美、行动之美以及法律之美的爱，最后再将注意力转向知识之美："在爱的事务上接受引导、按既定次序进到这一步的人，看到了所有这些美的事物，接近了爱的目标。"[3] 这个充满知性的爱情显示，一个人爱的对象不是一个具体的人，而是这个人身上的善。因此爱的对象本身之间的特殊差别并不重要，爱情可以从对某个特定对象的欲望中解放出来，进而摆脱爱中所包含的嫉妒与愤怒，因为"只爱这个身体，那真是太渺小了"。这样的爱"避免了动荡与痛苦的需求：因为它的对象永远都总是可以获得，也总是处于稳定"。[4]

柏拉图式的爱情也在斯宾诺莎的思想中得到发展，后者重点探

---

1 柏拉图：《柏拉图全集》（第5册），王晓朝译，北京：人民出版社2016年版，第195页。

2 同上，第187页。

3 同上，第192页。

4 Martha C. Nussbaum, *Upheavals of Thought: The Intelligence of Emotions*, New York: Cambridge University Press, 2003, p. 496.

讨如何去治愈爱的疾患，并在理性沉思中实现升华。跟斯多亚学派一样，斯宾诺莎认为情感会对人的自足性造成损害："因为一个人为情感所支配，行为便没有自主之权，而受命运的宰割。"[1] 具体到爱，斯宾诺莎也持批判态度。他将爱定义为"一个外在原因的观念所伴随着的快乐"[2]，并指出这种情感中包含的消极因素：强烈的占有欲。被爱欲支配的人无法想象自己的爱人与他人结成友谊，它会让人为各种负面情绪所控制，会让人"为区区一个东西而烦恼不安。一切的侮辱、疑忌、仇恨等等，可以说都是起于爱恋那没有人可以真正确定掌握的东西"[3]。努斯鲍姆指出，为了寻求对爱的治疗，斯宾诺莎不同于柏拉图之处在于，前者认为在升华中不必抛弃对特殊事物的关注："我们理解个别事物愈多，则我们理解神也愈多。"[4] 但斯宾诺莎对特殊性的理解不同于文学对特殊性的关注，他将特殊放到永恒形式（几何学）的视野下进行理解。通过这种理解，爱的激情得以克服："一个被动的情感只要当我们对它形成清楚明晰的观念时，便立即停止其为一个被动的情感。"[5] 于是一种在理性指导下的爱得以产生，在其指引下，人就不会总是关注自身，"会与他人交流，并通过有益于人类的行动来表达其对上帝的爱"。[6]

努斯鲍姆指出，沉思的升华传统尽管克服了爱欲的问题，但也付出了相应的代价：由于对不朽的追求，这种爱的主体会丧失对具体的人的同情，人与人之间的互惠之爱以及对独立个体的认可与关怀。

1　斯宾诺莎：《伦理学》，贺麟译，北京：商务印书馆1958年版，第166页。

2　同上，第152页。

3　同上，第252—253页。

4　同上，第255页。

5　同上，第240页。

6　Martha C. Nussbaum, *Upheavals of Thought: The Intelligence of Emotions,* New York: Cambridge University Press, 2003, p. 510.

她将这种致力于在人性中实现神性目标的计划，称为一种"病态的自恋"或是"傲慢之恶（vice of pride）"。[1]

基督教之爱

基督教哲学对于爱欲的思考，在奥古斯丁与但丁的写作中得到呈现。努斯鲍姆指出，基督教之爱同时具有升华与反升华的特质：一方面通过对原罪的认识，该传统克服了沉思传统的抽象性，从而正视了爱情中个体的存在。另一方面，基督教之爱依然有别于世俗之爱，对于人性中的诸多特征（尤其是性欲）采取了回避的态度。

奥古斯丁的早期思想深受沉思传统的影响，认为灵魂需要经过数个层次来实现对真理的追求，排除一切日常的欲望与情感的干扰。但在后期作品中奥古斯丁的思想发生变化。尽管《忏悔录》试图克服世俗之爱，将读者引向对上帝的爱，但努斯鲍姆认为该作本身是"一部深刻的爱欲之作，一部充满爱欲张力与爱欲渴求的著作"。[2]奥古斯丁把读者带回到一个充满情感的世界，一个因个体的脆弱而无法掌控的世界，在这个世界中，"恐惧、焦虑、悲伤以及强烈的欢乐，甚至愤怒，都充满力量"。[3]

奥古斯丁所开创的基督教对爱的理解，建立在对人类情感正视的基础之上。其之所以要从沉思传统中摆脱出来，是因为他看到柏拉图式的目标不仅无法实现，而且也并非基督徒试图追寻的目标。真正的完美生活需要由现实中的人来实现。在其思考中，爱的升华并不基于人的理性与主动性，而是基于那些不可预测的事件的感召。

1　Martha C. Nussbaum, *Upheavals of Thought: The Intelligence of Emotions,* New York: Cambridge University Press, 2003, p. 527.

2　Ibid., p. 529.

3　Ibid., p. 530.

这种升华"不是通过纯粹和活跃的智识，而是通过感受与爱的复杂心理学来得到实现，后者完全受到偶然性的支配"。[1] 于是这种超越绝非依靠自身的努力得到实现，其中隐含着人的被动性与脆弱性。为此，他对斯多亚式的控制欲怀以蔑视："对自己极为自恋，丝毫不为情感所刺激、鼓动、感染，或控制。与其说他们得到了真正的平静，不如说他们彻底失去了人性。心硬未必就正直，麻木未必就健康。"[2] 作为一位基督徒，奥古斯丁认为一个人无法与他个体的记忆及过去的生活经验分离，过去的自我恰恰是实现自我超越与拯救的重要前提。真正的道德成长需要建立在心理现实基础上。总而言之，基督教的升华认同人类的情感，"上帝之城与人间之城的区别不在于是否存在强烈的情感，而在于情感对象的选择"。[3]

不过奥古斯丁的升华依然存在局限。努斯鲍姆认为，奥古斯丁的升华之爱，尽管承认了人的现实情感，却没有落实于现实的个体。她援引汉娜·阿伦特的话指出："每个被爱者只是爱上帝的一个因由，爱者通过爱每一个人而爱那同一个源头。与此同一的源头相比，个人本身不算什么。"[4] 此外，奥古斯丁的升华之爱，确立的是原罪个体与权威上帝之间的不对等关系，缺乏彼此之间的互惠。这些局限在但丁对爱的想象中得到了某种程度的克服。

与奥古斯丁不同，但丁的基督教信仰源自托马斯·阿奎那，后者受古典异教哲学家的影响尤深，尤其是亚里士多德的思想。因此，

1　Martha C. Nussbaum, *Upheavals of Thought: The Intelligence of Emotions,* New York: Cambridge University Press, 2003, p. 537.

2　奥古斯丁：《上帝之城：驳异教徒》（中），吴飞译，上海：上海三联书店2008年版，第203页。

3　Martha C. Nussbaum, *Upheavals of Thought: The Intelligence of Emotions,* New York: Cambridge University Press, 2003, p. 543.

4　汉娜·阿伦特：《爱与圣奥古斯丁》，J.V.斯考特等编，王寅丽等译，桂林：漓江出版社2019年版，第157页。

但丁对人类的基本欲望与情感持更为包容的态度，也更突出个体在爱之中的地位。努斯鲍姆指出，《神曲》中描绘的但丁与贝缇丽彩（Beatrice）的爱情，两人彼此都具有独立性与主体性。两人都有自由意志，并得到对方的认可："不必再等我吩咐，望我指点；/ 你的意志自由、正直而健康，/ 还不随心所欲，就是差偏。"[1] 双方都能直面对方的优点、缺陷以及独有特质（idiosyncrasies）。贝缇丽彩喜欢但丁的诗人职业及其抱负。在《炼狱篇》的第三十章中她第一次叫出但丁的名字，贝缇丽彩也让但丁看她："留神看我。我就是，就是贝缇丽彩。"[2] 努斯鲍姆指出，但丁超越奥古斯丁的最重要一点是，他对爱的想象中包含了对人类身体与性欲的正视和有限肯定。在其对人性罪恶的排列中，傲慢、懒散、贪婪都要比爱欲严重得多，他甚至还暗示"一种深刻而持久的爱具有强大的超越潜力"。[3] 相比之下，那种追求贞节的宫廷之爱（courtly love）则显得毫无魅力。

　　不过但丁所描绘的基督教之爱更为复杂，他对性爱的态度存在矛盾：一方面他肯定了奥古斯丁视为原罪的性欲，但另一方面他对性欲依然持有一定的怀疑。与奥古斯丁基于原罪出发对欲望的彻底否定不同，但丁看到的是爱欲对伦理生活造成的负面影响：它会在爱人周围创造一种自我中心的"迷雾"，阻碍爱人对于他人以及善的认识；即便性爱只出现在一个人人生中的某个阶段，也需要得到净化；性爱还令人无法全面地意识到被爱对象的主体性以及被爱事物的质量。[4] 为此，但丁认为真正意义上的爱，需要在净化性爱的基础上诞

1　但丁·阿利格耶里：《神曲Ⅱ：炼狱篇》，黄国彬译，台北：九歌出版社2003年版，第419页。

2　同上，第469页。

3　*Power, Prose, and Purse: Law, Literature and Economic Transformations*, edited by Allson Lacroix. etc, New York: Oxford University Press, 2019, p. 102.

4　Martha C. Nussbaum, "Faint with Secret Knowledge: Love and Vision in Murdoch's *The Black Prince*", *Poetics Today*, Volume 25, 2004, pp. 689–710.

生。因为未经净化之爱，只会产生各种危险的激情与欲望："在傲慢之中，一个人只能看到自身的声音。这会导致他看不到其所爱之人的需求，并有一种管制他们的欲望。在嫉妒中，一个人会执着于占有他人，这更像是竞争而不是真正的爱。在愤怒中，一个人为一些微不足道之事对人满怀怨恨，不能对他人特定的历史与需求给予足够的关心。最后是强烈的性欲（lust），同样也被视为一种扭曲形式的个体之爱。"[1] 人为了真正获得伦理的智慧，就需要移除遮挡在他与所爱之人之间的一切"迷雾"，包括各种扭曲的爱。然而，努斯鲍姆并不认为，但丁在暗示"性爱必然与自我中心与幻觉携手并进"[2]，而且性爱所犯下的过错，并没有严重到需要受到上帝审判的地步，其程度更适合用"犯了错的孩子面对母亲"这样的比方来衡量。[3] 在此意义上，但丁为我们描绘了一幅更为复杂的爱的图景，其内在的紧张本身也凸显出人性的复杂面向。

浪漫之爱

与沉思之爱和基督教之爱不同，浪漫之爱不再追求某种外在、永恒的终极目的，其力图在个体自身身体的限度内实现升华。努斯鲍姆指出，如果说柏拉图或者基督教意义上的爱是从日常世界上升到更为纯粹的世界的话，那么在浪漫之爱中，这种升华不是从具身性的状态上升到更为宁静平和的状态，而是由一种空虚的状态升华到一种充满生机的灵魂状态。

努斯鲍姆分别以艾米丽·勃朗特的《呼啸山庄》与古斯塔夫·马勒

1　Martha C. Nussbaum, *Upheavals of Thought: The Intelligence of Emotions*, New York: Cambridge University Press, 2003, p. 574.

2　Ibid., p. 586.

3　*Power, Prose, and Purse: Law, Literature and Economic Transformations,* edited by Allson Lacroix. etc, New York: Oxford University Press, 2019, p. 103.

的《第二交响曲》为例，探讨了"浪漫之爱"的两个不同版本。《呼啸山庄》所表现的浪漫之爱，其升华不再向往外在于人的抽象实体（理念）或屈从于某种宗教权威，而是在自身的真诚情感中得到实现。小说通过林顿与希思克利夫的人物塑造，通过将宗教的怜悯与真诚之爱进行对照，挑战了基督教之爱的根基。主人公希思克利夫并不向往基督教式的宁静天堂。与其说他试图进入天堂得到拯救，不如说他试图从这个有关天堂的想象所主导的现实世界中获得拯救："我已经快要到我的天堂了，别人的天堂，我根本看不上眼儿，我也不眼馋！"[1]不过在勃朗特所展示的浪漫之爱中，存在着悲观主义的结局：一个人为了实现爱似乎必须彻底地远离社会。（第四章第三节）

古斯塔夫·马勒的《第二交响曲》则被认为带来了希望。在努斯鲍姆看来，马勒通过音乐所呈现的爱，"消除了爱的狭隘性，及其中包含的过度恐惧与愤怒，与此同时产生出一个结果，该结果包含着充分普遍的同情，也包含着对于人类平等与互惠，对于犹太人与异教徒、女性与男性平等尊严的坚定承诺"[2]。努斯鲍姆依照乐章顺序对第一乐章（"庄严的快板"）、第二乐章（"中庸的行板"）、第三乐章（"谐谑曲"）以及第四乐章（"神光"）展开细致分析，除了前文已分析的第三乐章之外，努斯鲍姆还重点讨论了第五乐章（"速度同诙谐曲"）。该乐章在马勒中断创作五年后才得以完成，因为他一直找不到灵感来实现整部音乐的总结和升华。1894 年，在参加汉斯·冯·彪罗的纪念仪式时，马勒听到了克洛普施托克的赞美诗《复活》以及伴奏的童声合唱，深受启发，最终完成了这一重要的乐章。

努斯鲍姆指出，马勒的浪漫主义升华体现在他对宗教音乐进

---

1 爱·勃朗特：《呼啸山庄》，张玲等译，北京：人民文学出版社1999年版，第390页。

2 Martha C. Nussbaum, *Upheavals of Thought: The Intelligence of Emotions*, New York: Cambridge University Press, 2003, p. 643.

行的改写中，他将升华从一种神学的升华转换为人性的升华。原有歌词中传统宗教的天堂形象被马勒替换为对美与爱的追求；他略去了"哈利路亚"的唱词，并用"召唤（called）"来替换原有的"创造（created）"，将上帝的人类创造者形象改写为号召人类进行自我创造的形象。"在马勒改写的歌词中有着克洛普施托克歌词所不具有的那种强烈的个人以及激情的特质"，他的诗节"传达了更为活跃和充满爱欲的升华图景"，他用"压倒性的爱与简单的存在替代了传统意义上但丁式的奖惩等级"。[1] 努斯鲍姆指出，这里没有审判，没有等级，只有压倒性的同情之爱，用马勒自己的话说："看：没有审判；没有罪人；没有正义之人；没有尊贵，也没有卑微；没有惩罚，也没有奖赏！汹涌澎湃之爱让我们沉浸在知晓与存在的快乐之中。"[2] 除了唱词之外，音乐的力量同样不可忽视。马勒用简单的人声合唱取代了传统音乐主题中的《末日经》（*Dies Irae*）。配合马勒唱词的那段音乐表达了强烈的渴求与奋斗（longing and striving），这里没有神学意义上的终极目的，取而代之的是"人类的自身努力之中所呈现的无所不在的美"。[3] 音乐中所表现的爱没有被任何的嫉妒与愤怒所污染，而是毫无偏倚地倾注于全体人类。在努斯鲍姆看来，马勒音乐中所展示的爱，"最接近于一种理想之爱，包含了对于爱如何战胜愤恨的最佳回答"。[4]

日常生活之爱

无论是柏拉图的沉思之爱、但丁的基督教之爱，还是马勒的浪

---

1 Martha C. Nussbaum, *Upheavals of Thought: The Intelligence of Emotions*, New York: Cambridge University Press, 2003, p. 637.

2 史蒂芬·约翰逊：《马勒传》，辛红娟译，长沙：湖南文艺出版社2016年版，第56页。

3 Martha C. Nussbaum, *Upheavals of Thought: The Intelligence of Emotions*, New York: Cambridge University Press, 2003, p. 640..

4 Ibid., p. 711.

漫之爱，多少都与人类的日常生活存在一定的距离。一切"升华"背后都暗示着对琐碎日常生活的拒绝，升华之爱往往会以"本真性"的名义谴责与逃避日常生活的庸常与琐碎。那么，日常生活的琐碎之爱是否值得正视，是一个需要严肃对待的问题。在此问题上，努斯鲍姆认为詹姆斯·乔伊斯的《尤利西斯》不仅提供了一种答案，而且还在人们探询理想之爱的同时，提醒人们不要忽视日常生活的价值。

与许多升华之爱不同，乔伊斯的作品体现了一种"反升华"的现实之爱，是对理想之爱的矫正与补充，亦被视为是对"现实的仁慈与爱"[1]。乔伊斯习惯于从日常生活的寻常甚至庸俗事物中寻找"顿悟（epiphanies）"。努斯鲍姆重点对《尤利西斯》中的三个篇章——瑙西卡（Nausicaa），伊大嘉（Ithaca）以及潘奈洛佩（Penelope）进行了分析，进而指出这些篇章对幻想意义的爱进行了反讽式的解构，为日常生活之爱的真实性提供了辩护。

"瑙西卡"部分通过叙述布鲁姆在海滩手淫的场景反讽了爱欲中的幻觉，布鲁姆被格蒂有意裸露的小腿激发性欲，结果格蒂是一个瘸脚的姑娘，爱欲的幻觉遭到消解。布鲁姆需要幻想来实现他的高潮："要是看穿了女人的本色，就大失风趣了。无论如何也得有舞台装置、胭脂、衣装、身份、音乐。"[2]格蒂的爱也有类似的幻觉性质，她陶醉于幻想中的爱情："她瞥了他一眼，视线同他相遇。那道光穿透了她全身。那张脸有着炽热的激情，像坟墓般寂静的激情。她遂成为他的了。终于只剩下他们两个了，再也没有人刺探并叽叽喳喳。而且她晓得他是至死不渝的，坚定不移，牢固可靠，通身刚正不

1　Martha C. Nussbaum, *Upheavals of Thought: The Intelligence of Emotions*, New York: Cambridge University Press, 2003, p. 712.

2　詹姆斯·乔伊斯：《尤利西斯》（下卷），萧乾等译，南京：译林出版社2002年版，第660页。

阿。"[1] 努斯鲍姆指出，乔伊斯在这个部分的叙述体现出一种复杂性：既对人类的幻想有所批判，肯定现实世界，但也并不否认幻想对于人类现实的超越。"我们不仅看到那些对于完善的渴求，而且也看到了他们不可避免的失败"，"在跨越幻想的障碍中，这种障碍将他们（主人公）分离的同时也聚合，传递了一种形式的爱与同情"。[2]

"伊大嘉"讲述布鲁姆发现妻子偷情的事实后，以一种超然的方式恢复内心宁静的过程。努斯鲍姆指出，该部分叙述视角是"从柏拉图式或斯宾诺莎式的高度俯视生活"。[3] 布鲁姆以自然主义的态度理解世间万物，不带一丝感情。当发现妻子与博伊兰偷情的事实时，他试图以科学式的好奇来克服情感的愤怒与不安："簇新而干净的床单，新添的好几种气味。一个人体的存在：女性的，她的；一个人体留下的痕迹，男性的，不是他的。"[4] 努斯鲍姆指出，布鲁姆就像斯宾诺莎那样，把人类的行动和欲望理解为线条、位面以及形体。布鲁姆以这种方式不仅能够实现对自身的情感治疗达到平静，而且这种对世界的理解方式还有助于"改善种种社会情况"。[5] 但有时此番形而上的努力并不成功。斯宾诺莎主义的价值在于，能够将其从报复与绝望中解放出来，但这种沉思追求的局限则会让布鲁姆失去爱的能力。

小说最后一章"潘奈洛佩"以摩莉的梦境作为叙述内容，其中涉及丈夫、博伊兰以及初恋对象等男性形象。摩莉幻想跟他们谈情说爱，但同时她深知自己的丈夫是一位有教养而宽厚的男性。努斯鲍姆指出，乔伊斯在此体现出一种超凡卓越的能力，"他能够把握女性

1　詹姆斯·乔伊斯：《尤利西斯》（下卷），萧乾等译，南京：译林出版社2002年版，第655页。

2　Martha C. Nussbaum, *Upheavals of Thought: The Intelligence of Emotions*, New York: Cambridge University Press, 2003, p. 697.

3　Ibid., p. 698.

4　詹姆斯·乔伊斯：《尤利西斯》（下卷），萧乾等译，南京：译林出版社2002年版，第1110页。

5　同上，第1070页。

的性体验并以没有恐惧、感伤以及道德主义的方式将其叙述出来"。[1]努斯鲍姆既不认同道德主义者对摩莉叙述的指摘，也不认同感伤主义者对这段叙述的无保留赞赏。在她看来，"这部小说包含了作为人类深刻愿望的对生活的浪漫主义想象，但也提醒我们生活是碎片化的，并不是专心如一的，它那种令人惊讶的、多样性且不协调的形式，比那种装作专注如一的版本更有趣"。[2]在此意义上读者也能够以更为仁慈与宽容的态度接受这种并不完美的爱。"只有布鲁姆和摩莉的那种碎片化的爱，看上去才是一种更像人类的爱"。[3]

"爱的升华"会造成对日常生活的鄙视。为此，我们需要所有的理想主义对现实给予仁慈与爱。在努斯鲍姆看来，《尤利西斯》"这把倒过来的梯子提醒我们，不完美是我们在对人性的理想中期待的唯一的东西。它告诉我们爬上梯子后，然后把它倒过来，去看看躺在床上或者坐在马桶上的现实中人。唯有如此我们才能从我们的理想中得到最好的东西，也唯有如此，我们才能克服那些内在于所有理想中鄙视仅仅属于人性和日常生活的事物的诱惑"。[4]《尤利西斯》中的爱有效地帮助我们克服了对现实生活的厌恶，这种对现实生活的承认且富于幽默的爱，也有助于社会正义的实现。

爱的理想

不过，在上述各种爱的形态中，我们很难找到一种理想之爱，

1　Martha C. Nussbaum, *Upheavals of Thought: The Intelligence of Emotions*, New York: Cambridge University Press, 2003, p. 704.

2　Ibid., p. 707.

3　Ibid., p. 712.

4　Ibid., p. 713.

一种与公共生活相兼容的爱："我们当然需要容忍这些缺失了某些特质的爱，但也可以看到它们不大可能对民主社会提供支持"。[1] 努斯鲍姆一方面认为对于爱，人们不需要达成共识；另一方面她依然希望找到一个关于爱的规范性理想，使之有益于人生与社会，这种理想相当于罗尔斯意义上的"重叠共识"。她指出：首先，理想之爱需要为同情留出空间；其次，理想之爱需要支持人与人之间的互惠关系，这不仅体现在爱欲双方的关系之中，而且还体现在与这种爱相关的社会关系之中；最后，在理想之爱中一个人的独立性与个体性需要得到尊重。[2] 理想之爱即便在现实中无法实现，但依然需要有一个想象意义上的愿景。

爱的理想形象在努斯鲍姆的分析中有所呈现：柏拉图的《斐德罗篇》与安·贝蒂的《学会投入》是其代表。与《会饮篇》不同，柏拉图在《斐德罗篇》中正视了爱的激情特质，并对这种充满冲突的情感生活给予肯定，认为拥有这种爱的生活好于任何可得到的人类生活。努斯鲍姆指出柏拉图在此呈现了爱的四个重要特点[3]：其一，爱是重要且必要的寻求善的动力源泉，如果没有这种独特的美及其提供的眼力（vision），没有这种面对爱人的情感激荡，灵魂就无法找到善，依然会处于那种干涸与贫瘠的状态。其二，爱是激发人获得眼力的一种重要的源泉。其三，性爱并非仅仅是寻求善的起点，而是能在一生的时光中与这种追寻相伴。四，在爱欲的最佳状态中，相爱之人能够看到并承认对方的个体性。"每个有爱者都希望他的爱人具有

---

1 Martha C. Nussbaum, *Upheavals of Thought: The Intelligence of Emotions*, New York: Cambridge University Press, 2003, p. 479.

2 Ibid., pp. 480–481.

3 Martha C. Nussbaum, "Faint with Secret Knowledge: Love and Vision in Murdoch's *The Black Prince*", *Poetics Today*, Volume 25, 2004, pp. 689–710.

他自己的神那样的品性……他对爱人的态度没有妒忌的成分。"[1]

总之，《斐德罗篇》所展现的爱是这样一种关系：恋人"彼此怀有爱的激情，彼此仰慕对方的品格，对教育和学习具有共同的兴趣"。他们追求的是性情相似、志趣相投的对象，他们会"尊重对方独立的选择，培养彼此的志趣，一同达到他们最深层的人类生活目标"。[2]这种关系要比亚里士多德式的"友爱"更具有激情。努斯鲍姆进一步指出，柏拉图在《斐德罗篇》中展示的爱欲，在承认性爱的同时也试图超越世俗意义上的性爱。他对性爱的超越并非基于其中期哲学的理性主义立场，而是基于对"尊重和爱的要求"。[3]一方面，这里的情侣不会如《会饮篇》中那样，要从对特殊个体的爱上升到对更为普遍事物的爱，"他们一生对理解和善的追求是在与某个人的特殊关系中获得的"，他们"并不是通过超越性格的癫狂来把握真与善，相反倒是在一个充满激情的生活内部来把握真与善的"。[4]但另一方面，努斯鲍姆认为这种激情之爱是一种理想状态，在其中"没有人类所特有的那种骚动的爱欲之情"。但她认为，不同于柏拉图中期作品中的神性立场，在这篇对话录中柏拉图是从人的兴趣的角度来推导这一爱的理想的。

此外，美国当代作家安·贝蒂（Ann Beattie）的短篇小说《学会投入》（*Learning to Fall*）也在努斯鲍姆的分析中呈现一种理想之爱。故事的叙述者是一位三十岁的女性，住在康涅狄格州，婚姻并不幸福，丈夫阿瑟是位成功人士，但缺乏生活情趣。她有一位情人叫雷，

1　柏拉图：《柏拉图全集》（第5册），王晓朝译，北京：人民出版社2016年版，第110页。

2　玛莎·C.纳斯鲍姆：《善的脆弱性：古希腊悲剧与哲学中的运气与伦理》（修订版），徐向东等译，南京：译林出版社2018年版，第334页。

3　同上，第335页。

4　同上，第336页

生活在纽约。不久前他们已经分手，因为这段失败的婚姻让她始终对爱情缺乏信心，也对任何人缺乏信心，充满戒备。但她始终无法忘记雷，于是经常带着朋友露丝的儿子安德鲁去纽约逛博物馆，来掩饰自己想去纽约的真实目的。小说以某天他们去纽约的经历作为情节线索，她和安德鲁去了古根海姆博物馆以及一个摄影家的工作室，在描写这些活动的过程中作者穿插了大量心理描写，主人公不断地"走神"，回忆往事，思虑当下。不知是否是有意，他们错过了一班火车。于是她给雷打电话，雷请他们喝咖啡，然后是简单的交谈，最后在出去的路上，雷"靠近我，用他的手搂着我的肩膀。不像孩子们那样拉着手摇摆，而是像一对体面的绅士与女士外出散步"。这一刻，她重新投入了爱河，"那将要发生的事情是不会停下来的"。[1]

　　跟贝蒂的其他故事一样，这个故事情节波澜不惊，却有很多微妙的细节与对话，传递出很多意味深长的人生感慨。努斯鲍姆分析这篇小说的目的在于探讨爱的知识如何才能被传达与认识，这种对爱的知识的揭示本身蕴含了对理想之爱的想象。她指出，这是有关一位女性学会认识自己的爱，并不再对自身的脆弱感到害怕的故事。

　　由于人生的诸多不顺，主人公是一个对人世充满怀疑、处处设防的女性，尤其对爱缺乏信任与安全感。努斯鲍姆例举了大量的细节证明这一点。比如一早来到露丝的家中时，她就被带入一种爱的氛围。即便遭遇过情感变故，并面临生计上的窘迫，朋友露丝始终是一位对生活充满热情的女性，并愿意关怀他人，一早就跟儿子表达"我爱你"。主人公则完全相反，反倒跟露丝的儿子更有共同语言，安德鲁不喜欢母亲那种多愁善感的样子，对此主人公也有共鸣：我们

1　安·贝蒂：《短篇小说集》，北京：中国对外翻译出版公司1992年版，第12页。

都很"怪异（cranky）"，"痛恨交谈"。[1] 努斯鲍姆指出，主人公总是喝很多的咖啡，白天不吃东西，试图"控制一切：她的身材、情人以及时间"。[2] 她还特别强调主人公戴的手表，它是丈夫在圣诞节送给她的礼物，这样一个"缺乏人情味"的礼物[3]。她戴着手表并不断查看时间的细节，暗示了她对待生活的智性态度。与之相反，露丝完全缺乏时间观念，早上在他们出发前，当安德鲁担心赶不上火车时，她觉得时间尚早，还有一大把时间。

故事的转折发生在主人公错过了火车的那一刻，在那一刻她突然丧失了时间观念，因为一路上她一直在想雷。一个总是用精确的知识来逃避爱的人，慢慢地卸下武装，她走到中央车站的电话亭给雷打了一个电话。在此，努斯鲍姆指出，"贝蒂笔下的叙述者则从她的电子表转向了一种不同的人性时间——转向了一种在时间中逐步形成的，习得的信任"。[4] 关于被爱的对象的描写，努斯鲍姆指出，尽管《追忆逝水年华》长达三千多页，这则故事仅十余页，但贝蒂对雷的描述远远多于普鲁斯特笔下的阿尔贝蒂娜。雷正式的出场时间虽然不多，但他的形象却始终贯穿小说的始终，萦绕于叙述者的脑海，无论她在古根海姆、SOHO还是中央车站。

贝蒂笔下的爱充满着两个主体之间的情感互动，而不是马塞尔式孤独的自我呓语。贝蒂笔下的爱形成于时间的流逝之中，在小说的结尾以微妙的方式传达。他们当时坐在吧台喝咖啡，安德鲁跟雷说他妈妈在学习如何俯身（learning to fall），一个舞蹈课的动作。于

---

1 安·贝蒂：《短篇小说集》，北京：中国对外翻译出版公司1992年版，第1页。

2 Martha C. Nussbaum, *Love's Knowledge: Essays on Philosophy and Literature,* New York: Oxford University Press, 1990, p. 276.

3 安·贝蒂：《短篇小说集》，北京：中国对外翻译出版公司1992年版，第5页。

4 Martha C. Nussbaum, *Love's Knowledge: Essays on Philosophy and Literature,* New York: Oxford University Press, 1990, p. 277.

是雷就问他，

> "她只是突然弯下吗？"他对安德鲁问道。
>
> "不完全是"，安德鲁答道，更多是对着我说，"它比较缓慢。"
>
> 我想象着露丝向前伸出前臂，低下头，做出近乎是一个忏悔的姿势；然后双膝放松，慢慢地向下弯折。
>
> 雷的手伸过桌子，把我的手往前拉。他的触碰吓到了我，以致我跳起来差点把咖啡打翻。
>
> "去散个步吧。"他说，"来吧，你还有时间。"
>
> 他放下两美元，并把钱与支票推到桌子的后部。我拿着安德鲁的派克大衣让他钻进衣服里。雷则帮他整好肩部。雷俯下身触摸他的口袋。
>
> "你在做什么？"安德鲁问道。
>
> "有时候消失了的手套会重新出现"，雷说，"我猜没有。"
>
> 雷拉上绿色羽绒衣拉链并戴上帽子。我与他并肩走出餐厅，安德鲁跟在后面。
>
> "我不想走太远"，安德鲁说，"很冷。"
>
> 我紧握着信封。雷看着我笑了，显然我用双手握着信封，这样就不用跟他牵手了。他靠近我，用他的手搂着我的肩膀。不像孩子们那样拉着手摇摆，而是像一对体面的绅士与女士外出散步。这些露丝一直都是知道的：那样将要发生的事情不会中止。走向恩典（grace）。[1]

---

[1] 安·贝蒂：《短篇小说集》，北京：中国对外翻译出版公司1992年版，第11—12页。

Learning to fall 在此具有双关内涵："像露丝在舞蹈班中缓慢地俯身那样，我也学会了投入爱情（learn to fall）"。[1]这种投入，并非突然地下落，而是缓慢而优雅地投入。这种投入意味着她不再带着怀疑的眼光看待爱情，不再被雷的触碰所惊吓，不再自欺。爱并不是一种可以去计划、可以去控制的事物，它完全是自然而然的，完全不受控制。"当她不再试图为爱寻求证据之时，她已经超越了怀疑，她允许他的手搂在她的肩膀上。"[2]

在努斯鲍姆看来，这篇小说所展示的爱的知识"体现在关系之中，是一种晕眩而充满激情的投入。有很多情感存在于此：性的情感，深刻的愉悦，袒露、晕眩以及自由"。[3]主人公终于在找到自身情感与脆弱的过程中找到了一种对爱的信任。在这种爱的关系的建立中，雷的幽默感具有重要意义，他讲的笑话让她松弛下来。在火车站给雷打电话时，她并不知道该怎么说，她不愿意承认她想见他，正好那时安德鲁的手套不见了。雷接了电话说"你好"：

> "只是——他丢了手套。"我说。
>
> "你在哪里？"他问道。
>
> "中央车站。"
>
> "你是正过来还是要回去了？"
>
> "打算回家。"
>
> 他用温柔的语气说："我害怕你说这个。"
>
> 沉默。

1　Martha C. Nussbaum, *Love's Knowledge: Essays on Philosophy and Literature*, New York: Oxford University Press, 1990, p. 278.

2　Ibid., p. 279.

3　Ibid., p. 279.

　　"雷？"

　　"什么？不要告诉我你打算编造一些理由来看我——让我带他走，一个男人带着另一个男人，然后给他买副新手套？"

　　这句话把我逗笑了。

　　"你知道吗？"雷说道，"我在电话中比在人面前更能把你逗乐。"[1]

　　努斯鲍姆这样写道："笑是某种社会性与关系性的事物，某种包含信任的语境的事物……它需要交流与对话，需要另一个人的真实生命，而马塞尔的痛苦只发生在一间孤独的房间之中，并使他失去对外在世界的关注。把爱想象成一种哀伤的形式就已是一种自我中心的表现，而把爱想象为一种笑的形式（微笑的对话）则体现为一种对自我中心的超越"[2]。虽然不能因此说明，贝蒂笔下的男女主人公的爱情是完美的，他们从此能过上幸福的生活，但文学虚构所描绘的某一瞬间，确实呈现了一种爱的理想，与马塞尔的那种自我中心的、危机重重之爱形成鲜明对照。

　　由此可见，即便诸多哲学文本或文学作品或多或少呈现了某种爱的形态，努斯鲍姆也不认为因此就可以为爱书写一个"终极的文本（total text）"[3]，即存在着关于爱的单一范式。现实与人生的复杂，会让爱产生更多的可能性，文学则是呈现这种可能性与多样性的最佳媒介。

　　综上所述，努斯鲍姆对人类各种情感的探讨占据了其审美伦理

1　安·贝蒂：《短篇小说集》，北京：中国对外翻译出版公司1992年版，第9—10页。

2　Martha C. Nussbaum, *Love's Knowledge: Essays on Philosophy and Literature,* New York: Oxford University Press, 1990, p. 280.

3　Martha C. Nussbaum, *Upheavals of Thought: The Intelligence of Emotions*, New York: Cambridge University Press, 2003, p. 713.

思想的核心位置，在她看来，无论是文学作品所揭示的伦理智慧，还是艺术文化所推进的社会正义，都离不开情感这一重要的中介。因为人在本质上是情感的动物，无论是人类社会的繁荣与文明，还是它的问题与危机，都能够在人类复杂的情感世界中找到根源。有时候她会把大量精力投注于对人类复杂情感的认识与探询中，这时文学艺术成为进入这一世界的最佳媒介；有时候她还会把关注的兴趣放在如何改善人类的情感状况，使之与一个体面社会（decent society）的基本价值与规范相适应，这时文学艺术则会成为审美教育的重要手段。这些都将在本书的后续章节中一一得到介绍与讨论。

第四章
文学论（一）：文学叙事的实践智慧

　　　　我父亲曾在楼上的一间小房间里留下了一小堆书籍，我曾进去过（因为就在我房间隔壁），这个屋子里没有一个人去为它们操过心。在这个神圣的小屋子里，罗德里克·兰登、佩雷格林·皮克、汉弗莱·克林克、汤姆·琼斯、维克菲尔德的教区牧师、堂·吉诃德、吉尔·巴拉斯以及鲁滨逊·克鲁索一个个地跳出来，如同热情的主人与我相伴。他们让我的想象变得活跃，让我的期盼超越了时空。他们——还有《一千零一夜》《鬼怪故事》——于我无害……这是我唯一的也是经常的安慰。每当我想到它，脑海中总是会呈现一幅夏日夜晚的画面：男孩们在教堂的庭院里玩耍，我却坐在床上，犹如为了生命而阅读……读者现在和我一样明了，那个即将进入青春时刻的我是个什么样子，现在我又重温了这段岁月。[1]

　　这段文字引自狄更斯的《大卫·科波菲尔》。努斯鲍姆格外喜欢这段文字，她在狄更斯塑造的大卫身上找到了自己少年时代的身影。身处于"情感上荒芜的家庭环境"，少年时代的她常常跑到阁楼里读书

1　Martha C. Nussbaum, *Love's Knowledge: Essays on Philosophy and Literature*, New York: Oxford University Press, 1990, p. 230.

（包括狄更斯的书），是文学让她"找到了一条逃生的道路，使她得以从无关道德的生活进入到道德生死攸关的世界"。[1] 努斯鲍姆对哲学的兴趣源自文学，她对文学的兴趣总与对人生问题的兴趣联系在一起。在她看来，为了更好地思考人应当如何生活，"我们就需要错综复杂的虚构，那些讲述不朽者和必死者故事的文学作品，然后仔细想象在他们各自的生活中，什么东西可以继续下去、什么东西不能继续下去，并借此来让我们确信必死的命运和人类价值之间的关系"。[2]

在她的任何一部作品中，人们都不难发现文学的案例；在她任何一段文字表达中，也不乏充满温情的诗性叙事。努斯鲍姆在哲学上的卓越建树及其社会影响力，跟她对文学的热爱有着密切的关联。她的哲学思考并非源自柏拉图、亚里士多德、莱布尼茨这类"正统哲学家"，而是源自阅读欧里庇得斯、狄更斯、简·奥斯丁、阿里斯多芬、本·琼森、莎士比亚以及陀思妥耶夫斯基笔下故事所唤起的人生困惑："在经常性地反思一个特殊文学人物与一部特定小说的过程中，这些伦理问题就像根一样植入了我的心底。"[3] 不过她进大学后才发现，在追求专业化的现代学术体制中文学与哲学这两个领域之间存在着一道不可逾越的鸿沟。努斯鲍姆逐渐意识到，这种学科上的隔离是有问题的。"当哲学与小说分道扬镳之时，这是这个世界最大的遗憾……小说变得过于动情，而哲学则走向抽象干燥。"[4] 相信她会对D. H. 劳伦斯的这句感叹深有同感。通过对古典思想的系统学习，她

1　Rachel Aviv, "The Philosopher of Feelings", *The New Yorker*, July 25, 2016, pp. 34–43.

2　玛莎·努斯鲍姆：《欲望的治疗：希腊化时期的伦理理论与实践》，徐向东等译，北京：北京大学出版社2018年版，第230页。

3　Martha C. Nussbaum, *Love's Knowledge: Essays on Philosophy and Literature*, New York: Oxford University Press, 1990, p. 11.

4　Peter Johnson, *Moral Philosophers and the Novel: A study of Winch, Nussbaum and Rorty*, New York: Palgrave Macmillan, 2004, p. 3.

发现在古代并不存在当下这种对"道德哲学"与"美学"的区分。相反，当时的戏剧诗与哲学探询都旨在回答共同的人生问题。柏拉图与索福克勒斯的作品并不存在于今天人们所理解的学科上的分殊，现代意义上的"为艺术而艺术"思想，对于希腊人是完全不可理解的。在她看来，现代人跟古代人一样，从未真正解开生活之谜，依然面对"人应当如何生活"这一古老的哲学问题，现代的小说家试图通过复杂微妙的叙事来思考人生的问题。

在通往"诗与伦理学结盟"的当代之路上，亚里士多德与希腊化时期的哲学都给予了努斯鲍姆重要启示。亚里士多德认为哲学始于好奇，在这点上与诗殊途同归："不论是在现在还是在最初，人都是因为好奇而开始从事哲学研究的……感到困惑和处于好奇状态的人认为自己没能把握某些东西；这就是为什么爱好故事的人，在某种意义上就是一位哲学家，因为故事是由惊奇构成的。"[1] 希腊化时期哲学的治疗价值，尤其重视诗的文体与修辞在欲望治疗中所发挥的作用。无论是卢克莱修对于诗性论证的使用，还是塞涅卡对于悲剧的重视，都让努斯鲍姆认识到另一条文学与伦理学的结盟之路。

努斯鲍姆文学观念的形成还受到亨利·詹姆斯与马塞尔·普鲁斯特的影响。在她看来，詹姆斯的文学观念与亚里士多德的伦理思想存在诸多一致之处。在《金钵记》的序言中，詹姆斯将作家对于生活的感受比作"土壤"，把文学作品比作从土壤中破土而出的"花木的成长"。这个隐喻旨在突出文学形式与内容之间的有机联系，某种特定的生活需要通过这样的文学形式得到表达。[2] 此外詹姆斯还把文学

1　玛莎·C.纳斯鲍姆：《善的脆弱性：古希腊悲剧与哲学中的运气与伦理》（修订版），徐向东等译，南京：译林出版社2018年版，第397页。

2　Martha C. Nussbaum, *Love's Knowledge: Essays on Philosophy and Literature*, New York: Oxford University Press, 1990, p. 4.

比作"机敏的鸟儿，栖息在那些日益缩小的山峰上，渴求更为清新的空气"[1]。努斯鲍姆认为该隐喻强调了文学表达所具有的超越性。此外，在《卡萨玛西玛王妃》的序言中，詹姆斯还把文学创作理解为一份关乎人类经验的记录，它是对"发生在作为社会存在的我们身上一切的理解与评价"，[2] 并将其理解为"一种想象力的公共使用"[3]，希望小说通过"浓密的描述"与"投射的道德（ projected morality ）"[4] 来介入日常人生。通过对日常习惯的探询与质疑，艺术召唤我们进入一种伦理活动之中。对于詹姆斯而言，小说的美学是具有伦理与政治维度的，通过对迟钝与冷漠作出回应，小说对公共生活有所贡献。

如果说，詹姆斯的观念是亚里士多德伦理思想在文学层面的延伸，那么普鲁斯特的艺术观则是希腊化时期哲学治疗模式在文学领域的彰显。在《追忆逝水年华》中普鲁斯特这样写道：

> 读者在阅读的时候全都只是自我的读者。作品只是作家为读者提供的一种光学仪器，使读者得以识别没有这部作品便可能无法认清的自身上的那些东西。读者能从书本所云中做到自身的识别证明这本书说的是真话，反之亦然，两篇文章间的不同，至少在某种程度上，往往不能归咎于作者，而应归咎于读者。[5]

这位法国作家不仅将艺术视为认识人生的"光学仪器"，认为唯有艺术才能摆脱世间平庸的生活，展示出真实的生活，而且还借助

1　Henry James, *The Art of the Novel*, New York: Charles Scribner's Sons, 1962, p. 339.

2　Ibid., pp. 64–65.

3　Ibid., pp. 223–224.

4　Ibid., p. 45.

5　马塞尔·普鲁斯特：《追忆逝水年华》（第七卷），徐和瑾译，南京：译林出版社2012年版，第211页。

于艺术对人生的超离俯瞰，来实现对人类情感和欲望的治疗。尽管努斯鲍姆并不完全认同他的观点，但普鲁斯特的文学理念依然对其产生影响，使她认为文学的价值不只是那种詹姆斯式的人生探询，还应当关注文学对于人生疾患的治疗。

在实现文学对人生的探询与治疗的过程中，努斯鲍姆视小说为最具优势的体裁。从修辞伦理的角度看，小说的特定形式有助于把握道德智慧。在那里"生活不仅仅通过一个文本陈述出来（present），而且还总是被再现（represent）为某种事物"[1]。从接受的伦理效果看，小说"建构了一位与小说人物分享特定希望、恐惧以及普遍人类关怀的隐含读者，并与之对话"。[2]需要指出的是，努斯鲍姆对"文学"的理解是有所限定的。这不仅体现在她对小说体裁的青睐，而且还体现在她对现实主义小说的重视。在阐发文学观的过程中，她并不满足于笼统抽象的讨论，更愿诉诸个案批评来探讨文学的伦理贡献。

努斯鲍姆对文学的"使用"大致体现在以下几个层面：其一，借助相关文学文本的片段为其探讨社会与政治议题中的论证提供分析材料。如对菲利普·罗斯《美国牧歌》与《狂热者艾利》、阿兰·佩顿《哭泣的大地》、特奥多尔·冯塔纳小说《艾菲·布里斯特》、莎士比亚《裘利斯·凯撒》、安东尼·特罗洛普《索恩医生》以及劳伦斯《虹》的分析。其二，通过对文学文本的解读来对道德哲学中的教条与原则进行批判性反思。如对《金钵记》《艰难时世》《专使》等作品的分析。其三，通过对文学文本的解读来思考被道德哲学所忽略或回避的问题，如爱以及交流的问题。如对塞涅卡《美狄亚》、普鲁斯

1　Martha C. Nussbaum, *Love's Knowledge: Essays on Philosophy and Literature*, New York: Oxford University Press, 1990, p. 5.

2　Martha C. Nussbaum, *Poetic Justice: The Literary Imagination and Public Life*, Boston: Beacon Press, 1995, p. 7.

特《追忆逝水年华》、安·贝蒂《学会投入》、艾米丽·勃朗特《呼啸山庄》、艾丽丝·默多克《黑王子》、狄更斯《大卫·科波菲尔》的分析。其四，通过对文学文本的解读来发掘文学对推进社会与政治正义的实践价值。比如对《土生子》《莫瑞斯》《看不见的人》《卡萨玛西玛王妃》《尤利西斯》等作品的分析。

第一节　文学感知与复杂人生

从努斯鲍姆的大多数作品可见，她更多是从亚里士多德式的探询角度去探讨文学的伦理贡献。如果说在古典时代，悲剧是通往伦理生活的重要道路，那么文学（尤其是小说）则是当今时代的"悲剧"。文学与人生之间的紧密联系并非表层意义上的联系（如下棋那样的娱乐或者游戏），而是深层意义上的联系，在于文学能够提供一种深刻的实践智慧。

文学能提供怎样的实践智慧呢？努斯鲍姆理解的文学伦理，是一种具有现实感的文学观念。文学的伦理落实在对现实人类生活的认识理解中，而非对现实社会生活的逃逸。因此，即便文学具有某种超越性，也绝非神性或乌托邦意义上的"外在超越（external transcending）"，而是一种基于现实感的"内在超越（internal transcending）"。文学的这一超越体现在其对传统道德以及抽象原则的挑战和质疑，相较于后者所呈现出来的简单性与精确性，前者体现出复杂性与不确定性。文学提供的伦理知识不单单是对命题的智力掌握，也不是对特殊事实的智力掌握，而是基于感知与情感去回应人类具体生活的伦理问题。因此文学的伦理不仅不同于那些抽象的道德原则与教条，而且还会对其形成挑战与反叛：文学不是作为"说教的道德主义者，而是作为迂回的同盟与反叛的批评者"参与到伦理问题的探询之中。[1]

超越道德教条

人类自进入现代文明以来，一方面理性成为科学与社会进步的有效工具，但另一方面，理性的规划也对人的价值世界与生活选择产生深远的影响。尤其在"数字化崇拜"的时代，人类对好生活的衡量常常被化约为一连串简单的数据，甚至连人类的心灵本身也被打上了数字的烙印，变得日益简单与枯竭。在努斯鲍姆看来，主流经济学及其思想基础功利主义哲学，以及在各种宗教与传统文化中盛行的道德主义，对人的影响是潜移默化的。这些道德学说以简单的原则对人性采取平面化与同质化的理解。然而人类的行动因其复杂性而不可预测，"复杂性存在需要复杂性思维"。[2] 文学的首要价值在于通过对生活复杂性与丰富性的洞察来抵制对生活的简单与僵硬的理解。

《艰难时世》与功利主义

努斯鲍姆对狄更斯《艰难时世》的解读不算有太多新意，在其之前，F. R. 利维斯因这部作品略微改变了对这位作家的负面评价。这部作品主题非常明确，除了描绘当时英国严重的社会问题之外，还

1　Martha C. Nussbaum, *Love's Knowledge: Essays on Philosophy and Literature*, New York: Oxford University Press, 1990, p. 169.

2　埃德加·莫兰：《伦理》，于硕译，上海：学林出版社2017年版，第7页。

对当时的功利主义思潮给予严厉批判。利维斯在此作品中"看到了维多利亚时代文明的残酷无情乃是一种残酷哲学培育助长的结果"。[1]努斯鲍姆亦从这个角度对作品进行了解读。

主人公托马斯·格雷戈林深受庸俗功利主义哲学影响，其人格特质与价值观从小说开篇就体现得淋漓尽致："他是一个讲究实际的人。一个研究实际又精于计算的人。一个遵循'二加二等于四，而不是更多'这样一条原则的人"，口袋里"经常装着一把尺子、一台天平秤、一张乘法表，随时准备称一称、量一量人性的任何部分，告诉你确切的重量和长度"。[2]他不关心任何情感与想象，只关心事实：

> 记住，我需要的是事实。除了事实，不要教给这些男女孩子任何东西。生活中唯一需要的是事实，别栽培其他任何事物，把别的一切都清除干净。你只能用事实去构造有理性的动物的大脑，其他一切都用不上。这是我培养我自己的孩子的原则，也是培养这些孩子的原则。坚持事实，先生！[3]

他以这套原则来教导他的孩子路易莎和汤姆。这些小格雷戈林们"从来就没有过一颗孩子的心"，没有一人曾在月亮里看见过一张人的脸，也没有一人学过那首无聊童谣："眨眼的、眨眼的小星星，你究竟是什么，引起了我的好奇心"。他们住在"一幢经过预算、核算、权衡和论证的房子"，环绕在他们生活周围的是"各种门类的科学标本陈列柜"。在路易莎六岁时，格雷戈林警告她不要胡思乱想，

1　F. R. 利维斯：《伟大的传统》，袁伟译，北京：生活·读书·新知三联书店2002年版，第379页。

2　查尔斯·狄更斯：《艰难时世》，陈才宇译，上海：上海三联书店2014年版，第5页。

3　同上，第3页。

"一切事物只要通过加减乘除就能解决"。[1] 有一次格雷戈林意外发现他的女儿和儿子居然在偷看马戏，唯一的反应就是"到这个有失身份的地方来！我真感到震惊"。[2] 狄更斯不禁怀着同情的笔调写道："他囚禁了孩子们的童年，抓住他们的头发，把他们拖进充满数字的阴森森的洞穴里去。"[3]

努斯鲍姆指出，在格雷戈林这一形象中蕴含了功利主义理性选择模型的四大要素[4]：一是可公度性（commensurability），即认为一切价值都可以相互通约与转换，把质的区别化约为量的区别，"在路易莎、汤姆、斯蒂芬身上我们看不到他们在质的层面的多样性，而只能看到许许多多可以量化的'批量人性（parcels of human nature）'"。[5] 二是集合（aggregation），即在衡量幸福水平时只关注效用的总量，而不考虑个体的选择与差异。路易莎"从没有想到把工人分为一个个的人，就像她从来没有想到把海水分成一滴一滴的水一样"。三是最大化（maximizing）原则，这种思想旨在找到一种可以解决人类任何问题的"简单算术"，而"忽视了每一个生命的神秘性与复杂性"。[6] 四是外生偏好（exogenous preference），该观念认为人的偏好是给定的，并且可从外在的角度进行测量，拒绝对人类的内心世界进行耐心的探询。格雷戈林认定人就是自私自利的，拒绝承认人性中可能存在着的利他性。在努斯鲍姆看来，这也暗示"经济学家将所有一切都化约为计算以及对人类行为极端简化理论的需求，导致了一种将一切

1　查尔斯·狄更斯：《艰难时世》，陈才宇译，上海：上海三联书店2014年版，第99、11、12、48页。

2　同上，第15页。

3　同上，第11页。

4　Martha C. Nussbaum, *Poetic Justice: The Literary Imagination and Public Life,* Boston: Beacon Press, 1995, p. 14.

5　Ibid., p. 20.

6　Ibid., p. 23.

都视为计算，而不是承诺与同情的倾向"。[1]

　　小说的发展呈现了格雷戈林为这套教育理念所付出的代价：他的孩子们逐渐变得跟他一样对生活麻木不仁，充满了算计式的精明。当父亲要她嫁给冷漠无情的庞德贝时，路易莎居然任人摆布，接受这段痛苦的婚姻；这套教育更是毁了儿子汤姆的人生，他最终沦为一个寡廉鲜耻的"狗崽子"，盗窃银行钱财并嫁祸于人；格雷戈林的得意门生比泽，则沦为一个阴险狡诈的密探，在汤姆罪行败露之后，千方百计要把昔日老师的儿子缉拿归案，毫无怜悯之心。当格雷戈林提及当年对他的恩情时，他的回应冷酷无情："我读书是花了钱的，这只是一桩买卖。一旦离开了学校，这种买卖关系也就结束了。"[2] 狄更斯所叙述的整个故事充满了阴郁与灰暗的基调，格雷戈林生活的科克顿镇除了极其实用的东西之外，几乎一无所有：

> 　　镇上到处都是机器和高大的烟囱，从烟囱里冒出无数条长蛇似的浓烟，永远拖着尾巴，永远在盘旋。镇上有一条黑色的水渠，一条流着紫水、散发着染料臭味的河流，河两旁一组组高大的建筑开满了窗口，从那里整天传出叽叽嘎嘎、颤颤抖抖的声响。蒸汽机上的活塞单调地上下移动，就像心情忧郁的大象疯狂地摆动着它的脑袋。[3]

　　这幅图景不仅是19世纪科克顿的小镇面貌，而且也是人类灰暗道德世界的象征。在强调功利、数字与事实的经济思潮的冲击下，

1　Martha C. Nussbaum, *Poetic Justice: The Literary Imagination and Public Life,* Boston: Beacon Press, 1995, p. 25.

2　查尔斯·狄更斯：《艰难时世》，陈才宇译，上海：上海三联书店2014年版，第288页。

3　同上，第23页。

人性的面貌的确被洗刷得面目全非。小说通过这些细节描写让读者投入到与作品人物的紧密联系之中，让读者对他们的希望与恐惧感同身受，真正意识到功利主义思想的单薄、生命的复杂性以及超越现实的想象对于人生的重要价值。[1]

《专使》中的道德主义

文学想象在回应功利主义教条的同时，也能够帮助我们克服康德主义的教条。这在努斯鲍姆对詹姆斯小说《专使》（*The Ambassadors*）的解读中有所体现。

这部被詹姆斯视为自己所有作品中"最绚丽而'圆满的'"[2]作品讲述了这样一个故事：主人公兰巴特·斯特雷瑟肩负了一项使命，他从美国马萨诸塞州的伍莱特前往法国巴黎去寻找一位叫查德的年轻男子。查德的母亲纽瑟姆夫人希望儿子尽快回国继承家产，不要在巴黎与一位女士厮混，虚度光阴。于是就派他的情人斯特雷瑟作为"使节"劝其迷途知返，斯特雷瑟若能成功完成这项使命，他与纽瑟姆夫人的婚姻也将铁板钉钉。然而这位使节最终不但没能说服这位年轻人离开巴黎，而且自己也被这里的一切所深深吸引，并发现这里的一切与他原先想象的有所不同。查德与德·维奥内夫人并没有想象中那样道德败坏，这对相爱的情侣品行端正，举止优雅。与这些人接触越多，获得的印象越多，斯特雷瑟也就愈加同情他们，还遗忘了自己来此的使命，甚至在查德主动提出回到美国的情况下，他

---

1 不过在近年发表的论文中，努斯鲍姆对功利主义以及格雷戈林的批判态度有所调整。她试图将功利主义哲学与在经济学中普遍运用的粗糙的功利主义区别开来，对于格雷戈林形象背后的边沁思想多了一份同情性的理解。参见Martha C. Nussbaum, "Love from the Point of view of the Universe", *Power, Prose, and Purse: Law, Literature and Economic Transformations*, edited by Allson Lacroix. etc, New York: Oxford University Press, 2019, pp. 221–247.

2 亨利·詹姆斯：《专使》，王理行译，桂林：漓江出版社2018年版，"纽约版序言"，第32页。

竟劝说他留下来。此番旅行斯特雷瑟未能"拯救"这位年轻人，自己却获得"拯救"。他的此番旅行甚至还赢得了玛丽亚·戈斯特雷的爱情，尽管他最终放弃爱情回到美国，但这趟欧洲之旅却让他真正懂得了生活的意义。就如他对小比尔汉姆所说的那样："你能怎么活就怎么活；不这么活就是个错误。只要你有自己的生活，你具体做什么倒问题不大。如果你从未有过自己的生活，那你有过什么呢？"[1]

　　在这部作品中，斯特雷瑟是努斯鲍姆重点讨论的人物。因为他在这趟欧洲之旅的经历中，开始懂得生活的真正价值。但在具体分析之前，考察他曾经的生活背景伍莱特及其代表纽瑟姆夫人有其必要。因为伍莱特与纽瑟姆夫人恰恰代表了一种反面的力量，是这种力量在妨碍斯特雷瑟找到真正的生活。尽管纽瑟姆夫人在整部小说中都未真正出场，但她是整部小说中除斯特雷瑟之外最为重要的人物，"伍莱特这位夫人的影子比任何别人的影子都更纠缠不清"。[2] 他要时时与她保持通信，并有一种受到警告的感觉，"看过那些信以后，那种感觉就再强烈不过了"[3]；在查德姐姐莎拉·波科克身上，同样感受到纽瑟姆夫人的存在："由于纽瑟姆夫人实质上代表着全部的道德上的压力，因此，这种因素的存在几乎就等同于她本人现身。也许并非他感到他在直接和她打交道，但肯定就像她一直在和他直接打交道"。[4] 纽瑟姆夫人的形象与声音无所不在，是斯特雷瑟道德的成长中必须克服和超越的对象。她从不承认任何令人吃惊的东西。在斯特雷瑟认识的女人当中，"她也是他认识并完全确信的唯一没本

1　亨利·詹姆斯：《专使》，王理行译，桂林：漓江出版社2018年版，第161页。

2　同上，第250页。

3　同上，第62页。

4　同上，第363页。为文章统一需要，译文中的"纽瑟姆太太"统一改为"纽瑟姆夫人"。

事撒谎的女人"。[1] 努斯鲍姆从纽瑟姆夫人身上分析发现，她极力避免的是三样东西：

首先，她缺乏情感。"她的想法都是冷冰冰的"，斯特雷瑟将她想象为"北方湛蓝冰凉大海里某座特别大的冰山"。[2] 她对事物缺乏好奇与惊讶，"她是坚硬和全然积极的，生活不会在她身上留下任何印迹"。[3] 斯特雷瑟曾感叹："我只对她能看到我所看到的感兴趣，我一直对她拒绝看到那些而感到失望。"[4]

其次，她缺乏被动性。斯特雷瑟曾对戈斯特雷说过的一句话做出分析："伍莱特没把握应该享受。它要是认为应该的话，就一定会享受。（Woollett isn't sure it ought to enjoy. If it were, it would）"[5] 努斯鲍姆指出，以纽瑟姆夫人为代表的伍莱特人心中只有"应该"二字，没有任何顺其自然的东西，缺乏被动性。即便是享受也需要被赋予"应该"这种具有强烈主动性的责任内涵。[6] 情感与被动性的缺失，使纽瑟姆夫人无法生活于充满复杂冲突的当下来积极面对生活带来的新鲜与特殊。她宁可在充满抽象规则的世界里享受安宁，也不愿意去面对生活的脆弱与风险。

最后，她缺乏对特殊性的敏感与兴趣。"他从未感受到她本人有如此高贵，如此近乎严厉：纯净、俗人看来又'冷淡'"。[7] 努斯鲍姆指出，纽瑟姆夫人冷酷形象背后深藏着一种道德主义的信念，这是一

---

1 亨利·詹姆斯：《专使》，王理行译，桂林：漓江出版社2018年版，第72页。

2 同上，第395页。

3 Martha C. Nussbaum, *Love's Knowledge: Essays on Philosophy and Literature,* New York: Oxford University Press, 1990, p. 177.

4 亨利·詹姆斯：《专使》，王理行译，桂林：漓江出版社2018年版，第393页。

5 同上，第12页。对译文略作调整。

6 Martha C. Nussbaum, *Love's Knowledge: Essays on Philosophy and Literature,* New York: Oxford University Press, 1990, p. 177.

7 亨利·詹姆斯：《专使》，王理行译，桂林：漓江出版社2018年版，第250页。

种康德式的建立在主体尊严基础上的道德主义："对于这种高尚而自主的道德主体而言，自然并不具有令人震惊与好奇的力量，同时也缺乏引起快乐与富有激情的好奇心的力量。"[1] 这种主体并不习惯突出自身的个性与特殊性。比如她穿的衣服从不是"低开式"的，反倒更愿意把自己打扮得像伊丽莎白女王。在纽瑟姆夫人的理解中，爱情中的个体特殊性也是不存在的，她可以用玛米作为查德的未婚妻来替换维奥内夫人。但生活却是由特殊性构成的，这种康德式的道德主义理想正如尼采所批判的那样，似乎是没有生活的。

由此可见，这种道德主义的教条让斯特雷瑟此前的人生显得贫瘠乏味，"我好像只是为别人活着"。[2] 当他在巴黎"幡然醒悟"之后，则试图逃离这种道德人生的束缚，摆脱他作为伍莱特使节的身份。随着小说的展开，读者看到了隐藏在漠然背后的炽热心灵。努斯鲍姆提示读者可把斯特雷瑟的巴黎之行，视为一段走出道德主义的历程，并可通过观察与分析斯特雷瑟的人格特质来思考他最终"走向生活"的原因所在。

小说开篇第一句话就把他的这一人格特质体现出来："斯特雷瑟到达旅馆时，首先就问他朋友的消息。"[3] 努斯鲍姆指出从这一细节可见，斯特雷瑟在人格上并不自恋，能够对世界采取一种开放的态度。用查德的话来说，他是一个以观察社会习俗为乐的人，对他人与世界充满好奇与关注。他一到巴黎就能感受到阔别已久的自由自在的感觉："人在巴黎无论驻足于何处，想象力都会活动起来，根本就来

1　Martha C. Nussbaum, *Love's Knowledge: Essays on Philosophy and Literature*, New York: Oxford University Press, 1990, p. 178.

2　亨利·詹姆斯：《专使》，王理行译，桂林：漓江出版社2018年版，第201页。

3　同上，第3页。

不及阻止。"[1] 于是，他变得像孩子一样，睁开自己的双眼，对每一样事物都感到好奇，并愿意在事物面前显得被动。他不断地接受着各种印象对他的冲击。他并不习惯于世俗的社交生活，而是倾心于饶有趣味的事物，对纽瑟姆夫人拒绝看见而感到失望。

斯特雷瑟渐渐发现，尽管巴黎人"没有道德感"，重视表象与视觉，但那里似乎存在着对他具有巨大吸引力的东西。查德并非他想象的那样堕落，他所接触的女人也绝不是"可以随便对待的人"。[2] 当查德带着维奥内夫人双双出现在他面前时，他获得的是极好的印象："一边亲切地看看一个，又看看另一个。"[3] 来自生活的种种印象就像迷宫一般给他带来了更多的困惑，但他不认为这种困惑是一种缺乏理性的表现，反倒觉得这要比来自伍莱特的道德更有价值也更符合现实：

> 难道他是生活在一个虚幻的世界里，一个完全为迎合他而发展起来的世界里，难道他目前略感气恼——尤其是眼下面对吉姆的沉默时——只不过是虚幻事物受到现实触动的威胁所发出的警报吗？现实的这一作用是否有可能就是波科克一家的使命呢？——由于他一直在进行观察，那他们来难道是要使这种观察工作土崩瓦解，使查德降格到平凡的地位以便普通人都可以对付他吗？简言之，难道他们来是要保持清醒的头脑，而斯特雷瑟则注定会感到自己一直傻乎乎的吗？
>
> 他脑海里闪过这种可能性，但它并未久存于他的脑海，因为他早就想到过，这样一来，他就一直和玛丽亚·戈斯特雷及小

1　亨利·詹姆斯：《专使》，王理行译，桂林：漓江出版社2018年版，第73页。

2　同上，第156页。

3　同上，第165页。

比尔汉姆，和德·维奥内夫人及小让娜，和兰伯特·斯特雷瑟，
最终，尤其是和查德·纽瑟姆本人一起再犯傻（silly）了。和这
些人一起犯傻，难道不比和萨拉及吉姆一起保持清醒的头脑更
合乎现实吗？[1]

在努斯鲍姆看来，这种"犯傻"的东西并不代表愚蠢，而是一种
彰显"良好专注力"的困惑（bewilderment）与犹豫（hesitation），恰
恰是伍莱特道德准则的对立面。[2]她还指出，斯特雷瑟之所以有能力
克服抽象的教条，拥抱特殊与具体的生活，跟他对文学艺术的热爱
有关："故事能够培育我们去观看与关注特殊事物的能力，不是把它
们视为某种规则的化身，而是把它们视为它们自身。"[3]在巴黎生活的
日子，激起了他往昔的文学回忆与激情，"他流连于迷人的露天排放
着的经典和休闲文学面前，这时，那种感受强烈得无与伦比"。[4]他
还在某天"纵情享受了一回生活的乐趣，购买了七十卷版的雨果作
品"。[5]在雕刻家格洛里安尼充满艺术气息的家中，他"意识到自己在
其中敞开了每一扇心灵的窗户，让那相当灰暗的内心吸收一回他原
先的地理中未曾标出的一个地带里的阳光"。[6]当他在教堂见到自己
钦慕的德·维奥内夫人时，他则回想起"一个古老的故事里某个漂亮、
坚强、全神贯注的女主人公，他听说过、读到过的某个人，要是他
有本事写剧本就可能会写的某个人"。[7]斯特雷瑟这一形象折射出道德

1　亨利·詹姆斯：《专使》，王理行译，桂林：漓江出版社2018年版，第273—274页。

2　Martha C. Nussbaum, *Love's Knowledge: Essays on Philosophy and Literature,* New York: Oxford University Press, 1990, p. 182.

3　Ibid., p. 184.

4　亨利·詹姆斯：《专使》，王理行译，桂林：漓江出版社2018年版，第71页。

5　同上，第220页。

6　同上，第146页。

7　同上，第219页。

感知、文学阅读以及充满爱欲的生活之间的复杂交织。

文学感知与道德慎思

斯特雷瑟面对世界的敏锐观察力，不仅是一种属于诗人与艺术家的敏感性，而且这种敏感性还具有伦理上的价值。用亚里士多德意义上的概念来描述，就是一种"道德慎思（moral deliberation）"。这也是文学作品对于伦理实践的所有贡献中，努斯鲍姆最为看重的部分。就如斯特雷瑟那样，是文学体验教会了他知人论世，懂得了生活的真谛。除了《专使》之外，詹姆斯的另外两部小说《金钵记》与《卡萨玛西玛王妃》分别从个人幸福与政治正义的角度呈现了"道德慎思"对于一个人（玫姬与海厄森斯）在生活与政治选择中的重要价值。需要指出的是，文学的伦理知识不仅体现在作品主人公的实践智慧中，而且体现在作为整体的作品文本中。努斯鲍姆透过文本分析指出，"以一位想象中人物的努力呈现出来的，其实是一整个文本"[1]。玫姬、斯特雷瑟、海厄森斯等人物形象是通过整部作品的叙事得到刻画的，对人物本身的认同包含着对文本的整体性理解。

"有裂缝的人生"：《金钵记》

亨利·詹姆斯的《金钵记》（*The Golden Bowl*）书写了一位美国年轻女性的成长历程。

玫姬·魏维尔遇到了意大利落魄贵族亚美利哥王子，很快陷入爱河并准备结婚。她迫切地邀请她好友夏萝·斯坦参加婚礼，但她并不

1　Martha C. Nussbaum, *Love's Knowledge: Essays on Philosophy and Literature*, New York: Oxford University Press, 1990, p. 141.

知情的是，夏萝与其未婚夫曾经有过一段旧情，但因经济问题未能持续。夏萝回来之后就借给新娘买礼物作为借口，与王子私下约会。他们来到了一家古董店，用意大利语进行亲密的交谈，但他们未预料到的是，店主听得懂意大利语。在一番找寻之后，店主为他们推荐了一个镀金的钵。夏萝被这个金钵迷住了，王子却因看到了金钵中存在的裂缝而未能买下这只钵。玫姬结婚以后，一直对父亲怀有愧疚。因为母亲去世之后，她一直与父亲相依为命。在她看来，她的婚姻对父亲是"不公平的"。她劝说父亲追求夏萝，以恢复原有的平衡。夏萝答应了婚事，但究竟是因为喜欢，还是为了玫姬或她自己，小说并未给出明确的答案。于是夏萝成了玫姬的继母。尽管有了各自的配偶，但玫姬依然离不开父亲，这就为王子与夏萝偷情提供了条件。他们的朋友艾辛肯夫妇发现了这一情况，但还是对玫姬和她父亲保持了沉默。

　　小说的第二部分以"王妃"为标题，确立了玫姬在小说后半部分叙述中的主导地位，她需要有所行动。在接下来的三个月里，她以不动声色的方式观察、思考着她的丈夫与继母，并觉察到其中的问题。一种奇迹般的巧合让她高价买下曾被丈夫拒绝的那只有裂缝的金钵，由于商品价不符实，后悔的店主来到玫姬家中试图告知实情，却意外看到家中亚美利哥与夏萝的照片。店主如实告知的真相，不仅有关那个有裂缝的金钵，而且还涉及玫姬危机重重的婚姻。在真相面前，玫姬保持了冷静，同时也在当天向王子摊牌，但并不愿意让父亲与夏萝知道此事。随后她以不动声色的方式成功拆散两人。小说最后父亲和夏萝准备启程赴美，亚美利哥则拥抱了玫姬，并直言自己"除了你我什么都不知道"。[1]

1　亨利·詹姆斯：《金钵记》，姚小虹译，上海：上海文艺出版社2017年版，第539页。

对于以《金钵记》为代表的詹姆斯后期作品，利维斯颇不以为然。他批评这部作品缺乏伦理内涵："在苦心经营技巧以表达这一专门兴味的过程中"，詹姆斯"已经丧失了对生活的充分识别力，不知不觉便把自己的道德品味搁置了起来"。[1]努斯鲍姆则对这部作品采取了截然不同的解读。她不仅通过文本分析挑战了传统道德哲学，回应了利维斯对詹姆斯后期作品"非道德化"的指摘，而且还进一步反思了利维斯为何会得出这一结论的原因。

> 我读完《金钵记》的那天是1975年的圣诞节，在伦敦林肯小酒馆的一个小房间中，独自一人。自那时起，最后那几行难忘的句子中的怜悯与畏惧，与我对悲剧及其效应，对个人生活中的运气、冲突以及损失所作的反思交织在一起，并且还表达了这些反思。[2]

在她看来，这是一个关于女性成长的故事，所谓"成长"即看到世界的不完善，多元价值之间无法化解的深刻矛盾。在获得这份成熟以前，玫姬是一个天真而幼稚的女孩。她追求完美，不容许生活中出现任何的瑕疵。她的核心理念就是做一个好人，永远不做错事，不打破规则，也不受到伤害。用她父亲的话说："玫姬一辈子犯的错，加起来没超过三分钟。"[3]有人曾当着他的面，毫不避讳地评价他女儿"像个修女"，但玫姬听后反而"挺开心的，也说一定会尽力

1　F. R. 利维斯：《伟大的传统》，袁伟译，北京：生活·读书·新知三联书店2002年版，第264页。

2　Martha C. Nussbaum, *Love's Knowledge: Essays on Philosophy and Literature*, New York: Oxford University Press, 1990, p. 18.

3　亨利·詹姆斯：《金钵记》，姚小虹译，上海：上海文艺出版社2017年版，第172页。

像个修女"。[1] 小说还用了很多意象来描述这种道德上的完美状态：如远洋客轮中密不透水的"水密舱室""水晶""圆形"以及"童年"等，其中最重要的意象出自小说的标题"金钵"。玫姬也曾对艾辛肯夫人这样说："我要的幸福不能有漏洞，连你的手指头戳得进去的大小都不行。……我们所有的幸福都放在钵里。没有裂痕的钵。"[2] 婚后，她依然希望保持她与父亲之间的亲密关系，既希望扮演完美妻子的角色又不愿放弃完美女儿的角色。她一开始希望能在她的婚姻与父女关系之间保持和谐，但当这种和谐无法继续的时候，她便决定撮合夏萝与父亲。但随着玫姬遭遇婚姻危机，其所追求的完美人生变得脆弱不堪。

　　努斯鲍姆指出，一方面，玫姬有意识地压抑了她业已发展的性别意识。在成为一位"真正女性"与维持亲密父女关系之间存在着必然的冲突。为了继续维系原有的父女关系，她拒绝成长，"远远缺乏摆脱这种封闭和谐的小圈子，去海上冒险的意愿"。[3] 另一方面，玫姬没有能力看到她生活中以不同面目浮现的价值冲突，她"只能看到生活的圆润却看不到现实生活的棱角，因而也丧失了对每种特殊价值的诉求"。[4] 对丈夫的爱必然有损其与父亲之间的感情。其中当然存在着更好选择的可能性，但拒绝看到这些冲突无疑是非常幼稚的。人的命运就跟金钵一样，美丽而不安全。与《专使》一样，小说一方面向读者展示了道德主义世界的辉煌，另一方面也逐渐瓦解了读者对这种道德理想的信心。

1　亨利·詹姆斯：《金钵记》，姚小虹译，上海：上海文艺出版社2017年版，第137页。

2　同上，第437页。

3　Martha C. Nussbaum, *Love's Knowledge: Essays on Philosophy and Literature*, New York: Oxford University Press, 1990, p. 129.

4　Ibid., p. 131.

　　小说的后半部描述玫姬开始走出单纯的无辜状态逐步成长。她发现通奸事实并得知金钵有裂痕的那一刻，是她认识到这个世界残缺面目的开始。玫姬逐渐认识到，现实生活中的各种价值存在着冲突的风险，人不可能保持道德上的完美，任何一种价值的实现都可能要相应付出另一种价值作为代价。为了把丈夫留在身边，她就必然伤害夏萝。现实中的爱情不同于特里斯坦式的理想之爱，完美无瑕。为了现实之爱，她需要狡猾和粗暴，甚至还要违背道德原则。在此过程中，小说对玫姬周围环境的意象的安排也发生了改变。她逐渐从"水密舱室的乘客"变成了跳入大海的"游泳者"。[1]

　　在努斯鲍姆看来，玫姬在伦理上的成熟源自詹姆斯所说的"细微的体察与完全的承担（finely aware and richly responsible）"。[2] 这是一堂文学意义上的"道德课"，但不是道德说教。玫姬所获得的道德知识并不是一个通过知性即可掌握的命题，也不是用知性方式去理解特殊事物，它体现为一种感知能力："它以高度清晰且极其敏感的方式来看待复杂和具体的现实；它以想象与感受的方式去理解那里所存在的事物。"[3] 换而言之，玫姬通过运用自身的感知获得了亚里士多德所谓的实践智慧，能够面对生活的复杂性进行有效的慎思。

　　为此，努斯鲍姆例举了一个重要片段：那是在小说的结尾，夏萝即将与父亲前往美国，玫姬产生了极其丰富的心理活动。虽然对她而言，将亚美利哥与夏萝分开，是她想要实现的目的，但她又有能力设身处地感受夏萝的心情，这段心理细节充分地展示了她对他人微妙而深入的共情能力：

1　Martha C. Nussbaum, *Love's Knowledge: Essays on Philosophy and Literature*, New York: Oxford University Press, 1990, p. 134.

2　Henry James, *The Art of the Novel*, New York: Charles Scribner's Sons, 1962, p.62.

3　Martha C. Nussbaum, *Love's Knowledge: Essays on Philosophy and Literature,* New York: Oxford University Press, 1990, p. 152.

"啊……"艾辛肯太太催着。

"呃，我倒希望……"

"希望他会见到她？"

然而，玫姬犹豫着：她没有正面回答。"光希望是没用的，"她很快地说。"她不会的。但是他应该会。"前不久她朋友才为粗鲁而表达抱歉，这会儿刺耳的声音更加延长——像是按着电铃久久不放。现在竟然要被拿来讲一讲，夏萝有可能"苛责"那个爱她那么久的男人，说得如此简单，其实真是很难过。不是吗？当然，所有的事情里，最怪的莫过于玫姬的顾虑，像要担心的是什么，又有什么要应付的：更怪的是，有时候她这边几乎陷入一种状态，不甚清楚地盘算着她和丈夫一起，对这件事能打探出多少。这样是否会很恐怖，如果过去这么几个星期里，她突然很警觉地对他说："为了个人荣誉，你不觉得似乎真的应该在他们走之前，私底下为她做点儿什么吗？"

……

玻璃后方潜伏着整个关系的历史，她曾经几乎把鼻子压扁在上头，想看个究竟——此阶段，魏维尔太太很可能从里面疯狂地敲着，伴随着极度难以压抑的祈求。玫姬和继母最后在丰司的花园会面之后，心里沾沾自喜地想自己已经都做完，没事了，她可以把手交叠起来休息了。但是，就个人的自尊心而言，为什么没留点儿什么好再推上一把、好匍匐得更低些？——为什么没留点好令她毛遂自荐来传话，告诉他，他们的朋友很痛苦，并说服他，她的需要是什么？这么一来，她就可以把魏维尔夫人敲着玻璃的事——那是我这么叫的——用五十种方式表达出来；最有可能把它用提醒的方式说出来，刺到心里深处。"你不知道曾经被爱又分手的滋味。你不曾分手过，因为在你的关系里，有哪一个值得说是分手呢？我们的关系真切无比，用知觉酿的酒斟得都要满出来；假如那是没有意义的，假如意义没有好过你这个私底下痛苦的时候，只能轻轻说出口的人，那么我为何要自己应付所有的欺瞒呢？为什么要受这种罪，发现闪着金光的火焰，才短短几年之后——啊，闪着金光的火焰！——不过是一把黑色的灰烬？"我们的小姐很同情，但是同情里的慧心注定也有机巧，偶尔她也只得臣服无法反抗：因为有时候才几分钟的时间，似乎又有一件新的职责加诸于她身上——分离之前若有意见分歧，她就有责任要说话、祈求他们能在放逐之旅前，带走些有益处的东西，像那些准备要移民的人一样，拿着最后保留下来的贵重物品，用旧丝绸包着的珠宝，以便哪天在悲惨的市集里讨价还价。

此位女子不由自主地想象着这个画面，其实是陷阱之一，因为玫姬在路的每个弯道，都会被困住；只要咔嗒一响，就紧抓住心思不放，接着就免不了一阵焦虑不安、羽翼乱扑、细致的羽毛四散，我们甚至可以这么说。这些渴望的想法、这些出于同感心的探寻，以及这些没将他们打倒的冲击，都即刻被感受到——这位非常突出的人物使得大家都动弹不得，前几周在丰司，他一直周而复始地在大家观望的未来、更远的那端，走过来又走过去。……是那位个头小小的男士自己用他一贯令人无法预测的方式，安静地仔细思量。这是他已经固不可移的一部分习惯，他的草帽和白色背心，他插在口袋的双手不知在变什么把戏、他透过稳稳地夹在鼻梁的眼镜，目光盯着看自己缓慢的步伐，那种不在乎外在世界的专注神情。此时画面上不曾消失片刻的一件东西，是闪着微光的那条丝质索套，无形地拴着他的妻子，玫姬在乡间最后的那一个月时间，感觉特别清晰。魏维尔太太挺直的颈项当然没有让它滑掉，长长绳索的另一端也没有——呵，够长了，颇为上手——把圈住大拇指较小的环解开，他手指头握得紧紧的，但她的丈夫的身影则是不得见。尽管貌似微弱，但这条套索收拢的力道，不由得让人纳闷着，到底是什么样的魔法在拉扯、它经得住什么样的压力，但是绝不会怀疑它是否足以发挥效用或是它绝佳的耐用程度。事实上，王妃一想到这些情况，又是一阵目瞪口呆。她父亲知道这么多的事，而她甚至仍不知道！

此时艾辛肯太太和她在一起，所有的事情迅速地掠过她的心头，轻轻震颤着。虽然她仍未完全想通，但她已经表达了看法，认为亚美利哥这边"应该"有条件地要做点什么，然后感觉她同伴用瞪眼的方式回答她。但是，她依旧坚持自己的意思。"他应该要希望见她一面——我是说要有点保障又单独的情况下，跟他以前一样——以免她自己来安排。那件事，"玫姬因为胸有定见而勇敢地说，"他应该要准备就绪、他应该要很高兴、他应该要觉得自己一定——如此终结这么一段过去，实在微不足道！——得听她说说。仿佛他希望得以脱身，没有任何后果。"[1]

努斯鲍姆指出，面对这种繁复的文本读者多少会感到不知所措。因为对这种段落的理解需要建立在对整部小说理解的基础之上。在

1　亨利·詹姆斯：《金钵记》，姚小虹译，上海：上海文艺出版社2017年版，第509—512页。

她看来，这段文本可以成为道德慎思的典型例证[1]：首先，玫姬在此看到了价值的不兼容性。她意识到夏萝的痛苦是她的计划造成的，甚至还将她父亲视作造成夏萝被囚禁与痛苦的原因。同时，她还感受到对夏萝的同情会伤害到她的父亲。其次，玫姬的心理活动体现了对特殊事物的关切。她能够把每个人视为特殊的个体，并能运用情感来想象每个人的特殊处境。我们很难用如"父亲""丈夫"以及"朋友"这样经济的词来描述亚当、亚美利哥以及夏萝的形象。在此，玫姬摒弃了抽象的原则，她的慎思具有强烈的历史感，她把每个人都放置在历史与当下的情境中去理解。再次，玫姬的慎思清晰地体现了情感与想象如何成为道德知识的重要成分，要是她仅仅运用智力去思考夏萝与亚美利哥的处境，那么她是否能真正看到生活的真实，就很值得怀疑。夏萝敲打玻璃的形象、亚当在行走中用无形的绳索拴着夏萝的形象能够准确地将夏萝所处困境的意义传达出来。此外这段叙述本身就打上了玫姬的情感烙印，我们很难明确说出玫姬对这些人物的情感是什么，这些情感是模糊而复杂的。

在此意义上，这种慎思类似于音乐演奏中的"即席发挥"。努斯鲍姆把交响乐的演奏者与爵士音乐家作对比来说明这种"即席发挥"。对于交响乐的演奏者而言，他的演奏行为主要受制于外在的乐谱与指挥，而且所有其他同伴也都遵循着同样的规则；爵士音乐家有所不同，他有更多自由发挥的空间，主动地去创造音乐的连续性。较之于乐谱，他更需要对即时的音乐演奏负责，不仅需要"对音乐形式的各种历史传统给予充分的体察与负责"，而且还要"在每一刻都能主

1　以下参见Martha C. Nussbaum, *Love's Knowledge: Essays on Philosophy and Literature,* New York: Oxford University Press, 1990, pp. 89–92.

动地尊重他的音乐搭档，尽可能好地把他们当成独立的个体"。[1] 在此意义上，走向成熟的玫姬更像是一位爵士音乐家，在她面前并不存在确定的乐谱（道德手册），如何演奏（如何生活）需要她自己来权衡与摸索。她不仅需要对历史上的各种主张有所体察，而且也要随时对她身处的情境做出合宜的回应。

当然这种以"细微的体察与完全的承担"为特质的慎思，并不仅仅是一种方法或手段，其本身就是一种目的。努斯鲍姆指出，如果我们给这段描写添加一个结尾："借此她暗示了她对父亲的责任是……"[2]，有感觉的读者就会立马意识到这种做法画蛇添足。玫姬所展示的实践智慧本身就是一种具有内在价值的行为，同时还是体现人类卓越性的重要指标。

感知的政治：《卡萨玛西玛王妃》

道德慎思的价值不仅体现在个体的生活层面，而且还体现在更为广阔的公共生活层面。如果说文学对特殊性的感知，能促使个体超越抽象原则回归到真实而复杂的日常生活中来的话，那么在政治的意义上，对特殊性的感知就意味着对个体独立性与差异性的尊重。文学在政治上的价值常常体现于此，作为一种体裁，它关注具有质性差别的独立的个人。"小说所提供的有关个体生活质量的洞见事实上激发了严肃的制度性与政治性批判，并与之兼容。"[3] 努斯鲍姆指出，即便在处理某种政治议题（如革命、战争以及解放运动等）时，小说也会把注意力聚焦于政治中的个体需求和特殊处境。"当一个人

1　Martha C. Nussbaum, *Love's Knowledge: Essays on Philosophy and Literature*, New York: Oxford University Press, 1990, p. 94.

2　Ibid., p. 92.

3　Martha C. Nussbaum, *Poetic Justice: The Literary Imagination and Public Life*, Boston: Beacon Press, 1995, p. 71.

确实用同情想象的文学态度去对待个体时，那种去人性化的描述至少在一段时间内是失效的。"[1]

在努斯鲍姆心目中，詹姆斯的《卡萨玛西玛王妃》(*The Princess Casamassima*)是"政治小说"的典范。[2] 这部小说出版于1886年，讲述的是一位富于知性但又常常陷入困惑的伦敦书籍装订工海厄森斯·罗宾森（Hyacinth Robinson）的故事。由于私生子的身份，他从出生起就离开母亲，被一位贫困潦倒的女裁缝收养。他的母亲因杀死情人（即海厄森斯的父亲）而坐牢，并最终死于监狱。海厄森斯长大后成了一名书籍装订工，他认识了富于革命热情的保尔·穆尼蒙，并参与激进政治。同时他还交了一位粗俗但富于活力的女朋友米莉森特·亨宁。有一天晚上他们去看戏，在那里他结识了光彩亮丽的卡萨玛西玛王妃，在与王妃的交往中，他开始了解上流社会的生活，并对"文明世界"产生好感。但激进思想对他的感召并未消失，海厄森斯决定实施一场恐怖主义的暗杀。故事最终以海厄森斯放弃革命理想作为结局。当暗杀的命令到来之时，他开枪结束了自己的生命。

詹姆斯的创作题材极少涉及政治，因此这部作品备受争议。欧文·豪在《政治与小说》中指出詹姆斯不关心政治，而且在这方面也缺乏见解。[3] 与此相反，特里林则给予极高评价，认为詹姆斯在这部作品中体现了极强的政治观察力，其"关于灾难的想象力"让他超越了时代。[4] 努斯鲍姆认同特里林的看法，认为这部小说对政治有深刻的思

1　Martha C. Nussbaum, *Poetic Justice: The Literary Imagination and Public Life*, Boston: Beacon Press, 1995, p. 92.

2　令人遗憾的是詹姆斯的《卡萨玛西玛王妃》迄今未见中文译介。

3　Martha C. Nussbaum, *Love's Knowledge: Essays on Philosophy and Literature*, New York: Oxford University Press, 1990, p. 197.

4　莱昂内尔·特里林：《知性乃道德职责》，严志军等译，南京：译林出版社2011年版，第150页。

考，因为作品提供了一种想象，这种想象"对一系列广泛的关切有所同情，反对那种对人性的那些否认。它将这些同情植入其读者心中"。[1]

在她看来，这部小说就是一个关于敏感的道德慎思如何使人免于抽象意识形态政治侵害的故事。海厄森斯是小说中的英雄形象，他对事物具有很强的感受力，是一个"什么都不会错过的人（on whom nothing was lost）"[2]。他是具有"知性的"，这种知性并非简单的"对知识的热情"，而是一种"感知并且还能感受到每个特殊事件与个体，以及每种困惑的实践意义的能力"。[3]读者透过他的视角，不仅看到了19世纪丰富与复杂的社会现实，而且还意识到他对特殊事物的敏感具有重要的道德与政治价值。因此，海厄森斯不仅仅是"我们的故事讲述者，在某种意义上也是一块道德的试金石与向导"。[4]那么海厄森斯身上所具有的这种丰富感知能力具有怎样的政治意义呢？在很多质疑者看来，这种对细微感知的追求，在政治上显得不够强硬、过于软弱；对特殊性的过度关注，似乎会让人丧失全局性的政治视野。这种"感知的政治（politics of perception）"，难道不就是一种羸弱而幼稚的政治感吗？对细微感知的追求是否会引向一种贵族化的政治理想呢？通过回应这些质疑，努斯鲍姆为这部小说的政治价值提供了辩护。

1　Martha C. Nussbaum, *Love's Knowledge: Essays on Philosophy and Literature,* New York: Oxford University Press, 1990, p. 47.

2　Ibid., p. 199.

3　Ibid., p. 199.

4　Ibid., p. 199.

在努斯鲍姆对这部作品政治价值的多层次阐释[1]中，她特别突出"感知政治"的价值。跟斯特雷瑟、玫姬一样，海厄森斯具有非凡的道德感知能力，这种感知能力不仅体现在他对生活中各种事物的兴趣中，而且还体现在他对社会政治问题所做出的合宜判断。努斯鲍姆花了很多篇幅探讨让海厄森斯获得这种能力的教育条件与经济基础。在此她反驳了托尔斯泰有关贫困才能出真知的宗教式浪漫想象，而是强调物质条件、完善的教育、美学修养以及对理想人格的期许（当一位好的绅士）等因素在塑造海厄森斯人格及其道德想象方面所扮演的角色。

海厄森斯的感知能力，体现在他不仅像斯特雷瑟那样能对所见到的事物有所感知与回应，而且还能作出反思，让自己陷入到犹豫与困惑之中。这是一种非常重要的能力，因为当你想要看清楚生活本身是什么的时候，"你就不得不陷入困惑，去目睹生活的神秘与复杂；那种安慰性的简化只能带来视觉的迟钝"。[2] 在努斯鲍姆看来，这种感知力是伦理性的。通过海厄森斯对社会现实的各种印象与感知，我们会感受到虽然这种种感知是特殊的、局部的、细微的，但它是与"一般意义上对善与正义的渴望结合在一起的"，也正是这种结合"让海厄森斯成为一个健康的伦理与政治能动者"。[3]

一旦丧失这种感知能力，即便一个道德品质良好的人都可能做出愚蠢的选择。在努斯鲍姆看来，那位法国的共和主义流亡者厄斯

---

[1] 努斯鲍姆指出小说首先提供了一种经济上的社会主义政治洞见。通过大量社会现实与个人生活的描述，小说向他的读者指出，任何社会进步及其公民思想觉悟的提高都离不开物质条件的改善。其次，小说还暗示了一种政治自由主义立场。小说通过海厄森斯的选择对宏大的集体性的革命意识形态质疑，捍卫个人在思想与言论上的自由。此外小说还体现了文化上的保守主义立场。小说的叙事格外地强调了一种对文化传统的守成意识。这三个层次都构成了这部小说丰富的政治维度。

[2] Martha C. Nussbaum, *Love's Knowledge: Essays on Philosophy and Literature*, New York: Oxford University Press, 1990, p. 207.

[3] Ibid., p. 207.

塔什·波平最后对海厄森斯的背叛绝非偶然，这可在其迟钝麻木的感知能力中找到根源。海厄森斯与保罗·穆尼蒙最后的分道扬镳也基于同样的理由，因为在这位革命领袖身上，读者找不到任何属于人性的情感和对世界的好奇。与之相反，海厄森斯无法以如此超离冷漠的态度来面对这个世界，在他（也代表詹姆斯）看来，"致力于个体的才是政治的，而那种抽象意义上政治将会引发暴行，不再呼吸人性的空气"。[1]海厄森斯更愿意去面对栩栩如生的人类生活，因为"栩栩如生会导向温柔，想象则造就同情。这种耐心去看的努力还会缓和那种由政治恐怖所制造的粗鄙"。[2]此外，海厄森斯身上具备了很多社会主义者所不具备的仁慈与爱的能力，后者总是沉浸在愤怒、嫉妒以及复仇的情感中。

努斯鲍姆认为，詹姆斯通过海厄森斯这一形象，有力地回应了欧文·豪等人对于"细微的感知能力是否有益于政治"的质疑。尽管看上去海厄森斯的人生是一场悲剧，但他最终的选择不仅对上述质疑做出了肯定的回答，而且还彰显了这种关注个体的政治视角，事实上会引向一种在人性上更为丰满的政治。

第二节　文学想象与爱的知识

亚里士多德式的感知慎思，未必是把握生活伦理的唯一指针。在一篇题为《文学与伦理理论：盟友还是敌人？》的文章中，努斯鲍

1　Martha C. Nussbaum, *Love's Knowledge: Essays on Philosophy and Literature*, New York: Oxford University Press, 1990, p. 209.

2　Ibid., p. 209.

姆指出文学与伦理理论是盟友关系，这种关系并不意味着要让詹姆斯屈从于亚里士多德，或仅仅将詹姆斯视为整个亚里士多德理论事业的注脚。[1] 如果说，亚里士多德的感知慎思试图抵达一种兼顾彼此、无偏私的公共伦理的话，那么文学绝不受制于这一结果，而是充满了更多的不确定性。若将文学的伦理智慧用理论的方式加以确认与固化，很可能会形成一种新的教条。[2] 透过对《金钵记》《专使》这两部小说结尾的分析，努斯鲍姆尖锐指出，即便一个人学会使用感知与对特殊性的关注，也未必能一劳永逸解决人生的诸多矛盾困惑。选择感知特殊，既可能带来生活的丰富性，也可能造就一种与利他主义伦理有所不同的爱的伦理：某种欲望/浪漫之爱常常无视他人的存在。

　　在前文的讨论中可以看到，亚里士多德对于人生中的爱欲情感有所回避，"他的沉默表明，他并不认为那种东西具有中心的重要性"。[3] 在探讨爱欲的问题上，文学的伦理视野必定会对亚里士多德有所超越，因为文学叙事无疑是探询爱这一情感的最佳媒介："爱不是一个通过分析性的哲学论文即可去探究的主题，也不是一个可用于传统的线性论证去讨论的主题"。[4] 对于这一神秘而复杂的情感而言，文学叙事是唯一适当的探询手段。努斯鲍姆对于爱的讨论已在第三章中有所介绍，该部分侧重从哲学、诗歌以及音乐的角度探讨爱的谱系，本节则侧重以三部小说（《大卫·科波菲尔》《黑王子》《到灯

1　参见Martha C. Nussbaum, "Literature and Ethical Theory: Allies or Adversaries?", *Yale Journal of Ethics* 9, 2000, pp. 5–16.

2　Martha C. Nussbaum, *Love's Knowledge: Essays on Philosophy and Literature*, New York: Oxford University Press, 1990, pp. 137–138.

3　玛莎·C.纳斯鲍姆：《善的脆弱性：古希腊悲剧与哲学中的运气与伦理》（修订版），徐向东等译，南京：译林出版社2018年版，第580页。

4　Martha C. Nussbaum, *Upheavals of Thought: The Intelligence of Emotions*, New York: Cambridge University Press, 2003, p. 472.

塔去》）为个案探讨爱的复杂性及其在人类伦理生活中所具有的重要意义。其中涉及爱欲与伦理生活之间形成的紧张关系，爱欲本身的多元与复杂，爱欲对于人类沟通交流的价值以及爱欲与艺术的关系。

爱欲与伦理：《大卫·科波菲尔》

努斯鲍姆对《大卫·科波菲尔》的评述冲动源自与女儿的交流。她十四岁的女儿在阅读这部小说时爱上了作品中的人物詹姆斯·斯蒂福。当时已经四十岁的努斯鲍姆认为这是一种不成熟的阅读，因为斯蒂福明显是个缺乏道德感的人物，并不值得读者去爱。为了验证自己的看法她重读了这部小说。结果她却惊讶地发现，随着阅读的深入，她对斯蒂福的严厉态度逐渐消失，取而代之的则是爱意与感动。这一不符合寻常理性的情感经验触发了她的思考："这究竟是怎么回事？"她试图追问："爱的观念与道德观念之间的关系是怎样的？准确地说，它们之间的张力是什么？以及：小说阅读如何去探询这些张力？"[1] 努斯鲍姆对于斯蒂福的矛盾感受，在毛姆的评论文字中得到印证：

> 他魅力十足、风度翩翩、举止优雅，他对人友善、心肠很好，他具有极强的亲和力、能够同各色人和睦相处，他乐观开朗、勇敢无畏，他自私自利、鲜廉寡耻、不顾后果、冷酷无情。作者在这里刻画的，是那种我们大多数人都熟悉、不管到哪儿都让人开心却又惹下祸事的人。[2]

1　Martha C. Nussbaum, *Love's Knowledge: Essays on Philosophy and Literature*, New York: Oxford University Press, 1990, pp. 335–336.

2　萨默塞特·毛姆：《巨匠与杰作》，李峰译，南京：南京大学出版社2008年版，第148页。

　　无论在阅读中还是生活中，我们常常会喜欢这样一个不那么道德的人，这究竟有没有问题？文学作品常常能以传统哲学所无法做到的方式，通过人物形象的塑造及叙事来挑战人类既有的道德信念。因此如何理解斯蒂福这样的形象，确实是一个文学所能探询的伦理问题。

　　努斯鲍姆指出，小说通过对斯蒂福形象的塑造，呈现了道德与爱之间的紧张关系，而这种紧张常常被哲学家忽视或否认。亚当·斯密便试图消除爱给伦理带来的困扰。他指出，在追寻某种理想的道德情操（即"公正的旁观者"）的过程中，有两种激情需要被排除在道德之外：一种是身体意义上的爱欲，另一种则是浪漫的爱情，尤其是后者。因为爱的激情一方面无法被人所同情，"一切真诚而强烈的爱情表示，对第三者来说都显得可笑"。[1] 另一方面这种激情也无法拓展为同情，因为浪漫式的爱是"神秘的与排外的"，"相爱之人不会去在乎环绕在他们周围的世界，却只会以排他的方式裹在他们自己的世界中"。[2] 他们也绝不会以"公正的旁观者"那样的方式去关注世界，进而产生社会性的道德情感。

　　斯密对爱的伦理价值的否定，以及对爱与伦理之间紧张的忽视，无法令努斯鲍姆感到满意。在她看来这部作品对斯密的观念形成了有力挑战。这种挑战通过小说中所塑造的两个形象的比照得以实现：斯蒂福代表浪漫式的爱，艾妮斯则代表道德的情感，两人属于两个截然不同的世界。努斯鲍姆注意到这两个人物的手臂姿势"架构了小说"，并认为可以从这两种手臂姿势对"爱与道德之间的张力进行探询"。[3]

1　亚当·斯密：《道德情操论》，蒋自强等译，北京：商务印书馆2006年版，第34—35页。

2　Martha C. Nussbaum, *Love's Knowledge: Essays on Philosophy and Literature*, New York: Oxford University Press, 1990, p. 344.

3　Ibid., pp. 348–349.

一个是斯蒂福的手臂："只见他躺在月光中，他那漂亮的脸朝上，头枕着胳膊，显得很舒服的样子"[1]；斯蒂福的这一手臂姿势多次出现在作品中，比如在他勾引艾米丽的前夜："天刚蒙蒙亮，我就起来了。我尽量静悄悄地穿好衣服，往他屋里看了看。他睡得正香呢，头枕着胳膊，轻松地躺在那里，在学校的时候，我就常常见他这样躺着的。"[2]后来斯蒂福遭遇海难，当尸体被水手抬上来时，大卫看到的又是那个姿势："就在他危害的这个家破败的地方——我看见他枕着胳膊躺在那里，上学的时候，我就常见他这样躺着。"[3]另一个则是艾妮斯的手臂姿势，她常常将手臂"高高上举"。在小说结尾狄更斯对她的描写是这样的："哦，艾妮斯，哦，我的灵魂！我希望在我真的结束我这一生的时候，能在身边看到你的面容；我希望，像那些形象现在从我心中消失那样，现实中一切烟消云散的时候，我仍能在身边看到你，手指向上指着。"[4]

努斯鲍姆指出，两种手臂姿势形成鲜明对比：艾妮斯的向上动作是"清晰的，不含糊的，传统的，字面意义的"[5]，代表了人们都能体会的道德内涵；斯蒂福的动作则完全不具有任何公共性内涵，它"只代表他在那里"，它是"神秘的，敏感的，他自己的，超越理性与解释的"，它的力量不是来自"理性的公共世界"，而是"个人的情感与记忆的私人世界"[6]。艾妮斯以其身体来作为道德的工具，而人们则在斯蒂福的姿势中感受身体本身的神秘与激动。小说透过斯蒂福展

1　狄更斯：《大卫·科波菲尔》（上），庄绎传译，北京：人民文学出版社2004年版，第89页。

2　同上，第440页。

3　狄更斯：《大卫·科波菲尔》（下），庄绎传译，北京：人民文学出版社2004年版，第806页。

4　狄更斯：《大卫·科波菲尔》（上），庄绎传译，北京：人民文学出版社2004年版，第893页。

5　Martha C. Nussbaum, *Love's Knowledge: Essays on Philosophy and Literature*, New York: Oxford University Press, 1990, p. 349.

6　Ibid., p. 350.

示了浪漫之爱中所具有的深刻魅力，他的姿势将大卫引向对道德的超越。大卫从一见面就被坐在黑影里的斯蒂福所吸引：

> 月光从窗口照进来，照在窗前的地上，画出一个灰白色的窗户的轮廓。我们大都坐在暗处，只有在斯蒂福想在桌上找什么东西，把火柴往磷盒里一蘸的时候，才有一道青光把我们照亮，但这青光马上就消失了。因为黑，又是秘密聚会，而且只能小声说话，回想起来，我不知不觉又产生了当时那种神秘的感觉。[1]

斯蒂福像一个神秘的魔法师，他所代表的世界是一个带着月亮的黑暗的神秘世界。努斯鲍姆指出，大卫对斯蒂福的爱，似乎没有任何可供解释的余地："想到他的动作，他的活力，他那优美的声音，他那漂亮的面孔和身材，特别是他那内在的吸引力，我到现在还认为他有一种魅力，使人不由自主地向它屈服，没有多少人能抵挡得住。"[2] 当大卫听到斯蒂福的脚步声时，"马上觉得心跳加快，血也都涌到了脸上"。[3] 而且小说叙事会让读者跟随大卫的视角去认可和同情他的这位朋友，即便他曾对梅尔先生有过不公正的言行，即便他曾经勾引过艾米丽，无论是作为大卫还是读者，即便在理性上存在斯密式的道德顾虑，在情感上也被他所吸引。在努斯鲍姆看来，这种爱的实质是"一种难以解释的着迷，太过特殊而无法解释，这种着迷

1　狄更斯：《大卫·科波菲尔》（上），庄绎传译，北京：人民文学出版社2004年版，第86—87页。

2　同上，第106页。

3　同上，第427页。

构成了一种亲密的相互关系"。[1] 读者也通过大卫的叙述进入了这个幽暗而浪漫的世界。小说临近结束时，斯蒂福遭遇海难，大卫为他而难过，即便他曾给这个家庭带去了痛苦和灾难。大卫把他僵直的尸体安放在他母亲屋里后，

> 我在这所阴郁的宅子里走了一圈，把窗户都遮挡起来。停放他的那间屋子的窗户，我是最后遮挡起来的。我拉起那只像铅一样沉的手，把它贴在我的胸口，除了偶尔听见他母亲的呻吟，仿佛整个世界都处于死亡与寂静之中。[2]

努斯鲍姆指出，这段话非常触动人心。这种寂静不仅是大卫所感受到的，同时也是作为读者的我们所感受到的。我们也会像大卫一样爱着斯蒂福。与之相反，读者反倒对艾妮斯缺乏同情，感到她是个缺乏爱的能力的人。小说把她塑造为一个略显乏味的女性，过于神圣，过于道德，但缺乏人性意义上的激情与浪漫。在朵拉去世的那一刻，艾妮斯举起手伸向天堂，充满死亡的暗示："在整个那段悲痛的时间里，从她抬着一只手站在我面前那永远难忘的时刻起，在我冷清的家里，她就像一位神仙一样。"[3] 狄更斯笔下的艾妮斯像个神仙，遥不可及。相比之下，斯蒂福的非道德显然比艾妮斯的道德更具有魅力。

不过努斯鲍姆并不满足于此，人生是否存在着同时拥有这两种价值，并使之和谐共处的可能性呢？她试图从作品中寻找冲突的解

1　Martha C. Nussbaum, *Love's Knowledge: Essays on Philosophy and Literature*, New York: Oxford University Press, 1990, p. 353.

2　狄更斯：《大卫·科波菲尔》（下），庄绎传译，北京：人民文学出版社2004年版，第814页。

3　同上，第781页。

决之道。在作为叙述者的"大卫"身上，努斯鲍姆找到了这种可能性。她相信狄更斯的整部小说旨在呈现大卫的全部心灵世界，既呈现其道德的层面，同时也呈现其非道德的爱的层面："在他的道德中有浪漫，在他的浪漫中有道德"。[1] 于是大卫便得到了无论是斯蒂福还是艾妮斯都不曾拥有的人生完整性，这种统一是在一种由小说叙事所构建的心灵的运动中得到实现的。尽管在理论上存在着张力，但在叙事中他的道德与爱浑然一体："他的爱充满了同情与忠诚，他身上的同情的旁观者则包含了对特殊事物充满感性的爱。"[2] 大卫身上所体现出来的和谐性，也在一个手势——老仆人裴果提的手势——的象征中得到呼应，裴果提支撑着正在死去的大卫母亲的脑袋：

> "你真好，快把你的胳膊放在我脖子底下，"她说，"转一转我的身子，让我朝着你，你的脸离我越来越远了，我要它靠近点儿。"我按照她说的做了，哦，大卫，还真应了咱们头一次离别的时候我对你说的话——她会乐意把她那可怜的脑瓜子再放到这又笨又爱发火的老裴果提的胳膊上——她死了，就像一个孩子睡着了一样。[3]

"把你的胳膊放在我脖子底下"——在努斯鲍姆看来，在没有想象两个人物的前提下，这很难被想象为一个姿势：它代表了"一种关系"[4]，不同于指向某种事物，也不同于某种事物的呈现，它代表了积

1　Martha C. Nussbaum, *Love's Knowledge: Essays on Philosophy and Literature*, New York: Oxford University Press, 1990, p. 360.

2　Ibid., p. 361.

3　狄更斯：《大卫·科波菲尔》（下），庄绎传译，北京：人民文学出版社2004年版，第136页。

4　Martha C. Nussbaum, *Love's Knowledge: Essays on Philosophy and Literature,* New York: Oxford University Press, 1990, p. 361.

极地做着某事。与之相反，艾妮斯与斯蒂福的姿势都是静态的。就如前面所谈到的大卫的心灵一样，裴果提的这一姿势代表了将道德世界与浪漫的爱的世界联系在一起的可能性。大卫对斯蒂福的爱，不仅是被浪漫式的欲望所激发，而且还被一种更为复杂的态度所引导。如果说艾妮斯代表着智慧的话，那么大卫的爱则胜于这种智慧。"如果艾妮斯是一位公正的旁观者，那么大卫则完全胜过这位旁观者"。[1] 在此意义上，努斯鲍姆认为狄更斯的小说在对斯密伦理学回应的同时，"强有力地对当时苏格兰—英格兰的道德传统提出批评，并试图以一种更为浪漫的，同时也是一种更具深度的道德来取代它"。[2]

在此不难看到，努斯鲍姆的分析中暗含着一种矛盾：一方面她充分看到文学在挑战既定道德理论以及揭示人生矛盾与价值冲突上的重要价值，并揭示出任何理论在面对生活的复杂时所存在的缺陷，在这种情况下，我们更需要接受文学的伦理启迪。但另一方面，在努斯鲍姆的批评中存在着某种规范性的完美主义倾向，她试图以相当安全的方式在大卫的形象中实现伦理与爱的兼容。读者可以在这一形象的引导下，"将这种幻想与神秘的激动带入现实世界，并用这种幻想的能量去形成一种公正而慷慨的视角"。[3] 这种看似完人的大卫形象，在毛姆看来却是异常乏味的："他诚实善良、实心实意，但他确实是个白痴，绝对是全书当中最没意思的人物。"[4] 好在努斯鲍姆认为道德与爱的协调只是在小说叙事的动态中存在可能，绝不认为在现实生活中这样的裂痕可以就此得到克服。相比之下，努斯鲍姆对

1　Martha C. Nussbaum, *Love's Knowledge: Essays on Philosophy and Literature,* New York: Oxford University Press, 1990, p. 363.

2　Ibid., p. 363.

3　Ibid., p. 363.

4　萨默塞特·毛姆：《巨匠与杰作》，李峰译，南京：南京大学出版社2008年版，第151页。

辛克莱·刘易斯的《灵与欲》（*Elmer Gantry*）中两位类似人物形象（埃尔默·甘特利与弗兰克·沙拉德）的分析则更愿意呈现爱与道德无法兼容的悲剧。[1] 由此我们不难体会到，伦理探询与道德治疗这两种文学伦理观念在努斯鲍姆思想中所形成的张力。

爱欲与艺术:《黑王子》

《黑王子》是哲学家艾丽丝·默多克的作品。小说主人公布拉德利是一位自诩甚高，但在事业与家庭上都比较失败的作家，人到中年在创作上毫无建树，并与妻子离婚。他一直想离开伦敦，但计划却被前妻的弟弟马娄的到来给打破，紧接着是来自他的朋友，在创作上名利双收的阿诺尔德·巴芬的求助电话，他不得不去充当阿诺尔德夫妇家庭矛盾的调停者。出乎意料的是，他先受到了阿诺尔德夫人蕾切尔的勾引，随后爱上了这对夫妇的女儿朱莉安。小说对爱有很多描述，尤其是布拉德利收获爱情的那一刻，尤为引人注目。当晚，他坐在邮政大厦顶楼的旋转餐厅，体验着一种令人目眩的快乐：

> 这些不仅仅是身体的反应。它们很容易用文字来加以描述。但是，当心灵跳起狂野而优美的舞蹈不时与舞蹈分而合，合而分时，如何才能描绘出心灵的这种销魂夺魄的狂喜呢？宇宙间每一缕光线都在向我证实，并使我相信，我的确到了自己向往已久的目的地了。……我的意识在对这不敢奢望、令人快活的殊荣的体味中变得如痴如醉，而敏锐的目光，在星光逆发之间，

1　参见*Power, Prose, and Purse: Law, Literature and Economic Transformations*, edited by Allson Lacroix. etc, New York: Oxford University Press, 2019, pp. 95–124.

如饥似渴地注视着眼前的一切，不放过任何一个细枝末节。我在这儿，你也在这儿，我们现在都在这儿。看到朱莉安在人群中穿行，仿佛一位女神徜徉凡间，那种隐秘的感觉令人飘飘然。要是一个人能意识到这些正在逝去的分分秒秒，甚至也包括两性鱼水之欢的时刻，是最充实、最美妙的时刻，就会感到一种快乐的平静，这是只有人类才享有的。[1]

这一突如其来的爱情带给他巨大的震惊，"好似一个沉重的打击，整个人被击垮，胸膛被射穿，留下了一个空洞"，"感觉自己不仅瞥见了天国，而且就在天堂中漫游"。[2] 意外到来的忘年爱情，既给他带来了快乐，也给他带来了焦虑：担心两人年龄悬殊（58岁的老男人与20岁的少女），害怕关系复杂（好友的女儿，他还曾与好友妻子有暧昧关系），担心自己的性能力。于是，爱成为其人生的转折点，也让他付出惨痛代价：与朋友决裂，对妹妹缺乏关爱（在得知妹妹自杀消息后，依然淡定地与朱莉安做爱），最终身陷牢狱（他的诸多表现都似乎让人相信他是杀害阿诺尔德的最大嫌疑人）。从小说的情节可见，布拉德利的悲剧很大程度上跟他的爱有关，副标题"爱的礼赞（Celebration of love）"凸显了默多克对爱欲问题的长期关注：爱究竟能不能带来善？

努斯鲍姆借助这部小说探讨了两种不同的爱，也进一步审视了爱欲与艺术之间的关系。在她看来，这部小说呈现了两种类型的爱的观念，这两种爱的观念分别在柏拉图的《斐德罗篇》与但丁的《神曲》中得到表达。前文已有介绍，柏拉图在《斐德罗篇》中认为爱欲

1　艾丽丝·默多克：《黑王子》，萧安溥等译，上海：上海译文出版社2016年版，第252—253页。

2　同上，第214、215页。

是一种基于身体的情欲，这种爱欲具有伦理意义上的价值，能让人们在情感的激荡中获得一种对世界与他人的洞见；但丁在《神曲》中也同样给予爱以高度的赞美，但他对爱的理解不同于柏拉图，认为性欲基础上的爱有时会妨碍人们对真理的认识，而且还是诸多罪恶的源泉，因此其笔下歌颂的但丁与贝缇丽彩之爱是一种被净化了的爱情。显而易见，就对爱的理解而言，在柏拉图与但丁之间存在着张力，默多克的作品是对这种张力的回应与思考。

努斯鲍姆指出，从这部作品看，默多克对爱的理解常常是但丁意义上的，她在布拉德利身上看到了爱欲带来的问题。比如爱所带来的焦虑与嫉妒，担心爱的对象被他人占有："嫉妒确实是爱情在某些阶段的衡量标准"。[1] 当见不到朱莉安的时候，他会陷入"深深的绝望之中，再也没有什么比朱莉安不在身旁，并且杳无音信时更糟糕的体验了"。[2] 想到她会"跟我仇恨的人携手并肩，跟嘲弄我的人相亲相爱，跟羞辱我的人卿卿我我"，他的灵魂每一次都会在场，"隐而不露，却只能无声地痛哭"。在这种焦虑的占有欲中，缺乏对对方个体的尊重。因此，朱莉安才会有这样的质疑："你似乎一点也不了解我，你肯定爱的是我吗？""你说你爱我，可你压根儿对我没兴趣。"[3] 这种爱欲的危机最典型地体现在小说的最后一幕中。当布拉德利满脑子想的尽是自己能否"同朱莉安圆圆满满地做爱"[4] 时，这种执念蒙蔽了他的双眼，使他看不清人生的真相。他对妹妹自杀的消息无动于衷，还对朱莉安隐瞒了这么重大的消息："爱欲的焦虑和自负

---

[1] 艾丽丝·默多克：《黑王子》，萧安溥等译，上海：上海译文出版社2016年版，第261页。

[2] 同上，第312页。

[3] 同上，第281、282页。

[4] 同上，第347页。

击败了对于所爱之人的真知灼见"。[1]

尽管默多克意识到爱存在着某种暴力与极端自我的倾向，但努斯鲍姆认为，默多克仍然坚信爱有可能把人带出自我中心，存在着真正看到对方并尊重彼此的可能。尽管爱带来的焦虑、嫉妒甚至狂暴，在作品中时而浮现，但总体而言，这个故事依然是柏拉图式的，呈现出爱的光辉面向："事实上，他的故事大体上体现了《斐德罗篇》中的爱欲故事。"[2]努斯鲍姆指出，布拉德利对朱莉安的爱，确实改变了他之前贫乏的艺术家生活，爱也让他有可能摆脱焦虑的自我中心。正是在令人炫目的爱之中，包含了一种走出自我中心，长出柏拉图式的"羽翼"[3]的因素："我刚刚经历的就是这种疯狂的早期阶段。人人如此，虽然并非一成不变。它十有八九表现为一种自我迷失的假象。它可以走向极端，使人无视痛苦的恐惧，完全丧失时间概念（时间就是焦虑，就是恐惧）。对爱这一行为的体验本身，对已存在的所爱之人的魂牵梦绕就是这一阶段的结果"。[4]努斯鲍姆进而对书中人物的四篇后记给予了评判，在她看来，这些人物对布拉德利的指责非但缺乏说服力，反倒证明了他们的虚荣与自负。

在作品的诸多细节中，最能证明爱的价值的是布拉德利隐瞒了蕾切尔谋杀丈夫阿诺尔德的事实，并以难以置信的勇气来承担这项罪行，接受监禁。而且，他对朱莉安的爱，还成为一种创作的动力，使他成为一名真正的艺术家："这本书因朱莉安而问世，朱莉安也因

1　Martha C. Nussbaum, "Faint with Secret Knowledge: Love and Vision in Murdoch's *The Black Prince*", *Poetics Today*, Volume 25, 2004, pp. 689–710.

2　Ibid., pp. 689–710.

3　"由于他们有爱，因此到了该长羽翼的时候，他们还是会长羽翼的。"参见柏拉图：《柏拉图全集》（第5册），王晓朝译，北京：人民出版社2016年版，第113页。

4　艾丽丝·默多克：《黑王子》，萧安溥等译，上海：上海译文出版社2016年版，第258页。

这本书而成其为朱莉安".[1]布拉德利成为这部小说的讲述者，并以此反驳了后记中朱莉安对爱与艺术的看法："人类情爱的深层源泉并非艺术的源泉。情感丰富的人不等于是具有艺术天赋的人。爱与占有和自我肯定密切相关。艺术则与两者无缘。把艺术与情欲混为一谈，不论这情欲有多浓多深，却是艺术家能犯下的最微妙也最致命的错误。"[2]因此，这部小说总体上展现了柏拉图式的爱，不过但丁式爱的阴影挥之不去。与哲人或诗人相对纯粹的思考相比，默多克笔下的爱的故事道出了人间的复杂现实。

最后努斯鲍姆还进一步探讨了爱欲与艺术的关系。她指出，尽管这部小说体现了柏拉图式爱的理想，但人们更需注意到这一爱的理想源自艺术的贡献："作为艺术家的布拉德利非常艺术地把他的故事写成了一个柏拉图式的故事".[3]布拉德利之所以能够实现这样的爱，源自他作为艺术家的创造，而作为恋人的布拉德利却很难走到这一步，他的爱中依然掺杂着焦虑与恐惧，只有艺术家才能真正实现这一点。在此意义上，努斯鲍姆认为默多克的观点更接近普鲁斯特的看法，后者认为必须通过艺术的那种俯瞰或超脱的方式才能呈现理想之爱。因为在生活中爱的视野具有内在的不稳定性，唯有艺术才能真正把握我们之所爱以及过去的经验，并展示出人们在现实之爱中所无法克服的嫉妒与焦虑。不过她进一步指出，默多克的小说并没有普鲁斯特的作品那样抽象，默多克也并不认为艺术家为了追求普遍性而需要牺牲特殊性，她笔下的布拉德利不是对生活保持疏离态度的马塞尔，其笔下的朱莉安也比阿尔贝蒂娜具有更多的特

1　艾丽丝·默多克：《黑王子》，萧安溥等译，上海：上海译文出版社2016年版，第419页。

2　同上，第441页。

3　Martha C. Nussbaum, "Faint with Secret Knowledge: Love and Vision in Murdoch's *The Black Prince*", *Poetics Today*, Volume 25, 2004, pp. 689–710.

234

征与丰富性，作为小说"隐含作者"的罗克西亚斯的艺术观比普鲁斯特的艺术观更加包容，认为艺术能够容纳更多杂乱纷扰的日常生活。默多克这部作品的复杂性体现在其同时拥有了两种视角：在以詹姆斯的方式去面对脆弱性与特殊性的同时，也尝试着像普鲁斯特那样飞翔在现实的上空，以轻蔑的眼光来俯视混乱的人类生活。《黑王子》展示了艺术视角的价值，但也注意到它的局限。艺术并不一定展示全部的生活，流变中生活的丰富性总会溢出艺术的范围。

爱欲与交流：《到灯塔去》

　　弗吉尼亚·伍尔夫的创作通常被理解为一种现代主义的美学实验，不少人认为其对文学形式的兴趣（意识流写作）压倒了伦理关切；有批评家还从其作品中读出了一种形而上学的气息，指出"她看上去与其说在寻找现实背后的美学图式，不如说是在寻找一种更深层的，美学图式背后的形而上学模式"。[1]与上述解读不同，努斯鲍姆将伍尔夫作品纳入伦理考量之中，重点讨论了《到灯塔去》的第一部分。她认为这部作品涉及现代性状态下人与人之间的"不可交流性"。正如约翰·彼得斯所言："我们渴望交流，这说明我们痛感社会关系的萧条荒芜。每每谈到人与人之间的交流，我们总会带着伤感之情"。[2]努斯鲍姆认为，对于人与人之间交流问题的探询，是这部作品在伦理上的重要贡献。

　　努斯鲍姆指出，伍尔夫的这部意识流小说既描绘了人类交流的

1　詹姆斯·伍德：《破格：论文学与信仰》，黄远帆译，郑州：河南大学出版社2018年版，第154页。

2　约翰·约翰姆·彼得斯：《对空言说：传播的观念史》，邓建国译，上海：上海译文出版社2017年版，第3页。

困境，也提供了解决这一难题的可能性。小说一方面将人类的生活
比喻为密不透风的蜂巢，人们彼此之间难以理解；但另一方面小说
又以"窗"作为这个部分的标题，暗示了实现人类交流的可能性。在
此，伍尔夫"为我们理解这一问题以及对它的解决[或许是它的非解
决（nonresolution）]做出了贡献"。[1] 透过小说文本，伍尔夫探索了爱
欲对于解决人类沟通交流问题的可能性。

首先，努斯鲍姆结合作品探讨了人类交流障碍的原因所在。她
以小说中的一段描绘为例，认为其以隐喻的方式揭示了人类的交流
困境：

> 如果每个人都是如此密不透风，你怎么会对别人有所了解
> 呢？你只能像蜜蜂那样，被空气中捉摸不住、难以品味的甜蜜
> 或剧烈的香气所吸引，经常出没于那圆丘形的蜂巢之间；你独
> 自在世界各国的空气的荒漠中徘徊，然后出没于那些发出嗡嗡
> 声的骚动的蜂巢之中；而这些蜂巢，就是人们。[2]

人类世界确实如同封闭的蜂巢，表面上热闹非凡，实则难掩彼
此之间的隔阂。我们就像蜜蜂那样，发出嗡嗡的声音，但未必能听
懂其他蜜蜂发出的声音。通过阅读伍尔夫的这部小说，读者需要来
回答这样一个问题：进入他人心灵世界的阻碍究竟是什么？努斯鲍姆
认为小说从这几个方面回答了这个问题。

一是时间的问题。时间的快速性与复杂性构成了交流的首要障
碍。人类的心灵世界不仅瞬息万变，而且呈现出碎片化的形式，这

---

1 Martha C. Nussbaum, *Sex and Social Justice*, New York: Oxford University Press, 1999, p. 356.
2 弗吉尼亚·伍尔夫：《达洛卫夫人 到灯塔去》，孙梁等译，上海：上海译文出版社1997年版，第256页。

导致复杂的内心世界很难被有效地传达与识别。二是语言的问题。在很多情况下语言不是一种完美的交流工具。一方面社交语言在本质上是一种虚伪的、掩饰内心的语言；另一方面，个体的语言具有高度的私密性，彼此之间很难真正理解对方所表达的意义。三是非真诚的社会形式导致人们对交流的抗拒。社会准则对于人类的情感表达具有规范与塑造功能，"为了秩序与统一，它教人们至少要保持些许缄默，至少要不那么情愿被人理解"。[1] 四是心理上的羞耻感。羞耻会导致掩饰自我动机与行为，不愿向他人袒露自我。在此努斯鲍姆重点分析了拉姆齐先生的形象。拉姆齐先生试图以表面上的沉稳来掩饰内心的脆弱，"通过掩盖自身的真实脆弱与无助是一条将影响施加于他人的途径"。[2] 五是对自由和隐私的渴望会阻碍交流的展开。即便在拉姆齐夫人这种利他型的人物身上，也存在着不希望被别人看到的、独属于自己的部分。由此可见，造成人类交流障碍的原因复杂多样，既可能是社会文化层面的，也可能是人类自然本性层面的。伍尔夫的贡献在于深入思考了后一个层面的问题，认识到人类交流的不完美性。

努斯鲍姆指出，通过莉丽·布里斯科试图理解拉姆齐夫人的一幕场景，作品探讨了她如何去理解他人的世界，以及这一理解方式注定失败的原因。这一幕的具体描述如下：

> 坐在地板上，她的胳膊紧紧地搂着拉姆齐夫人的膝盖，莉丽微笑着思忖，拉姆齐夫人永远也不会理解她那种压抑感的原因究竟何在。她在想象中看到了，在那位躯体和她相接触的妇

1　Martha C. Nussbaum, *Sex and Social Justice*, New York: Oxford University Press, 1999, p. 360.

2　Ibid., p. 361.

女的心灵密室中，像帝王陵墓中的宝藏一样，树立着记载了神圣铭文的石碑，如果谁能把这铭文念出来，他就会懂得一切，但神秘的文字永远不会公开地传授，永远不会公诸于世。要是你闯进那心灵的密室，里面究竟有什么凭借爱情和灵巧才能理解的艺术宝藏呢？有什么方法，可以使一个人和他所心爱的对象，如同水倾入壶中一样，不可分离地结成一体呢？躯体能达到这样的结合吗？精巧微妙地纠结在大脑的错综复杂的通道中的思想，能够这样结合一致吗？或者，人的心灵能够如此结合吗？人们所说的爱情，能把她和拉姆齐夫人结为一体吗？她渴望的不是知识，而是和谐一致；不是刻在石碑上的铭文，不是可以用人类所能理解的任何语言来书写的东西，而是亲密本身，她曾经认为那就是知识，她把头依靠在拉姆齐夫人的膝上想道。

什么也没有发生。什么也没有，什么也没有！当她把头靠在拉姆齐夫人膝上时，什么也没发生……如果每个人都是如此密不透风，你怎么会对别人有所了解呢？[1]

在努斯鲍姆看来，莉丽试图进入拉姆齐夫人内心的行为是单方面的。首先，她把认识他人心灵的行为理解为一种阅读，就如我们进入一个房间去阅读那无人看到的"神圣铭文"。然而这种阅读是外部的，并不充分，真正的认识应当是与他人的融合："如同水倾入壶中一样，不可分离地结成一体"。她想到了爱情，"把她和拉姆齐夫人结为一体"。但这种尝试似乎是失败了："什么也没有发生。什么也没有，什么也没有！"最后她放弃了融合的交流目标。因为连她自己

1　弗吉尼亚·伍尔夫：《达洛卫夫人　到灯塔去》，孙梁等译，上海：上海译文出版社1997年版，第255—256页。

也是"密不透风"的，怎么能要求别人变得"透明"呢？当班克斯先生看着她的画时，她想到"这幅画是她三十三年的生活凝聚而成，是她每天的生活和她多年来从未告人，从不披露的内心秘密相混合的结晶，让别人的眼睛看到它，对她来说，是一种莫大的痛苦"。[1]这种单方面的，既希望彻底占有他人，又不愿意暴露自身的做法带有强烈的权力控制欲。莉丽通过自我反省体会到："如果每个人都是如此密不透风，你怎么会对别人有所了解呢？"

莉丽的改变被认为是"一种在认识论与道德上的进步"[2]。要求彻底理解，不仅是不可能的，而且在道德上也是成问题的。将另一个人的思想和感情据为己有，把它纳入自己的身体和心灵中，这对于了解他人来说既是不必要的，也是不充分的："不充分是因为那会造成她不去了解另一个人，不去了解那个生命的独立性和外在性，不去了解那些感受；不必要是因为我们能想象到一种不会导致占有的了解，事实上，那种了解实际上承认，占有的不可能性是关于人们生命的一个核心事实"。[3]这段对莉丽的心理描写甚至还包含了她对自我的一种新认识：人不是神或者超人，可以洞悉一切或者把他人视为自我的工具，人需要认识到自身的脆弱性和不完整性。在这点上，小说所呈现的认识与彼得斯在《对空言说》中的观点异曲同工："如果我们希望在交流中谋求某种精神圆满或满足，那就是白花精力。"[4]

那么人与人之间的沟通还可能吗？努斯鲍姆认为小说提供了一种可能性。"窗"这一形象意味着沟通依然是可能的，"这里有一个缺

1　弗吉尼亚·伍尔夫：《达洛卫夫人　到灯塔去》，孙梁等译，上海：上海译文出版社1997年版，第257页。

2　Martha C. Nussbaum, *Sex and Social Justice*, New York: Oxford University Press, 1999, p. 365.

3　Ibid., p. 365.

4　约翰·约翰姆·彼得斯：《对空言说：传播的观念史》，邓建国译，上海：上海译文出版社2017年版，第383—384页。

口，即使人无法进入，其也能够透过它看到或者看到里面"。[1] 通过对拉姆齐夫妇之间关系的描述，努斯鲍姆探讨了两个如此不同的人之间实现交流的可能性，从而回应了莉丽的问题。显而易见，拉姆齐夫妇之间存在着许多不同之处，无论是个人气质、思维方式、个人兴趣还是价值取向似乎大相径庭，而且读者还能在拉姆齐先生盛气凌人的形象中看到两人的婚姻生活并不完美。然而，努斯鲍姆却认为两人之间存在着默契的交流，而这种默契则是由爱所促成。

她指出，两人之间所实现的交流，并不是建立在融合的方式或者以暴力方式剥夺对方独立性的基础上。"他们关系中有一个独有的特性，即一种对对方想要掩饰的意愿给予小心翼翼的尊重"。[2] 比如拉姆齐夫人对丈夫因学术上的不自信所采取的自我掩饰有所觉察与感受，但她不会为了"完全的交流"而说破这一点，因为这会伤害到对方。拉姆齐先生尽管对待儿女态度粗鲁，但对妻子的独处反而能给予足够尊重。当拉姆齐夫人独自出神之际，他尽管"渴望要去和她谈话"，但还是毅然决定：不，决不去打扰她。[3] 这种细节显示出"两人都能够把彼此视为独立的人，并与之分享他们所知的人类生活的各种目标"[4]。努斯鲍姆还指出，两人并没有采取经验类比的方式来理解彼此，因为人与人的思维方式、情感反应有所不同，即便是同一个措辞，在不同的人身上所体现的含义也会有所不同。由于他们深知这点，便能直面这种不同："拉姆齐先生无法感同身受地想象她的忧伤冥思，虽然他能学着尊重它们；拉姆齐夫人认为他的心灵完全不同

1　Martha C. Nussbaum, *Sex and Social Justice*, New York: Oxford University Press, 1999, p. 365.

2　Ibid., p. 365.

3　弗吉尼亚·伍尔夫：《达洛卫夫人　到灯塔去》，孙梁等译，上海：上海译文出版社1997年版，第271页。

4　Martha C. Nussbaum, *Sex and Social Justice*, New York: Oxford University Press, 1999, p. 366.

于她自己的，同时也认识到她无法真正完全想象出他可能会是什么样子"。[1]那么，他们究竟如何实现默契的沟通呢？

努斯鲍姆的答案是：文学阅读及其所培育的爱。小说第一部的最后一幕呈现的阅读场景令其印象深刻。两人都不是那种以超然的批判态度介入文学的批评家，他们是充满热忱的普通读者。拉姆齐先生在读司各特的作品："他似笑非笑，这使她明白，他正在控制着自己的感情。他正在把书一页一页翻过去。他正在扮演——也许他正在把自己当作书中的人物"，司各特作品的力量与智慧使他"感到精神振奋，解脱了某种心理的负荷，以至于有一种觉醒和胜利之感，使他忍不住热泪盈眶"。[2]拉姆齐夫人则在低声吟诵一首十四行诗的过程中感到了心满意足与宁静安详，"她觉得她的心灵被打扫过了，被净化了"。[3]但正是在两人的阅读过程中，一种爱得以产生：这是一种"读懂"对方的能力。

夫妻二人以亲密的方式进行着交流："他们俩身不由己地凑到一块儿，肩并着肩，靠得很近，透过他们之间依稀存在的墙壁，她可以感觉到，他的思想像一只举起来的手一般，遮蔽了她自己的思想"。在努斯鲍姆看来，"这个墙壁变得更像阴影而不是像实体，而她能感受到他心灵的活动，似乎这种活动位于在她与生活之间，为她的心灵提供保护"[4]。他们都是出色的读者。文学阅读所激发的感知世界的能力，最终也被运用到了日常生活中：拉姆齐夫人凭着丈夫在餐桌上皱眉的动作就能体察到他的所思所想，拉姆齐先生也可从妻

1　Martha C. Nussbaum, *Sex and Social Justice*, New York: Oxford University Press, 1999, p. 367

2　弗吉尼亚·伍尔夫：《达洛卫夫人　到灯塔去》，孙梁等译，上海：上海译文出版社1997年版，第325、328页。

3　同上，329页。

4　Martha C. Nussbaum, *Sex and Social Justice*, New York: Oxford University Press, 1999, p. 369.

子织袜子时嘴唇微微收拢的样子读出不少信息。文学读者的这种观察力，其实代表的是一种爱。于是，即便存在这样那样的缺陷，拉姆齐夫妇之间存在着良好的沟通与默契，也正是彼此之间的爱，造就了交流的可能性。小说这一部分的结尾呈现出不细心阅读就无法感知的，看似漫不经心的言语背后的默契：

> 他（笔者注：拉姆齐先生）指着袜子说，"今晚你是织不完的。"……
>
> "对，"她说，一面把袜子放在她的膝上拉平，"我织不完。"……
>
> "对，你说得对。明天会下雨的。你们去不成了。"她瞅着他微笑。因为她又胜利了。尽管她什么也没说，他还是明白了[1]。

在努斯鲍姆看来，这样的对话背后的丰富含义只有在婚姻中彼此熟悉的两人才能理解："一个微笑，一个无关紧要的句子——离开了为那一刻作准备的多年亲密关系和日常生活，这一切都毫无意义"。[2]这里的对话的含义早已超出了"织袜子"和"下雨"的语义范畴，而是彼此间早晨争执的化解，因为早上两人对于天气有不同意见（拉姆齐夫人安慰儿子詹姆斯，明天会是个晴天，但她丈夫却浇了盆凉水："明天晴不了了。"[3]）。最后，拉姆齐夫人也认为明天天气不会好了，其言外之意是在寻求与丈夫和解。

不可否认的是，这种爱看上去显得有些脆弱。如果从悲观的视

1　弗吉尼亚·伍尔夫：《达洛卫夫人　到灯塔去》，孙梁等译，上海：上海译文出版社1997年版，第331—332页。

2　Martha C. Nussbaum, *Sex and Social Justice*, New York: Oxford University Press, 1999, p. 370.

3　弗吉尼亚·伍尔夫：《达洛卫夫人　到灯塔去》，孙梁等译，上海：上海译文出版社1997年版，第206页。

角看，这种爱的默契背后可能也存在着性别上的不平等问题，有时候女性常常也会为了家庭的和谐而付出平等的代价。努斯鲍姆援引普鲁斯特的观点指出，只有在艺术中的生活与爱才是完善的，现实生活总是交织着诸多有缺陷的情感：羞耻、焦虑以及对权力的欲望，但她依然认为，伍尔夫的作品提供了一个乐观主义的视角，即"尽管存在着缺陷，但这种关系是可以和应该得到培养的，如果其能得到充分培养的话，普鲁斯特的问题也会得到克服"。在此意义上，通过伍尔夫的创作，"关于他人心灵的这个神秘的大问题，有了一个更确切地说是平凡、谦卑的尝试性答案"。[1]

　　总而言之，复杂（complexities）、丰富（richness）、充分（fullness）、具体性（concreteness）、多样（diversity）、艰难（difficulty）、困惑（perplexity）、脆弱性（vulnerability）是努斯鲍姆在论述中最常用的词。文学向读者展示"在我们作为有缺陷事物与我们最高的目标之间所存在的冲突，在我们的爱与对他人的关切之间所存在的悲剧性冲突"。[2]她论证文学在伦理学意义上独具智慧的同时，也特别强调文学的自主性，强调其绝非伦理学的工具或注解。在此意义上，努斯鲍姆与特里林、默多克等人对于文学伦理的知性定位基本一致。在特里林看来，文学的伦理价值就体现在"知性（intelligent）"中，它能够让我们认识到"永恒的、艰难的、粗俗的、让人不悦的"现实[3]。在"教会我们认识人类多样化的程度，以及这种多样化的价值"的过程中，小说取得了"其他文学体裁所不能取得的效果"[4]。在

1　Martha C. Nussbaum, *Sex and Social Justice*, New York: Oxford University Press, 1999, p. 373.

2　Martha C. Nussbaum, *Love's Knowledge: Essays on Philosophy and Literature*, New York: Oxford University Press, 1990, p. 212.

3　莱昂内尔·特里林：《知性乃道德职责》，严志军等译，南京：译林出版社2011年版，第114页。

4　同上，第119页。

克看来，"美德可被视为一种知识，并以此把我们与现实联系在一起"，而某种非诗歌的"散文文学（prose literature）提供了这样的道德知识"[1]。努斯鲍姆走得更远：通过更为哲学化的论述，她对特里林点到即止、语焉不详之处，做了更为细致与有条理的分析阐释；通过更为细腻的文本分析，她弥补了默多克文学思想中抽象思辨压倒文本细读的缺憾。

第三节　文学叙事与情感治疗

除詹姆斯之外，普鲁斯特的文学观念也为努斯鲍姆提供颇多启示。她引用普鲁斯特最为频繁的观点是，将文学比作"光学仪器"。除了跟詹姆斯一样将文学理解为对生活的认识之外，普鲁斯特似乎更进一步，指出唯有文学艺术才能揭示真正的生活："真正的生活，最终得以揭露和见天日的生活，从而是唯一真正经历的生活，这也就是文学。"[2] 如果说在詹姆斯那里，文学是一种对生活的伦理探询，那么在普鲁斯特这里，文学不仅是一种对生活的认知，而且还会显示一种伦理真理。文学能够告诉读者什么是"善"，能够向人们显示至高的"律法"：

人们只能说，今生今世发生的一切就仿佛我们是带着前世

1　Iris Murdoch, *Existentialists and Mystics: Writings on Philosophy and Literature*, Harmondsworth: Penguin Books, 1999, p. 284.

2　马塞尔·普鲁斯特：《追忆逝水年华》（第七卷），徐和瑾等译，南京：译林出版社2012年版，第197页。

承诺的沉重义务进入今世似的。在我们现世的生活条件下，我们没有任何理由以为我们有必要行善（good）、友好（kind）、体贴（thoughtful），甚至礼貌（polite）……所有这些在现时生活中没有得到认可的义务似乎属于一个不同的世界，一个基于仁慈、谨慎、自我奉献的世界，一个与当今世界截然不同的世界，一个我们为了出生于这个世界而离开的世界，也许在回到那个世界之前，还会在那些陌生的律法影响下生活，我们服从那些律法，因为我们的心还受着它们的熏陶，但并不知道谁创立了这些律法——深刻的智力活动使人接近这些律法，而只有——说不定还不止呢！——愚蠢的人才看不到它们。[1]

在此，一种治疗性的文学观念浮出水面，文学若要实现其治疗的功能，就需承载更具真理色彩的生活内涵。努斯鲍姆的思考存在如下预设：首先，治疗的目标是"健康"，我们需要对"什么是健康"有基本的共识，文学需要为社会意义上的健康即"正义"服务。其次，文学是情感的载体，人类的诸多情感往往是社会文化的产物。"文学作品以两种方式向它们的读者歪曲这个世界。它们能错误地呈现历史与科学事实"[2]。因此并非所有文学都是好的，对文学所承载的情感与欲望，需要以一种批判性的态度进行鉴别。最后，我们需要用好的文学促进社会正义，也应警惕坏文学可能对社会正义形成的潜在威胁与挑战。尽管努斯鲍姆不认可柏拉图式的先验知识，认为对社会意义上的"健康"——"好生活"的认识源于人类现实中的情

1　马塞尔·普鲁斯特：《追忆逝水年华》（第五卷），周克希等译，南京：译林出版社2012年版，第174—175页。引用时对翻译略作改动。

2　Martha C. Nussbaum, *Poetic Justice: The Literary Imagination and Public Life*, Boston: Beacon Press, 1995, p. 75.

感和欲望，但在她对不同文学作品的分析中，我们确实感受到，她试图将一种规范性的标准纳入对文学的分析与评判中，试图让文学来塑造合宜的同情，进而为其自由主义的社会愿景服务。

文学对消极情感的治疗

"文学叙事不仅对于完整地理解道德哲学中一个极为重要的要素来说必不可少，而且对于理解传统的叙事权力可能借以扭曲人类关系的某些方式也必不可少。"[1] 在努斯鲍姆对情感的理解中，建构主义的观点对其文学治疗的思想产生了重要影响。在面对人类生活中诸多扭曲的情感时，我们应当如何看待文学呢？一方面，文学如普鲁斯特所言可以把我们从日常生活的平庸与虚假中拯救出来，因为文学有时能呈现一种更为真实的情感与生活；但另一方面，文学也可能是那些扭曲情感的制造者。为了治疗情感，我们似乎首先应当对文学的叙事进行治疗。这不仅体现于对传统叙事内容的颠覆，而且还体现在对叙事方式的解构。艾米丽·勃朗特的《呼啸山庄》与贝克特的小说三部曲可被视为针对传统宗教叙事支配下的情感所采取的治疗实践，这两位作家以激进的方式实现了对基督教文化及其影响下的人类心灵世界的批判。除此之外，乔伊斯的《尤利西斯》则被认为呈现了对厌恶情感的有效治疗。

《呼啸山庄》与羞耻

努斯鲍姆指出，艾米丽·勃朗特的《呼啸山庄》可被看作是一部

---

1 玛莎·努斯鲍姆：《欲望的治疗：希腊化时期的伦理理论与实践》，徐向东等译，北京：北京大学出版社2018年版，第521页。

反基督教文化的作品，小说通过主人公凯瑟琳与希思克利夫的极端爱情来审视基督教文化对于人类心灵与情感的腐蚀。这是一部充斥着怨恨、复仇以及暴力的小说。从希思克利夫来到老肖恩家开始，他就遭受冷遇与暴力。包括女管家迪恩太太在内，他们"折磨他，欺负他，一点也不觉得丢人"。[1] 欣德利会扇他耳光，用秤砣砸他的胸口，迪恩则喜欢拧他掐他。老肖恩去世后，状况变得更糟，希思克利夫被赶到仆人中去，不断地遭到殴打。凯瑟琳的行为也不乏暴力，她在女管家胳膊上"恶狠狠地掐了一把，还死死地拧住不放"，并能给上哈顿耳根一个巴掌，"那个打法无论如何也不会让人错当作是开玩笑"。[2] 努斯鲍姆指出，勃朗特笔下的这个黑暗而无情的世界是在基督教文化的影响下形成的，这种盛行于 19 世纪与 20 世纪早期的基督教文化中充斥着怨恨、愤怒、羞耻等各种情感。这部作品的意义体现在对基督教文化两个不同层面的反思与批判中。

第一个层面是对小说中所描绘的基督教的批判，19 世纪的基督教被认为是一种腐化堕落的基督教。首先是基督教在情感上的虚伪。这在林顿一家、约瑟夫、迪恩等人身上体现得淋漓尽致。他们虽然在口头上大谈同情与慈善，但私底下一个比一个自私。管家约瑟夫的虔诚完全是表面上的，"这种人总是翻遍《圣经》，把有指望的话都搂到自己那儿，把诅咒都甩给邻居"。[3] 这些堕落的情感源自制度化基督教的长期滋养："他们学会了如何运用愤怒与报复这些神圣的形象来合法化他们的行为。"[4] 其次，这种制度化的基督教支持了现实中的

---

1 爱·勃朗特：《呼啸山庄》，张玲等译，北京：人民文学出版社1999年版，第42页。

2 同上，第81页。

3 同上，第46页。

4 Martha Nussbaum, *Upheavals of Thought: The Intelligence of Emotions,* New York: Cambridge University Press, 2003, p. 605.

社会等级观念，排斥贫穷与异类。看上去温馨宁静的林顿一家，却无法包容希思克利夫这样的异类。哪怕是爱他的凯瑟琳都不愿意嫁给他，并把他视为"一个尚未归化的野蛮人，没有教养""凶狠、无情、野狼似的人"。[1] 小说中的基督教文化无法包容异质性的事物。再次，基督教文化鼓励人们去追求一个静态的天堂，在那里不再有任何运动与抗争。在那样的天堂之中，人的主体性与自由不再有任何意义，用希思克利夫的话说，这就好比把"橡树种在花盆里"，生命的自由与活力受到了极大的束缚。这在埃德加·林顿与希思克利夫的对照中彰显无遗，前者完全缺乏生命的活力与生气。最后，基督教的世界对人类最重要的能力——想象力，缺乏必要的关注与重视。无论林顿还是迪恩都总是躲在自己的世界中等待与观望，缺乏想象他人的能力。林顿一家所代表的基督教世界，是"一个肤浅的世界、一个封闭的世界"。与之相反，希思克利夫与凯瑟琳的世界则是"一个野性与激情的世界"。[2] 林顿一家无法通过想象来同情与他们异质的希思克利夫；而唯有希思克利夫才能进入到他人的心灵中，他会为老肖恩的去世去安慰凯瑟琳。

除了在这一层面对基督教文化进行批判之外，努斯鲍姆指出，小说还在一个更深的层面反思了基督教对人类心灵的腐蚀。她以凯瑟琳与希思克利夫的爱作为切入点展开分析。其中最需回答的问题是：希思克利夫为何得不到凯瑟琳？为何凯瑟琳无法接受希思克利夫？作品中凯瑟琳对此问题的字面回答是："如果希思克利夫和我结了婚，我们就会变成要饭的。相反地，如果我嫁给了林顿，我就可

1　爱·勃朗特：《呼啸山庄》，张玲等译，北京：人民文学出版社1999年版，第119页。

2　Martha C. Nussbaum, *Upheavals of Thought: The Intelligence of Emotions*, New York: Cambridge University Press, 2003, p. 602.

以帮助希思克利夫上进发达，让他摆脱我哥哥的势力。"[1]但在努斯鲍姆看来，真正的原因并不在此，而在于凯瑟琳无法像希思克利夫那样不再自我设防，真正地袒露自己，让对方真正进入自己的世界。

在此努斯鲍姆指出，凯瑟琳这样的心理状态并非偶然，而是在整个基督教文化中人类普遍存在的心灵状态。小说叙述者洛克伍德的心灵状况也同样如此。在来到这片远离喧嚣的孤独之地前，他刚从一场可能开始的恋爱中退出：

> 那时候我在海边享受了一个月的好天气，和一个极其迷人的姑娘殷勤为伴，她尚未对我属意的那阵儿，在我眼里真是仙女一般。我言谈中间"从未吐露过我的爱情"，可是如果说眉目自能传情，那么最不开窍的傻瓜也能猜想到，我已经神魂颠倒了。她终于懂得了我的心思，而且回送秋水一泓——要多甜美就有多甜美的一泓秋水——可我是怎么办的呢？我羞愧难当地招认——就像一只蜗牛，冷冰冰地缩回来了，每一次秋波一瞬，都让我显得更冷，缩得更远；这一来，这位无辜的小可怜儿对自己的感觉也起了疑心，为自己闹的误会不胜惶惑，竟撺掇着她妈妈溜之乎也。
>
> 正是由于这样秉性乖张，我就得了一个故作无情的令名，只有自己心里明白，这有多么冤枉。[2]

努斯鲍姆指出，从洛克伍德这个名字的英文词（Lockwood）中就可见出，他对爱"感到恐惧和羞耻"，对他而言，"爱所渴求的相互

1　爱·勃朗特：《呼啸山庄》，张玲等译，北京：人民文学出版社1999年版，第95页。

2　同上，第4—5页。

回应（reciprocation）会让他感到害怕。因为对欲望的凝视，进入其欲望的过程，让他变得被动，并让他感受到自身的软弱，如同一只离开了壳的蜗牛"，为此他只能"把自身的脆弱性藏在传统社会习俗所构筑的木头外形之内"。[1] 与之相反，希思克利夫则毫无约束地彻底袒露。可见，真正对爱造成阻碍的并不仅仅是表面上的社会传统与习俗，而是洛克伍德内心的羞耻与恐惧。这在凯瑟琳身上亦然：尽管她声称"我就是希思克利夫"[2]，但她却无法忍受希思克利夫身上彻底裸露的部分。希思克利夫"这种真实激情的极致袒露，以及与之相关的痛苦与死亡，从根本上看，会让她跟故事的叙述者一样感到难以忍受"。[3] 就本质而言，凯瑟琳就是无法忍受自己身上的脆弱性，她试图用林顿式的生活来加以掩饰，用一种普遍遵从的社会标准来掩饰真实的内心。但是，"在这种寻求保护自身免于死亡危险的过程中，她不仅杀害了他，而且也杀死了自己的灵魂，并迫使他如爱她那样恨她"。[4]

为何洛克伍德和凯瑟琳会害怕袒露，并感到羞耻？他们感到羞耻的究竟是什么？努斯鲍姆指出，他们感到恐惧与羞耻的是把自己交给他人，基督教文化不断地教导和培育这样的羞耻心，教导人们要为自己的赤裸感到羞耻，并劝导他们在感到羞耻时应把自己的那部分掩饰起来。在此意义上，"基督教对于原初性羞耻的回应和它对爱的拒绝是联系在一起的"。[5] 透过一个悲剧性的爱情故事，小说实质

1　Martha C. Nussbaum, *Upheavals of Thought: The Intelligence of Emotions,* New York: Cambridge University Press, 2003, pp. 597–598.

2　爱·勃朗特：《呼啸山庄》，张玲等译，北京：人民文学出版社1999年版，第95页。

3　Martha C. Nussbaum, *Upheavals of Thought: The Intelligence of Emotions,* New York: Cambridge University Press, 2003, p. 609.

4　Ibid., p. 609.

5　Ibid., p. 610.

上表达了对基督教的批判，尤其是对基督教文化所塑造的人类虚伪情感世界的强烈质疑。

不过这部小说的治疗价值要从消极意义上来理解，即让读者认识到基督教文化中人类情感的扭曲和真诚情感的缺失。若从积极意义上看，努斯鲍姆认为小说未能提供一条有希望的出路。首先，希思克利夫这样的人是不可能活在这个世界上的，他也无法被这个世界所容忍。其次，尽管小说的尾声小凯瑟琳与哈顿之间和睦相处的情形似乎暗示了一种美好生活的前景，但努斯鲍姆认为小凯瑟琳身上缺乏她父亲那种真诚的品质，而且在故事的两位叙述者洛克伍德与迪恩那里，读者也看不到任何因这场爱情悲剧而对自身有所反思的迹象。这部作品"悲剧性地拒绝了一切出路，并在人类在世存在方式中找到了社会堕落的根源"。[1] 人们总以为自己是好人，富于同情心，但其实我们不是这样，要做到真正的同情并不容易。

对于洛克伍德来到呼啸山庄那个晚上做的噩梦，努斯鲍姆作出深刻解读：在噩梦中，洛克伍德看到窗外的凯瑟琳用手指头敲打玻璃，这让他感到恐惧并变得残忍。他不仅把"那只手拉到碎玻璃渣上来回划，直到流出血来"，还"急忙码起下面大上面小的一堆书把它挡住，再用手把耳朵堵上，不去听那苦苦的哀求"，而且还大声喊道："我决不会让你进来——哪怕你求告二十年！"[2] 拒绝同情与爱，对袒露自己的恐惧，这些都深深植根于人性的深处，无所不在。这部小说以其独有的尖锐与深刻让我们去正视这一切。

1　Martha C. Nussbaum, *Upheavals of Thought: The Intelligence of Emotions,* New York: Cambridge University Press, 2003, p. 612.

2　爱·勃朗特：《呼啸山庄》，张玲等译，北京：人民文学出版社1999年版，第28页。

《尤利西斯》中的厌恶

《尤利西斯》对人类情感进行了深入的探询。在第三章关于爱欲的讨论中，本书介绍了乔伊斯对于爱欲的治疗。其通过非同寻常的叙事，试图解构传统哲学与文学对于爱的过度升华，将爱拉回到琐碎但真实的日常生活世界中来。此外，努斯鲍姆还在对"阴府（Hades）"篇章的分析中，展示了一种治疗厌恶情感的可能性。

对于厌恶，前文已做介绍，该情感根源于人对自身动物性与必死性的抗拒，它会在人与容易衰败的动物特质之间划出界限。这不仅体现在抗拒粪便、尿液等"原初性厌恶"层面，而且在特定的社会文化中，这种抗拒会发展为"投射性厌恶"，即将那些动物性的特征，投射到其他群体之上，进而成为社会歧视的情感基础。努斯鲍姆指出，《尤利西斯》的这一篇章着重描绘的是布鲁姆一行人运送遗体及参加葬礼的过程，在这一场景中充斥着最令人感到恐惧与厌恶的元素：死亡与尸体。这种对尸体的厌恶既具有原初特质，也具有社会文化建构的色彩，是投射性厌恶的根源所在。在努斯鲍姆看来，"在这个议题上，没有比《尤利西斯》——体现在布鲁姆这一人物以及作品的文学策略中——更合适的教师"。[1] 因为作品展示了乔伊斯对死亡与尸体的思考，并借助布鲁姆这一人物的视角提供了一种不同于惠特曼的伦理智慧。后者认为，摆脱厌恶的途径在于爱上身体并无惧死亡。这种看法并未得到努斯鲍姆的认同，在她看来，恐惧死亡是人之常情，布鲁姆在此意义上提供的智慧更值得借鉴。

乔伊斯笔下的都柏林是一个容易激发厌恶情绪的空间。努斯鲍姆指出，他笔下的人物都身处社会的底层，贫穷与酗酒让他们的生

---

1 Martha C. Nussbaum, "Between Detachment and Disgust: Bloom in Hades", Joyce's *Ulysses: philosophical perspectives,* edited by Philip Kitcher, New York: Oxford University Press, 2020, p. 31.

存境况接近濒死状态。马丁·坎宁翰有一个酗酒的妻子，西蒙·迪达勒斯生活糟糕，他们对于死亡的厌恶会形塑一种社会性的歧视。在这一章中，参与葬礼的人中有很多反犹主义者，葬礼中人们对尸体的厌恶与对犹太人的厌恶看似两码事，其实存在着关联。在努斯鲍姆看来，"在都柏林，这种近乎半死状态的污秽感，造就了一种常见的投射性厌恶，在此自身不安的来源（因贫困而接近死亡）被逐出，而是将此投射到他人身上，于是犹太人变得肮脏与污秽"。[1] 比如迪达勒斯把斯蒂芬的朋友穆利根视为"坏透了的流氓"[2]。当他们见到一个名为吕便·杰的犹太人时，就会发出这样的诅咒："就欠恶魔没弄断你那脊梁骨的大筋啦！""淹死巴拉巴！老天爷，我但愿他能淹死！"[3]这样的细节描写在作品中可以找到不少。

小说中唯一的例外是布鲁姆。他似乎超脱于厌恶所主导的社会环境，他对待犹太人的态度不像他的那些同伴，他曾不满"市民"对犹太人的攻击，并为犹太人说话。[4]努斯鲍姆指出，他对犹太人的友善态度是跟他对食物、身体、女性、动物的友善一脉相承的。他喜欢食物，尤其是那些动物内脏："利奥波德·布鲁姆先生吃起牲口和家禽的下水来，真是津津有味。他喜欢浓郁的杂碎汤、有嚼头的胗、填料后用文火焙的心、裹着面包渣儿煎的肝片和炸雌鳕卵。他尤其爱吃在烤架上烤的羊腰子。那淡淡的骚味微妙地刺激着他的味觉。"[5]他对粪便并不排斥，能够"安然坐在那里闻着自己冒上来的臭味"[6]，

1　Martha C. Nussbaum, "Between Detachment and Disgust: Bloom in Hades", Joyce's *Ulysses: philosophical perspectives,* edited by Philip Kitcher, New York: Oxford University Press, 2020, p. 49.

2　詹姆斯·乔伊斯：《尤利西斯》（上卷），萧乾等译，南京：译林出版社2002年版，第172页。

3　同上，第179页。

4　同上，第592—593页。

5　同上，第117页。

6　同上，第135页。

也不嫌弃妻子摩莉的脏内裤，甚至对博伊兰在家里留下的精斑都不那么在意。他对于动物也非常友善，并充满好奇。对待身体与动物的态度，在一定程度上体现了布鲁姆的人性态度。努斯鲍姆指出，在整个送葬与葬礼的过程中，布鲁姆没有表现出任何厌恶之情。小说不时描绘他的心理活动，看到死者时，他体验到的不是厌恶，而是会联想到自杀的父亲与早逝的儿子，并感到深切的悲伤。

该章最惊人的一幕是，棺材在行进中突然翻掉，尸体从里面掉出来："帕狄·迪格纳穆身着过于肥大的褐色衣服，被抛出来，僵直地在尘埃中打滚。红脸膛如今已呈灰色。嘴巴咧开来，像是在问究竟出了啥事儿。完全应该替他把嘴闭上，张着的模样太吓人了。内脏也腐烂得快。把一切开口都堵上就好得多。"[1] 即便目睹这一令人感到恶心的场景，布鲁姆也能采取淡然与幽默的态度：

> 倘若翻滚的当儿，他身子给钉子扎破了，他会不会流血呢？我猜想，也许流，也许不流。要看扎在什么部位了。血液循环已经停止了，然而碰着了动脉，就可能会渗出点儿血来。下葬时，装裹不如用红色的——深红色。[2]

努斯鲍姆颇为看重布鲁姆身上的这一品质。他究竟是如何拥有这种平常心呢？通过文本分析，她总结他身上有三点重要的禀赋：首先，布鲁姆善于以一种科学式的超然态度来审视这个世界。当他以科学的眼光看待尸体时，自己就不会被消极情绪所支配："一颗破碎了的心，终归是个泵而已，每天抽送成千上万加仑的血液。直到有

1　詹姆斯·乔伊斯：《尤利西斯》（上卷），萧乾等译，南京：译林出版社2002年版，第185页。
2　同上，第185页。

一天堵塞了，也就完事大吉。"[1] 前文已有讨论，他在思考妻子的婚外情时，有时也会采取这样的一种超然态度。尽管努斯鲍姆并不认为这是一种对待生活的合适态度，但在克服厌恶这类情感时，依然有其价值。其次，布鲁姆具有很强的共情能力，愿意站在他人的角度感受世界。比如他会从马丁·坎宁翰的角度思考他醉酒的妻子，也会为死者的儿子感到悲伤，有时甚至还会从老鼠等动物的角度去感受："像这么个家伙，三下两下就能把一个人吃掉。不论那是谁的尸体，连骨头都给剔得干干净净。对它们来说，这就是一顿便饭。尸体么，左不过是变了质的肉。"[2] 当然，他毕竟是个不完美的普通人，他的共情能力再强，也不可能对妻子的情夫博伊兰有共情，有时甚至会把对方想象为蛆虫。努斯鲍姆指出，这时他会产生"短暂的厌恶"。但很快，这种厌恶会被他最重要的禀赋——幽默感——所化解。布鲁姆面对尸体从棺材滚出时所展开的心理活动，淋漓尽致地展示了他的幽默感，它是"友善的、奇异的、以一种不协调的感受来为生活增添趣味，尤其是语言游戏"。[3]

努斯鲍姆认为乔伊斯通过这一形象的塑造，成功实现了读者对布鲁姆的认同。因为他像日常生活中的每一个普通人一样，过着并不完美的生活，但与此同时，在其不完美之中，存在着一种超越那种病态现实的健康人性向度，从中"展示出了一种平衡与慷慨的，且充满细节的人性范式"。[4]

1　詹姆斯·乔伊斯：《尤利西斯》（上卷），萧乾等译，南京：译林出版社2002年版，第194页。

2　同上，第205页。

3　Martha C. Nussbaum, "Between Detachment and Disgust: Bloom in Hades", Joyce's *Ulysses: philosophical perspectives,* edited by Philip Kitcher, New York: Oxford University Press, 2020, p. 59.

4　Ibid., p. 32.

贝克特"反叙事"中的情感解构

跟乔伊斯类似，贝克特的小说叙事也是非传统的。他的小说三部曲（《莫洛伊》《马龙之死》《无名氏》）中的"去故事化"写作被认为"导致了人、世界、文学的彻底解体"。[1]那么，这种看似形式主义实验色彩浓厚的创作是否具有伦理价值呢？

在努斯鲍姆看来，贝克特的关注点也在于基督教文化对人类情感的腐蚀性影响，但与勃朗特不同，他的激进体现在对传统文学叙事形式怀以强烈质疑，认为故事本身在腐化人类情感过程中扮演重要角色。努斯鲍姆指出，贝克特的激进立场源自久远的思想史传统。该传统的思想家认为宗教的世界观毒害并扭曲了人们的欲望与情感，这种扭曲通过艺术的形式得以实现，唯有通过摧毁这些形式，才能从根本上消除宗教带来的负面影响。提出这一看法的首先是卢克莱修。第二章已对其进行介绍。他认为其所处社会中人的诸多情感跟宗教叙事的塑造有关，为此他寻求以"反文学"的方式来克服文学带来的消极效果。卢克莱修并不否定所有的写作，而认为"反文学"可以通过另一种形式的文学得到实现。尼采继承并发展这一传统，他对基督教进行严厉批判，认为其严重侵蚀了人类对于自我的认识，但彻底移除宗教会导致虚无主义的危机。尼采认为存在着超越虚无主义的可能，那就是采取揭露性的谱系学与辛辣的讽刺等策略。[2]我们需要在这一激进的思想传统背景下理解贝克特的创作。

努斯鲍姆以《莫洛伊》为个案展开分析。这部小说被认为批判性地展示了宗教信念在人类生活中所扮演的角色。这些情感都跟基

1　布吕奈尔等：《20世纪法国文学史》，郑克鲁等译，成都：四川文艺出版社1991年版，第305页。

2　Martha C. Nussbaum, *Love's Knowledge: Essays on Philosophy and Literature*, New York: Oxford University Press, 1990, p. 307.

督教文化的影响有关。莫洛伊的"漫长而困惑的情感"由两个故事构成：前一个故事是莫洛伊从外面的世界回到母亲的房间；后一个故事是一位名叫莫朗的侦探去搜寻莫洛伊的历程。这两个故事在叙事上是断裂的，但在情感结构中存在相似之处。莫朗其实是另一个莫洛伊。

首先，在故事人物的情感中都呈现出宗教式的原罪观念，对身体性感到厌恶。两个故事都涉及旅行。前一个是莫洛伊离开巴里（Bally），回到母亲家中。后一个是莫朗从图尔蒂（Turdy）去巴里巴（Ballba），并来到侯尔（Hole）野营，最后又回到图尔蒂，而图尔蒂则是怀孕的已婚女性之神的所在之地。莫朗与莫洛伊的终点存在类似性。小说涉及的地点都跟母性、生殖等意象有关。努斯鲍姆指出，这些事物及其语汇的隐喻暗示了一种宗教式的羞耻观念："他的整个生命自出生以后，都是以羞耻的方式与阴道、肛门以及睾丸相处"，而回到母亲的房间或子宫，则被视为"一项救赎的计划，一种试图去除出生带来的原罪，返回胎儿状态的尝试"。[1] 即便是爱，也与这些扭曲的情感纠缠在一起。当莫洛伊回忆起他与卢丝的爱情时，会对母亲感到负疚，他希望把爱理解为一种救赎，而难以接受在日常生活中充满琐碎与污秽的爱。

其次，故事中处处呈现出审判性的宗教视角，观看者或审判者为所有的旅行规定了目的与意义。故事中对莫朗发布指令的尤迪（Youdi）从未现身，其名字在发音上颇类似于"you die"，扮演了一个审判者的角色；他还有一个使者叫加贝尔（Gaber），词形上颇类似于天使吉百利（Gabriel）；这种上帝的角色也被故事主人公所扮演与

1　Martha C. Nussbaum, *Love's Knowledge: Essays on Philosophy and Literature*, New York: Oxford University Press, 1990, p. 298.

复制，他们会以同样的方式去对待女性与孩子。在莫朗与儿子的关系中完全得到体现：他不容许儿子挑战他的权威。在努斯鲍姆看来，莫洛伊的情感故事是"关于原罪、恐惧上帝审判以及徒劳渴望得到救赎的故事"[1]。这个故事向我们显示："我们所喜欢的故事形式，包括侦探故事，都显著地表达并滋养了这个世界的情感，教导了我们把自己想象为追捕罪行的猎人，并且渴望最终审判。"[2]但这种叙事并不符合自然人性，人在本质上是污秽与无序的事物。

在有了这样的认识以后，故事开始走向对原有情感结构的解构。莫朗开始与那些受到宗教影响的情感（爱、厌恶、内疚以及渴望）拉开距离："我扫荡它们，用厌恶的大扫把一挥，我把自己洗涤干净，并满意地瞧着曾被它们污染过的空无之境"。[3]他提出了十六个奇怪的神学问题，不仅挑战了正统的神学，而且也与宗教情感拉开距离。此后，他想念蜜蜂等动物，因为它们是未受到宗教污染的事物，它们的舞蹈不同于人类的交流："它所具有的意义是我人类的理念永远也玷污不了的。我永远也不会对我的蜜蜂犯下我对上帝犯下的错误，人们教我把我的愤怒、恐惧和欲望，以至于我的身体都交付予这后者。"[4]这一故事"非但没有以传统的幸福或不幸作为终点结局，而是持续不断地对宗教意义与宗教欲望进行激进的摧毁"。[5]

这种对宗教情感的解构不仅体现在内容层面，而且还体现在形式层面。努斯鲍姆指出，贝克特诉诸一种新的文学观念来重塑作者

1　Martha C. Nussbaum, *Love's Knowledge: Essays on Philosophy and Literature*, New York: Oxford University Press, 1990, p. 298.

2　Ibid., p. 300.

3　贝克特：《莫洛伊》，阮蓓译，长沙：湖南文艺出版社2016年版，第253页。

4　同上，第265页。

5　Martha C. Nussbaum, *Love's Knowledge: Essays on Philosophy and Literature,* New York: Oxford University Press, 1990, p. 302.

与读者的关系。在旧的叙事传统中，作者对于读者来说是上帝：他们创造世界，赋予意义，并激发读者的各种情感。但在莫朗的侦探故事中，作者拒绝承担叙述者的角色，拒绝去激发读者的情感："故事，故事。我不曾知道怎么讲述。我将也不知道怎么讲述这一个。"[1]他不打算采取通常的冒险故事模式，试图完成一种"反写作"的写作，一种"反叙事"的叙事。故事的叙述者在"邀请我们来审视这些情感的源头，邀请我们批判性地对这些偶然结构以及作为其手段的叙事进行思考"的过程中，"他们自己越来越试图激进地终结整个故事叙述的传统，从而终结这种实践所支持着的生活形式"[2]。贝克特阻止或打破人们对故事的传统期待，试图终结整个故事的讲述："如果故事是可被学习的，那么它们是不可学习的。如果故事建构情感，那么它们则分解情感。"[3]贝克特的实验性写作对于一般读者而言是危险的，反叛的，并且是具有挑战性的。

小说最终以莫朗回到家中的花园结尾，实现他与传统的决裂。他最终选择生活在一个不需要通过语言来进行交流的世界中，暗示只有简单地生活在其中，如同鸟儿的生活一样，才能真正远离虚假的宗教及其情感。然而努斯鲍姆并不认为贝克特彻底实现了情感的治疗。厌恶感在莫朗身上依然存在，那是一种对人类的厌恶，而这种厌恶背后依然带有根深蒂固的宗教意识。在她看来，卢克莱修与尼采能直面人生的缺陷，并能发现其中的精彩，但在贝克特眼中人类生命则显得黯淡无光，他也找不到另一种更为人性化的叙事来替代这种反人性的宗教叙事。贝克特对故事的反叛本身也是一个故事，

---

1 贝克特：《莫洛伊》，阮蓓译，长沙：湖南文艺出版社2016年版，第214页。

2 Martha C. Nussbaum, *Love's Knowledge: Essays on Philosophy and Literature*, New York: Oxford University Press, 1990, p. 287.

3 Ibid., p. 288.

他的叙事未能"走出基督教的图景，并以不被这一图景所形塑的方式提出自我表达的问题"。[1]

文学对积极情感的培育

除了对消极情感进行治疗之外，文学叙事也被视为一种培育同情与友爱等积极情感的重要手段。心理学家丹尼尔·巴斯顿（C. Daniel Baston）对堪萨斯大学生所进行的实验结果为努斯鲍姆提供了重要启发："当人们聆听他人生动地描述自己的困境并且相关重点被戏剧性地强调时，他们会感受到同情，并最终提出救助计划。"[2] 为此她提出雄心勃勃的计划，试图选取那些旨在鼓励同情等积极情感的作品来为其"诗性正义"方案提供支持。

《菲罗克忒忒斯》

努斯鲍姆指出，古希腊悲剧在培育同情方面是重要的典范。读者们"被要求不仅去同情人们——声名显赫的公民、战争中的将领、被流放者、乞丐以及奴隶——的苦难，他们的命运很可能也会降临到读者身上，而且他们还被要求去同情更多的人——如特洛伊人、波斯人以及非洲人，如妻子、女儿以及母亲——他们的命运未必是读者们的"。[3] 相较于《阿伽门农》《安提戈涅》这些作品在伦理探询上

1　Martha C. Nussbaum, *Love's Knowledge: Essays on Philosophy and Literature*, New York: Oxford University Press, 1990, p. 310.

2　玛莎·努斯鲍姆：《正义的前沿》，朱慧玲等译，北京：中国人民大学出版社2016年版，第292页。在一次实验中巴斯顿以堪萨斯大学的学生作为研究对象，给他们讲述一位同学的悲惨故事。他让一部分学生只关注广播的技术层面，让另一部分学生则注意聆听内容并设身处地地进行想象，结果自然是后一部分群体报告体验到了同情的经验。更重要的是，他们最后都决定采取行动。同情的确制造了不同（pity does make a difference）。参见Martha C. Nussbaum, *Upheavals of Thought: The Intelligence of Emotions*, New York: Cambridge University Press, 2003, p. 339.

3　Ibid., p. 429.

的意义，努斯鲍姆对索福克勒斯《菲罗克忒忒斯》的分析则旨在发掘作品在培育现实同情共感上的价值，她认为这是一部最能激发同情的作品。

《菲罗克忒忒斯》描绘了在极端绝望与痛苦的条件下人的境况。在特洛伊战争中，菲罗克忒忒斯被毒蛇咬伤，脚上伤口疼痛难熬，其呻吟让军队无法在平静中奠酒、献牲，因此被放逐到一座叫作利姆诺斯的孤岛上生活长达十年之久，无人陪伴，只有他的弓与箭。十年之后，当雅典军队意识到没有菲罗克忒忒斯的弓箭他们无法赢得战争的时候，奥德修斯只好回来寻找菲罗克忒忒斯，并试图用谎言来骗取他手上的弓箭。年轻的涅奥普托勒摩斯勉强接受了这一任务。他用谎言骗取了菲罗克忒忒斯的弓箭，但最终因同情而背叛了自己的使命。

在努斯鲍姆看来，这是一部非常特殊的作品。作品将身体所处的极端状况作为中心事件进行描述，使之与其他悲剧经典相比，鲜少得到表演与研究。她指出，这部作品对于同情的激发主要体现在三个层面：

首先是作品对于菲罗克忒忒斯苦难生活的直接呈现。作品中"痛苦、疾病、衰弱、饥饿、寒冷、孤独、不公的对待"作为同情的对象一次次地被提及。[1]菲罗克忒忒斯的痛苦具有双重性，一方面，他面临物质生活上的极端匮乏与身体上的剧烈疼痛：他居住的岩洞空空如也，没有一件像样的生活物品，只有"一个粗陋的木罐"，"一些引火物品"以及"树叶铺的床垫"。[2]他的腿溃烂，"不断流出脓血"，

1　Martha C. Nussbaum, "The 'Morality of Pity': Sophocles' *Philoctetes*", *Rethinking Tragedy*, edited by Rita Felski, Baltimore: The John Hopkins University Press, 2008, p. 149.

2　埃斯库罗斯等：《古希腊悲剧喜剧全集》（第2卷），张竹明译，南京：译林出版社2015年版，第619页。

疼痛让他"撕心裂肺地呻吟"。另一方面，他在精神上也得不到任何安慰。那个小岛"渺无人迹"，"患难中附近没有一个朋友，熬疼时没有一只耳朵倾听他"，[1] 他只能与"多毛的或多斑的野兽为邻"。[2] 索福克勒斯对疼痛的描述令人印象尤其深刻，菲罗克忒忒斯发出近似于动物的喊叫：

> 苦呀，孩子！
>
> 这痛苦我无法瞒着你们了，哎呀！
>
> 痛苦呀，痛苦极了！
>
> 不幸的命运呀，我真不幸呀！
>
> 我完了，孩子！难受呀，孩子！哎呀！
>
> 哎呀！哎呀呀……
>
> 看在众神的分上，如果你手边现成的
>
> 有一把刀，孩子，往我脚上砍。
>
> 砍掉它，越快越好，别怕送了我的命。[3]

此外，悲剧之所以能够令人产生同情，在于即便遭受难以想象的折磨，索福克勒斯也尽可能捍卫菲罗克忒忒斯的人格尊严，并以人的方式来显示他的痛苦：即便他在某种难以忍受的痛苦中发出了类似动物的尖叫（apappapai papa papa papa papai）[4]，他的哭喊依然富于韵律（metrical），是一种属于人的痛苦。"激发我们同情的是这种人

1　埃斯库罗斯等：《古希腊悲剧喜剧全集》（第2卷），张竹明译，南京：译林出版社2015年版，第659页。

2　同上，第629页。

3　同上，第662页。

4　中译本译为"哎呀"，相对不容易传达原文试图表达的含义。

性与灾难的结合，因为我们尊重菲罗克忒忒斯身上人的能动性与被动性，我们痛恨那种力量逼近他，而且相信这样的力量也会降临到自己身上。"[1]努斯鲍姆这样评述道。

其次，这部悲剧通过涅奥普托勒摩斯的经历论证了同情的积极意义。努斯鲍姆指出，索福克勒斯创造了让一位敏感的年轻人来感受同情的机会，这更能让读者对菲罗克忒忒斯的痛苦感同身受。于是，这种同情带来实质意义上的行动。一开始涅奥普托勒摩斯把心思完全放在奥德修斯的计划中，他很难对菲罗克忒忒斯的遭遇有所同情："这其中我不认为有什么可奇怪的，因为，如果我的判断不错，他的那些苦难乃是出于神意"。[2]但他本质上是一位善良的年轻人，真正让他发生改变的是一种"关于同情的经验"。[3]当他目睹菲罗克忒忒斯遭受的苦难以后，开始感同身受："我在想你的不幸，你的痛苦揪住我的心"。[4]这种同情使他对自己的行为感到后悔："一个人背弃了自己的本性，并且正在做违反自己本性的事情——这就是痛苦。"[5]他甚至还会像菲罗克忒忒斯那样，痛苦地呼喊："哎呀！下面我该怎么办呢？"[6]同情最终让涅奥普托勒摩斯改变既定的计划，做出背叛奥德修斯的决定，因此，这一悲剧暗示，"存在着一种对于他人困境十分生动形象的注视，这将有助于培养那种激发合宜行动的情感"。[7]

1　Martha C. Nussbaum, *Upheavals of Thought: The Intelligence of Emotions*, New York: Cambridge University Press, 2003, p. 409.

2　埃斯库罗斯等：《古希腊悲剧喜剧全集》（第2卷），张竹明译，南京：译林出版社2015年版，第629页。

3　Martha C. Nussbaum, "The 'Morality of Pity': Sophocles' *Philoctetes*", *Rethinking Tragedy*, edited by Rita Felski, Baltimore: The John Hopkins University Press, 2008, p. 161.

4　埃斯库罗斯等：《古希腊悲剧喜剧全集》（第2卷），张竹明译，南京：译林出版社2015年版，第667页。

5　同上，第674—675页。

6　同上，第674页。

7　Martha C. Nussbaum, "The 'Morality of Pity': Sophocles' *Philoctetes*", *Rethinking Tragedy*, edited by Rita Felski, Baltimore: The John Hopkins University Press, 2008, p. 162.

最后，歌队在引导读者同情中扮演了关键性角色。努斯鲍姆指出，悲剧中的歌队好比文学作品中的"隐含作者"，菲罗克忒忒斯的不幸与痛苦大多通过歌队的视角传达，歌队也常常表达对这位英雄的同情：

> 我怜悯他，想到他
>
> 没有人关心照应，
>
> 见不到一个同伴的面，
>
> 一直受着疾病的折磨，
>
> 孤独地，多么痛苦。
>
> 一切东西需要时
>
> 他有什么办法弄到？
>
> 他怎么能忍受这苦难，
>
> 一直挨到今天？
>
> 哎呀，真是神意莫测！
>
> 哎呀，不幸的人类！
>
> 我们的苦难无边无涯。[1]

努斯鲍姆指出：歌队"代替并暗示了观众的想象，他们受邀去想象一种贫困而无家可归的生活，而富足的人们鲜少会对此加以关注，他们被告知也有可能因运气而过上这样的生活。于是，作为整体的戏剧，建构了对其人物的同情性想象"。[2] 而且，这种想象超越了奥德

---

[1]　埃斯库罗斯等：《古希腊悲剧喜剧全集》（第2卷），张竹明译，南京：译林出版社2015年版，第628—629页。

[2]　Martha C. Nussbaum, "Invisibility and Recognition: Sophocles' *Philoctetes* and Ellison's *Invisible Man*", *Philosophy and Literature,* Oct 1, 1999, pp. 257–283.

修斯的视野（在后者眼中菲罗克忒忒斯只是战争中的一件工具），"真正看到了菲罗克忒忒斯的人性"。[1]这种"看到"，是一种情感意义上的"看到"，也对观众产生影响。因为"这部悲剧也是关于我们自己的生活：我们看到我们太过脆弱以至不幸，我们跟我们所观看的那些人并没有什么不同，因此我们有理由对类似的挫折感到恐惧"。[2]悲剧最终能激发人们不再将菲罗克忒忒斯想象为一个工具，并意识到同情对于好的公民生活与正义社会的价值。

不过，努斯鲍姆认为，这部古典悲剧在激发同情方面存在局限，因为古希腊悲剧是贵族的艺术形式，描绘的对象大多是英雄与贵族精英，对普通人缺乏兴趣（尽管她认为古希腊悲剧较之其他悲剧对普通妇女、奴隶的命运投注了更多的关注）。透过悲剧欣赏，我们更容易对"那些著名与迷人的人的苦难感到着迷"[3]，对于普通人的苦难则没有那么关心。正因为菲罗克忒忒斯高贵的出身，才让他赢得了人们的同情。人类的同情心往往"变化无常"，并倾向于同情英雄以及地位出身高贵的人。[4]为此她期待有一种更为平等的现代悲剧，拉尔夫·艾里森的《看不见的人》、理查德·赖特的《土生子》等作品被认为更具时代的价值。

《土生子》

如果说索福克勒斯的悲剧想象了一个成年人，其性格早已得到形塑，而世界对他做出了最严重的伤害的话；那么理查德·赖特的

---

1 Martha C. Nussbaum, "Invisibility and Recognition: Sophocles' *Philoctetes* and Ellison's *Invisible Man*", *Philosophy and Literature,* Oct 1, 1999, pp. 257–283.

2 Martha C. Nussbaum, *Upheavals of Thought: The Intelligence of Emotions*, New York: Cambridge University Press, 2003, p. 408.

3 Martha C. Nussbaum, "The 'Morality of Pity': Sophocles' *Philoctetes*", *Rethinking Tragedy,* edited by Rita Felski, Baltimore: The John Hopkins University Press, 2008, p. 166.

4 Ibid., p. 165.

《土生子》则提示：一个人的悲剧，不仅跟个人的命运有关，而且很大程度上跟他身处的社会相联系，"有些悲剧完全是制度造成的"[1]。努斯鲍姆特别推崇现实主义小说，因为"其将读者与不同于她自身的高度具体的环境关联在一起，让她在这个环境中同时成为特权群体与被压迫群体中的一分子"。[2]

《土生子》讲述的是发生在美国芝加哥南部贫民窟的一个不幸的故事。距离这个贫民窟不远处，就是著名的芝加哥大学，再往北，则是繁华喧闹的芝加哥市中心（downtown）。尽管两者距离并不遥远，但俨然是不同的世界。小说的开篇就给读者带来了主人公别格·托马斯的世界，别格生活的世界逼仄、肮脏而缺乏隐私。他和母亲、弟妹四人生活在一个极其狭窄的房间里，每个人连独立换衣服的空间都没有，以至于每个人穿衣的时候，其他人都要背过脸去。破旧肮脏的房子随时都吸引着老鼠的光顾。跟同龄的白人孩子不同，别格从出生睁眼的第一天，接触的就是一个被饥饿、暴力以及仇恨所统治的世界。他早早学会了抽烟，见识了毒品，体验了性经验；他就像成年人一样毫不客气地跟母亲说话，欺负妹妹："他对家里的生活厌烦透了。一天到晚尽是嚷嚷、吵嘴"。[3]作为黑人种族中的一员，他对自己的黑皮肤有一种耻辱感，对白人也有一种先天的不信任。别格的世界，是白人姑娘玛丽·道尔顿（也就是后来的受害者）所无法理解的。

玛丽以为她的关切能够换来别格的信任，其实反倒让别格感到恼火。当玛丽的朋友简主动与他握手时，他体会到的不是善意，而

1　Martha C. Nussbaum, *Upheavals of Thought: The Intelligence of Emotions*, New York: Cambridge University Press, 2003, p. 419.

2　Ibid., p. 431.

3　理查德·赖特：《土生子》，施咸荣译，南京：译林出版社2008年版，第14页。

是耻辱与愤怒："他觉得这个白人在帮着践踏他、戕贼他以后，现在又把他高高举起来欣赏玩弄。"[1] 当听到玛丽说出那句"归根到底，我站在你一边"时，他更感到莫名其妙："嘿，这话什么意思？她站在他一边。他又站在哪一边呢？她的意思是不是说她喜欢黑人民族？嗯，他早已听说她全家都喜欢黑人民族。她难道真的疯了？她家里的人对她的行为了解多少？"[2]

努斯鲍姆指出，在美国的社会现实中，很多人都跟玛丽一样，并不了解别格的世界，无法理解那个世界为何充满仇恨与暴力。如果不阅读这部小说，人们就无法理解别格为何如此残忍地杀害对他怀以同情的玛丽，以及爱着他的女友蓓西。就只能如小说中的一般社会民众那样，愤怒地想要动用私刑。我们唯有透过别格的视角才能理解那个不为人知的世界，也唯有透过这个视角才能认识到我们对于那个世界的理解跟玛丽一样肤浅。她指出，小说特别强调的是，别格是一个不被看见的个体，常常只是作为一个群体的代表被人认识。即便其辩护律师麦克斯对别格的认识亦是如此。努斯鲍姆指出，在这篇观点借自弗朗茨·法农的演讲中，麦克斯将暴力解释为对压迫所做出的不可避免的回应。[3] 在这个革命叙事中，别格依然是作为某个身份群体的化身存在。

在努斯鲍姆看来，只有简把他看成一个特殊的个体，不为他杀害了自己的女友而怨恨他。小说通过某种"内聚焦"的叙事模式，引导读者进入别格丰富而冲突的心理世界，使之真正理解一个充满复杂性的个体。与此同时，别格也被认为在简的感化中获得了一种新

1　理查德·赖特：《土生子》，施咸荣译，南京：译林出版社2008年版，第77页。

2　同上，第73页。

3　Martha C. Nussbaum, *Poetic Justice: The Literary Imagination and Public Life,* Boston: Beacon Press, 1995, pp. 95–96.

的眼光。他以前也跟很多人一样，无法逃离社会文化建构的愤怒与厌恶；以同样抽象的方式来看待麦克斯、简以及道尔顿一家，他们都是一样的"白人"，"他之所以对黑皮肤如此敏感，都是简和像简这样的人造成的"。[1] 是简对他的友善，是简把他当成一个人的态度改变了他："要是那座隐现的白色仇恨之山根本不是一座山，而是人，像他一样的人，像简一样——那么他就面对着一个很大的希望，像这样的希望他是从来不敢想象的。"[2]

种族间的仇恨阻碍了人们以个体化的方式来看待彼此，同时也阻碍了人们认识共同人性存在的可能。这部小说通过展示别格的所有希望和恐惧来引导读者理解他的完整的个体性，基于对这种个体性的理解，人类才有可能超越文化塑造的群体间的彼此仇恨。在努斯鲍姆看来，这样的小说阅读可以促使读者接触一种陌生的经验，进入到一个不同的世界之中，去同情与想象那个世界的苦难。这种同情不是流于浅层的，而是一种更深层的同情，激发一种"对造成这种现状的种族主义结构的有原则的愤怒"。[3] 这种情感将为社会制度的改革实践做好准备，至少这是社会正义的开始。

"正确"的同情？

不难看到，在透过治疗的视野审视文学的过程中，努斯鲍姆不仅关注文学的情感力量，而且关注文学对于同情心的激发与引导，甚至还要操心这种文学同情是否被引向合适的对象。她曾这样写道：

1　理查德·赖特：《土生子》，施咸荣译，南京：译林出版社2008年版，第76页。

2　同上，第403页。

3　Martha C. Nussbaum, *Poetic Justice: The Literary Imagination and Public Life*, Boston: Beacon Press, 1995, p. 94.

叙事并不总是好的。有时候叙事会妨碍我们对那些不同于我们的人的理解。很可能会出现这样的情况。比如叙事会引导我们对那些与我们相似的人们的苦难产生同情，而这种苦难恰好是那些与我们不同的人造成的……同情会受到距离与不相似的感受阻碍，叙事还会强化这种距离，将受众的想象力限制在狭隘的范围内。[1]

有时她认为小说的总体倾向可以抵消部分内容上的错误观点。比如她认为《艰难时世》中狄更斯对工会运动的批判，并没有损害小说的总体进路。[2]但有时情况并非如此。比如针对《少年维特之烦恼》这样的作品，她指出，纳粹帝国时期的德国人会在读歌德的作品时掉泪，在这个意义上，他们也是富于同情心的。但她认为，这里存在着同情对象的偏差与选择性：在德国人为维特的悲伤而哭泣的同时，小说也向他们呈现了动物般、令人恶心的、作为危险捕猎者的犹太人形象。于是他们会过上双重的生活，"对他们的家人和朋友怀有同情与热情，对那些被关押与杀害的人，他们则极为残忍"。[3]为此，她对歌德的这部作品评价不高，因为这个故事的普遍人性观并没有真正克服其在局部情节或细节中所犯下的错误。

此外努斯鲍姆还对文学阅读对于读者人格的塑造可能产生的负面影响进行审视。在一篇讨论詹姆斯《一个女士的画像》的文章中，她以小说主人公伊莎贝尔的成长为例指出，尽管伊莎贝尔从小喜欢

1 Martha C. Nussbaum, *Upheavals of Thought: The Intelligence of Emotions*, New York: Cambridge University Press, 2003, p. 447.

2 Martha C. Nussbaum, *Poetic Justice: The Literary Imagination and Public Life*, Boston: Beacon Press, 1995, p. 71.

3 Martha C. Nussbaum, *Upheavals of Thought: The Intelligence of Emotions*, New York: Cambridge University Press, 2003, p. 430.

阅读文学作品，但阅读并未让她实现健全的人格（亚里士多德意义上的人格），她对文学的关注甚至还遮蔽了她对外在世界的认识。小说虽然具有道德价值，但伊莎贝尔并不能直接看到正义的行为本身，而且她对这些并无太大兴趣。她的想象通常使她偏离正义的主题，会更关注故事本身的趣味与戏剧性。她对道德的兴趣体现在一个有道德的文学人物形象中，而不是体现在现实政治的层面上。由于这种审美偏好，她不会对沃伯顿的政治热忱产生兴趣，而是对奥斯蒙德身上的非道德的审美主义产生迷恋。

努斯鲍姆指出，詹姆斯非常严肃地对待这个问题，他通过给小说写作序言以及作品本身来引导读者进入作品的道德思考，而不是虚构离奇的情节来取悦读者："如果伊莎贝尔是读着《金钵记》或《专使》长大的话，她就不会错误地认为将生命投入到日常的道德感知与努力中是一件无趣的事情。"[1] 因此问题不在于文学是否会对道德成长形成阻碍，而在于不当的作品及肤浅的文学阅读才会导致这样的结果。[2] 比如她曾例举 1994 年布克奖得主詹姆斯·凯尔曼的作品《太晚了，太晚》（*How Late it Was, How late*）指出，小说主人公脑海中出现了五百多次"他妈的（fuck）"。尽管人们可以这样认为，读者在阅读过程未必认同主人公，但她依然认为这样的作品是"成问题的"，因为作者在写实主义的呈现中"缺乏任何的规范性因素"。[3] 相比之下，《尤利西斯》对日常生活的自然主义描写中则蕴含着人性的温情，这是一部在伦理上有积极意义的作品。

除了对个体人格培养表达忧虑之外，努斯鲍姆对文学的批判性

---

1 Martha C. Nussbaum, "Comment on Paul Seabright", *Ethics*, Vol. 98. No. 2. Jan., 1988, pp. 332–340.

2 Ibid., pp. 332–340.

3 Martha C. Nussbaum, "Between Detachment and Disgust: Bloom in Hades", Joyce's *Ulysses: philosophical perspectives,* edited by Philip Kitcher, New York: Oxford University Press, 2020, p. 42.

审视还进一步延伸到其对公共生活的影响。这突出体现在她对莎士比亚作品《裘利斯·凯撒》的批评中。莎士比亚笔下的这部悲剧，基于古罗马的历史事实创作而成，是一部关于罗马共和主义的悲剧。元老院议员勃鲁托斯为了捍卫共和制，防止凯撒的军事独裁，密谋刺杀了凯撒。为了向罗马公民说明其行为的正当性，他发表了演讲："并不是我不爱凯撒，可是我更爱罗马。你们宁愿让凯撒活在世上，大家作奴隶而死呢，还是让凯撒死去，大家作自由人而生？因为凯撒爱我，所以我为他流泪；因为他是幸运的，所以我为他欣慰；因为他是勇敢的，所以我尊敬他；因为他有野心，所以我杀死他。"[1] 在莎士比亚的剧本呈现中，他的演讲理性有余、激情不足，民众的反映较为平淡。

这时，安东尼护送着凯撒的遗体来了，勃鲁托斯允许他发表演讲，但并未预料到后者的演讲如此直击人心。与勃鲁托斯干巴巴的演讲相比，安东尼在演讲中诉诸了修辞和叙事，一下子把民众的情绪激发起来：

> 要是你们有眼泪，现在准备流起来吧。你们都认识这件外套；我记得凯撒第一次穿上它，是在一个夏天的晚上，在他的营帐里，就在他征服纳维人的那一天。瞧！凯歇斯的刀子是从这地方穿过的；瞧那狠心的凯斯卡割开了一道多深的裂口；他所深爱的勃鲁托斯就从这儿刺了一刀进去，当他拔出他那万恶的武器的时候，瞧凯撒的血是怎样汩汩不断地跟着它出来，好像急于涌到外面来……神啊，请你们判断凯撒是多么爱他！这是最无情的一击，因为当尊贵的凯撒看见他行刺的时候，负心，

1　莎士比亚：《莎士比亚全集》（第五卷），朱生豪译，南京：译林出版社2016年版，第236页。

这一柄比叛徒的武器更锋锐的利剑，就一直刺进了他的心脏，那时候他的伟大的心就碎裂了；他用这外套蒙着脸，血不停地流着，就在庞贝像座下，伟大的凯撒倒下了。啊！那是一个多么惊人的陨落。我的同胞们，我、你们、我们大家都随着他一起倒下了，残酷的叛逆却在我们头上耀武扬威。啊！现在你们流起眼泪来了，我看见你们已经天良发现，这些是真诚的泪点。善良的人们，怎么！你们只看见凯撒衣服上的伤痕，就哭起来了吗？瞧这儿，这才是他自己，你们看，给叛徒们伤害到这个样子。[1]

安东尼的这场演说成为这部悲剧的转折点。"他倾泻出他对倒下的领袖的真挚情感，让人看上去他不是一个抽象个体，而是一个独特的有内涵的个体"。在努斯鲍姆看来，莎士比亚笔下的安东尼"修辞出彩，引人入胜，很能引发人们对死去的领袖的那种身体之爱"[2]。安东尼在激起民众对凯撒的爱的同时，也引发了他们对共和派的仇恨，最终导致勃鲁托斯等人的悲剧性下场。

基于自由主义立场，努斯鲍姆并不认可这部作品，认为该作对同情对象的诱导是成问题的。在她看来，悲剧描绘了两种类型的政治之爱：一种是"自由和自治制度中的自由公民的自我之爱"，另一种则是"孩子对慈父的那种更加温馨更加安逸的自我之爱"。[3]她指出，首先，历史上的勃鲁托斯既不冷漠也不是没人爱，而是一个善于鼓动民众的人，而莎士比亚却把他描绘为一个枯燥无趣的人；其次，历

1　莎士比亚：《莎士比亚全集》（第五卷），朱生豪译，南京：译林出版社2016年版，第241页。

2　布莱迪等编：《莎士比亚与法：学科与职业的对话》，王光林等译，哈尔滨：黑龙江教育出版社2015年版，第324页。根据原文对译文作了调整。

3　同上，第325页。

史上勃鲁托斯刺杀凯撒的动机更为复杂（被广泛认为是凯撒的私生子），莎士比亚则把他被塑造为"一位彻头彻尾的共和主义者"。[1] 再次，莎士比亚系统性地塑造了人民的形象："纵观全剧，普通人反复无常，贪图钱财"，但这些情况在历史中并未得到印证。[2] 由此努斯鲍姆认为，莎士比亚的这番改编最终会将人们的同情引向凯撒式的独裁，而勃鲁托斯所代表的法治，"似乎抽象而遥远；它不可能吸引民众的注意"。[3]

努斯鲍姆认为这部作品得出了一个危险的结论：勃鲁托斯不可能赢，"共和价值是不可能成功的，因为人民需要得到照看"。为此她认为这是"一部误导性的甚至危险的作品"，我们需要向莎士比亚提出异议："勃鲁托斯没必要那么冷漠（而且在真实生活中也并非如此），安东尼也没必要为了君主目的而使用修辞天才。一个充满激情的共和主义是可能的，我们都知道它的样子是什么。"[4]

然而以这样的方式来理解文学与政治，似乎显得过于简单。就文学的角度而言，用现代的伦理标准来评判历史中的经典，存在着"年代错误"的问题；从政治的角度来看，现实政治也并不是通过简单应用哲学原则就能应对。按阿兰·布鲁姆的看法，莎士比亚对凯撒的同情，并不是同情独裁，而是对凯撒独有品格的尊重，这种品格在现实政治中绝非无足轻重；莎士比亚对勃鲁托斯的贬低，也绝不是反对

1　布莱迪等编：《莎士比亚与法：学科与职业的对话》，王光林等译，哈尔滨：黑龙江教育出版社2015年版，第326页。

2　努斯鲍姆指出普鲁塔克在《勃鲁托斯》与《凯撒》中强调民众十分尊重也非常热情地聆听勃鲁托斯的演讲，也就是说勃鲁托斯是一位深受欢迎的演说家，深受欢迎是因为他代表的共和主义价值。

3　布莱迪等编：《莎士比亚与法：学科与职业的对话》，王光林等译，哈尔滨：黑龙江教育出版社2015年版，第339页。

4　同上，第340—341页。

共和，而是旨在表明"直接把哲学应用于政治事务中是不可能的"。[1]

这种试图以一种强烈的规范性原则来评判文学作品，从而让文学服务于培育合宜同情的做法，并不体现在努斯鲍姆关于文学的全部论述中。尤其在以亚里士多德思想为基础的文学思考中，她更关注文学对于伦理生活复杂性的探询，而并不急于将其与现实的社会正义发生关联，但在部分作品（如《诗性正义》）中，她的确倾向于以一种工具论的思维来思考文学的社会价值，这在某种程度上影响到了她对作品的客观评判，也大大限缩了她的选择范围，因为绝大多数经典作品所呈现的价值观与当代价值存在距离："因为在时间上存在这种错位，所以在文学中很难找到努斯鲍姆所关注的东西的理想型"。[2]努斯鲍姆对此并非缺乏认识。尽管她绝不会认可哈罗德·布鲁姆对《土生子》的刻薄评价（"创作《土生子》的理查德本质上是西奥多·德莱塞的儿子，却无法自始至终达到德莱塞一贯低劣的写作水平。"[3]），但也的确意识到，《土生子》这种社会意义大于文学价值的作品很可能跟斯托夫人的《汤姆叔叔的小屋》享有同样的命运，将随着历史的发展逐渐淡出人们的视野。不过她依然相信：这样的作品对于培育富于想象力的公民而言是重要的，"因为它们能够帮助我们在取得政治理性的道路上克服那些精神层面的障碍"。[4]

---

1 阿兰·布鲁姆：《巨人与侏儒：布鲁姆文集》，张辉选编，秦露等译，北京：华夏出版社2003年版，第197页。

2 理查德·A.波斯纳：《法律与文学》，李国庆译，北京：中国政法大学出版社2002年版，第426页。

3 哈罗德·布鲁姆：《小说家与小说》，石平萍等译，南京：译林出版社2018年版，第425页。

4 Martha C. Nussbaum, *Upheavals of Thought: The Intelligence of Emotions*, New York: Cambridge University Press, 2003, p. 433.

第四节　文学如何成为伦理学

　　努斯鲍姆对文学作品的解读试图展示文学对伦理学的贡献。它提示读者文学感知对于我们探询"人应当如何生活"的重要性。我们无法在理论的概括中找到生活的实践智慧，却能在文学的复杂细节中一瞥生活的真实。这似乎给人提示：我们只需阅读狄更斯、詹姆斯以及伍尔夫，便能获得生活的智慧，文学可以取代道德哲学，成为一种新的伦理学。在美学领域有学者指出，"伦理学今天自身正在转化成为美学的一个分支"。[1] 在伦理学领域亦有学者认为，理论毫无价值，反倒是文学可为人们思考伦理生活（甚至推动道德进步）做出重要贡献。那么，努斯鲍姆在此问题上的立场又是怎样的？

　　在20世纪80年代，哲学界很少有人意识到文学在伦理学上的价值，努斯鲍姆对文学的重视及其诗性的写作文体在当时保守的学界看来显得格外另类。其研究也颇受指摘，被认为太过"文学"而不够"哲学"。但时至今日，文学在哲学思考中的价值得到不少哲学家的认可，甚至有学者认为文学完全可以取代哲学成为新时代的思想媒介与表达形式。理查德·罗蒂、伯纳德·威廉斯、理查德·波斯纳以及克拉·戴蒙德是其中最为知名的"反理论主义者（anti - theorists）"。学界背景的改变，也对努斯鲍姆的立场产生影响。如果说，其前期更重视文学探询伦理的智慧，强调文学不能沦为哲学的工具；那么其后期更偏重强调理论原则对于实践的指导性作用，重视如何用理论

1　沃尔夫冈·韦尔施：《重构美学》，陆扬等译，上海：上海译文出版社2002年版，第41页。

来引导或规训文学的创作实践。她认为文学需要成为伦理学的盟友，而非取而代之："尽管这或许会让那些认为温和立场很无趣的人感到失望，但我确实对不屑一顾地攻击体系性伦理理论、'西方理性'、康德主义或功利主义缺乏兴趣"。[1] 由于波斯纳对理论的反对主要侧重法学层面，戴蒙德的相关思考局限于分析哲学内部，本节将重点讨论威廉斯和罗蒂的反理论的主张，以及努斯鲍姆对他们的回应。

伯纳德·威廉斯的诗性伦理观

伯纳德·威廉斯对理论的批判体现于对道德哲学 / 伦理理论的反思中，他并不否认理论在科学、政治学以及法学上的价值，但认为在指导个人生活上，伦理理论的意义极为有限："人们尝试通过对人的天性的考虑为伦理生活提供一种客观的、确定的基础，这项事业在我看来不大可能成功"。[2] 在他看来，这种系统化的理论事业，是对人类生活的复杂性和人性的非理性因素的否定。对他而言，重要的是，"每一个人如何与生活中的问题直接抗争，而不是要找现成的指南。任何一种对于我们的美善的共同解释都无法令人满意，因为只有个人的深度求索才至关重要"。[3] 为此有学者指出："威廉斯一生都在试图理解和揭示人类的伦理生活的复杂性和多样性，在这个意义上，他也抵制用任何一个综合性的伦理体系来简单化那种复杂性和

1　Martha C. Nussbaum, *Love's Knowledge: Essays on Philosophy and Literature,* New York: Oxford University Press, 1990, p. 27.

2　B.威廉斯：《伦理学与哲学的限度》，陈嘉映译，北京：商务印书馆2017年版，第185页。

3　M. 纽斯鲍姆：《悲剧与正义：纪念伯纳德·威廉姆斯》，唐文明译，《世界哲学》2007年第4期，第22—32页。

多样性"。[1]

威廉斯对历史与当下的伦理学理论逐一展开批判。在他看来，现代的道德哲学"不加反思地诉诸理性的管理观念"，导致"远离社会—历史现实，远离个殊伦理生活的具体意义"。[2]他对当代具有代表性的两种伦理学理论契约主义与功利主义展开批判。契约主义的代表是罗尔斯的正义理论，其基础则是康德哲学。威廉斯批判康德在道德与非道德领域做出的人为区分以及对义务的关注，并认为康德对理性人的预设排除了理性选择之外的其他选择。[3]针对功利主义，他则指出"功利主义所呈现的是一个共同因素是它过于简单的心智"，这种心智的简单在于，"只存在太少的思想和感受来跟真实的世界相匹配"。[4]这种伦理学理论完全无法应对人性与社会的复杂性。

古代思想同样未能免于威廉斯的批判。"尽管其通常不像现代哲学那么执迷于这个方面（笔者注：希望减少运气对人生的影响），那么一心一意把理性强行贯穿于还原式的理论之中"[5]，但在他看来，亚里士多德对伦理生活目的的设定同样排斥了人类生活的复杂性，因为这一设定呈现的只是"某些伦理生活与不要伦理生活之间的选择"，而威廉斯认为"伦理生活不是浑然一体被给予的东西，对教育、社会决定乃至对个人的再生来说，伦理生活内部存在着形形色色的可能性"。[6]他进而认为，这使亚里士多德很难如苏格拉底所设想的那样，

1　伯纳德·威廉斯：《真理与真诚：谱系论》，徐向东译，上海：上海译文出版社2013年版，第3页。

2　B.威廉斯：《伦理学与哲学的限度》，陈嘉映译，北京：商务印书馆2017年版，第236页。

3　同上，第79页。

4　J. J. C.斯玛特、伯纳德·威廉斯：《功利主义：赞成与反对》，劳东燕等，北京：北京大学出版社2018年版，第275页。

5　B.威廉斯：《伦理学与哲学的限度》，陈嘉映译，北京：商务印书馆2017年版，第236页。

6　同上，第62页。

为每个人的生活提供一种指引的伦理理论。[1] 总之，威廉斯对哲学的现状感到不满，他要求哲学达到更高的水平，要求它"不低于这些其他的表达形式（笔者注：比如文学和戏剧的表达形式）所体现出来的人类洞见。如果哲学做不到这一点，那还有什么用处呢？彻底的迟钝对人类生活毫无贡献"。[2]

在此背景下，文学的意义得以彰显。威廉斯指出，伦理学家不应去建构系统化的道德理论，而"应当紧密关注文学和心理学，以一种各个击破的方式，直面生活中的艰难问题"。[3] 基于对人类生活的敏锐洞察，文学常常能够挑战那些道德规范和原则："真要构想一个现实主义的例子，还得增添更多细节；往往，在道德哲学里，增添细节之后，那个例子就开始瓦解了。"[4]

在《道德运气》（1981）中，威廉斯借助高更的经历与《安娜·卡列尼娜》中的文学片段来思考人类生活中的运气问题。在他看来，传统的道德哲学无法对高更决意抛弃家人、追求艺术的选择做出评判，因为这种选择是否能够得到肯定，取决于他是否取得成功；安娜·卡列尼娜的悲剧也具有类似特点，运气在她的命运中扮演着至关重要的角色。[5] 此外在《羞耻与必然性》（1993）中，威廉斯借助对希腊史诗与悲剧的考察，对现代伦理学中的核心概念（能动性、必然性、羞耻等）进行了重新审视。在他看来，现代道德哲学已经无法与复

1　努斯鲍姆指出了这一点，她认为对休谟哲学的推崇使威廉斯对亚里士多德伦理学也缺乏兴趣。在他看来，在为伦理生活提供理论基础之时，即便是看似比功利主义与康德主义灵活的亚里士多德伦理学也失败了。参见Martha C. Nussbaum, "Aristotle on human nature and the foundations of ethics," *World, Mind, and Ethics: Essays on the Ethical Philosophy of Bernard Williams,* edited by J.E.J. Altham and Ross Harrison, New York: Cambridge University Press, 1995, p. 87.

2　M. 纽斯鲍姆：《悲剧与正义：纪念伯纳德·威廉姆斯》，唐文明译，《世界哲学》2007年第4期，第22—32页。

3　同上，第22—32页。

4　B.威廉斯：《伦理学与哲学的限度》，陈嘉映译，北京：商务印书馆2017年版，第216页。

5　伯纳德·威廉斯：《道德运气》，徐向东译，上海：上海译文出版社2007年版，第35—39页。

杂的生活世界建立较好的联系，而在古代的文学作品中蕴含了一种与现代思想完全不同的伦理智慧，我们可以借助希腊诗人的作品来反思那种进步主义的道德观念，并看清"我们的自我形象的虚假、片面或是局限"。[1]

威廉斯对希腊作品的考察，如同现象学的"悬搁"一般，完全不受既定的各种理论观念的影响，也不为"文学作品应当提供人生指南"这类流俗之见所左右，而是直面作品带来的启示。这在他对索福克勒斯的《特拉基斯少女》（*Women of Trachis*）的解读中得到彰显。这部并不经常被人提及的作品讲述了赫拉克勒斯的妻子得阿涅拉为了留住丈夫的心，误信了马人怪物的谎言，用毒药毒死丈夫，自己因愧疚而自杀的悲剧。威廉斯指出，这是一部少有的作品，展示了一种不应遭受的苦难，而且这种苦难在悲剧的结局中都没有得到缓解。无论是得阿涅拉的自杀还是赫拉克勒斯的死亡，都没有为读者带来丝毫的慰藉。威廉斯认为得阿涅拉更像是一种他杀而非自杀："得阿涅拉解开长袍，下一个场景就是她死了。仿佛她是被杀而不是自杀"；赫拉克勒斯的死也缺乏任何的荣耀感，只有"得不到补偿和令人难以忍受的痛苦"[2]，他只希望"套上钢铁的马勒，不让哭声溜出来"。[3]赫拉克勒斯的儿子看到这一切，发出这样的感慨：

> 但是，请你们心里明白，
>
> 在当前的事件中众神的态度多么冷酷：
>
> 他们在人间生了孩子，

1　伯纳德·威廉斯：《羞耻与必然性》，吴天岳译，北京：北京大学出版社2014年版，第20页。

2　Bernard Williams, "*The Women of Trachis*: Fictions, Pessimism, Ethics", *The Greeks and Us*, edited by Robert B. Louden, etc, Chicago: The University of Chicago Press, 1996, pp. 43–65.

3　埃斯库罗斯等：《古希腊悲剧喜剧全集》（第2卷），张竹明译，南京：译林出版社2015年版，第611页。

被尊为父神，可他们

却能眼睁睁看着自己的孩子这么受苦。

未来的事没人能预见，

眼前的事

对我们是悲伤，

对众神是羞耻，

对所有正在受难的人

则是最大的痛苦。[1]

　　威廉斯将这段话作为其论文的引言，指出这部悲剧似乎在传达一种"天地不仁"的观念。但跟尼采一样，威廉斯认为这部戏剧中依然存在着"愉悦"，其"并非简单地传达一种关于宇宙是可怕的信息"，而是需要被当作艺术来理解，"让我们有能力去对此做出诚实的思考，而不是被其所压垮"。[2] 由于我们在现实中很少有机会真正面对灾难，艺术（悲剧）则在这个意义上提供了我们思考灾难的可能。为此威廉斯指出，与传统道德试图为人类提供"好消息"相比，古希腊悲剧则提供"坏消息"，让我们直面人类生活固有的恐怖。这种对审美伦理的思考确实比较接近尼采对于悲剧的理解。

　　在其生前出版的最后一部著作《真理与真诚》（2002）中，威廉斯通过对卢梭《忏悔录》与狄德罗《拉摩的侄儿》的解读探讨了当代伦理思想中的核心伦理概念真诚（sincerity）与本真（authenticity）的区别。在他看来，这两位法国启蒙思想家之所以最终分道扬镳，

1　埃斯库罗斯等：《古希腊悲剧喜剧全集》（第2卷），张竹明译，南京：译林出版社2015年版，第611—612页。

2　Bernard Williams, "*The Women of Trachis*: Fictions, Pessimism, Ethics", *The Greeks and* Us, edited by Robert B. Louden, etc, Chicago: The University of Chicago Press, 1996, pp. 43–65.

"最根本的原因就在于，对如何做一个真实的人，他们两人持有那两个不同的理解"。[1] 在后现代相对主义的语境中，他通过这一区分为真理概念提供了辩护。

　　总体而言，威廉斯在文学作品的阐释过程中，一般不采取对作品进行整体关照的方式，而是习惯于从文本中寻章摘句或截取其中的一段细节加以深入点评与阐释，用努斯鲍姆的话来说，"似乎仅仅从悲剧和神话中摘取一些片段就足以思考运气及其复杂而具体的内容了"。[2] 由此可见，尽管威廉斯的哲学写作并不依托于既定的范式与理论，并通过古典或现代的文学片段细致耐心地触及人类伦理问题的复杂性，但这些都还谈不上真正从文学作品整体的角度探讨其所做出的伦理贡献。与他相比，同样持"反理论"立场的理查德·罗蒂，对于诗性伦理的诠释要更为丰富与深入，与努斯鲍姆也有着更多的共同点。

理查德·罗蒂：''诗作为哲学''

　　在当代英美哲学中，理查德·罗蒂的思想颇具特色。一方面他像很多后现代的激进主义者那样，对传统的形而上学给予摧毁性的破坏；但另一方面他却又持有保守主义的立场，以"民主先于哲学"的名义对自由主义的核心价值给予坚定捍卫，而在这种捍卫过程中，文学叙事被认为扮演了重要角色。

　　罗蒂对传统哲学的激进批判是全盘性的。他在《哲学与自然之

1　伯纳德·威廉斯：《真理与真诚：谱系论》，徐向东译，上海：上海译文出版社2013年版，第221—222页。

2　玛莎·纳斯鲍姆：《善的脆弱性：古希腊悲剧与哲学中的运气与伦理》（修订版），徐向东等译，南京：译林出版社2018年版，第19页。

镜》中对传统哲学的范式给予了毁灭性的批判。在论述该书的目标时，他这样写道：

> 本书的目的在于摧毁读者对"心"的信任，即把心当作某种人们应对其具有"哲学"观的东西这种信念；摧毁读者对"知识"的信任，即把知识当作是某种应当具有一种"理论"和具有"基础"的东西这种信念；摧毁读者对康德以来人们所设想的"哲学"的信任。[1]

罗蒂的反基础主义哲学立场，使他不再相信真理是存在于某个地方的、可被发现的事物，而更相信真理是人类偶然创造出来的产物。这决定了他不可能对传统道德哲学怀有丝毫同情，因为后者认为存在着某种"内在的道德"或"道德实在"。在他看来，道德同样只是偶然性的语言产物，任何试图用理性主义的论证方式寻找道德实在或原则的企图都是徒劳之举，因为这种虚幻的信念"假定了某个非关系物的实存，它不为时代更替和历史变迁所触动，它不受不断变化的人类趣味和需要的影响"。[2] 人类的道德进步以及社会的团结具有偶然性，并非理性论证与对话的必然结果。在此罗蒂抛弃了康德以来的现代伦理学传统，那个传统把道德进步视为一项由理性批判所推动的事业。

虽然罗蒂也跟很多的解构主义者一样宣称自己的哲学是"治疗性的而非建设性的"，"不是为了提出一种新的解答"，而是为了说明

---

1 理查德·罗蒂：《哲学与自然之镜》，李幼蒸译，北京：商务印书馆2003年版，第4页。

2 理查德·罗蒂：《后形而上学希望：新实用主义社会、政治和法律哲学》，张国清译，上海：上海译文出版社2003年版，第69页。

"追求这样一种理论何以是误入歧途的"。[1]但通过阅读他的作品（如《偶然、反讽与团结》），人们看到罗蒂还是提出了一种建设性的方案：利用文学叙事所代表的偶然性力量来改进我们目前的道德状况。

罗蒂对于文学伦理的推崇，建立在其特定的历史观基础上。在他看来，文艺复兴以来，西方的智识文化的发展经历了三个阶段：知识分子"首先是希望从上帝那里得到救赎，然后是哲学，而现在是从文学"。[2]从宗教向哲学的转变始于文艺复兴时期，哲学开始取代神学的地位，而哲学文化向文学文化的转变则被认为始于康德，到了黑格尔时代，"知识分子就失去了对哲学的信仰"，他们用"人应该怎样塑造自身"这种明智的问题令人满意地替代了"什么是存在？""什么是实在？""什么是人？"等问题。[3]这一变化代表着文学文化的兴起。罗蒂对文学的理解绝非基于一种审美主义层面的理解。他曾忿忿不平地指出，当我们发现某些小说被归于"美学的"范畴，而不是"道德的"或"精神的"范畴时，这是"让人生气或者是误导人的"。[4]他敏锐地意识到，在推进人类文明进步事业的过程中，是文学想象而不是理性在扮演真正的实践性角色。[5]

首先，罗蒂认为文学可以做出独特的伦理贡献。他将文学理解为一种非论证性作品，与哲学这类论证性作品有着根本区别。论证性作品很容易沦为说教，即"人们通常不假思索说出的话，标准的话，通常所说的话"。相比之下，文学这类非论证性作品则"不容易

1　理查德·罗蒂：《哲学与自然之镜》，李幼蒸译，北京：商务印书馆2003年版，第5页。

2　理查德·罗蒂：《哲学、文学和政治》，黄宗英等译，上海：上海译文出版社2009年版，第102页。

3　同上，第103—104页。

4　同上，第82页。

5　2016年出版的讲演集标题"作为诗的哲学（*Philosophy as Poetry*）"，非常准确地概括了罗蒂的核心观点。参见Richard Rorty, *Philosophy as Poetry*, Charlottesville: University of Virginia Press, 2016.

转变为说教"，"它们的目的在于暗示而不是宣称，在于建议而不是论证，在于提供含蓄的而不是明确的建议"。[1]罗蒂对文学伦理的辩护集中体现在《偶然、反讽与团结》中。在这部著作中，他为一些以操弄私人语言为业的现代小说家与批评家正名，称其为"反讽主义者（ironist）"。反讽主义者认为任何东西都没有内在的本性或真实的本质，并对理论所热衷的"终极词汇"（如"真""正义""责任""道德"等）"抱持着彻底的、持续不断的质疑"。[2]他们所做的并不是通过操弄同样一套词汇来与先前的理论进行辩论，而是试图用一种新的词汇来对抗旧的词汇。

其次，罗蒂认为小说叙事具有一种拓展自我，超越自我中心的能力。他所谓的"自我中心"并不是指"自私"，而是指"自我满足"，它是一种意愿，"认为自己已具备了所有的信息，因此最能够作出正确的选择"。[3]小说被认为有助于突破这种封闭的自我观念，其"给予我们的就是让我们知道和我们全然不一样的人是如何看待自己的，他们如何做出一些让我们惊骇的行为，他们如何给他们的生活赋予意义（我们一眼看上去觉得悲惨、无意义的生活）。我们如何生活的问题于是变成如何平衡我们和他们的需求，平衡他们的自我描述与我们的自我描述的问题"。[4]罗蒂深信"自我"并不是一个有待发现的实体，而是纯粹偶然所致，是某种创造的产物。在此意义上，自我的伦理定位就会更多地与诗性的创造联系在一起，把每一个人的生命视为一首诗。

1　理查德·罗蒂：《哲学、文学和政治》，黄宗英等译，上海：上海译文出版社2009年版，第74页。

2　理查德·罗蒂：《偶然、反讽与团结》，徐文瑞译，北京：商务印书馆2003年版，第105—106页。

3　理查德·罗蒂：《哲学、文学和政治》，黄宗英等译，上海：上海译文出版社2009年版，第80页。

4　同上，第77页。

最后，罗蒂认为文学有助于促进人类的道德敏感性，对于共同体的拓展具有积极意义。在他看来，社会的道德进步靠的不是启蒙主义所构想的理性说服，而是依托于叙事而促成的情感共同体的扩大。因为道德源自人的"敏感性"，它不是"一项透过表象而直达本质的事情"，而是"一项具有越来越广大的同情心的事情"。[1] 按这种观念，道德进步被看作"一项增进敏感性的事情，一项增进对越来越多的人和事的反应能力的事情"。[2] 罗蒂深信"人权文化的出现似乎不归功于增长的道德知识，而完全归功于倾听悲哀的和伤感的故事"。[3] 在此意义上，不是理论，而是形形色色的文学叙事（如民俗学、记者的报道、漫画书、纪录片、小说等）把"我们向来没有注意到的人们所受的各种苦难、巨细靡遗地呈现在我们眼前"。[4] 他通过对纳博科夫、普鲁斯特以及奥威尔等人作品的分析，论证了文学叙事对于残酷的有效呈现与描述，有机会创造一种新的道德、自我与社会，尤其有可能创造一个对于"拒绝残酷"有着共同感受的文明共同体。

由此可见，罗蒂对理论的反对明显走得更远。他并不认为文学对伦理学的贡献体现在认知意义上。基于反本质主义立场，尽管他认同亚里士多德对柏拉图的批判，但作为实用主义者，他认为亚里士多德未能摆脱柏拉图式的本质主义，为此，他不同意努斯鲍姆将文学所传达的实践智慧视为亚里士多德式的伦理真理，因为亚里士多德并未放弃如下观点："人类共享同一本质，哲学可以例举出构成这一本质要素的真理——不单单是那种我们归于生理学的真理，而

1　理查德·罗蒂：《后形而上学希望：新实用主义社会、政治和法律哲学》，张国清译，上海：上海译文出版社2003年版，第69页。

2　同上，第67页。

3　理查德·罗蒂：《真理与进步》，杨玉成译，北京：华夏出版社2003年版，第146页。

4　理查德·罗蒂：《偶然、反讽与团结》，徐文瑞译，北京：商务印书馆2005年版，第7页。

且还有提供道德建议的那种真理"。[1] 在他看来，所谓的"好生活"其实是"空洞的、无用的概念"。[2] 当詹姆斯提出小说是"对一个人的智力冒险的准确记录和反映"时，他考虑的只是我们要去注意他人的事情，这与认识"何为好生活"并无关系。努斯鲍姆认为詹姆斯为道德哲学做出了贡献，这在罗蒂看来很可能是一种错误的恭维。这种恭维可以用在康德、罗尔斯及密尔身上，用在詹姆斯身上并不合适。因为詹姆斯作品为其读者提供的并非"知识"，而是"一种道德的精湛技艺（virtuosity）"。[3] 由此可见，对于文学的伦理价值及其推动道德进步的问题，尽管罗蒂与努斯鲍姆有诸多共识，但两人最终在文学是否以认知的形式传达伦理真理的问题上分道扬镳。

平等主义的审美伦理

面对反理论思潮的挑战，努斯鲍姆的位置在哪里呢？在一篇题为《为何实践需要伦理理论》的论文中，努斯鲍姆阐述了她的基本立场。她对具体的伦理实践、各种行为规则以及伦理理论之间的差异进行辨析。她指出好的伦理理论（theory）并不是一个规则体系（system of rules）。[4] 规则与其说是一种理论，不如说是一种宗教、文化、习俗意义上的行事准则，它们只是告知人们必须如何或者不能如何，并不告知为何如此，也不提供有效的论证。相比之下，理论

1　理查德·罗蒂：《哲学、文学和政治》，黄宗英等译，上海：上海译文出版社2009年版，第87页

2　同上，第94页。

3　同上，第89页。

4　参见Martha C. Nussbaum, "Why Practice needs Ethical Theory: Particularism, Principle, and Bad Behaviour", *Moral Particularism*, edited by Bard Hooker, etc, New York: Oxford University Press, 2000, pp. 227–241.

关注的往往是后者，"把人们当作成年人而不是孩子"。好的伦理理论并不会只聚焦于人的行为而无视构成行为的具体动机与人格特质。无论在亚里士多德还是在康德的道德哲学中，人的德性都得到充分重视。此外，理论也不会如规则那般僵硬，它能根据情境变化做出相对灵活的回应。如一位朋友希望你出庭为其作证，但碰巧那天你因孩子患了严重的疾病而无法到场。任何一位有伦理感的人都会对你的选择给予理解，而不会谴责你背叛了友谊。这种灵活性构成了伦理理论与伦理规则的区别。她还指出，尽管我们不能把伦理理论简单地等同于规则，但并不是说规则毫无价值。抽象的规则能确保客观性与公正性（尤其在法律层面），在面对具体特殊情形时能够为我们的思考提供路径与范式，此外它还节约了时间。[1] 在对理论与规则进行概念辨析的基础上，努斯鲍姆对理论在生活中的价值进行了辩护：

第一，人不可能像很多反理论思想家想象的那样生活在一个无理论的单纯世界中。威廉斯等人的看法似乎会让人产生这样的印象：人在摆脱所有理论之后，可以生活在一个更为单纯的环境中。努斯鲍姆指出，这些反理论思想家所绘制的图景显得很幼稚，因为"日常生活"并不单纯，其本身就包含了各种来自宗教、习俗以及神话的理论观念。[2] 这些未经审视的理论对人的影响无所不在，一旦放弃了对伦理学中好理论的学习与实践，反倒会给现实中的坏理论提供大行其道的机会。文学的确能够为人们提供反思日常经验的视角，把我们从各种理论的腐蚀中解放出来，但不可回避的是，文学有时未

1　Martha C. Nussbaum, "Why Practice needs Ethical Theory: Particularism, Principle, and Bad Behaviour", *Moral Particularism*, edited by Bard Hooker, etc, New York: Oxford University Press, 2000, p. 236.

2　Ibid., p. 251.

必能发挥积极影响，有些文学作品反倒会强化我们的既有偏见。布斯以拉伯雷的《巨人传》以及马克·吐温的《哈克贝利·费恩历险记》为例指出，如果没有女性主义与反种族主义立场在观念层面的影响，个人很难靠自身的力量对这些文学史上的经典杰作进行批判性阅读，相反，《巨人传》对女性的嘲讽与贬低以及马克·吐温作品中对黑人的歧视与侮辱，反倒会强化并巩固那些厌女症与种族主义者的观念。[1]

第二，即便人有可能生活在一个不受坏理论侵蚀的无菌环境中，也不能确保这种状态一定能得到维持。人性本身具有潜在的寻求自我利益的倾向，即康德意义上的"根本恶（radical evil）"，因此人很难在缺乏理论引导的前提下永远保持人性的单纯状态。努斯鲍姆援引康德在《道德形而上学的奠基》中的一段话做出说明："清白无辜是一件美好的事情，只不过很糟糕的又是，它不能被很好地保持，容易受到诱惑。因此，甚至智慧——它通常在于行止，比在于知识更多——也毕竟需要科学，不是为了从它学习，而是要为自己的规范带来承认和持久性。"[2] 尤令康德感到警惕的是，人性本身也会基于自爱，让这些理论为自我利益服务，从而导致一种自我欺骗。在此情况下，好理论所体现的"清晰性就如一把刀子那样刺穿这种错误"。[3] 因此，重要的不是为人们提供一些伦理上的终极答案（即便这些答案似乎是好的），而是让人们学会运用理论思辨来对自我的欲望、情感以及判断做出更合理的审视。

第三，理论在某种意义上具有类似于文学艺术一样的"陌生化

1　参见Wayne C. Booth, *The Company We Keep: An Ethics of Fiction*, chapter 12, 13.

2　康德：《道德形而上学的奠基》，李秋零译注，北京：中国人民大学出版社2013年版，第21页。

3　Martha C. Nussbaum, "On Moral Progress: A Response to Richard Rorty", *The University of Chicago Law Review*, Vol. 74. No. 3 (Summer, 2007). pp. 939–960.

（estrangement）"或"去熟悉化（defamiliarization）"的价值。[1] 布莱希特在讨论戏剧表演时，希望观众能够暂时搁置对戏剧人物的认同，用批判性的眼光来审视戏剧所呈现的人类生活情境。努斯鲍姆指出，跟戏剧一样，哲学理论常常也能对一些成问题的日常经验或"常识"提出挑战，敦促人们用不那么熟悉的语言与思维方式对习以为常的生活进行审视。就如柏拉图、笛卡尔以及康德等哲人对既定观念的质疑那样，不仅更新我们的观念，而且还能更好地对人类生活的价值进行审视。当然理论的"陌生化"不能像后现代理论那样走极端，以解构主义的方式彻底告别常识。我们可以通过学习好理论来击败坏理论。比如对密尔思想的理解，有助于我们免于受主流经济学所倡导的粗糙的功利主义思想影响；只有通过好的理论训练，我们才能更为从容地应对各种后现代理论的"扯淡"。

第四，理论对于公共生活意义重大，好的理论能够对法律与制度产生积极影响。努斯鲍姆指出，当代的国际法与国际秩序的形成离不开西塞罗、康德以及格劳修斯等人理论的影响。女性生活与社会地位的改善也离不开沃斯通克拉夫特、密尔以及凯瑟琳·麦金农（Catharine A.Mackinnon）等学者在理论上的贡献。[2] 此外，理论还能提供我们由于自身局限所无法把握的更为开阔的视野，能克服同情与想象的局限，以不偏不倚的方式让我们不仅对身边的人有所关注，而且还能将关注延伸到遥远的人群，甚至其他物种。

那么，理论家及其理论就一定值得信赖吗？针对波斯纳以及罗蒂等人的质疑，努斯鲍姆指出，我们确实不能对哲学家的理论怀以

1　Martha C. Nussbaum, "Why Practice needs Ethical Theory: Particularism, Principle, and Bad Behaviour", *Moral Particularism*, edited by Bard Hooker, etc, New York: Oxford University Press, 2000, p. 252.

2　Martha C. Nussbaum, "Why Practice needs Ethical Theory: Particularism, Principle, and Bad Behaviour", *Moral Particularism*, edited by Bard Hooker, etc, Oxford: Clarendon Press, p. 254.

无条件的信任，因为哪怕是再伟大的哲学家也可能做出错误的判断或写出一些愚蠢的观点。她指出，我们对理论的信任，并不体现在对那些理论家的观点与结论的信任，而在于信任他们的"论证过程"，在此意义上这种信任其实是"信任我们自己的理性能力"。[1]这也就意味着努斯鲍姆信任那些得到了有效理性论证的观点与信念（如密尔、罗尔斯等人的思想），而无法信任那些看似富于洞见、但缺乏论证的断言（如阿兰·布鲁姆、理查德·罗蒂、曼斯菲尔德的观点）。

总而言之，尽管努斯鲍姆认为文学是我们生活中不可或缺的重要事物，也是一个人在寻求好生活过程中不可或缺的智慧来源。但这并不意味着文学可以成为生活的主宰，或者说人们可以生活在一个由文学主导的社会中。文学应成为伦理学的盟友而非取而代之，这个立场一再得到努斯鲍姆的重申，她以《艰难时世》中的斯赖瑞马戏团为意象来指代文学想象："我推荐的替代性选择不是斯赖瑞马戏团。马戏团为读者提供了关键性的有关艺术、纪律、游戏以及爱的隐喻；但是即便小说也认为，就治理一个国家而言，其政治能力不足，缺乏教育且异想天开"；没有"经济学和道德/政治理论，小说所展示与培养的能力是不完整的"。[2]哲学始于人类要把秩序从混乱中清理出来的需要，我们不能因为某些坏哲学的存在而回到原始的混乱状态中去。哲学体系和哲学论证的重要价值，是不可能通过简单地以作一首诗或者讲一个故事来取代的。但社会正义的实现，也离不开情感与想象的参与，失去了想象，我们就失去了通往社会正义所必需的桥梁。在想象与理论、文学与哲学之间，需要有一种平衡关系。

---

1 Martha C. Nussbaum, "On Moral Progress: A Response to Richard Rorty", *The University of Chicago Law Review*, Vol. 74. No. 3, 2007, pp. 939–960.

2 Martha C. Nussbaum, *Poetic Justice: The literary Imagination and Public Life*, Boston: Beacon Press, 1995, p. 44.

在笔者看来，努斯鲍姆的立场并非一开始就如此，而是有一个发展变化的过程。在早期，她强调感知及文学作品的首要地位。她认为"解释一部悲剧，较之评价一个哲学例子，是一件更困难、更不确定、更神秘、更不可思议的事情：即使这部悲剧在以前已经被评述过，它还是有不竭的吸引力，可以经受再评价，这一点上哲学的例子是做不到的"。[1]对此彼得·约翰逊（Peter Johnson）指出，在努斯鲍姆的思想中，"文学并非哲学的仆人，而是生活的重要援手"。[2]但从努斯鲍姆后期的思想发展来看，约翰逊的判断并不完全准确。

在《善的脆弱性》中，努斯鲍姆在强调感知的首要地位以及特定事例重要价值的同时，也给一般规则（rules）的价值留出了位置。她认为一般性的规则可以提供给"那些尚不具备智慧和见识的人"；"在我们对特殊东西的探究中，规则尝试性地引导我们，帮助我们挑选出特殊事物的特点。在没有时间审视境况的所有特点来表述一个足够具体的决策时，遵循好的总结性规则要好于做出仓促的、不恰当的具体决策。而且，在偏见和激情有可能会歪曲判断的情形中，规则给出了恒常性和稳定性"。她还进一步指出，"规则之所以是必需的，是因为我们并不总是一个好的仲裁者"。[3]一个人之所以具有实践智慧，是因为他通过漫长的生活将很多经验内化为一些规则，成为其未来生活的行动指南："若没有普遍事物的那种引导性和选择性的力量，具体的情形就会变得毫无道理、不可理喻"。[4]为此她指出，

---

1 玛莎·C.纳斯鲍姆：《善的脆弱性：古希腊悲剧与哲学中的运气与伦理》（修订版），徐向东等译，南京：译林出版社2018年版，第19页。

2 Peter Johnson, *Moral Philosophers and the Novel: A study of Winch, Nussbaum and Rorty*. New York: Palgrave macmillan. 2004, p. 12.

3 玛莎·C.纳斯鲍姆：《善的脆弱性：古希腊悲剧与哲学中的运气与伦理》（修订版），徐向东等译，南京：译林出版社2018年版，第471—472页。

4 同上，第475页。

在感知与规则之间需要有一个平衡关系。一方面实践智慧需要尊重感知与具体的事物，但另一方面需要有一般的概念来作为引导与规范。通过这一论述，努斯鲍姆暗示：文学感知所具有的伦理价值固然重要，但依然需要受到生活真理（由经验发展的原则）的引导与检验。

努斯鲍姆的这一看法在她关于《金钵记》《专使》的分析中也有所呈现。尽管她在分析玫姬、斯特雷瑟等人物的过程中，突出感知在道德慎思中的首要地位，突出文学挑战僵化道德原则与教条主义的重要价值，但在此前提下她还是强调"感知与原则之间的平衡（或对话）"。[1] 她以《金钵记》中的艾辛肯夫妇为例，鲍勃·艾辛肯并不具有细腻感知现实经验的能力，是一个被抽象原则与概念所主导的人，从来都不会感到惊奇与困惑。与之相反，他的妻子芬妮对世界的理解则完全被感性所主导，她以一种感性的眼光来打量这个世界而拒绝一般规则的引导。在努斯鲍姆看来，只遵从原则或只遵从感知，对于道德实践而言都具有危险性。如果说努斯鲍姆将大量笔墨用于探讨抽象理论的危害的话，那么在此她也对缺乏规范的感知带上一笔，指出失去责任的感知将处于"危险的自由浮动中（dangerous free‐floating）"[2]。在解读《专使》与《大卫·科波菲尔》这两部作品时，她认为斯特雷瑟与大卫这两位人物的生活选择完美展现了感知与规则之间的对话与平衡。

总体而言，透过努斯鲍姆在 20 世纪 80 年代的作品可以看到，她对人类感知的价值持较为肯定的态度。虽然她认为伦理学理论或原则在伦理生活中具有一定引导与规范性的地位，但还是特别指出

1　Martha C. Nussbaum, *Love's Knowledge: Essays on Philosophy and Literature*, New York: Oxford University Press, 1990, p. 155.

2　Ibid., p. 155.

这些原则本身是感性经验内化的结果，而且在面对感知与特殊性的挑战中，理论随时都需要得到修缮。正如卡罗尔所言："努斯鲍姆相信在对文学作品的道德理解中，道德原则和抽象的道德概念几乎没有合法位置，她强调知觉是道德反省的典型模式。"[1]

但自20世纪90年代以来，努斯鲍姆对于理论在伦理生活中的规范性价值给予了更多的强调，这很大程度源于她对希腊化时期哲学思想的研究。这些带有强烈医学治疗色彩的哲学向她描绘了一幅有关人类感性世界的消极图景，这使她对人类情感世界以及承载情感的文学不再怀有充分的信心。1997年出版的《诗性正义》可被视为一个转折。在这部作品的阐释中，文学的价值不再被视为对生活复杂性的伦理探询，其价值更多体现在文学如何为推动社会正义做出贡献。在此意义上，文学伦理的价值并不体现在其自身的复杂感知，而在于它是否捍卫了自由主义为它预设的伦理与政治原则。比如她认为阅读《土生子》《莫瑞斯》对于推进种族平等以及性别正义具有重要的价值，而狄更斯作品中对阶级问题的忽视或误解则需受到批判性检视。

在2001年《善的脆弱性》的修订版序言中，努斯鲍姆对此前观点进行了澄清，强调自己"从未认同过这样一个浪漫的观点：脆弱性本身是值得赞颂的"，她认为自己"大概过分强调了这一点"。[2]这种"澄清"本身可被视为对原有观点的部分修正。在同年出版的《思想的激荡》中，她基本遵循哲学的"医疗模式"对人类情感进行了考察分析，突出体现在她试图在自由主义框架内思考如何培育人类同情心以及如何将神秘而具有反公共性特质的爱引向平等与互惠。在

1　诺埃尔·卡罗尔：《超越美学》，李媛媛译，北京：商务印书馆2006年版，第458页。

2　玛莎·C.纳斯鲍姆：《善的脆弱性：古希腊悲剧与哲学中的运气与伦理》（修订版），徐向东等译，南京：译林出版社2018年版，第29页。

此意义上，她对情感的工具性理解取代了对情感本身的考察，情感本身的价值也受制于理性的规范，对此罗莎琳·克劳斯的观察颇为犀利："努斯鲍姆对情绪的解释，尤其是其后期作品的解释提出了一个难题，那就是，她的认知主义走得太远，以至于它有时候似乎把情感的影响最小化到了几近完全根除的地步。"[1] 在此，一种更为现代的自由主义道德成为评判的标准，用她自己的话来说，这是一种"平等主义"的道德。"原则修正感知"得到更多的强调，这种原则就是平等主义，她特别在乎如何让审美伦理最终落实于罗尔斯式的正义原则之中。在将审美引入伦理思考时，她认为人们需要有一定的标准来进行筛选与规范，唯有那些具有"积极"伦理智慧的作品才有可能实践审美伦理。在对平等主义的追求中，努斯鲍姆的审美伦理思想内涵出现了明显的收缩。"问题的关键在于文学艺术往往被奉为自由主义道德范式而不是道德范式，文学艺术整体不能被这种高度特殊的道德意识形态绑架。文学和自由主义并不是同义语，即便在大都会文人们看来是这样"。[2] 伊格尔顿的批评不无道理。

为了强调与威廉斯、罗蒂等人的区别，努斯鲍姆在后期作品中有意无意地强化了对理论的捍卫，并认为对文学作品伦理内涵的发掘离不开伦理学理论的观照。尽管在通过想象促进道德进步这点上她与罗蒂有共同之处，但她绝不认可后者对于理论的放弃。她也无法认可威廉斯彻底否认理论的立场，认为这种否认会让他无原则地接受文学作品的伦理观。为此她严厉地批判了威廉斯对《特拉基斯少女》的解读。上文已经提到，通过这部悲剧作品，威廉斯认为文学的伦理价值在于传达了关于人生的"坏消息"。努斯鲍姆无法接受这

1　莎伦·R.克劳斯：《公民的激情：道德情感与民主商议》，谭安奎译，南京：译林出版社2015年版，第68页。

2　特里·伊格尔顿：《文学事件》，阴志科译，郑州：河南大学出版社2017年版，第76页。

个看法。首先，她不认为该悲剧传递的都是"坏消息"，人类的同情在恐怖面前也"闪耀着光芒"，与诸神的冷漠形成对照。其次，她认为威廉斯对许洛斯的愤怒不够重视，这部悲剧并未传达一种面对灾难逆来顺受的态度，其中流露出一种谴责的态度。最后，在她看来，威廉斯所说的"坏消息"在另一个意义上有可能是好消息，"因为这就意味着无须任何人，无须做更多事。一旦我们已经认识到我们所生活的世界本来就是这个样子，不可能改变它，那么我们就可以休息一下，把自己交给那个世界了"。[1] 但是，如果我们能够认识到在苦难背后隐藏着人性的邪恶、无知与冷漠的话，那些被威廉斯视为悲剧传达的"坏消息"，也可能促成积极的行动，"因为它意味着变化的希望"：

> 我并没有把悲剧发生的那部分伦理空间转让给无法缓和的必然性或命运，而是认为悲剧向其观众提出了挑战，要求他们积极地生活在一个充满了道德挣扎的地方，在那个地方，某种情形下，美德有可能会战胜各种反复无常的不道德力量，而且，即便不是这样，美德仍然可以因其自身的缘故而闪闪发亮。[2]

总而言之，努斯鲍姆期待文学能够提供积极的伦理智慧，"能够提醒人们认清遗弃者的苦难，培育更为充分的伦理见识"。[3] 当一部作品无法体现努斯鲍姆所期待的积极伦理观念时，她或采取有意识的回避态度，或对作品采取一种积极的解释以化解那些消极的解释（如

1　玛莎·C.纳斯鲍姆：《善的脆弱性：古希腊悲剧与哲学中的运气与伦理》（修订版），徐向东等译，南京：译林出版社2018年版，第38页。

2　同上，第40页。

3　M.纽斯鲍姆：《悲剧与正义：纪念伯纳德·威廉姆斯》，唐文明译，《世界哲学》2007年第4期，第22—32页。

威廉斯式的宿命论），或者干脆指出该作品在伦理上存在重大缺陷（如《裘力斯·凯撒》）。

在回应上述质疑的过程中，努斯鲍姆为其审美伦理思想打造了一个愈发牢固的防御工事，但当这样的防御工事变得愈发牢固的时候，其开放度也在一定程度上有所收缩，显现出她自己一再批判的"僵硬"与"固执"。正如罗蒂所言，当你以某种正确的标准去判断一切书籍的时候，"这个标准给你完美充足的理由把每本书或每个人塞在某个熟悉的格子里——那么你就成了这样一个牺牲品"[1]。我们也可以认为，其所追求的实质是一种建立在平等主义之上的审美伦理。如何处理感知与规则之间的平衡，依然是关注人类社会未来命运的人们亟需思考的重要问题。对于努斯鲍姆陷入的内在矛盾，我们既需要抱有同情的理解，也需要有所批判。

1　理查德·罗蒂：《哲学、文学和政治》，黄宗英等译，上海：上海译文出版社2009年版，第75—76页。

第五章
文学论（二）：伦理批评与文学理论的未来

　　作为一位伦理学家，努斯鲍姆的文学批评实践及其背后的文学理念，无疑为日渐封闭的当代文学研究吹入一缕清风。努斯鲍姆的文学理念为当代文学理论与批评走出专业主义的学术酷玩，重寻人文理想提供了希望；她与韦恩·布斯对伦理批评的重新定位超越了传统道德主义与形式主义批评的局限，将文学与更为开阔的生命意识、个体的成长以及社会的正义联系起来，为文学理论在真正意义上实现"公共性"提供了重要启示。作为一家之言，努斯鲍姆的伦理批评自然会遭到质疑与挑战，也在一定程度上体现出当代自由主义文论的局限。值得庆幸的是，努斯鲍姆从未把伦理批评视为一种唯我独尊的批评方法。她只是提醒人们，伦理意识的介入不仅能丰富与深化我们对文学的理解，而且还能使我们对人生的思考变得更为开阔、包容与深入。

第一节　重申人文主义：当代文论的困境

　　无需避讳，在 20 世纪 60 年代以来的历史进程中，文学研究日

益沦为圈子游戏。时至今日，无论是"理论帝国"的覆灭还是各种
"主义"的新生，都难以阻止其愈加封闭的进程。所谓"封闭性"，即
拒绝参与现实，拒绝与普通读者对话。美国加利福尼亚大学教授罗
伯特·阿尔特（Robert Alter）在《意识形态时代的阅读愉悦》的开篇
便哀叹，过去这几十年文学研究最重大的失败就是整整一代从事文
学研究的学生，绝大多数人都远离了文学阅读带来的愉悦。[1]

　　越来越多的学者开始意识到，当代文学研究问题的根源在于文
学研究的专业化以及随之而来的人文主义的衰落。波斯纳认为这一
过程"始于20世纪初，而近几十年来，则在不断加速向前，同时伴
随的，乃是人们对文学兴趣的日益下降"。[2]芝加哥大学教授丽莎·鲁
迪克指出，在各种各样职业训练的背后隐藏着"系统性的去道德化"，
比如在过去二十多年中主导英文专业及其他相关专业的理论模式是
一些特别有效的用来进行去道德化的工具。通过抽空"真诚"以及
"人文"这些词的意义，它们侵蚀了人们想要在专业身份以外拥有一
种充满活力的情感生命的意识。[3]

　　对于人文主义事业的忧虑，并不是当代的新鲜事。早在20世纪
初，欧文·白璧德便已预见问题的严重性。当时他就惊讶地发现："一
个人可能会成为出色的生产型学者但却几乎没有任何人文的洞见与
反思。"[4]如果说白璧德所处的时代，人文主义更多面临科学主义与实
证主义挑战，那么在20世纪中叶，知识界人文立场的沦丧则直接导
致现实中令人痛心的悲剧。"一些理念是如此愚蠢，以至于只会有某

1　Robert Alter, *The Pleasures of Reading: In an Ideological Age,* New York: Simon & Schuster, 1990, pp. 10–11.

2　理查德·A.波斯纳：《公共知识分子》，徐昕译，北京：中国政法大学出版社2002年版，第284页。

3　Lisa Ruddick, "The Near Enemy of the Humanities is Professionalism", *Chronicle of Higher Education,* November 23, 2001.

4　欧文·白璧德：《文学与美国的大学》，张沛等译，北京：北京大学出版社2011年版，第71页。

个知识分子才能相信它，因为没有任何一个普通人会愚蠢到相信那些理念。"[1] 乔治·奥威尔对人文知识分子的堕落痛心疾首。卡尔·波普尔也持类似看法，他在晚年总结 20 世纪教训的时候，直言抽象的理论对现实的巨大灾难负有不可推卸的责任。

然而，奥斯维辛非但未能阻挡文学研究在战后进一步理论化的趋势，反倒为其进一步讨伐传统人文主义找到借口。有人认为，人文主义非但"无力应对两次世界大战、无法阻止核武器的扩散以及种族灭绝与大屠杀的发生"[2]，反倒成为其得力帮凶。在一本题为《权力中的知识分子》的著作中，作者将现代人文主义者逐个数落，指出人文主义文学批评"实际上是一门凭借有关人类及其作品的知识，对社会持续实施规训的技术"。[3]《西方文化的衰落》的作者更用一本书的篇幅来论证"人文主义已经寿终正寝，它在 19 世纪即咽下了最后一口气"。[4] 在今天这个大谈"主体之死""知识即权力"的时代，谈论"人文主义"已然丧失道义基础。"在今天这个时代，人文主义还有前途吗？"怀有人文理想的人们，若发出阿伦·布洛克那样的旷野呼告，是否还能得到人们的回应？

缺失人文依托的文学研究，显然没有出路。对于那些对人文理想还怀抱希望的人们而言，爱德华·萨义德在 2004 年出版的演讲集《人文主义与民主批评》无疑是个巨大的鼓舞。萨义德在其学术事业的晚期转为"人文主义"唱起挽歌，并对后殖民主义在内的文化理论提出严厉批评，认为其把人文学科引向没落，使之"堕落为细枝

1　托马斯·索维尔：《知识分子与社会》，张亚月等译，北京：中信出版社2013年版，第4页。

2　"Preface: Reading Literature and the Ethics of Criticism"，*Mapping the ethical turn*, edited by Todd F. Davis and Kenneth Womack, Charlottesville: University Press of Virginia, 2001, p. ix.

3　保罗·博维：《权力中的知识分子》，萧莎译，南京：江苏人民出版社2005年版，第77页。

4　约翰·卡洛尔：《西方文化的衰落：人文主义复探》，叶安宁译，北京：新星出版社2007年版，第299页。

末节的、类似于守旧落后的小题大作"。[1]他提出文学研究应该重塑人文品格，回到语文学，重读奥尔巴赫《摹仿论》这样的鸿篇巨制。对于萨义德的呼吁，努斯鲍姆无疑有所共鸣。在一篇给萨义德撰写的书评中，她将其引为学术事业上的同道。她在萨义德身上看到了一种优秀文学研究的典范，认为其展示了一种难能可贵的"现世性（worldliness）"以及一种"探索我们生活世界的博学而无所畏惧的态度"。[2]可以说，以问题而不是话题作为研究导向，以书籍阅读而不是论文搜索作为学术方法，以现实关怀而不是理论表演作为学术目标，是人文主义者的特质。

跟萨义德一样，努斯鲍姆也属当今时代濒临绝迹的人文主义者。美国塔夫茨大学国际政治学教授丹尼尔·德莱茨纳（Daniel W. Drezner）在最新出版的《思想产业》（The Idea Industry）中指出当代崛起的富商阶层，一手扶植起新型的知识分子，并热衷于以商业模式来规划发展当代的"思想产业链"。在这样的新型学术环境中，像乔姆斯基与努斯鲍姆这样充满分析与批判精神的老牌人文知识分子早已成为"明日黄花"。[3]即便如此，跟萨义德一样，努斯鲍姆坚持自己的"格格不入"。

首先，在专业主义日益兴盛的时代，努斯鲍姆保持了超越专业藩篱的人文意识。从伦理学、法学、政治学到经济学、心理学、文学，从亚里士多德、约翰·罗尔斯、温尼科特到阿玛蒂亚·森、亨利·詹姆斯以及弗吉尼亚·伍尔夫，她所关注的研究领域之多，涉猎的学科范围之广，堪称当今时代的亚里士多德，几乎很少有当代学

1　爱德华·萨义德：《人文主义与民主批评》，朱生坚译，上海：上海三联书店2013年版，第17页。

2　Martha C. Nussbaum, "The End of Orthodox", *New York Times Book Review*, February 18, 2001.

3　David Sessions, "The Rise of the Thought Leader", *New Public*, June 28, 2017.

者在阅读的广度与思考的深度上与之比肩。其次，虽然她的学术兴趣和思想资源丰富，但并未因此而分散她对人类核心伦理与政治问题的关切，通过前面的分析可见，她的所有写作都是通过调动大量专业知识资源来回应人类的当下处境。比如 2012 年出版的《新宗教不宽容》、2016 年出版的《愤怒与宽恕》以及 2018 年出版的《恐惧的君主制》都对当代欧洲与美国社会的问题做出了及时的回应。"你必须记住，你是一个人：不仅在生活得好时是一个人，而且在从事哲学研究时也是一个人。"[1] 亚里士多德的这句话始终是支撑其学术写作的核心信念。再次，努斯鲍姆真正关注的不是如何制造热点话题和理论概念，而是如何改善社会现实，让人类的生活更有希望。作为人文主义者，她就需要以平易清晰的写作来尊重与影响读者，而不是以施特劳斯学派式的"微言大义"或后现代主义式的"故弄玄虚"来鄙视读者。她的文笔清新晓畅，论证清晰严密却又不失生动，有时还能流露出难得的温情。尤其是她能放下著名大学教授的架子来为普通读者写一些相对通俗的人文读物（如《诗性正义》《培养人性》以及《非为盈利》等），更属难得。

当然，这个消费主义的"轻文明"时代对她的挑战是不言而喻的。正如利波维茨基所言，这个时代"不再需要教化灵魂、反复灌输高等价值观，不再需要培养模范公民：只需要为了大卖而去娱乐。一种充满意义和责任的文化不在了，取而代之的是一种逃避式的、娱乐化的、强调悠闲权利的文化。符号与意义之轻吞噬了整个日常生活"。[2] 在这样一个崇尚游戏与轻浮的时代，努斯鲍姆如何说服人们接受人文主义的价值呢？她又是如何以自身的学术实践来影响与改变

1　玛莎·C.纳斯鲍姆：《善的脆弱性：古希腊悲剧与哲学中的运气与伦理》（修订版），徐向东等译，南京：译林出版社2018年版，第402页。

2　吉勒·利波维茨基：《轻文明》，郁梦非译，北京：中信出版集团2017年版，第9页。

文论界的游戏之风呢？

游戏压倒真理

2016 年，芝加哥大学英文系教授丽莎·鲁迪克发表了一篇题为《当没有什么是酷的》（*When nothing is cool*）的论文。[1] 在文章中她描绘了一幅当代英语文学研究的黯淡景象。文学界除了酷玩之外，别无追求。看过安东尼·霍普金斯主演的《沉默的羔羊》的观众都知道，故事中的主人公"野牛比尔"是个变态杀人狂，他会把女性受害者的皮剥下来罩在自己身上。无论小说还是电影叙事当然是讲述如何将之绳之以法。但有一位批评家却认为"野牛比尔"其实个"英雄"，因为他挑战了"厌女症所建构的人性、自然以及内在的性别"。通过剥去女性的皮肤并穿在自己身上，比尔拒绝了加在我们身上的两性意识，因为这种性别意识本身是文化意识形态强加的。当尸体被剥了皮，她写道，便不再有女性。这标志着一个"历史性的转折"，因为性别的界限就此被打破，"性别正义"得以实现。此文出自当代著名学者朱迪斯·霍博斯坦（Judith Halberstam）之手，且颇受学界追捧，并被列为跨性别批评的典范之作。

这种让行外人吃惊的案例，行内人恐怕早已司空见惯。就如乔纳森·卡勒所言："诠释只有走向极端才有趣。四平八稳、不温不火的诠释表达的只是一种共识；尽管这种诠释在某些情况下也自有其价值，然而它却像白开水一样淡乎寡味。"[2] 当代学术批评不仅隔断了与普通读者的联系，而且日益变得是非不分，善恶不明。然而，当

1　Lisa Ruddick, "When Nothing is Cool", *Point Magazine*, 2016.
2　安贝托·艾柯等：《诠释与过度诠释》，王宇根译，北京：生活·读书·新知三联书店2005年版，第119页。

下的文学研究者宁可相信理论也不愿意诉诸自己的良知来对事物作出评判。在这样的学术氛围中，一代又一代的学生丧失了探询人生意义的兴趣，对他们而言，更为重要的是如何在学术的丛林中立足，获得一个安全的终身教职。

努斯鲍姆虽不是专业的文学学者，但她对于文学理论与批评领域的现状洞若观火。她也越来越强烈地感受到，当代文学研究日渐丧失求真与求善的意志。在后现代思潮的影响下，放弃真理与客观性，追求主观性与游戏性，已成为文艺理论界的时尚规律与入行规则。她曾严厉地指出，受解构启发的文学理论导致了空洞的术语，其论辩缺乏人文辩论所要求的严谨，受此影响的学者的教学质量可用糟糕来形容："空洞、浮夸，对论辩不屑一顾。"[1] 她以朱迪斯·巴特勒的写作为例，对充斥于当代文学与文化研究领域的种种话语游戏提出批判。在她看来，巴特勒与其说是关注现实政治，不如说是热衷话语游戏。在其"戏弄而恼人的"的晦涩文风的背后，隐含着一种粗暴对待读者的控制欲，由于人们无法弄明白文章究竟写的是什么，便以为其中隐含着高深的真理。但其实，"某种思想的复杂性，其实不过是些人们熟知的，甚至是过时的观点"。[2] 她还叙述了自己在飞机上阅读巴特勒的痛苦经历，当她转而阅读一篇有关休谟的学生论文之后，她的痛苦才得到缓解。

在更多的情况下，努斯鲍姆并不愿意直接批评这些后现代主义者。因为在她看来，这些看似新潮的理论并不新鲜。它们无非是古希腊诡辩学派的理论在当代的拙劣重现而已，我们完全可以通过重

1　Martha C. Nussbaum, *Cultivating Humanity: A Classical Defense of Reform in Liberal Education*, Cambridge: Harvard University Press, 1997, p. 215.

2　玛莎·努斯鲍姆：《戏仿的教授：朱迪斯·巴特勒著作四种合评》，陈通造译，《汉语言文学研究》2017年第8期，第12—23页。对译文略作修改。

新阅读古希腊作品来思考这些诡辩论者与修辞学派在当代文化中的死灰复燃。比如针对德里达式的解构主义（尤其是其对不矛盾律的攻击），努斯鲍姆在亚里士多德思想中找到了最佳回应。亚里士多德将不矛盾律称为"一切起点中最稳固的起点"。当怀疑主义者对这一原则发起攻击或要求提供论证之时，亚里士多德的回应是："有些人甚至要求将这原理也加以证明，实在这是因为他们缺乏教育；凡不能分别何者应求实证，何者不必求证就是因为失教，故而好辩。"[1] 在此，努斯鲍姆解释道：这里的"缺乏教育"不是指"愚蠢、荒谬、逻辑错误或者甚至执迷不悟，而是缺乏教化，通过实践和训导而得到的教育，这种教育激发一个年轻人加入其共同体的生活方式"。[2] 在古希腊人的观念中，缺乏教化是神话中独眼巨人所处的状态，它们远离人类共同体，对这个共同体的言行做事习惯一无所知。因此，我们不可能去攻击这个原则，因为"这个原则就是我们一切话语的起点，脱离这个原则就是停止思考和说话"。[3] 对于这样的人，努斯鲍姆觉得有时候没法说服，甚至需要用点暴力。因为亚里士多德说过："有些人需要与之讲理，有些人只能予以强迫"。[4]

此外她还借助阿里斯托芬的《云》中对诡辩家的讽刺来回应当代的相对主义者。喜剧《云》讲述了一位父亲为了逃避还债义务想到一个办法：把他的儿子送到"思想所"去学习辩论，在那里主要学习如何说"歪理"。他深信一旦儿子掌握了这门技艺，就可以帮助他在言辞上击败（忽悠）债主，从而使自己从债务中脱身。但颇具讽刺意

1　亚里士多德：《形而上学》，吴寿彭译，北京：商务印书馆1959年版，第65页。

2　玛莎·C.纳斯鲍姆：《善的脆弱性：古希腊悲剧与哲学中的运气与伦理》（修订版），徐向东等译，南京：译林出版社2018年版，第383页。

3　同上，第386页。

4　亚里士多德：《形而上学》，吴寿彭译，北京：商务印书馆1997年版，第73页。

味的是，还没等儿子帮助他对付他的敌人，他自己却成为"歪理"的第一个受害者。儿子用一套振振有词的道理来证明"儿子应该打他们的父亲"。当父亲回应"但是没有这一法律"后，儿子的回应则是：

> 当初制定这一法律的人不和你我一样同是凡人吗？
>
> 他的话能使古时的人敬信，
>
> 为什么我不能够为我们的后代子孙制定一条
>
> 新的法律让儿子可以回敬他们的父亲？[1]

父亲虽然感到愤怒，却无力反驳这套说辞。在努斯鲍姆看来，儿子在乎的根本不是真理，他想要的是权力。儿子在"思想所"学会的是一套普罗泰格拉主义，该主义是一套相对主义的学说，认为并不存在人们可以达成共识的真理，也不存在为了真理而进行的论证。其代表人物高尔吉亚就明确指出，哲学训练并不是为了追求真理，它是一种"药物"，或是一种"控制行为的工具"。[2] 在此意义上，说服（persuasion）与强迫（force）就不存在任何区别，人们学习的不是为真理而做耐心严谨的论证，而是出于争强好胜的目的去学一套控制他人的话语。

如今，这套话语在当代学术领域甚至在文化的各个领域死灰复燃。尤其是文学领域日益沦为虚无主义的试验场和诡辩主义的安乐窝。这不仅让来自科学界的保罗·格罗斯（Paul R. Gross）和诺曼·莱维特（Norman Levitt）怒不可遏，批评当代文学领域的理论话语暴露

---

1 埃斯库罗斯等：《古希腊悲剧喜剧全集》（第6卷），张竹明译，南京：译林出版社2012年版，第352页。

2 Martha C. Nussbaum, *Love's Knowledge: Essays on Philosophy and Literature*, New York: Oxford University Press, 1990, p. 222.

出不可饶恕的对科学的无知和对真理的敌视[1]；而且也让来自社会科学领域的亨利·法兰克福（Harry G. Frankfurt）大为光火，将这类话语斥之为"扯淡"（bullshit），还将耶鲁大学斥之为"全世界的放屁大本营"。因为就影响力而言，扯淡远比说谎更严重，是"真实"更大的敌人。[2] 在2016年纪念希拉里·普特南的文章中，努斯鲍姆感叹美国立国先驱所建立的国家现在已经"堕落成了只会玩弄修辞学的娱乐至上者的乐土——这类人柏拉图当年已经认识得很明白了"。[3] 在与文学界同行打交道的过程中，努斯鲍姆也对文学界出现的这一趋势提出了批评与警告。当代文艺理论家们在回应丧失合法性的形而上学的坍塌时，普遍地去"支持某些激进形式的主观主义、相对主义，或怀疑主义"。[4] 在她看来，文学理论应该更多地使用那些认真严谨的学术资源，而不应追随那些花里胡哨的学术时尚潮流。因此，哪怕是同属政治左翼的思想家（德里达、朱迪斯·巴特勒、理查德·罗蒂），努斯鲍姆都给予了他们毫不客气的批判。文学话语成为哲学的正确之路在于，它需要"更多地，而不是更少地去热爱真理"。[5] 这一切"必须伴随着清晰与准确，'使之正确（getting it right）'的目标必须'到位'"。[6]

1 保罗·R·格罗斯等：《高级迷信》，孙雍君译，北京：北京大学出版社2008年版，第8页。

2 亨利·法兰克福：《论扯淡》，南方朔译，南京：译林出版社2008年版，第75页。

3 Martha C. Nussbaum, "Hilary Putnam (1926–2016)", *The Huffington Post*, March 14, 2016.

4 Martha C. Nussbaum, *Love's Knowledge: Essays on Philosophy and Literature,* New York: Oxford University Press, 1990, p. 228.

5 Ibid., p. 228.

6 玛莎·C.努斯鲍姆：《道德（及音乐）危险：评伯纳德·威廉斯〈论歌剧〉及〈论文与书评：1959—2002年〉》，范昀译，《中外文论》2019年第1期，第199—207页。

伦理的缺席

对于如何告别理论游戏，已有不少学者提供了方案。比如鲁迪克指出，我们需要回到那些不那么酷的东西上来；还有学者提出用"表层阅读（surface reading）"来取代过去的侦探式批评，以体现一种新的谦逊[1]；芮塔·菲尔斯基（Rita Felski）则在《批判的局限》中呼吁一种打破目前局面的"后批判（postcritique）"。[2]虽然学者的方案千差万别，但总体而言文学界的有识之士试图使文学研究回归常识，回归人文主义，回归与生活世界更为相关的伦理思考中。努斯鲍姆虽然与文学界的各种思潮无涉，但她的文学观念与批评实践在客观上与文学研究近些年的"伦理转向"存在某种契合之处。

作为一位哲学家，努斯鲍姆讨论文学伦理的兴趣主要体现在她对伦理与社会政治问题的关切上。在20世纪七八十年代，无论在哲学领域还是文学领域，学者们对伦理实践的问题缺乏足够的兴趣，出现了"伦理的缺席"。当时的主流哲学界对伦理问题缺乏兴趣。首先，在英美哲学的传统中，分析哲学占据了主导地位。绝大多数哲学家热衷于进行形式意义上的语言分析，对内容性的伦理问题几乎没有任何兴趣。即便涉及伦理问题，也仅限于对"道德语言"的讨论（如黑尔《道德语言》）。其次，虽然在当时也存在着一些道德哲学（如功利主义与康德主义），但这些伦理学的问题视野较之古典伦理学，日益变得抽象与狭隘，并与现实人生拉开距离。伦理学日益脱离苏格拉底关于复杂生活价值的追问，而走向对抽象行动原则的思辨。

1　参见Jeffrey J. Williams, "The New Modesty in Literary Criticism", *The Chronical Review*, Jan 5, 2015.

2　参见Rita Felski, *The Limits of Critique,* Chicago: University of Chicago Press, 2015.

再次，当代道德哲学抽象、科学、枯燥的写作风格也让普通读者望而生畏，感性的人生在哲学的写作中显得死气沉沉。正如伯纳德·威廉斯所言，当代伦理学对于现实人生几乎毫无贡献可言，伦理学在今天似乎已经丧失了其存在的意义。尽管略显偏激，但威廉斯如实地道出了当代哲学与生活之间存在巨大鸿沟的现实，这一鸿沟的存在显现了伦理在当代哲学中的缺席。

除此之外，努斯鲍姆注意到当代文学研究也存在类似问题。在20世纪中后期很长一段时间中，文学界信奉一套"内部研究"的游戏规则。文学研究只讨论纯粹的语言、结构、叙事等"文学性"问题，绝不涉及历史、现实、社会等外部问题。伦理自然也成为一个只有外行人特别关心，内行人则刻意回避的议题。如果一个文学学者试图通过文学作品去追问生活的问题，以现实实践的态度来对待他所研究的作品的话，那么他就会被认为是"无药可救的幼稚与反动，并且缺乏对文学形式复杂性与文本间指涉的敏感"。[1]努斯鲍姆指出，文学研究者虽经常从哲学中寻找思想资源，但他们对伦理学家的作品从来就缺乏足够兴趣。尤其是近几十年涌现的一些卓越的伦理学作品（如伯纳德·威廉斯、艾丽丝·默多克、希拉里·普特南等人的作品）几乎就没得到过文学研究者的重视与青睐，"激发当代伦理学也常常激发伟大文学的那种重要的实践感，更是甚少出现在这些领衔的文学理论家的作品中"[2]。当代文学理论面对社会现实的那种漠然，令努斯鲍姆感到遗憾：

> 我们身边的所有其他学科都在形塑我们文化中的私人与公

1　Martha C. Nussbaum, *Love's Knowledge: Essays on Philosophy and Literature,* New York: Oxford University Press, 1990, p. 21.

2　Ibid., pp. 170–171.

共生活，告诉我们如何来想象与反思自身。经济理论通过运用理性来为公共政策提供依据，法学理论通过对基本权利的思考来寻求社会正义，心理学与人类学在描述我们的情感生活、性别经验以及社会交往的形式，道德哲学试图对一些棘手的公共伦理困境作出仲裁，文学理论却在这些争论中保持了太长时间的沉默。……在这件事上，沉默是一种投降。[1]

在对努斯鲍姆的文学观念与批评理念做具体介绍时，有必要对她与当前作为文学理论前沿热点的"伦理转向"之间的关系做一些澄清。所谓文学研究的"伦理转向"，大致出现在 20 世纪八九十年代，是基于对文学形式主义研究的反弹出现的一股文学思潮。1992 年，耶鲁大学的彼得·布鲁克斯发表评论，主题针对希利斯·米勒的后期作品，指出米勒关注的重点从原先的"语言领域"转移到了"伦理领域"。有学者指出，"这种论调在五年前高深的盎格鲁－撒克逊的文学理论中是极为少见的，在十年前几乎根本不存在"。[2] 于是在接下去的一二十年里，越来越多打着"伦理转向"或"伦理批评"旗号的作品或文集问世，这种种现象都标志着"后理论时代"文学研究的最新转向。需要指出的是，"伦理转向"并非某种集体性的行动纲领，而是学界基于这些现象所做的理论建构。

尽管看上去文学领域出现了某种一致性的伦理转向，但我们不能因为相同的标签而忽略了其内部所存在的差异。比如有学者根据地缘差异对欧洲与北美的伦理转向作出区分：前者的代表如德里

1　Martha C. Nussbaum, *Love's Knowledge: Essays on Philosophy and Literature,* New York: Oxford University Press, 1990, p. 192.

2　Renegotiating *Ethics in Literature, Philosophy, and Theory*, edited by David Parker, etc, New York: Cambridge University Press, 1998, p. 13.

达、列维纳斯、阿兰·巴迪欧等，后者的代表则为希利斯·米勒和玛莎·努斯鲍姆等。还有学者根据文学研究的范式不同，对米勒、努斯鲍姆及列维纳斯的伦理批评作更精细的区分，如罗伯特·伊戈尔斯通区分了以文本内容为指向的"epi‐reading"和以文本语言为指向的"graphi‐reading"，努斯鲍姆的伦理批评属于前者，米勒的伦理批评属于后者，而列维纳斯的伦理批评则超越了前两种批评范式。[1] 此外，伦理批评既涉及文学界对伦理问题的重新认识，也包含哲学界借助文学来克服当前道德哲学困境的努力。

为此，我们需要透过两个角度将努斯鲍姆的伦理转向与其他伦理转向区分开来。其一是如何对待理论，其二是如何理解伦理与政治之间的关系。

在理论问题上，首先，尽管努斯鲍姆捍卫理论，但她更爱真理。她把理论视为一种使我们免于偏见、通往真理的论证工具，她不愿意也没有兴趣像当代的后现代主义者或激进主义者那样，试图通过制造理论上的"轰动效应"来达到占据"学术山头"的目的。其次，努斯鲍姆认为理论表达应该是清晰明确、平易近人的，而不是通过故弄玄虚的方式让人顶礼膜拜。正如彼得·巴里所言，"绝不能认为理论文章的艰深背后必然隐藏着深刻的思想，实际情况并非总是如此"；"不要无休止地容忍理论，理应要求理论做到明晰简洁，并期待它能够言之有物"。[2] 在这点上，努斯鲍姆的理论写作与德里达、巴特勒以及德勒兹之间存在着显著的区别。最后，努斯鲍姆对理论的抽象性时刻保持警惕，她的理论言说往往依托于具体的个人经历与文本经验，拥有生命的温度，拒绝像某些理论家那样满足于抽象概念

1　Robert Eaglestone, *Ethical Criticism: Reading after Levinas*, Edinburgh: Edinburgh University Press, 1997, pp. 6–7.

2　彼得·巴里：《理论入门》，杨建国译，南京：南京大学出版社2014年版，第8页。

的演绎。因此，她对文学伦理的理解完全不同于希利斯·米勒的《阅读的伦理》（*The Ethics of Reading*）、德里达的《友谊的政治学》（*The Politics of Friendship*）、亚当·纽顿（Adam Zachary Newton）的《叙事伦理》（*Narrative Ethics*）等作品中所呈现的"伦理转向"。

在处理伦理与政治的关系问题上，努斯鲍姆的立场不同于很多当代理论家。首先，对于不少理论家而言，伦理转向本质上就是政治转向（如雅克·朗西埃），或者干脆否认伦理的价值，将伦理与政治对立起来。比如弗里德里克·詹姆逊的马克思主义立场，会使其断然否认个体伦理的存在价值，并将个体伦理看作资产阶级的意识形态；再如伊格尔顿在《理论之后》中声讨文化理论的出发点不在于检视其与现实的脱钩，而在于痛惜当下理论向革命政治说再见；即便是扛起"人文主义大旗"的萨义德，有时也把文学批评的重心放在政治上。努斯鲍姆并不认可将伦理与政治对立起来的做法，因为在她看来，一切人类的社会政治问题，都根植于人性（情感）之中。若要有效地思考与解决社会问题，我们需要从伦理问题入手，从培养一个好人开始。否则即便有了新的正义的政治制度，它能否得到有效维持也会成为问题。她也并不认可很多当代文学理论貌似激进，实则无所作为的"反叛秀"。她所理解的政治是一种基于个体伦理的，更具现实感和建设性的政治。这种伦理意义上的"自我完善"的能力甚至应当成为政治批判的基本前提，缺失这种对自我如何完善的想象力，就极容易培育出一种虚无的"抬杠"政治和犬儒化的人格。

不可否认，当代文学界（尤其是中国文论界）对法国政治文论的倚重，一定程度上忽略了在伦理意义上思考个体生活的重要性。回望柏拉图和亚里士多德以来的西方文论传统，伦理学是大传统，意识形态论则是 20 世纪 60 年代以来形成的小传统。这一小传统形成的原因，跟西方当代资本化、移民化、多元化的社会文化背景有着深刻的联系。这一政治意识形态小传统的价值是建立在对伦理意义上的人文主义大传统的反思与批判基础之上的。换而言之，没有后者的依托，前者也将失去它的价值。

基于这样的背景，努斯鲍姆在文学理念与批判实践上的贡献值得当代文学研究者重视。即便在一个轻浮虚无的时代，她依然保持了作为人文学者的立场与情怀，并将对个体与社会的关怀渗透在理论的书写与具体文本的分析之中，同时还通过潜移默化地影响课堂中的学生以及学院外的读者来对公共生活产生影响。诚如波斯纳所言，无论那些学院左派理论家在学术界怎样呼风唤雨，都永远成不了气候，因为"他们无法与圈外的人沟通交流"[1]。真正对现实政治与公共生活产生影响的，则是像努斯鲍姆这样的人文主义者兼公共知识分子。

第二节　超越道德主义：文学伦理的定位

努斯鲍姆对伦理批评的重新定位，一方面源自她作为伦理学家对于伦理与社会正义问题的关切，另一方面源自文学理论家韦恩·布斯的影响。虽然两人所属的学科专业有所不同，但他们共同的对亚里士多德哲学的倚重，以及对社会正义议题的关注与参与，使得两人在伦理批评上有着难得的默契。努斯鲍姆将布斯的代表作《我们所

1　理查德·A.波斯纳：《公共知识分子》，徐昕译，北京：中国政法大学出版社2002年版，第284页。

交往的朋友》（*The Company We Keep*，1988）热情地推荐给"所有那些对人文学以及文学批评在我们公共文化中所扮演的角色给予关注的人们"。在她看来，如果有人对文学与哲学如何形成互惠感兴趣的话，那么他就"不仅需要阅读它，而且还需要研究它，并一次又一次地重温它的复杂论证"。[1]在探讨努斯鲍姆对伦理批评重新定位的过程中，我们不能忽视布斯对她产生的重要影响。除此之外，我们还需要在以马修·阿诺德、F. R. 利维斯、莱昂内尔·特里林为代表的自由人文主义传统中思考努斯鲍姆的文学伦理思想。

道德批评与伦理批评

在当代民主与多元的社会文化语境中，"伦理（ethical）"常常不是一个受人欢迎的主张或立场，对文学进行伦理解读，特别容易遭到质疑与攻击。一方面，它容易令人联想到专制主义的道德或政治审查，被认为是一种主张用狭隘的道德立场对文学进行武断筛选与评价的做法，或是对文学作品的道德后果作毫无根据的预判。另一方面，18 世纪以来直至当代，"审美自主论"观念的发展与成熟使人们（尤其是专业文学研究者）习惯把对文学的道德评判视为一种幼稚的态度与"外行人"的文学意识，真正懂文学的人并不会受到这些"现实幻想"的诱惑，而会把更多精力投入到文学内部的语言与结构的分析中去。

于是对于当代的伦理批评家而言，首先需要解决的问题就是思考如何将伦理批评从道德批评的狭隘视野中解放出来，使伦理批评

1　Martha C. Nussbaum, *Love's Knowledge: Essays on Philosophy and Literature*, New York: Oxford University Press, 1990, p. 232.

与现代自由多元的社会文明相适应。在此，我们首先需要对努斯鲍姆所处的基本背景以及伦理批评的历史发展做一个简单的介绍与梳理。前文已述，努斯鲍姆对伦理批评的关注，基于两大学科背景：一是基于哲学界对当代主流道德哲学（以功利主义与康德主义为代表）的批判。二是对文学界现有的形式主义封闭文论有所不满，尤其针对结构主义与后结构主义断然将文本所指向的现实排除在研究领域之外的做法。对于道德哲学的批判，我们已在第一章做了相关介绍，在此将重点聚焦于文学研究对伦理的拒绝。

根据韦恩·布斯的梳理，西方的道德批评（moral criticism）的发展经历了三个阶段[1]：第一阶段始于两千多年前，那个时代的批评家都认同这样的看法——一个负责任的批评家应当对作品中所包含的道德价值进行发问。柏拉图、锡德尼、萨缪尔·约翰逊以及马修·阿诺德被视为其中最重要的代表。第二个阶段从 19 世纪末到 20 世纪60 年代，时间跨度约半个世纪。那是文学的现代主义阶段，文学研究者认为伦理与文学的审美价值毫无关系，主张将道德探询从文学研究的对象中排除出去。俄国的形式主义批评、英美新批评都集中体现了这一文学观念。奥登的"诗歌不会让任何事发生"更是成为很多作家与批评家信奉的箴言。在这个阶段，仅有部分马克思主义者、F. R. 利维斯、莱昂内尔·特里林等依然坚持对文学进行道德层面的探询，但毫无疑问他们处在当时的主流之外。第三阶段则是 20 世纪 60年代之后，随着 60 年代以来西方社会与文化运动的兴起，人们越来越对文学既有的封闭格局感到不满。随着女性主义、后殖民主义以及后现代主义思潮的兴起，文学研究似乎恢复了对文学之外的那个

1　Wayne C. Booth, *The Essential Wayne C. Booth*, edited by Walter Jost, Chicago: The University of Chicago Press, 2006, pp. 242–244.

世界的兴趣，不过令布斯感到惊讶的是，并没有一个流派愿意直接宣称自己追求的是伦理批评。

如果要为布斯的梳理提供补充的话，的确还可以增加一个新的阶段，也就是从 20 世纪八九十年代开始，"伦理批评"以正式的名称浮出水面。其中最重要的作品是韦恩·布斯的《我们所交往的朋友：小说伦理学》与努斯鲍姆的《爱的知识：哲学与文学论文集》。这两位分别来自文学与哲学领域的卓越学者共同完成了文学批评在伦理上的重新定位。他们对伦理批评的重新定位并不旨在恢复过去柏拉图式道德主义传统，也不是再次卷入形式主义者与道德主义者之间旷日持久的战争，而是认为伦理批评需要根据当代的时代特征与文明价值做出相应的调整，对文学伦理批评的目标、主题以及方法进行重新审视与定位，因为只有这样文学批评才能重新与人类的现实生活建立起亲切的联系。作为伦理批评的代表人物，布斯无疑对努斯鲍姆的伦理批评产生了直接而深刻的影响。伊格尔斯通就指出，努斯鲍姆的作品可以被视为以韦恩·布斯为代表的"芝加哥学派"[1] 在当代结出的最卓越的成果。[2]

在布斯看来，伦理批评若要在当代重新实现它的价值，那就得走出僵化的道德主义批评："如果叙事的伦理批评要再一次找到自己的位置，它就必须避免荷载满满的标签或粗鲁的口号，那些专注于

1　这里专指20世纪30年代至50年代一度活跃的美国芝加哥大学文学领域的"芝加哥学派"，由于其主张源自亚里士多德的诗学观念，也常常被称为"新亚里士多德主义"。其主要文学立场试图与当时影响更为巨大的新批评思潮相抗衡，认为新批评过度聚焦于语言和反讽，而缺乏对文学作品整体和实质的把握。其中芝加哥学派最重要的代表人物是罗纳德·克兰、韦恩·布斯、谢尔顿·萨克斯等。努斯鲍姆自己并不认可将其定位于芝加哥学派或新亚里士多德主义者，但她在伦理批评的理念与实践上的确与这些批评家存在相近之处，布斯对她所产生的影响也是非常显著的。

2　Robert Eaglestone, *Ethical Criticism: Reading after Levinas*, Edinburgh: Edinburgh University Press, 1997, p. 36.

伦理效果的批评家太容易去使用这些武器"。[1] 韦恩·布斯对于伦理批评在批评目标上所作的两方面调整，也得到努斯鲍姆认可。

一方面，布斯认为，伦理批评应从过去的"道德审判"转向"道德探询"。伦理并不仅仅涉及狭隘的道德戒律或行为准则，它覆盖了人生的方方面面。受亚里士多德伦理学的影响，布斯对伦理（ethical）的理解相当宽泛，最好的伦理思考往往并不追求"你应该如何如何"，而是一系列的"美德（virtues）"，即值得称赞的行为举止的典型习惯。这些美德包含人们所推崇的能力、气质（ethos）、力量、素质以及心智习惯。比如成功驾驶一艘船，掷出一块铁饼或是养家糊口都可算是一种美德。[2] 这就意味着，布斯意义上的伦理其实就是回答苏格拉底意义上的"人应当如何生活"。伦理批评并不关注某个故事或作品是否违反了道德准则，而是关心"故事讲述者与读者或听者在气质上的遭遇"。[3] 因此布斯意义上的伦理批评甚至愿意以同情的方式去关注在传统看来"不道德"的文学，愿意从生命这一更开放的视野去思考文学作品为什么吸引读者同情第三者、色情狂，共情恋童癖等等，进而引导读者自己去作出理性的判断。

另一方面，布斯试图将伦理批评的关注点从对"事后效应"或"结果"的关注转向"作者或读者在阅读或聆听的期间所追求或获得的体验质量"[4]；他不是去追问这首诗或这部戏剧是否使读者或观众在欣赏完以后成为一个更好的人，而是问在欣赏过程中读者或观众与

1　Wayne C. Booth, *The Company We Keep: An Ethics of Fiction*, Berkeley and Los Angeles: University of California Press, 1988, p. 7.

2　Wayne C. Booth, *The Essential Wayne C. Booth*, edited by Walter Jost, Chicago: The University of Chicago Press, 2006, p. 222.

3　Wayne C. Booth, *The Company We Keep: An Ethics of Fiction*, Berkeley and Los Angeles: University of California Press, 1988, p. 8.

4　Wayne C. Booth, *The Essential Wayne C. Booth*, edited by Walter Jost, Chicago: The University of Chicago Press, 2006, p. 157.

作品的关系是怎样的。比如在传统的道德批评中，批评家会对《德伯家的苔丝》提出这样一系列的问题："苔丝是否为女性提供了一个典范？"或者"我是否会让女儿受到苔丝的影响而命运悲惨？"布斯认为伦理批评不应该这样提问，而应思考"托马斯·哈代在他的故事中所要你在生活中去渴求、害怕、哀叹以及希望的东西是否为你，或你的儿女提供了一种好的生活"。[1]由于人的行为与社会的风尚的变化是由诸多复杂的现实因素促成的，因此要判断一部作品在多大程度上影响了人的行为，是一件非常困难的事情。《浮士德》并不能阻止希特勒的屠犹行动，阅读大量色情小说与人格堕落之间的联系也从未得到科学的验证。因此与其执着于一个无解的问题，不如转向更具实质性的问题。

努斯鲍姆对于伦理批评的理解，与布斯基本一致。她也明确将伦理批评与道德批评做出区分。在一次访谈中，她表示：道德批评常常是"道德主义的（moralistic），它对道德的定义相当死板，它会用这个定义去赞扬或指责某些作品。这种批评对作品本身缺乏足够重视，并对其所提供的乐趣怀有敌意。很多对像詹姆斯·乔伊斯、劳伦斯这样的作家所作的道德主义批评就属于这一种，……甚至利维斯有时也会犯这种过分严格的过错，虽说形式上要微妙得多"。[2]努斯鲍姆与布斯一样，在伦理批评中避免犯这种简单化的错误，试图以更加细致与耐心的方式"深入探究欲望和关切在具体的作品中得以建构起来的方式，或通过例举各种有价值的阅读类型，或向我们清晰地指出那种我们在日常生活中经常使用的粗糙的关注形式以论证它们

1　Wayne C. Booth, *The Essential Wayne C. Booth*, edited by Walter Jost, Chicago: The University of Chicago Press, 2006, p. 168.

2　范昀、玛莎·努斯鲍姆：《艺术、理论及社会正义》，《文艺理论研究》2014年第5期，第41—52页。

将对我们探寻'人应当如何生活'做出贡献"。[1]从她对《金钵记》《大卫·科波菲尔》《灵与欲》以及《黑王子》等作品的解读中，读者可以感觉出其伦理探询的开放性与灵活性，那种硬邦邦的道德审判恰恰是她最为反对的。

在对伦理批评进行重新定位的过程中，布斯所提出的"隐含作者"和"隐含读者"无疑是其最重要的学术贡献，同时也对努斯鲍姆的批评实践提供了关键性的启示。"隐含作者"是一个有别于日常生活中的有血有肉的作者、故事叙述者的概念。在布斯看来，写作时的作者应该尽可能地超越自身的特殊性，摆脱个体的偏见，把自己看作是"一般人"，如果可能的话，忘掉"个人存在"和"特定环境"。[2]日常生活中的福克纳与《喧哗与骚动》中所显示出来的作者形象是有所不同的，"隐含作者"福克纳的形象是在读者的阅读过程中形成的。这个概念使人注意到：作品是在进行选择与评价过程中的人格产物，而不是现存自我的产物。此外，作品中的个别叙述者或个别人物也不能代表"隐含作者"。无论是安提戈涅还是克瑞翁都不能代表"隐含作者"索福克勒斯。这种区分尤其体现在充满复调与多声部的小说中（如陀思妥耶夫斯基的作品），在此意义上，"隐含作者"是在多声部的集合意义上来得到体现的。

与此类似，"隐含读者"也不是日常生活意义上的读者概念，后者不仅受制于具体的时空、个体差异性等条件，会对同样的作品做出不同的解读，而且即便在同一个人身上，也会因个人的成长或人生机遇的变化而对同一部作品做出前后不一致的解读与评价。与之相反，"隐含读者"是作为整体作品的"隐含作者"所建构出来的一个概念，

1　范昀、玛莎·努斯鲍姆：《艺术、理论及社会正义》，《文艺理论研究》2014年第5期，第41—52页。

2　Wayne C. Booth, *The Rhetoric of Fiction*, Chicago: The University of Chicago Press, 1983, p. 70.

其包含了"隐含作者"对读者的期待。这个"隐含作者"有意无意地选择了我们阅读的东西；我们将其视为一个现实人物的理想的、文学的以及创造出来的版本；他是他自己所有选择的总和。[1] 在此意义上，"作者创造了自己的形象以及他读者的另一个形象；正如创造了他的第二自我那样，他也创造了他的读者，最为成功的阅读就在于这些被创造出来的诸多自我（包括作者与读者）之间能够完全达成共识"。[2]

"隐含作者"与"隐含读者"对于重新定位伦理批评的启示在于：首先，我们不必因为现实生活中作者在道德或政治层面的过失来对其作品进行武断的道德主义审判。比如在特里林看来，利维斯当年与斯诺在论争中失败的主要原因就在于他无法对支持法西斯主义的艾略特与诗人艾略特作出区分，人们"应相信的是故事，而非故事的讲述者"[3]，"隐含作者"这一概念让我们意识到，对文学道德的探询不能跟对作者的道德审判混为一谈。其次，文学的道德是以整体性的作品呈现给读者的，而不是作品中的某个句子、某段细节或是某个人物的个别言论。一部优秀的作品常常包含了各种各样的声音与细节，这些声音甚至是相互对立的，"隐含作者"是以这样的方式来呈现作品整体的。最后，我们对于一部作品的伦理价值应当从作品给予"隐含读者"的影响，而不是对现实读者的实际效应去进行衡量。

努斯鲍姆对这种概念的借用，不仅见诸她的文学批评中，而且还呈现在她对法律问题和公共政策的讨论中。在此，可以她对《尤利西斯》等争议性作品的辩护来进行说明。

《尤利西斯》毫无疑问是世界文学史上最受争议的作品。对这部

---

1 Wayne C. Booth, *The Rhetoric of Fiction*, Chicago: The University of Chicago Press, 1983, pp. 74–75.

2 Ibid., p. 138.

3 莱昂内尔·特里林：《知性乃道德职责》，严志军等译，南京：译林出版社2011年版，第420页。

小说的指责常常体现在两个层面上：其一是指责小说佶屈聱牙、晦涩难懂，比如英国学者约翰·凯里就认为这是一部知识分子用来鄙视普通大众的作品。其二是认为小说中充斥着大量污秽的意象和色情的段落，在伦理上是存在问题的。比如利维斯就明确表达对这部作品的批评，认为"它是一条死胡同，或至少是导向分崩离析的一个路标"。[1] 当然，较之于批评的指责，更严厉的则是来自政治上的审查，并成为美国最高法院历史上的一个重要案件。[2] 尽管最终这部小说在法律上不再被视为"淫秽读物"，但对这部作品的攻击并没有停止，比如当代女性主义者在这部文学的色情描写中发现了对女性的"物化（Objectification）"，因此努斯鲍姆对这部小说的伦理解读无疑具有当下的意义。

努斯鲍姆认为对一部作品进行评判需要从作品的整体把握入手，而不是在缺乏整体把握的前提下对小说的局部与个别细节发表议论，因此对"隐含作者"的重视是努斯鲍姆不断强调的重点。就《尤利西斯》而言，重点并不在于小说中个别细节是否伤风败俗或政治不正确，而是要看作为整体的《尤利西斯》或者作为"隐含作者"的乔伊斯向读者提供了一个怎样的世界，塑造了怎样的欲望结构。从这个角度来看，努斯鲍姆认为《尤利西斯》对性话题的持续关注并不存在任何伦理上的过错，这反倒是"一部关于爱的书"。它表达了这样一种看法："只有通过爱，身体之爱，人类才能逃离唯我论与孤独而抵

1　F.R.利维斯：《伟大的传统》，袁伟译，北京：生活·读书·新知三联书店2002年版，第42—43页。

2　1933年美国联邦地区法官（United States district judge）约翰·M·伍尔西在"合众国诉《尤利西斯》书籍案"（United States v. One Book Called "Ulysses"，1933）的判决中得出结论："在《尤利西斯》中，虽然它的直白表达不同寻常，但我并没有察觉到它对色欲的任何挑逗。所以，我认为，此书并非色情作品。"参见伯纳德·施瓦茨：《民主的进程：影响美国法律的"十宗最"》，周杰译，北京：中国法制出版社2015年版，第256页。

达另一种生活的现实"。[1] 这部作品的色情描写具有伦理上甚至政治上的积极意义。

以《尤利西斯》最著名也引起争议最多的一个片段为例：在夏日黄昏的海边，格蒂·麦克道维尔与布鲁姆的目光不期而遇。渴望爱情的格蒂产生强烈的性幻想，她的长腿和故意露出的内裤，也诱发了布鲁姆的手淫。以下摘录一段格蒂边看烟火边产生的性幻想：

> 待它（烟火）越飞越高时，大家兴奋得大气儿不出。为了追踪着瞧，她只好越发往后仰。……由于拼命往后仰，她脸上洋溢出一片神圣而迷人的红晕。他还能看到她旁的什么：抚摸皮肤的印度薄棉布裤衩，因为是白色的，比四先令十一便士的那条绿色佩蒂杯斯牌的看得更清楚。那袒露给他，并意识到了他的视线；烟火升得那么高，刹那间望不到了。她往后仰得太厉害，以致四肢发颤，膝盖以上高高的，整个儿映入他的眼帘。就连打秋千或蹚水时，她也不曾让人这么看过。她固然不知羞耻，而他像那样放肆地盯着看，倒也不觉得害臊。他情不自禁地凝视着一半是送上来的这令人惊异的袒露，看啊，看个不停：就像着短裙的舞女们当着绅士们的面那么没羞没臊。她恨不得抽抽搭搭地对他喊叫，朝他伸出那双雪白、细溜的双臂，让他过来，并将他的嘴唇触到她那白皙的前额上。这是一个年轻姑娘的爱之呼声，从她的胸脯里绞出来的、被抑制住的小声叫唤，古往今来这叫喊一直响彻着。这当儿一支"火箭"蹿了上去，砰的一声射向黑暗的夜空。……每一个人都兴高采烈地哦

1　Martha C. Nussbaum, *Upheavals of Thought: The Intelligence of Emotions*, New York: Cambridge University Press, 2003, p. 692.

哦直叫。这当儿，喷出一股金发丝，像雨一般倾泻下来。啊！全都是绿色的、露水般的星群，滔滔不绝地散发着金光，哦，多么可爱，哦，多么柔和，甜蜜，柔和。[1]

这段文字充满了色情与挑逗的意味，让人联想到某些色情文学。即便在今天，《尤利西斯》依然容易引起很多宗教人士以及保守人士的不满，更何况这部作品发表于并未经历过道德与性解放运动洗礼的20世纪20年代。当然，这样的文字可以得到现代主义文学观念的辩护，无论是唯美主义还是新批评都一贯坚持：文学的道德不在于其内容，而在于其写法。不在于它写了什么，而在于它如何写。从这个角度看，乔伊斯的写作显然高出二三流色情文学，能够把性幻想写得如此生动美妙，能够将放烟火与性幻想如此水乳交融地描写出来的，绝非等闲之辈。

不过，努斯鲍姆对《尤利西斯》的辩护并不是基于对其语言的欣赏。她并不否认这段文字所呈现的色情意味，但她认为阅读文学作品不能只看局部，并因为局部的问题而否定作品的整体价值。在她看来，作为隐含作者的乔伊斯并不是色情狂，整部《尤利西斯》也不是在宣扬性欲解放或者道德败坏。恰恰相反，《尤利西斯》思考的是宗教传统与社会习俗如何建构并扭曲了人类的情感，使人们对真实但琐碎的日常生活有所敌视，让人们不愿正视自身的身体和欲望，进而影响到了我们对性的想象。从具体的文本来看，在这段梦幻般的描写之后，小说突然呈现一个反差明显的事实：格蒂一瘸一拐地离去，原来她是一个瘸子。在此努斯鲍姆指出，这部小说不但没有沉迷于性幻想，反倒是对这种幻想的"激烈的否定"，旨在"抛弃幻觉

1　詹姆斯·乔伊斯：《尤利西斯》（下卷），萧乾等译，南京：译林出版社2002年版，第656页。

的独裁"。[1]

此外，针对凯瑟琳·麦金农与安德里亚·德沃金（Andrea Dworkin）等为代表的女性主义者根据"物化"理论对一些文学作品所提出的批判，努斯鲍姆也充分展示出她对文学的成熟理解。在女性主义的批评中，所谓"物化"概念指的是一种普遍存在于当代广告、影视以及文学作品中将女性描述为性工具、东西或者商品的"去人性化"做法。麦金农与德沃金指出，这种物化的情形在色情作品（pornography）中体现得尤为明显。[2] 他们关注的并不是这些色情文学"不道德"，而是它们在性别政治上的危害。因为这些作品中所表现出来的贬低女性、将女性当成工具或商品的态度，将会以结构性的方式影响到现实中人们对于两性关系的看法，进而对追求性别平等的事业形成巨大的阻碍。为此他们认为一切跟"物化"有关的文字或影像都需要受到批判，甚至需要通过法律的方式进行审查。

努斯鲍姆指出，使用一个抽象的概念或标准来审视各种文本并不合适，尤其是在对待文学作品时，更需格外小心。她以劳伦斯的《查特莱夫人的情人》《虹》以及《尤利西斯》中的片段为例，指出这种"物化"概念在抽象推演中所遇到的问题。文学的道德恰恰在于它的不确定性与丰富性，它会告诉你在怎样的语境中，"物化"是不合理的，而又在什么情境下，"物化"可能是合理的。比如《虹》中有这样一段性爱描写：

　　他热血沸腾，欲望如潮，他想贴近她，迎合她，她在那儿

1　Martha C. Nussbaum, *Upheavals of Thought: The Intelligence of Emotions*, New York: Cambridge University Press, 2003, p. 696.

2　参见Martha C. Nussbaum, "Objectification", *Sex and Social Justice,* New York: Oxford University Press, 1999, p. 213.

等着他，唾手可得。她那种看得到却够不到的感觉引诱着他，他觉得无所适从，感到极度疲倦，他朝前迈进，愈靠愈近，为了使自己更加完美，为了让黑暗接纳他，湮没他，为了自我放纵。倘若他真能进入黑暗的炽热中心，真的被摧毁，燃为灰烬，在完美中和她一块燃烧，那将是人间最为崇高的境界。[1]

这段描写的确在某种意义上呈现了人的"物化"，在这幅场景中主人公布朗文与他的妻子试图在性爱中放弃自己的主体性，完全成为欲望的化身。但在努斯鲍姆看来，这种物化的描述"至少捕捉到了一些性爱经验中的深刻东西"。正是在性爱双方"彼此弃绝自我意识的过程中，这种物化可以找到它的根基"。[2] 在此，"物化"与其说呈现了某种性别压迫，不如说是道出了人类生活中的那些难以言说的真相。由此可见，对文学伦理复杂性的熟谙，确保了努斯鲍姆在伦理学、政治学以及法学层面，都体现出独树一帜的敏锐性与现实感。

修辞即伦理

上述案例都充分体现出努斯鲍姆对"隐含作者"即作为整体的文学作品的关注。若要充分认识与理解"隐含作者"，则需要对作品进行细致阅读并对文本中风格、修辞以及细节有敏锐的体察。关于这一点，布斯有过充分的阐发。

布斯指出，读者若要实现这种成功的伦理阅读，负责任地呈现"隐含作者"，就需要付出艰辛的努力。伦理批评并非仅仅拿一些既

1　戴维·赫伯特·劳伦斯：《虹》（上），杨德译，北京：九州出版社2000年版，第120页。

2　Martha C. Nussbaum, "Objectification", *Sex and Social Justice*, New York: Oxford University Press, 1999, p. 228.

定的抽象原则对作品中的个别细节、人物以及言论作出评判，而是需要通过一句一句（line-by-line）的细读来获得关于作品的总体印象。"我必须让它成为我的一部分，我要像对待朋友一样，花数小时时间与它相处"，只有到这种程度，我才能真正作出伦理评判。要攻击一部作品"感伤""肤浅""做作""颓废""布尔乔亚"或者"逻各斯中心"之前，我就得先在作品中体验这些。[1]

在此，文学修辞的意义得以彰显。关于什么是善的，什么是好的，必须放在具体的语境中才能得到理解。此时作品的"修辞"会产生力量，正是由细节构成的修辞为伦理探询提供了丰饶的背景。文学伦理效果的实现需要作家高超的叙事技巧与修辞能力。真正杰出的作家通常拥有极佳的修辞能力，这种修辞能力既确保了作品的道德内涵，也确保了其对读者的伦理影响力。在布斯看来，修辞作为小说的技巧，本质上是一种与读者交流的技术，是一种把小说世界交给读者的技术。传统道德批评忽视了艺术的道德存在于"技巧"之中，"整个艺术的道德存在于两个人物即隐含作者与隐含读者所建立的友情所需的大量事物之上"。[2] 因此，"小说修辞学的终极问题是，决定作者应该为谁写作"。[3] 由此可见，布斯的修辞学跟形式论批评视野中的"技巧"的最大差异在于它始终关注其所诉诸的对象，也就是与读者之间的交流。他所强调的"修辞"并不是纯粹技巧性的，而具有强烈的伦理内涵。一言以蔽之，修辞即伦理。

可以明显看到，努斯鲍姆对文学形式的理解继承了布斯的立场。首先，她排斥一切非伦理意义上对形式的推崇。她对克莱夫·贝尔、

1　Wayne C. Booth, *The Company We Keep: An Ethics of Fiction*, Berkeley and Los Angeles: University of California Press, 1988, p. 285.

2　Wayne C. Booth, *The Essential Wayne C. Booth*, edited by Walter Jost, Chicago: The University of Chicago Press, 2006. p. 173.

3　Wayne C. Booth, *The Rhetoric of Fiction*, Chicago: The University of Chicago Press, 1983, p. 396.

罗杰·弗莱等为代表的布鲁姆斯伯里小团体的美学理念提出批评：

> 培养与维护精致超然的美学反应，可以使他们超越日常的道德判断（因而可以保护非传统的性生活模式），忽略改革派提出的关注大众教育的建议，而是注重培养小范围的精英朋友圈子（跟布鲁姆斯伯里的这种理想紧密相关的不仅是对工人阶级的蔑视，而且往往是反犹主义和其他形式主义的关于族群和种族的偏见。这种偏见也深深影响着新批评派中的很多人）。[1]

除了这类直接表达之外，努斯鲍姆还在具体的作品分析中表达她的美学立场。比如在对《金钵记》的分析中她就指出，玫姬前后不同阶段存在着两种截然不同的"审美化（aestheticization）"行为。在小说的前半部分中，玫姬与她的父亲一样喜欢艺术，并会把对艺术的欣赏态度投射到人身上。如将丈夫亚美利哥视为一个"美丽的物品也是个昂贵的物品"，甚至可称为"所谓的精品（morceau de musée）"。[2] 这种对艺术的欣赏态度非常类似于康德式的审美鉴赏，即以一种超然的态度欣赏艺术。这种审美态度有意识地将生活与艺术隔离开来，更侧重于欣赏艺术本身（如形式）。以这种态度看待艺术，否认艺术与生活之间的联系，就不会意识到不同的艺术作品所代表的价值选择以及在它们之间存在的价值冲突。努斯鲍姆以逛美术馆为例说明，美术馆中的作品各有不同，欣赏者可以同时欣赏不同的作品，却无法体会不同作品背后的价值观冲突。就好比我可以花所有的参观时间欣赏透纳的作品而不会因没有参观隔壁房间的莫

1　Martha C. Nussbaum, *Cultivating Humanity: A Classical Defense of Reform in Liberal Education*, Cambridge: Harvard University Press, 1997, p. 107.

2　亨利·詹姆斯：《金钵记》，姚小虹译，上海：上海文艺出版社2017年版，第10页。

奈作品有所愧疚。当玫姬在安排四人的生活时，她对人的想象就是以博物馆的艺术品作为范本的，认为可以对它们进行随意地排列组合，打包分装。"生活在艺术作品之中就好比生活在一个价值极为丰富的世界中，但其中并不存在背信、不忠以及任何冲突的危险"。[1]

如果说小说的前半部分玫姬的审美态度是把人当成一件物品，拒绝任何人性元素的话，那么小说的后半部分她开始学会以一种新的审美态度来看待世界与他人，从而成功地建立起审美活动与道德考虑之间的联系。玫姬的这种新的审美活动，体现在她学会了运用自身的感知与情感，敏锐地感受这个世界。比如在决定与父亲分离的那一幕中，玫姬开始意识到为了留住丈夫，她就必须与父亲分离。这样的伦理困境是无法通过抽象的理论或概念来解决的。正如上一章所指出的那样，努斯鲍姆指出玫姬学会了用一种更为丰富与全面的道德慎思来看待自己的父亲。她不再把他视为一件完美无瑕的艺术作品，而是看到了他作为特殊个体的存在，这是一个"伟大的，深沉又显赫，个子不高的男人"。[2] 她"不把他想象成父亲、法律，而是把他想象成为一个有限的人，其尊严存在于他的人性限度之中且不与之对立"。在这一过程中，她找到了"一种以成年人的方式来爱他，以及平等的基础"。[3] 在细致的感知中玫姬产生了一种道德的洞见。可以说，这是一种与人生相关联的审美态度，将感性与责任以很自然的方式联系在了一起。

其次，努斯鲍姆极为重视文本细读与细节分析，并重视文学形式的独立性与自主性。从前面介绍的个案分析可见，努斯鲍姆对于

1　Martha C. Nussbaum, *Love's Knowledge: Essays on Philosophy and Literature,* New York: Oxford University Press, 1990, 132.

2　亨利·詹姆斯：《金钵记》，姚小虹译，上海：上海文艺出版社2017年版，第476页。

3　Martha C. Nussbaum, *Love's Knowledge: Essays on Philosophy and Literature,* New York: Oxford University Press, 1990, p. 153.

文学语言与细节有着惊人的敏感与分析能力，特别善于分析文本中所呈现的各种意象：如《美狄亚》中"蛇"、《金钵记》中"水"和"金钵"、《大卫·科波菲尔》中人物的手臂姿势，《到灯塔去》中"蜂巢"的意象等等；此外她对于一些名字（如"洛克伍德"）的分析也体现出一种敏锐的洞见。她对于写作本身持有强烈的形式意识，这让她的理论写作充满灵气与想象，细节呈现与理论推演交相辉映。

最后，努斯鲍姆对形式的重视最终落实于伦理内涵。希腊化时期哲学对"治疗"人类精神与心灵的重视对她产生深刻的影响。她从希腊化时期哲人的写作中获得启示：如果我们要以医学的方式来从事哲学，那就需要与你的治疗对象之间发展出一种相互信任的氛围，而在营造这种氛围的过程中，"想象力的使用、叙事、共同体、友谊以及可将一个论证进行有效包装的修辞与文学形式"[1]就会发挥重要的作用。因为这些形式并不是单纯的形式，形式本身就暗含着伦理选择。

为此，无论处理哲学文本还是文学文本，努斯鲍姆都对形式的伦理价值格外重视。她认为"形式是一部著作的哲学内容的一个关键要素。有时候，形式所表现出来的内容实际上是如此有力，以至于其中所包含的所谓更加简单的教导都受到了质疑"[2]比如她认为柏拉图的《斐德罗篇》对文学形式的采纳，有力地论证了"癫狂"在哲学上的价值。"柏拉图告诫我们，不能把比喻和戏剧仅仅视为赏心悦目的装饰而抛弃，或者把论证从其'文学'背景中隔离出来。"[3]当然，她更关注文学语言与风格所蕴含着的伦理。在她看来，那些无法被

1　玛莎·努斯鲍姆：《欲望的治疗：希腊化时期的伦理理论与实践》，徐向东等译，北京：北京大学出版社2018年版，第34页。

2　同上，第500页。

3　玛莎·C.纳斯鲍姆：《善的脆弱性：古希腊悲剧与哲学中的运气与伦理》（修订版），徐向东等译，南京：译林出版社2018年版，第347页

抽象哲学语言所捕捉与描述的关于世界的多样性、神秘性及其带有瑕疵的不完美的美，能够被文学特有的语言所表现。在《爱的知识》的开篇她就这样写道：

> 当一个人去寻求理解的时候（在此意义上也就是说，当一个人是哲学家时），他应当如何写？应当选择什么字眼？用什么样的形式、结构以及组织形式？这有时是个微不足道且索然无味的问题。但我想说并非如此。文体风格有其自身的主张，表达其关于什么重要的感受。文学形式不但不能与哲学内容相分离，而且其自身就是内容的一部分——一个追寻并表达真理的不可或缺的部分。[1]

对修辞伦理的重视还淋漓尽致地体现在努斯鲍姆自身的写作中。比如《欲望的治疗》虽然看似是史论意义上的哲学论证，但她的写作风格却具有独特的叙事性。在介绍与评价希腊化时代各派哲学（伊壁鸠鲁学派、斯多亚学派、怀疑论学派）的过程中，她根据相关的史料虚构了一位名为"妮基狄昂"的学生学习哲学的故事。[2] 通过想象她如何对亚里士多德以及希腊化时期的哲学论证加以吸收与回应，来完成对那个时期各个派别哲学思想的梳理。这种特定的叙事别有特色，一下子把遥远的历史拉回到当下的现实，从而将古代哲学家的思考转化为每位读者的自我关切。这种写作策略在《思想的激荡》论爱的部分与《女性与人类发展》中也有所体现。在前一部著作中，

1　Martha C. Nussbaum, *Love's Knowledge: Essays on Philosophy and Literature*, New York: Oxford University Press, 1990, p. 3.

2　努斯鲍姆指出，"妮基狄昂"意为"小小的胜利"。该名字出自第欧根尼的作品中，指代的大概是一个高级妓女或交际花。参见《欲望的治疗》，第52页。

努斯鲍姆借助普鲁斯特的虚构人物形象马塞尔与阿尔贝蒂娜，以他们为主人公来探寻不同类型的"爱的上升"[1]；在后一部著作中，她则以两位当代印度女性瓦桑蒂与贾亚玛的不同欲望、身份与境遇来审视当代伦理思想在处理性别正义问题上的得失。努斯鲍姆通过叙事的形式完成哲学论证的修辞策略是相当有效的。

那么，文学的形式如何对伦理产生影响呢？在具体谈到小说的时候，努斯鲍姆这样写道："我的问题将不仅仅是小说呈现了什么，在其中发生了什么（尽管这也是我研究的一个重要组成部分），而且我还想询问的是，其形式本身体现了怎样的人生意识：不仅仅是各种人物如何感受与想象，而且在故事的讲述中，在句子的形式与结构中，在叙事的模式中，在使整个文本充满活力的生命意识中，小说促成了怎样的感受与想象。我还要不可避免地追问，当文本的形式与它想象的读者对话时，这种文本的形式产生了怎样的感受与想象，这种形式里融入了何种类型阅读活动。"[2]文学形式如何建构一个隐含的读者形象，文学如何对于个体人格与公共生活产生影响，则是本章接下去将要讨论的问题。

文学的共导：寻找友谊与成长

正是在对"隐含作者"的负责任的艰苦耐心的理解中，引出了下一个问题：这样的阅读带给我们什么？"不同于追问这本书，这首诗，这出戏，这部电影或电视剧是否会让我在明天转向德性或罪恶，我

1　Martha C. Nussbaum, *Upheavals of Thought: The Intelligence of Emotions*, New York: Cambridge University Press, 2003, p. 471.

2　Martha C. Nussbaum, *Poetic Justice: The Literary Imagination and Public Life*, Boston: Beacon Press, 1995, p. 3–4.

们现在要问的是，它在今天向我提供了怎样的友情。"[1] 的确，伦理批评不关注"事后效应"，它关心在"隐含读者"（或"理想读者"）的层面上，文学阅读究竟能为人带来什么。对于布斯而言，他的关键词是"友谊"与"共导"；对于努斯鲍姆而言，她关注"友谊"带来的东西，那就是个体的成长与成熟。

"当我们在阅读和聆听时我们享受着怎样的友情？"[2] 这是布斯对于文学阅读与批评的定位，从当代的批评环境看，这种定位多少显得有些背时。因为在时下的美学理念中，全情投入艺术是一种幼稚之举，为故事而感伤、为音乐而落泪则是业余之举。当下的文学研究总是将"文本"视为拒人千里之外的"难题"或"谜语"，在阅读中，"只有当我们拒绝想起任何有关垂死的孩子的图景，在纸页上看不到任何东西，除了空白以及无意义的语词，我们才能完完全全地从对文本的'投入'中逃离出来"。[3] 伦理批评不能丧失对作品的全情体验，甚至是反对色情文学的人都不得不承认，若要更好地检讨色情文学的道德危害，唯有与色情文学的亲密接触才能让他明白什么是色情。如果这一切都没有发生，"我们就很难说我们是在回应——以负责任的行为回应——隐含作者"。[4] 这就意味着需要重建文学研究者与文学作品之间丢失已久的"友谊"。

深受亚里士多德伦理学的影响，布斯试图重新激活"友谊"作为幸福生活的核心要素。因为友谊在亚里士多德有关人类幸福的思考中占据了极其核心的地位。尤其在古典文化中，友谊的重要性得到

1　Wayne C. Booth, *The Company We Keep: An Ethics of Fiction*, Berkeley and Los Angeles: University of California Press, 1988, p. 169.

2　Ibid., p. 10.

3　Ibid., p. 140.

4　Ibid., pp. 140–141.

了广泛而深入的讨论。然而，"友谊"这个主题在今天这个推崇"自我"与"孤独"的时代已不流行，更何况是人与书籍的友情。寻找我们与作品之间的友谊，意味着重新恢复我们与文学作品之间古老而亲切的关系。我们需要放弃当下学术圈所倡导的"侦探式"的冷冰冰阅读，而要回归那种充满热忱与激情的阅读。

布斯认为在方法论层面有必要对伦理批评做出相应调整。布斯花了大量篇幅对历史上的道德主义批评与现今的意识形态批评进行了反思。在其看来，它们共同犯了教条主义的错误，在方法上都遵循着某种简单的三段论原则：

1. 任何一部作品中表现了 X 就是坏的。

2. 诺曼·梅勒的小说中表现了 X。

3. 那么，我们就无需细读梅勒小说的整体结构，也不需要考虑不同的读者所感受到的不同经验，就可以认为它在道德上是有害的。[1]

在他看来，文学批评不应仅仅遵循抽象的原则来进行实践。这种逻辑上的三段论不仅出现在传统的道德主义批评中，同样也呈现在当下的意识形态批评中。比如从柏拉图到加德纳为代表的道德主义者总是寻求判断的一般性原则或优秀的唯一标准。一旦标准得以确立，他们就可以用这一标准来衡量一切艺术的优劣。"所有的批评家都倾向于过度一般化，伦理批评家最容易受到这种诱惑。"[2] 如今的意识形态批评表面看似与传统道德主义批评水火不容，但其所信奉

1　Wayne C. Booth, *The Company We Keep: An Ethics of Fiction*, Berkeley and Los Angeles: University of California Press, 1988, p. 54.

2　Ibid., p. 51.

的"政治正确"与前者几乎如出一辙。在这种简单的极端化处理中，他们放弃了在批评世界中更为丰富多元的论证与价值。

当抽象原则无法帮助我们理解艺术价值的微妙与复杂性之时，文学的伦理批评又该如何展开呢？布斯的答案是"共导（coduction）"。"共导"是布斯的生造词，他试图将其与演绎（deduction）和归纳（induction）区分开来。它是一种公共性而非私人性的批评实践，人们对文学的评价是在与他人的交流中走向客观的。布斯以自身经历为例对"共导"进行解释：有一次他与妻子一同去看电影《紫色》，他在观看过程中数次流泪，而妻子却完全没有。于是他们之间进行了这样的对话：

> 布斯妻子："他们怎么会拍出这样陈词滥调的作品来？"
> 布斯："你说什么？陈词滥调？我真的被打动了。"
> 布斯妻子："你的意思是你丝毫不厌烦那些显而易见的公式化情节？"

"经过这样的对话，我开始对我的眼泪即刻进行了重新考虑。而我的妻子也考虑自己是否过于冷酷。于是，'作品自身'通过我们的对话得到了重新演绎与改变。"[1] 这种"共导"除了体现在与他人的对话之中，还可以体现在与过去自我的对话之中。布斯以自己阅读拉伯雷的《巨人传》为例。他在年轻时期非常喜爱这部作品，并能与男性朋友们一起分享作品中的各种笑点，包括其中对女性人物的嘲讽与贬低。但随着时间的推移，尤其是在亲身体验了美国的社会问题

---

1 Wayne C. Booth, *The Company We Keep: An Ethics of Fiction*, Berkeley and Los Angeles: University of California Press, 1988, p. 74.

并理解了女性主义思想后，他发现自己在阅读这部作品时越来越笑不出来，并承认拉伯雷的笑声中存在着伦理上的缺陷。[1] 尽管他并不质疑这部作品在文学史上的经典地位，但对它的评价确实要比过去复杂得多。

由此可见，"共导"本质上是与他者分享交流审美经验的过程，他者既可以是他人，也可以是曾经的自我。在这一交流过程中，人们或对他人的意见进行思考，并带着他人的眼光进行重新阅读；或是对曾经的自我有所审视与批判。伦理批评的客观性就建立在这种主体间的交往之中，这种交往的流动性特征使得伦理评价并不像科学论证那样永恒不变。"共导"在本质上强调了人的"可塑性"："我"并不是孤军奋战；"我们"共同行事，来回争论永无休止[2]。

布斯的这一"共导"概念得到了努斯鲍姆的认可与赞赏，并在她的批评实践中有所体现。比如她对《大卫·科波菲尔》的阅读就是典型案例，正是女儿对这部小说的阅读促使她重新阅读这部小说，女儿对主人公斯蒂福的喜爱，让她重新审视自己过去的判断：

> 一个下午，坐在雅芳斯岸边，六月初的阳光下，我背对着那些难看的赌场、廉价的旅店、粉色与蓝色的小别墅，我的眼神从小说的纸页转向面前召唤着我的黑蓝色大海的宽广地貌，我感到脸上吹过一阵轻风，内心一阵激动，在每个事物的崭新面貌前感到的那种感官上的愉悦，不知怎地与小说篇章中栩栩

1　Wayne C. Booth, *The Company We Keep: An Ethics of Fiction*, Berkeley and Los Angeles: University of California Press, 1988, p. 411.

2　Wayne C. Booth, *The Essential Wayne C. Booth,* edited by Walter Jost, Chicago: The University of Chicago Press, 2006, p. 186.

如生的描写，尤其是与斯蒂福存在的力量联系在了一起。[1]

这一共导的结果大大加深了她对这部小说以及爱与道德之间关系的认识与理解。在她看来，"共导"在伦理上的价值同时体现在两种行为上：一是努力地使自己专心投入文学阅读之中；二是展开批判性的对话，将自己的阅读与自己不断变化的体验以及与其他读者的回应与观点进行对照。"如果我们以这种方式来理解阅读，将阅读视为全神贯注的想象与更为超然（以及互动）的批判性审视的结合，我们就能看到为什么我们可能在其中发现一种适合在民主社会中进行公共说理的活动"。[2]

"共导"也解释了努斯鲍姆对小说这一体裁情有独钟的原因。小说通过主题上对"人类的普遍渴求与社会生活的特殊形式之间的互动"的有力呈现，以及形式上建构"一种伦理推理风格的范式"，对于培养亚当·斯密意义上"公正的旁观者"，即兼具同情与理性批判能力的公民具有极其重要的价值。[3]斯密在《道德情操论》中提出这一概念：一方面他把这个旁观者理解为一位相对超脱的旁观者。由于自身并未卷入他所目睹的事件，因此他能以超然的态度看待眼前的情景。但另一方面他认为，这个旁观者并不是冷冰冰的"理性人"，而是带着情感去看待这些事物的。他具备一种把自己想象成他人，把自己置于对方情境之中的能力，这就是一种同情的能力。"公正的旁观者"能将两者结合起来，并发展出具有公共价值的"理性情感"。在此意义上，文学批评的"共导"价值，不仅是社会与政治意义上的，

1　Martha C. Nussbaum, *Love's Knowledge: Essays on Philosophy and Literature,* New York: Oxford University Press, 1990, p. 335.

2　Martha C. Nussbaum, *Poetic Justice: The Literary Imagination and Public Life*, Boston: Beacon Press, 1995, p. 9.

3　Ibid., pp. 9–10.

更是个体成长意义上的，因为"公正的旁观者这一设计的首要目标就是筛选那些以自我为中心的愤怒、恐惧等情感"。[1] 在此，伦理批评的最重要目标得以彰显。无论布斯还是努斯鲍姆，都将人的成长视为伦理批评"共导"实践的最终归宿。

尽管布斯对文学所能提供的友谊的描述多元而宽广，但他依然认为人的成长离不开寻找最好的友谊。尽管布斯并不主张用一种至高的尺度来衡量文学，但这并没有妨碍他像亚里士多德对"美德之谊"的推崇那样，对文学友谊的质量作出必要的评判。他十分看重美好的文学友情带给读者的积极价值，同时也对文学作品带来的消极友谊提出批评。首先，他对许多流行作品（如《大白鲨》《低俗小说》等）持批判态度，因为这些作品在娱乐背后缺失伦理内涵，这些作品中所呈现的暴力场景缺乏"内在的控诉"，使人们"常常为技术手段所操纵，反而会对施暴者产生强烈的同情"。[2] 其次，布斯认为某些作品的暧昧不清会有损友谊的质量。他认为很多现代小说为了追求某种非人格化的叙述而付出了相应的代价。比如亨利·詹姆斯的《螺丝在拧紧》由于叙述意图上的含混而给读者带来了很多困惑；而纳博科夫在《洛丽塔》中反讽手法的使用导致作品清晰性的丧失。在布斯看来，正是这种清晰性的丧失，造成了我们生活中道德的含混不清。再次，某些经典作品也会助长自我的封闭与自恋。布斯的这一观点在他对《一位青年艺术家的画像》的分析中得到了淋漓尽致的展现。他认为这部著名的现代文学经典非但提供不了最好的友谊，反倒迎合与助长这个时代的个人主义与自恋文化。在此问题上他认同莱昂内尔·特里林有关现代文

1　Martha C. Nussbaum, *Poetic Justice: The Literary Imagination and Public Life*, Boston: Beacon Press, 1995, p. 74.

2　Wayne C. Booth, *The Essential Wayne C. Booth*, edited by Walter Jost, Chicago: The University of Chicago Press, 2006, p. 257.

学的看法：当"他人即地狱"成为当代青年人所信奉的格言，当反叛社会与追寻本真成为时代的主旋律时，我们很多的文学经典都被用来支持这样的"社会—自我"之间的二元对立。

布斯追随马修·阿诺德的文化理想，认为只有以伟大经典为代表的"文化"才能帮助人实现从"一般自我（general self）"到"最好的自我（best self）"的提升。唯有在这些经典中读者才能遇到最优秀的朋友（隐含作者），使自我在与之共处的时光中得到提升："你的陪伴要胜于我希望在与普通人一起生活中所发现的任何陪伴——包括我自己。毕竟你是精华版，甚至比那个创造你的作家还要优秀"。[1] 布斯指出，伟大经典作品所提供的友谊不仅体现在"它们所提供愉悦的广度、深度与强度中，也不仅体现在证明它们对我有用的承诺中，而且体现在它们在这些时刻让我过上了我自己所无法实现的丰富而完整的生活的无法抗拒的邀请中"。[2]

努斯鲍姆对文学的伦理思考也体现出与布斯的一致之处。无论是其笔下领悟到人生无穷意义的斯特雷瑟，经受悲剧性命运的海厄森斯，还是在生活中学习与体验爱的玫姬以及拉姆齐夫妇，都体现出努斯鲍姆对于心灵成长的重视。改变这个世界固然重要，但比这更为重要的则是改变自己，做一个更好的自己。在此，努斯鲍姆的伦理批评中回荡着马修·阿诺德遥远的声音。

当然，在对于何为"最好的友谊"，何为"最好的自我"的认识上，布斯要比努斯鲍姆更为多元包容，而强烈的平等主义立场多少限缩了努斯鲍姆对于文学的宽容度。这不仅体现在她对相关文学作

1　Wayne C. Booth, *The Essential Wayne C. Booth*, edited by Walter Jost, Chicago: The University of Chicago Press, 2006, p. 178.

2　Wayne C. Booth, *the Company We Keep: An Ethics of Fiction,* Berkeley and Los Angeles: University of California, 1988, p. 223.

品的伦理筛选中（第四章第四节），而且还体现在她对布斯多元主义
立场的批评中，她认为布斯为了证明自己不是一个道德上的教条主
义者，有些趋向于相对主义，"竭力讨好他在文学领域的那些现实或
想象中的批评者，急于打消他们的疑虑"，她认为"他没必要如此迁
就"。[1]努斯鲍姆较之布斯在立场上的强硬，也让她成为伦理批评的论
争中波斯纳的主要批评对象。

第三节　从批评到反驳：伦理批评的论争

不难想象，努斯鲍姆的文学伦理学及其批评实践在赢得掌声的
同时，也遭遇了不少质疑与挑战。学者们基于各自的政治与文学立
场，对其提出批评。比如罗伯特·伊格尔斯通从解构批评的角度指
出，努斯鲍姆对文学语言的理解局限于传统观念，即把言语视为现
实的再现。从解构主义者的角度看来，语言是模糊的、自足的，努
斯鲍姆这种视语言为透明媒介的阅读是站不住脚的。[2]这类批评尽管
气势汹汹，但并不足以构成对努斯鲍姆的挑战，因为她与这些后现
代主义者在是否承认人文立场，是否接受相对主义等价值选择上存
在根本分歧，因此也就无法形成有效的对话。此外，伊格尔顿、迪
克斯坦、卡罗尔等人也对她的批评实践质疑，但基本"点到为止"，
并未形成系统深入的阐发。

1　Martha C. Nussbaum, *Love's Knowledge: Essays on Philosophy and Literature,* New York: Oxford University Press, 1990, p. 243.

2　Robert Eaglestone, *Ethical Criticism: Reading after Levinas,* Edinburgh: Edinburgh University Press, 1997, pp. 46–47.

真正对努斯鲍姆形成挑战的，反倒是来自非文学领域的理查德·波斯纳。1997年，波斯纳在《哲学与文学》杂志上发表长文《反对伦理批评》（"Against Ethical Criticism"），对以布斯和努斯鲍姆为代表的伦理批评提出了质疑。[1] 此后，努斯鲍姆与布斯也分别撰文《准确与复杂：为伦理批评辩护》（"Exactly and Responsibly: A Defense of Ethical Criticism"）与《为什么禁止伦理批评是个严重的错误》（"Why Banning Ethical Criticism is a Serious Mistake"）给予回应，波斯纳又分别对二人的回应作出回应。这些学者的讨论犀利、尖锐、坦诚，提出了许多深刻洞见，使讨论达到了很高的水平，也为伦理批评的支持者与反对者提供了很多思考的空间。

波斯纳对伦理批评的质疑

波斯纳援引奥斯卡·王尔德的名言来申明其文学上的唯美主义立场："书无所谓道德的或不道德的。书有写得好的或写得糟的。仅此而已。"[2] 在他看来，用伦理尺度来衡量文学作品，或期待文学阅读可以产生道德效应是没有意义的。他的理由主要如下[3]：

首先，阅读文学并不能让人变得更好，也不能推动社会道德进步。繁荣的文学阅读并没有阻止在20世纪发生人类历史上惨无人道的屠杀，托马斯·曼是第三帝国的毫无保留的支持者，而当时的德国法官都具有良好的文学修养。另一方面，"几乎没有什么证据表明色

---

1 波斯纳的观点在《公共知识分子：衰落之研究》（2001）以及《法律与文学》（1988，1998，2009）中也有所呈现，笔者在综合这些文献的基础上对波斯纳观点进行介绍。

2 奥斯卡·王尔德：《道连·葛雷的画像》，荣如德译，上海：上海译文出版社2006年版，第3页。

3 参见Richard A. Posner, "Against Ethical Criticism", *Philosophy and Literature*, 1997, 21, pp. 1–27.

情文学会使男人的行为变得更差"。[1] 他还指出在文学中寻求道德的指引甚至是危险的，"文学同暴力和侵犯之间的亲和力并不是偶然的。文学中有着丰富的犯罪幻想"。[2] 其次，大量经典作品都存在道德与政治偏见，但这些并不妨碍我们对它们的喜爱。如莎士比亚作品中的反犹主义，拉伯雷对女性的歧视，《哈克贝利·费恩历险记》中的种族主义等等。文学作品不会因宽容了某种糟糕的道德而声名狼藉，那些在道德上正确的作品也未必是好作品："随着与作者有关的特定政治背景或者社会形势斗转星移抑或不复存在时，那些教诲性成分便趋向于成为过眼烟云"。[3] 此外他还认为真正训练有素的读者不会在乎作品中所体现的道德内涵，"伟大的文学一定会以某种方式诱使读者暂时停止道德判断"[4]，波斯纳这一论断与纳博科夫对"优秀读者"的期许所见略同。最后他还指出，作者的道德特质或观点不应该影响我们对作品的评价。伦理批评体现了一种对政治、宗教以及道德的沉迷，但这种沉迷"缺乏能力对文学做出美学的回应"，"并不健康"。[5]

在具体针对努斯鲍姆和布斯的批评中，波斯纳把更多的笔墨花在努斯鲍姆身上，因为相较于后者，波斯纳认为布斯对"伦理"的理解"比较宽泛"，而且跟自己对"审美"的认识多有重合之处。[6] 他认为布斯的伦理批评"更具有系统性、范围更加广阔"。[7] 相比之下，努

1　理查德·A.波斯纳：《法律与文学》，李国庆译，北京：中国政法大学出版社2002年版，第413页。

2　同上，第439页。

3　理查德·A.波斯纳：《公共知识分子》，徐昕译，北京：中国政法大学出版社2002年版，第289页。

4　理查德·A.波斯纳：《法律与文学》，李国庆译，北京：中国政法大学出版社2002年版，第415页。

5　Richard A. Posner, "Against Ethical Criticism", *Philosophy and Literature*, 1997, 21, pp. 1–27.

6　Richard A. Posner, "Against Ethical Criticism: Part Two", *Philosophy and Literature,* 1998, 22, pp. 395–412.

7　理查德·A.波斯纳：《法律与文学》，李国庆译，北京：中国政法大学出版社2002年版，第409页。

斯鲍姆的讨论范围较为狭窄。波斯纳同意努斯鲍姆的一点是，文学作品的描写要比伦理学作品更为生动，他也看到努斯鲍姆并不否认美学价值的重要性，但他不同意她将美学与道德哲学整合在一起的做法，以及认为文学作品能提供道德指引的看法。

　　在他看来，像《金钵记》这样的作品，会招致多样不同的道德反应："我们可以同通奸者站在一起"，并且认为"玫姬懦弱无力"，还可能会"对玫姬和她父亲的亲昵行为感到不舒服"，审视小说的"不同视角可以非常好地一起共存"，不能"强迫读者选择一种'正确'的解读"。[1] 此外他也并不认为詹姆斯是一位道德主义者，聚焦于《金钵记》中的道德议题就有可能"忽略了詹姆斯想象力中的荒淫好色和哥特式的风格"。[2] 即便是具有社会议题性质的《卡萨玛西玛王妃》也不具有任何现实感与政治性：海厄森斯的自杀"标志着这位艺术家不能充分完全地参与到这个世界中"。[3] 针对《艰难时世》，他认为这部作品在时下已经失去意义。他认为小说讽刺的不是功利主义本身，而是讽刺把边沁的理论应用到了错误的领域。因为没有经济学家会像格雷戈林那样，会将功利主义模型推广到家庭领域。对于努斯鲍姆选择《莫瑞斯》以及《土生子》这类作品阅读来推动社会正义的做法，波斯纳则指出这类作品质量不高，《莫瑞斯》是福斯特最糟糕的作品，《土生子》虽然在特定年代有其社会价值，但绝非上乘之作。随着种族隔离、同性恋等问题日益得到改善，这些作品（包括佩顿的《哭泣的大地》）都会过时。

　　借此，波斯纳犀利地指出，努斯鲍姆本身就暗示了文学内部存

1　理查德·A.波斯纳：《法律与文学》，李国庆译，北京：中国政法大学出版社2002年版，第422—423页。

2　理查德·A.波斯纳：《公共知识分子》，徐昕译，北京：中国政法大学出版社2002年版，第293页。

3　同上，第303页。

在大量并不道德的作品，否则她完全可以选择那些更加经典的作品，而不需要去担心它们不够具有"平等主义"意义上的价值。在他看来，伟大的文学抗拒自身被"教益化"，这就使得"努斯鲍姆的伦理立场在研究开始之前就已经确定了，并提供了选择的标准、塑造了解释"。[1] 此外他还对文学提供的"友谊"质疑：友谊能产生善吗？坏人就一定没有朋友吗？文学可以提供各种各样的友谊，很多可能是罪恶的、危险的或者不负责任的。

如果文学不是用来塑造更好的道德，推进社会正义，那么我们读文学是为了什么呢？波斯纳的回答是：首先，阅读那些复杂的作品，可以"提高我们的阅读技巧"[2]。其次，我们可以通过阅读这些名作"学会更好地表达自己"，"我们也学习了那些远离我们自己、但还不至于无法辨识的文化、时代和感受的价值观和经历"，并由此"扩展我们的感情和智识视野"。[3] 在他看来，文学的价值体现在"共情"而非"同情"层面，与其说是为了让我们在道德上变得更好，不如说是让我们在生活的游戏中变得更为成功，因此它是非道德的（amoral）。最后他还指出不能过度强调文学的严肃性，而忽略了其娱乐性，这样就"仍然赋予了文学一种过于严肃、甚至清教徒的气氛"。[4] 他还例举了济慈的《忧郁颂》、艾略特的《荒原》的相关片段来进一步论证文学与道德的距离。总之，波斯纳认为对文学进行伦理或道德上的探询，多少是对文学的偏离。

1 理查德·A.波斯纳：《法律与文学》，李国庆译，北京：中国政法大学出版社2002年版，第432页。
2 同上，第434页。
3 同上，第434—435页。
4 同上，第438页。

玛莎·努斯鲍姆的回应

针对波斯纳的质疑，努斯鲍姆撰写《准确与复杂：为伦理批评辩护》予以回应。[1]她援引詹姆斯的观点为伦理批评辩护：小说家是伦理性与政治性的存在。我们的社会需要小说家来对由"廉价而简单规则"所主宰的文化进行批评，人们会由于迟钝与缺乏想象力而对他人造成灾难。"那种真实地看与真实地呈现的努力并不是一种轻松的事情，它要持续地让我们面对这种令人困惑的力量"。[2]艺术家能够帮助我们做到这一点，当我们追随詹姆斯的作品时，也就是参与到了一种伦理活动之中。努斯鲍姆指出，詹姆斯一方面继承了苏格拉底以来的传统，对那种麻木的民主进行牛虻式的叮咬；另一方面他不同于苏格拉底，认为文学可以推进道德意识。小说家使用"浓密的一组组词，感知的与表现性的……仅仅从这些常用词的头顶向下看——或者可以说，它们简直就像机敏的鸟儿，栖息在那些日益缩小的山峰上，渴求更为清新的空气"。[3]因此，"美学是伦理的与政治的"。[4]

努斯鲍姆认为要回应波斯纳有三个困难。第一，波斯纳没有对她与布斯的伦理批评的观点展开描述或分析，其批评存在着模糊性。第二，波斯纳的文章存在着两个观点：一个较强的观点认为"文学并

1　Martha C. Nussbaum, "Exactly and Responsibly: A Defense of Ethical Criticism", *Mapping the Ethical Turn: A Reader in Ethics, Culture, and Literary Theory*, edited by Todd F. Davis and Kenneth Womack, Charlottesville: University Press of Virginia, 2001, pp. 59–77.

2　Henry James. *The Art of the Novel,* New York: Charles Scribner's Sons, 1962, p. 149.

3　Ibid., p. 339.

4　Martha C. Nussbaum, "Exactly and Responsibly: A Defense of Ethical Criticism", *Mapping the Ethical Turn: A Reader in Ethics, Culture, and Literary Theory*, edited by Todd F. Davis and Kenneth Womack, Charlottesville: University Press of Virginia, 2001, p. 60.

不存在伦理维度，文学的美学价值与伦理价值是完全分离的"；一个
较弱的观点认为"文学经常挑战那种简单化了的道德主义"。[1] 在她看
来，那个较强的观点对她与布斯形成了挑战，但那个较弱的观点则
不形成挑战，因为道德主义正是她与布斯所反对的。第三，她指出
波斯纳使用的例子并未涉及太多小说，主要是诗歌。这与她本人对
小说的关注之间存在着错位，缺乏文类上的针对性。

在进一步的回应中，努斯鲍姆指出自己并未在笼统的意义上谈
论文学，而是在一个限定的范围内探讨文学对于回答"人应当如何生
活"这个问题的价值。她明确指出，文学具有多种目的，她也不否认
文学的形式主义批评所做的贡献。作为一位政治多元主义者，她在
文学研究上也是持多元主义立场，坚信很多方法都值得尊重与培养。
针对《金钵记》的批评，努斯鲍姆并不认可波斯纳将其视为"借助文
学批评上道德课"的评价。她对《金钵记》的解读旨在论证"好的选
择是具有高度特殊性的，在提前知晓所有各方及其复杂的历史之前，
人无法确定哪种选择是正确的"[2]。波斯纳根本不理解她在《爱的知识》
中的总体诉求：针对道德哲学家对人类情感与想象无动于衷的状况，
她试图劝诫他们关注文学从而改善伦理学事业。但在《诗性正义》中
她面对的任务又有所不同，这本更具普及性质的作品则是旨在发掘
文学在推进社会正义和培养公民的意义上所能做出的贡献。但她发
现波斯纳似乎对于"理解那些穷人、罪犯、激进的少数人群以及被排
斥在外的人的经验"[3] 缺乏兴趣。

努斯鲍姆从波斯纳的论述中提炼出四种论证的观点，并对

1　Martha C. Nussbaum, "Exactly and Responsibly: A Defense of Ethical Criticism", *Mapping the Ethical Turn: A Reader in Ethics, Culture, and Literary Theory,* edited by Todd F. Davis and Kenneth Womack, Charlottesville: University Press of Virginia, 2001, p. 61.

2　Ibid., p. 65.

3　Ibid., pp. 60–67.

之逐一反驳。首先是"能共情的施虐者论证（empathetic-torturer argument）"。波斯纳指出，理解别人的所思所感并不会产生同情的行为。努斯鲍姆认为波斯纳没有注意到她对同情的界定是一种亚里士多德式的对于痛苦的同情，同情者本身也是与对方有相似的处境的人。波斯纳所说的同情其实是一种共情。她也同意波斯纳的看法，共情不一定引发行动，但共情是培养同情的基础。

其次是"糟糕的文人论证（bad-litterati argument）"。波斯纳指出不少纳粹成员也具有文学修养，但这并没有让他们变得善良。努斯鲍姆指出这一论证也很容易回应。她和布斯讨论的是"阅读过程中小说与读者心灵之间的交流，但并没有主张这种体验必然会影响他的生活"[1]；她也从不认为我们花越多的时间在阅读上，我们就会变得越好。至于纳粹的问题，当时德国社会状况本身负面影响压倒了文学的正面影响；而且她也一再指出，并非所有文学都能促进同情，她怀疑纳粹并不会去读狄更斯，反倒是尼采与瓦格纳的狂热读者。

再次是"邪恶的文学论证（evil-literature argument）"。该论证在努斯鲍姆看来比较复杂也颇有意思。波斯纳认为文学会呈现很多罪恶，并邀请读者与之合谋，比如让我们同情特权阶级，并对压迫女性、战争与抢掠以及种族主义产生兴趣。努斯鲍姆认同这个看法，并非所有文学在伦理上都具有积极性。因此才需要对文学作品进行必要的伦理评估。当然，这种评估是非常复杂的，不能是政治审查或道德主义的，而是要求读者或批评家基于作品的整体（或"隐含作者"）去进行评判。在她看来，荷马、拉伯雷、莎士比亚等作家的作品在伦理上存在坏的影响，但只"体现在比较有限的层面"，即便是

---

1 Martha C. Nussbaum, "Exactly and Responsibly: A Defense of Ethical Criticism", *Mapping the Ethical Turn: A Reader in Ethics, Culture, and Literary Theory,* edited by Todd F. Davis and Kenneth Womack, Charlottesville: University Press of Virginia, 2001, p. 68.

"非常邪恶并具有很大负面影响"的瓦格纳，他的作品也依然有"持久的价值"。[1]

最后是"审美自主性论证（aesthetic-automony argument）"。波斯纳认为文学的审美价值与伦理价值是彻底分离的。努斯鲍姆指出，这一论证在美学史上有一个久远的传统，但她并不认为审美可以与伦理彻底分离，尤其是她所讨论的詹姆斯的几部小说，流露出显著的伦理意识。而且，从广义的角度看待"伦理"这一概念，几乎没有文学作品是不具有伦理性的。波斯纳作为一位文学爱好者这一事实本身就能体现文学对其个人的伦理意义，他所说的文学"让我们的生活有意义"难道不代表伦理的价值吗？"他为什么要推断文学提供的启迪是审美的，而不是伦理与政治上的？"[2]努斯鲍姆禁不住发问。

她的答案是：波斯纳之所以不同意伦理批评，其根源在于他不是平等主义价值观的同路人。他更倾心于远离这些社会议题的文学作品，如叶芝与艾略特的诗歌，而她则更欣赏狄更斯、奈保尔这类对社会问题怀有强烈热忱的作家，并希望这些作家的作品能够激发读者来更好地思考与关注社会问题。波斯纳对这类作品不感兴趣，对此她表示尊重，但她认为波斯纳却不尊重她的选择，并将她与布斯的批评实践说得一文不值。"波斯纳，作为号称自由价值的积极捍卫者（他经常反对那些教条式的政治对手），却写下如此专横的（illiberal）文章。他应该问问他自己这到底是为什么。"[3]努斯鲍姆以犀利的反问结束全文。

1　Martha C. Nussbaum, "Exactly and Responsibly: A Defense of Ethical Criticism", *Mapping the Ethical Turn: A Reader in Ethics, Culture, and Literary Theory,* edited by Todd F. Davis and Kenneth Womack, Charlottesville: University Press of Virginia, 2001, p. 71.

2　Ibid., p. 74.

3　Ibid., p. 77.

韦恩·布斯的回应

韦恩·布斯也对波斯纳做出回应。[1] 在他看来，波斯纳对伦理批评的反对存在着内在不一致，存在着两个波斯纳形象："波斯纳一"要把所有的伦理问题从审美判断中排除出去；"波斯纳二"是作为文学上的（而非法律上）法官在实践伦理批评。布斯将之称为"波斯纳悖论"。

布斯同意努斯鲍姆对波斯纳的回应，认为波斯纳在六个问题上给人带来理解上的困惑。第一，阅读故事是否真的会对读者造成道德影响？布斯认为波斯纳会跟他一样作出肯定回答。比如波斯纳举过《少年维特之烦恼》在当时欧洲造成自杀率上升的案例来证明文学的道德影响力。第二，如果我们确实相信一部文学作品对读者的人格产生了负面影响，是否就可以因此认为该小说是"不道德的"？布斯指出，回答显然是否定的：我们对作品的评判应着眼于作品本身而不是其在现实中导致的结果。第三，我们能否根据文学作品中出现某种在我们看来好的或不好的价值取向对作品进行评价？比如《李尔王》这个剧本中把挖眼珠表现为一件好事，那么这一价值选择是否能让我们对整部作品进行负面评价。布斯认为波斯纳跟他一样会做出否定的回答，因为这取决于故事中所包含的其他价值。

布斯指出，历史上的很多道德主义批评家经常对上述三个问题做出肯定回答。在此意义上，波斯纳对道德主义的批评是正确的。在布斯看来，那些道德主义批评家跟今天的许多意识形态主义者一样，在强调道德功用时忽视了美与感性愉悦。历史上文学批评家对

---

1 参见Wayne C. Booth, "Why Banning Ethical Criticism is a Serious Mistake", *Philosophy and Literature,* 1998, 22, pp. 366–393.

审美价值的强调常常出于对简单道德说教的反对，因为一个道德正确的故事不一定是好故事，一个包含了某种不道德因素的故事也未必是个坏故事。拉伯雷的性别歧视确实让布斯在阅读《巨人传》时少了几分愉悦，但这并没有过多损害到他对这部作品的总体肯定。最为糟糕的是有些批评家把道德标准强加于作品，有时候甚至连作品都不读。为此布斯指出，波斯纳错误地理解了努斯鲍姆和他的伦理批评，这些道德主义批评同样也是他们所反对的。

第四，真实生活中的作家的道德品质是否会影响我们对作品的判断？布斯认为他和波斯纳的回答也是否定的。我们不能把生活中的作家等同于作品中的作家，不能因为托尔斯泰在生活中虐待过他的妻子，进而否定《安娜·卡列尼娜》的文学价值。为此，布斯认为在这四个问题上他同意"波斯纳一"，文学能够改变读者，但不能根据文学对读者的影响来评判它的价值。在接下去的第五和第六个问题上，他与波斯纳出现分歧。

第五，我们是否可以根据文学的全部伦理效应来衡量作品的质量？在布斯看来，"波斯纳一"会对此回答说"不"。阅读伟大作品并不会让我们成为好人或好公民，那些从事文学阅读的人并不比那些不读文学的人要好到哪里去。但布斯认为，波斯纳的论点缺乏细致的论证：他并没有去探究这些文学作品是如何被阅读与教学的，也并不知道那些杀人恶魔究竟读的是哪些作品，在这方面并不存在确凿准确的证据。

第六，哲学家和文学批评家是否应把伦理作为文学作品的核心价值进行讨论？布斯认为在此问题上两个"波斯纳"相互矛盾。"波斯纳一"认为审美是审美，道德是道德，两者不能混为一谈；"波斯纳二"是个文学爱好者，经常会对作品做伦理评价。布斯感到他与

"波斯纳一"存在着深刻的分歧，但"波斯纳二"的表述比较含混，并未强调审美与生活的分离。"波斯纳二"强调的美学观背后所指涉的"开放、疏离、享乐、好奇、宽容、自我培育以及保存私人领域的价值"恰恰是一种伦理意义上的"自由主义个人价值观"。布斯指出，波斯纳的问题出在他没有看到"道德（moral）"与"伦理（ethical）"之间的区别。他引用王尔德为其审美主义辩护，却没有看到王尔德所有作品及其所塑造的人物的伦理立场。王尔德经常试图去创造一种在他看来"更好的人"，这种人能够用更高的眼光看待世界与艺术，并以此来指导生活。这便是一种显而易见的伦理立场。

此外布斯还论证即便是那些抽象的绘画、纯粹的音乐、现代主义的小说都难以彻底脱离伦理的评价：布斯通过对波斯纳所推崇的几首"纯诗"（如华兹华斯的《不朽颂》、叶芝的《第二次降临》以及济慈的《忧郁颂》等）的细节改动，论证了这些诗歌的价值并不是纯审美意义上的。最后，他还在波斯纳对莎士比亚《威尼斯商人》的评价中看到了他们之间取得共识的可能性。布斯得出结论，他同意"波斯纳二"对文学伦理的肯定，反对"波斯纳一"对伦理维度的排斥。波斯纳需要对他思想的内在不一致有所认识。

文学批评为何需要伦理学

通过对这场围绕着"伦理批评"而展开的论战的介绍，我们可以切身体会到优秀学者之间的学术讨论并不是大学生辩论赛式的争强好胜，而是争辩双方基于对真理的诚意来将问题的理解引向更为清晰、深入的方向。

努斯鲍姆和布斯对于伦理批评的捍卫是总体成立的。一方面，他们俩与波斯纳之间有着不少共识，比如"美学视角就是一种道德视角"[1]；他们也认同"文学未必提供了通向有关人和社会的知识的更直接的路径"[2]这个看法，更不用说三人在反对道德主义问题上的共同立场。另一方面，努斯鲍姆与布斯对波斯纳的反驳也是成立的。他们对伦理阅读的辩护，基于"普通读者"的直觉，而非纳博科夫的"理想读者"立场。从伦理视角进入对文学的理解是可能的，甚至也是必要的。正如卡罗尔所言："无论自律论怎样符合我们关于艺术的某些直觉，它还是会与其他的直觉发生冲突。历史地说，艺术似乎很难脱离其他社会活动。"[3]任何父母都会关心儿童读物对孩子心灵所产生的影响，任何一位非专业的普通读者都会在阅读文学作品时联想自己的人生与身处的时代。

在努斯鲍姆看来，发掘文学的伦理维度有它的意义。首先，她认为伦理视角的介入有助于人们对文学与游戏有所区分，让人们真正认识到文学对于人生更为重要的价值。文学也具有游戏一样的娱乐维度，"但是对我们而言，有些东西会让文学比复杂的游戏更加重要，比象棋或网球这样的游戏更为深刻"[4]。我们需要通过伦理学去发掘文学的人性深度。其次，伦理思想在思辨上的清晰与深入能够帮助人们更清楚地意识到文学作品所展示的道德重量。努斯鲍姆认为在缺乏必要哲学视野的情况下，人们很难充分理解詹姆斯的文学贡献。她以利维斯与特里林为例指出，利维斯之所以对詹姆斯后期作品作出负面评价，源自他对詹姆斯所身处的哲学语境缺乏足够的理

---

1 理查德・A.波斯纳：《法律与文学》，李国庆译，北京：中国政法大学出版社2002年版，第407页。

2 同上，第419页。

3 诺埃尔・卡罗尔：《超越美学》，李媛媛译，北京：商务印书馆2006年版，第443页。

4 Martha C. Nussbaum, *Love's Knowledge: Essays on Philosophy and Literature,* New York: Oxford University Press, 1992, p. 171.

解。特里林则因其广博的伦理学、政治学素养，对詹姆斯的解读达到了一般文学批评所无法企及的深度。[1]最后，伦理思想能够帮助文学理论参与公共生活以及社会正义的讨论。由于伦理学的系统性以及包容性，"它能够通过提出一些文学作品自身并不能意识到的伦理问题如社会结构、经济分配以及自我认同等来加深读者对作品的理解"。[2]这种深入的理解不仅是对作品的理解，而且也是对现实中生活伦理与社会正义的理解。这就将文学理论与一般的文学批评区别开来，尽管都依托于文本分析，对作品的伦理分析指向的是更具普遍性的思考。

不过波斯纳的批评依然需要认真对待。从波斯纳的批评来看，真正的问题恐怕并不在于人们是否需要在文学批评中引入伦理视角，而在于如何适当地引入伦理视角，是在尊重文学作品本身的基础上阐释其伦理内涵，还是将某种外在的伦理理论强加于作品之上？结合努斯鲍姆的作品以及波斯纳的批评可见，波斯纳对努斯鲍姆的批评有很大部分是基于后一种情况。

从上一章的论述中可见，努斯鲍姆的文学观念及其批评实践呈现出一定的复杂性与流变性。如果说其早期的文学观念更多是依托于亚里士多德式的对于"人应当如何生活"这一问题的伦理探询的话，她在后期（尤其是20世纪90年代以来）的文学观念则更关注文学想象如何来呼应某种正确的伦理理论（如罗尔斯的正义论），以及文学叙事如何培育积极的情感（如同情）。在此情况下，她就比较在意如何对阅读给予控制：这不仅体现在对相关文学作品的"审查"中，而且还体现在对阅读准备与方式的"指导"上（先要多读密尔、

1　Martha C. Nussbaum, *Love's Knowledge: Essays on Philosophy and Literature,* New York: Oxford University Press, 1992, p. 191.

2　Ibid., p. 191.

西季威克以及罗尔斯）。她似乎不再愿意以开放的态度来接纳文学提供的道德困惑与惊奇，甚至试图介入这种感知的过程与结果，并为如何阅读以及阅读的结果规定正确的方向。

　　这使得努斯鲍姆较之于先前立场有所退缩，未能一以贯之地遵循自己确立的感知优先性原则，不再以开放的心态面对来自文学复杂性与矛盾性的挑战，而是试图去控制文学的伦理走向，并将其限制在为平等主义理想服务的层面上。在此，努斯鲍姆确实体现出比布斯更为强烈的伦理意识。如果说，王尔德式的美学观念在布斯那里可被视为是一种伦理态度的话，那么努斯鲍姆的伦理概念似乎要较之更进一步，她更在乎文学伦理如何落实于公共生活与社会正义。这时，她在理性原则上捍卫自由主义的意志压倒了在诗性层面上修缮与发展自由主义的兴趣，伦理认知的目标被道德疗愈的诉求所取代。当文学的复杂性挑战了那些她所不支持的教条与原则时，她会欣然接受这种复杂性；一旦文学的模糊性挑战了她所认同的价值原则时，她未必能保持从容与开放。努斯鲍姆对个体伦理生活的思考常常能超越道德主义的束缚，但在公共生活层面依然受到一种新的道德主义——平等主义——的束缚。最终她在个体人生与公共生活的不同层面上，传达出两种虽不能说完全无法通约，但的确充满张力的文学观念。

努斯鲍姆与自由主义文论的危机

　　在 1950 年为《自由的想象》所写的序言中，特里林曾就文学如何为自由主义做出贡献表达看法。在他看来，"那种以自由主义利益作为核心的批评应该发现，它最有用的工作并非在于肯定自由主义的普遍正确性，而是在于对当下的自由主义思想和观点施加一定的压力"，在施加压力方面，文学独特的价值恰恰体现在其能"最充分、最精确地讨论与多样性、可能性、复杂性以及困难性相关的问题"[1]。特里林这番表述是在各种意识形态纷争的年代背景下做出的，受约翰·密尔的启发，他试图提醒他的左翼同行们不要因为抽象的原则与教义而丧失现实感，文学的重要价值恰恰体现在其对抽象原则与教条的质疑中，哪怕该原则看似"正确无疑"。

在很多情况下，努斯鲍姆与特里林持有一致立场，也深受后者的启发（如她充分肯定特里林对亨利·詹姆斯小说尤其是《卡萨玛西玛王妃》的解读）。她不仅认为较之于哲学，文学批评"需要少一些抽象与概要，多一些对情感与想象的尊重，多一些假定性与即席性"，需要"为自己选择一种形式来显示文学的洞见，而不是去否定它"[2]，而且还能写出"为了找到一种政治上有价值的体验，一个人并不需要认为一部小说在所有方面都政治正确"如此富于洞见的句子[3]。尽管对希腊化时期伦理学的治疗理念颇感兴趣，但她显然更看重亚里士多德式的伦理探询之路；尽管强调理论与原则对于良好感知的重要性，但她依然捍卫感知的首要地位；尽管她认为道德哲学的背景有利于深化对詹姆斯小说的理解，但这并不意味着她完全赞同用理论介入文化，放弃全身心投入文学的可能性。但在有些时候（尤其是在探讨文学如何有助于公共生活的问题上），她多多少少放弃了这种开放性。

特里林对此早有预见。自由主义在捍卫自身的过程中会不可避免地走向自我封闭："只要自由主义具有主动性和积极性，也就是说，

---

1 莱昂内尔·特里林：《知性乃道德职责》，严志军等译，南京：译林出版社2011年版，第541，544页。

2 Martha C. Nussbaum, *Love's Knowledge: Essays on Philosophy and Literature,* New York: Oxford University Press, 1990, p. 239.

3 Martha C. Nussbaum, *Poetic Justice: The Literary Imagination and Public Life*, Boston: Beacon Press, p. 77.

只要它能朝着有组织的状态进发，那么它就会倾向于选择最易受到组织影响的情感和品质。在它实现其主动性和积极性目的的过程中，它会无意识地限制自己的世界观，使其缩小到可以应付的范围，而且它会无意识地倾向于形成一些理论和原则，尤其是与人类的思想本质有关的理论与原则，并以此来为自己的局限性提供辩解。"[1] 尤其在当下政治走向极化、自由主义遭受前所未有挑战与质疑的背景中，这种强烈的自我戒备与警惕更是格外显著。"（浪漫主义）虽然在私人生活中很有魅力，但给公共生活提供了自由主义社会必须抵制的种种诱惑。"[2] 艾伦·沃尔夫的这一态度道出包括努斯鲍姆在内很多自由派学者的心声，他们对于文学在伦理与政治上的暧昧与不正确，持有强烈的疑虑与警惕。

但这种疑虑与警惕是否必要，值得深思。哈罗德·布鲁姆不断地提醒我们，在承认文学对于自我有所增益的同时，没有必要对文学的社会效应抱有过分的关切与焦虑。文学的确需要关心道德与社会正义，但更值得探讨的是，文学应当如何关心以及这种关心的程度与限度。在肯定文学伦理贡献的同时，努斯鲍姆的困境无疑为我们进一步反思与批判当代自由主义文论的问题提供了契机。

1　莱昂内尔·特里林：《知性乃道德职责》，严志军等译，南京：译林出版社2011年版，第543页。

2　艾伦·沃尔夫：《自由主义的未来》，甘会斌等译，南京：译林出版社2017年版，第125页。

第六章
艺术论：审美文化与政治正义

在努斯鲍姆有关情感与文学的讨论中，我们不难感受到努斯鲍姆对于法律、政策以及制度等公共议题的兴趣。其伦理思想除了关注个体层面的生活之外，还把很多重点投注到公共生活议题的讨论中。努斯鲍姆对审美公共维度的重视，在其所处的当代自由主义文化中独树一帜，但也略显孤独，应者寥寥。从19世纪发展而来的西方自由主义主流倡导在政治议题上坚持理性主义的原则，对情感及艺术在政治层面所扮演的角色持怀疑态度。因为情感与政治的结合，常常令人想起法西斯主义那般狂热的极权政治。

对这样的状况，努斯鲍姆并不满意。在其对《裘力斯·凯撒》的分析中便可看出，她并不认同莎士比亚的最终结论。这部戏剧以安东尼的激情之爱击败勃鲁托斯的理性之爱收场，这意味着民众不会对抽象的正义原则感兴趣，触动他们心灵的永远是个别的人，尤其是像凯撒这样慈父般的人。对此努斯鲍姆不禁发问：勃鲁托斯永远会输吗？她的回答是：不。美国革命的成功历史告诉她，勃鲁托斯并不总是会输，在那场革命中，人们坚定地站在了抽象的自由与共和理念这一边。那么，为了勃鲁托斯式的抽象理念，我们需要一概拒绝安东尼式的激情与修辞吗？像罗尔斯与哈贝马斯那样认为抽象普遍的理性论证是捍卫民主社会的唯一道路吗？努斯鲍姆的回答同样是否定的。我们为何不能培育一种适合民主社会的政治情感？在她看来，民主政治制度"需要得到特殊而非抽象感情的支持"，我们"完全有可能创造并维护一种特殊的爱，深化并加强对原则和制度的爱"。[1] 她的计划就是为抽象的正义骨骼赋予血肉，要人们不仅在理性上认识正义，而且还要让他们在情感上爱正义。

努斯鲍姆在思想史上找到实施这一计划的依据，她从卢梭、孔德以及密尔有关"公民宗教"的思考中获得启发。这些思想家不约而同地认识到，人类的共同体构建离不开情感、艺术以及审美文化的参与；此外她还在罗尔斯的思想中得到了支持，尽管《正义论》的作者思想是如此的抽象，但的确也为人类情感在政治上的价值留出了空间，指出好的政治制度需要一种"合理的政治心理学（reasonable political psychology）"来给予支持。[2] 努斯鲍姆借此构建了一种旨在补充与超越罗尔斯正义论的"情感正义论"。[3] 她深刻认识到，公共文化需要被一些深植于人类心灵的情感所滋养与维持。离开这些，公共文化就会显得单薄并且冷漠。

本章重点介绍努斯鲍姆如何看待公共艺术与审美文化在当代民主社会中所具有的伦理与政治价值。她对当代公共文化的关注也是其对古希腊悲喜剧文化思考的延伸，与悲剧对于古希腊城邦民主的意义类似，她认为我们可以有当代的悲剧与喜剧，可以通过音乐表演、政治修辞、公共艺术、公园以及纪念碑等公共文化形式体现出

---

1 布莱迪等编：《莎士比亚与法：学科与职业的对话》，王光林等译，哈尔滨：黑龙江教育出版社2015年版，第318页。对译文略作改动。

2 Martha C. Nussbaum, *Upheavals of Thought: The Intelligence of Emotions,* New York: Cambridge University Press, 2003, p. 402.

3 在当代，对情感在政治中的价值也得到了越来越多学者的响应。如莎伦·克劳斯在《公民的激情：道德情感与民主商议》中就指出，"情感在关于正义的慎思中所发挥的作用，必定比政治理论中的主导模式所承认的更为重要"。参见莎伦·R.克劳斯：《公民的激情：道德情感与民主商议》，谭安奎译，南京：译林出版社2015年版，第4页。

来。它们可以像古代的悲剧那样培养人们的同情，克服羞耻、恐惧和厌恶；它们也能跟古代的喜剧那样，激发人们的批判性思考，建立起一种人与人之间的互惠与友爱，为当代社会的民主平等理念的落实、司法正义的实践以及多元文化的培育做出积极贡献。

第一节　音乐艺术与政治情感

在诸多艺术类型中，音乐由于其抽象性与模糊性，似乎最难被赋予社会或政治价值。尽管绝大多数历史学家与音乐学家都承认：音乐与人类文明的历史与结构之间存在着关联，但他们常常对如何进一步说明这一联系保持缄默。美国历史学家保罗·罗宾逊（Paul Robinson）就这样写道："音乐是最抽象的艺术形式，我们缺乏一种公认的公众语言来说明音乐到底表达了什么。例如，我们感到，贝多芬的音乐在某种程度上，与19世纪早期的诗人、画家和哲学家在他们各自领域里创作的作品存在联系。但我们不知道如何说明这种联系，或解释它们如何发挥作用。"[1]

文学之外，音乐是努斯鲍姆最喜爱的艺术。与她对文学的思考一样，她试图以一位音乐爱好者的身份对音乐进行伦理与政治意义上的诠释，并以实践性的立场诠释音乐之于当代社会正义的价值。在为音乐的情感与伦理价值辩护之前，她认为首先需要回应哲学史与美学史上关于音乐的三种论点：

---

[1]　保罗·罗宾逊：《歌剧与观念：从莫扎特到施特劳斯》，周彬彬译，上海：华东师范大学出版社2008年，"引言"，第1页。

1. 音乐无法体现（或引发）可在语言层面上进行表达的认知态度。

2. 可在语言上得以表达的认知态度是情感的必要组成部分。

3. 音乐无法体现（或引发）情感。[1]

根据这三种论点，努斯鲍姆梳理出美学史上的三种代表性立场。[2] 第一种立场接受论点 1 和 2，并推出 3 作为结论。其主要代表为斯多亚学派以及现代音乐理论家爱德华·汉斯立克；第二、三种立场都不同意论点 3，认为音乐完全可以表达情感，两者的不同在于，立场二不认同论点 2，认为音乐可以包含情感，但这种情感不具有认知性。其主要代表是斯多亚学派的波西多尼乌斯[3]、阿瑟·叔本华、苏珊·朗格以及杰罗尔德·列文森（Jerrold Levinson），第三种立场不认同观点 1，认为音乐完全可以传达出那种语言所能表达的情感，其代表为德里克·库克（Deryck Cooke）。在对这三种立场进行概要介绍后，努斯鲍姆分别做出相关评述。

她首先讨论第一种立场。斯多亚学派认为音乐可以引起情感，但音乐引发的情感与现实情感有所不同，现实中的人性情感主要是由音乐中的文本引发的（他们所接触的多数音乐都是有文本的），音乐本身无法传达清晰的观念。这一看法在爱德华·汉斯立克那里得到进一步阐发。汉斯立克提出："表现确定的情感或激情完全不是音乐艺术的职能"，因为"情感的明确性是与具体的想象和概念分不开的，

1　Martha C. Nussbaum, *Upheavals of Thought: The Intelligence of Emotions,* New York: Cambridge University Press, 2003, p. 255.

2　Ibid., p. 255.

3　关于斯多亚学派内部关于音乐的分歧，本书在第二章已有讨论。

而后者不属于音乐造形范围之内"。[1] 音乐作为一种美，"可以用于各种不同的目的，但它本身并没有其他目的，只有它自己是目的"。[2] 人们通过音乐欣赏真正得到的只是某种情感的"力度"，如快、慢、强、弱、升、降等。若想在这种"力度"背后寻找观念和意义，那就只能是徒劳。即便涉及有歌词的音乐（如歌剧），汉斯立克也认为需要进行区分："在一首歌曲中，表现事物的，并不是乐音，而是歌词。"[3] 最后他得出结论，对人们想要为音乐做伦理解释的企图给予彻底否定：

> 不要在乐曲中找寻某些内心经历或外界事件的描写，要找的首先是音乐，这样就可以纯粹地欣赏音乐所完整自足地赐给人们的东西。如果缺少音乐美，那即使把它解释得有多么伟大的意义，也不能弥补这个缺陷，而如果存在着音乐美，这种解释也没有什么益处。它倒是会把人们对音乐的理解引入歧途。[4]

努斯鲍姆指出，汉斯立克的确对那些认为音乐是关于人类生活与内在情感世界的观点提出了深刻的挑战，但她认为汉斯立克"过于匆忙地否认了一些东西"，以致我们根据他的理由"无法回答为什么人们会把音乐视为如此重要的东西"。[5] 此外，努斯鲍姆认为汉斯立克忽略了普通听众的音乐体验，音乐是诉说内在人性世界的，难道在听完贝多芬的音乐后感到悲伤，或是德沃夏克的《幽默曲》后感到欢

1　爱德华·汉斯立克：《论音乐的美：音乐美学的修改刍议》，杨业治译，北京：人民音乐出版社1980年版，第28—29页。

2　同上，第17页。

3　同上，第36页。

4　同上，第58—59页。

5　Martha C. Nussbaum, *Upheavals of Thought: The Intelligence of Emotions,* New York: Cambridge University Press, 2003, p. 259.

欣必然是一种病理上的情感吗？在她看来，必然有一些人性的成分内在于音乐自身。

第二种立场认为音乐可以在非认知的意义上表达情感。波西多尼乌斯批评传统斯多亚学派对音乐的忽略，并认为情感完全是非理性的事物，音乐可在非理性的层次上对情感产生影响。叔本华继承与发展了这一观点，认为音乐是与"意志"联系在一起的，"音乐乃是全部意志的直接客体化和写照"[1]；音乐用来呈现生命中的最内在的强力冲动，可以提供某种梦幻，"作曲家在他的理性所不懂的一种语言中启示着世界最内在的本质"。[2]苏珊·朗格与列文森继续发展这一音乐理念。朗格指出，音乐是一种人类情感的符号形式，不同于个人的情感。音乐"表现的是对所说的'内在生命'的认识；这可以超越一个人的个体存在，因为音乐对他来说是一种符号形式，借此，他认识并表达各种人类感受性的概念"。[3]因此，不能认为音乐具备明确的"含义"，而是具有"意蕴（import）"，而且这"意蕴"是感觉的样式，生命本身的样式。[4]列文森指出，音乐可以呈现情感的动态与情绪层面（affective side）。这种情绪层面独立于信念或判断，它具有某种自足性。[5]努斯鲍姆认为，这一立场并未有力地反驳汉斯立克的立场，情感是具有认知性的，并不是无目的和无意图的。

第三种立场认为音乐的情感能够通过语言得以清晰表达。德里克·库克在《音乐语言》中试图编纂一部音乐辞典来说明在西方音乐中

1　叔本华：《作为意志和表象的世界》，石冲白译，北京：商务印书馆2006年版，第357页。

2　同上，第360页。

3　苏珊·朗格：《感受与形式》，高艳萍译，南京：江苏人民出版社2013年版，第26页。

4　同上，第29页。

5　Martha C. Nussbaum, *Upheavals of Thought: The Intelligence of Emotions,* New York: Cambridge University Press, 2003, p. 261.

每一个音乐元素所指向的情感意义。[1]努斯鲍姆认为库克的计划同样存在问题。库克的"辞典"只包含零碎的语义学元素，并没有为它们的组合提供规则；他所提供的音乐意义是抽象的、超越时空的，并没有考虑到每一种音乐元素在特定文化时空中的特殊性。[2]

在对上述三种立场做出批判的基础上，努斯鲍姆提出自己的音乐理念：我们一方面不能认为音乐的情感可在语言层面给予明确表达，另一方面也不能因为缺乏语言层面的明晰性而放弃音乐艺术模糊而复杂的认知价值。尤其不能把音乐的内容与形式截然分离开来。我们既不能在对音乐的理解中完全放弃了对音乐形式本身的探索，也不能如普鲁斯特那样，认为"只有将认知摆在一边"[3]，我们才有可能真正理解音乐的情感。在此问题上，努斯鲍姆认同马勒对音乐的理解，"我们在把音乐情感视为一场梦的同时，不能忘记是音乐的形式本身具体表达了它"。[4]因为音乐跟诗歌一样，"它所具有的情感力量不能与其对表达媒介的那种浓缩的、复杂的使用分离开来"。[5]既然我们需要通过诗歌的传统来理解诗歌，为何就不需要通过音乐的传统来理解音乐呢？只有在认识与理解音乐传统的基础上，人们才有可能对音乐的情感有所认识。在此她认为罗杰·斯克鲁顿（Roger Scruton）对音乐作品的一般氛围（atmosphere）与音乐所表达的情感所作的区分非常重要："一个表现性的作品并非仅仅营造一种特殊的氛围：音乐有其主题，并能对之进行深思，以明晰的形式展现在我

1　参见戴里克·柯克：《音乐语言》，茅于润译，北京：人民音乐出版社1981年版。

2　Martha C. Nussbaum, *Upheavals of Thought: The Intelligence of Emotions,* New York: Cambridge University Press, 2003, pp. 262–263.

3　Ibid., p. 266.

4　Ibid., p. 268.

5　Ibid., p. 270.

们面前。"[1] 因此，对音乐的情感进行历史主义的解释不仅可能而且必要，对音乐进行有效的解读需要人们花功夫对其所产生的传统与历史做全面深入的理解。

努斯鲍姆指出，我们一方面可以像分析悲剧那样来分析音乐，探讨对音乐的体验所引发的关于人的可能性的认识；另一方面音乐不同于悲剧，音乐作品并不提供悲剧所展示的特定人物形象与情感，因此音乐表现的情感更容易指向一般意义上的人类可能性，具体叙事元素的缺乏能够使音乐"与内在世界的无形物质之间建立更为明确的联系"。[2] 尽管音乐在表现特定人物与事件上不能做到像文学叙事那样精确，但其有文字媒介所无法企及的表现特殊情感的能力。音乐的情感内容是高度特殊的，"一点都不含混或空洞"。比如它能表达一种特定的痛苦，或一种文字所无法表达的爱欲的甜蜜，"音乐要比文本更为确切，较之于文字，能够以更为精确的方式表现情感的运动"。[3] 听众会以同情的方式对音乐中的特定的悲哀与喜悦做出回应，与此同时也会对这种不幸或幸福降临到自己身上的可能性感同身受，从而达到一种自我的发现与认识。

本节将重点介绍努斯鲍姆对莫扎特的歌剧、泰戈尔为孟加拉和印度所创作的国歌以及音乐剧《汉密尔顿》的相关讨论。这些讨论涉及音乐如何传达情感以及音乐中的情感如何为人类社会的正义做出贡献。

1　Roger Scruton, *The Aesthetics of Music*, New York: Oxford University Press, 1997, p. 155.

2　Martha C. Nussbaum, *Upheavals of Thought: The Intelligence of Emotions*, New York: Cambridge University Press, 2003, p. 276.

3　Ibid., p. 277.

歌剧的力量：莫扎特的启蒙美学

努斯鲍姆对歌剧情有独钟，莫扎特的作品无疑是她的最爱。近年来，她应芝加哥歌剧院的邀请撰写了不少有关莫扎特歌剧的评论。她对莫扎特歌剧的诠释一方面基于莫扎特在当代美国大众文化中具有的重要影响力（美国各地歌剧院年年都上演莫扎特的剧目），另一方面也在于这位 18 世纪音乐家的启蒙理念对于当代美国社会的启示价值。尽管努斯鲍姆不是一位专业的音乐学者，但她以普通观众的视角对莫扎特歌剧的诠释，为经典歌剧如何实现其当代价值，如何有益于当下公共生活提供了有益启示。

在努斯鲍姆看来，其自由主义的价值理念可在莫扎特的经典作品中找到回应。不同于许多学者对莫扎特音乐的形而上学诠释[1]，努斯鲍姆将莫扎特纳入启蒙思想的"道德现实主义"[2]（彼得·盖伊语）语境中进行评述，因为在 18 世纪文人与艺术家的头脑中，并没有那种"为艺术而艺术"的唯美主义理念，艺术与现实社会生活之间存在着广泛深刻的联系。这位来自奥地利萨尔茨堡的音乐家，与启蒙思想及其相关机构共济会保持了密切联系，其歌剧创作有时甚至是为启蒙理念的宣传量身定做。

《费加罗的婚礼》（1786）是努斯鲍姆最为看重的莫扎特歌剧。

---

1 萧伯纳曾这样赞美莫扎特的音乐："我对所有宗教音乐的力量都持怀疑，不论是什么教派的宗教；但是如要寻找自己的教派的音乐—像其他人一样，我也有自己的偏爱—那就是在《魔笛》和（贝多芬）第九号交响曲之中。"查尔斯·努斯鲍姆（Charles O.Nussbaum）在《音乐的呈现：意义、本体论以及情感》（The Musical Representation: Meaning, Ontology, and Emotion）通过援引康德、黑格尔、叔本华、尼采以及萨特等思想家指出，我们对音乐的热爱源自我们对偶然性的恐惧，对超越性与完整性的渴求，这些都接近于宗教经验。

2 彼得·盖伊指出："我把启蒙运动的现实主义称作道德现实主义，因为无论使用的表达渠道是什么——是反教会的嘲讽还是政治论辩——它的核心是道德角度的世界观。"参见彼得·盖伊：《启蒙时代》（上），刘北成译，上海：上海人民出版社2016年版，第166页。

作为"自由主义历史上的关键性文本"[1]，历史中的《费加罗的婚礼》有两个版本，一为博马舍的戏剧版，一为莫扎特谱曲、洛伦佐·德·彭特编剧的歌剧版。努斯鲍姆对两个版本进行了比较，博马舍版本的核心是政治斗争，讲述以费加罗与阿尔马维瓦伯爵之间新旧势力的碰撞；莫扎特的版本有所不同，最大差异在于歌剧删除了博马舍剧本中占据核心位置的费加罗长篇控诉伯爵的政治独白，对其做了"去政治化"的处理，将费加罗与伯爵因阶级冲突而产生的政治斗争消解为争夺女性而产生的私人纷争，这使得莫扎特的版本看似更为家庭化与私人化。不过，努斯鲍姆却认为"歌剧不仅跟剧本一样激进，甚至比它还激进，因为它对一个公共文化中构成自由、平等与博爱的必要基础的人类情感进行了审视"。[2]莫扎特不仅看到博马舍看到的东西，而且还发现了后者未能看到的东西："旧制度以某种方式塑造了男性，让他们彻底专注于等级、地位以及羞耻，无论来自上层还是下层，都打上了这种社会塑造的烙印。"[3]

努斯鲍姆对莫扎特歌剧的诠释，不仅体现在剧本层面，而且还强调音乐在实现歌剧效果上所做出的突出贡献。努斯鲍姆指出，莫扎特的音乐让剧本中的阶级斗争转化为性别上的冲突。剧中所有的男性都唱出类似的调子，所有的女性则唱出另一种相似的调子。这种音乐上的一致性暗示，男性的世界是荣誉与地位的"零和游戏"，不存在真正的平等与共赢。博马舍剧本中被塑造为进步形象的费加罗，在莫扎特的音乐中所呈现的形象跟伯爵没有本质区别，尽管两人所属阶层不同，但在情感上趋于一致，未能超越旧制度的情感模

1 Martha C. Nussbaum, *Political Emotions: Why Love Matters for Justice*, Cambridge: The Belknap Press of Harvard University Press, 2013, p. 29.

2 Ibid., p. 29.

3 Ibid., p. 32.

式。努斯鲍姆指出，在他们身上，只存在着"卑鄙的蔑视"与"狂躁的愤怒"，缺乏对女性应有的尊重与平等的理念，找不到丝毫的"爱，怀疑，快乐，甚至悲伤与渴望"。[1] 在费加罗的开场的独唱中，我们感受到的只是他对伯爵的愤怒，却丝毫感受不到他对苏珊娜的关心，跟伯爵一样将她想象为"低劣的物品"。除此之外，巴尔托洛医生和巴西利奥之间的相似性也在音乐的节奏与抑扬上得到了强调。[2]

与之相反，伯爵夫人与苏珊娜在音乐的暗示中找到了更多的相似性。她们的世界完全不同于男性的世界，这个世界充满了友谊，苏珊娜与伯爵夫人拥有共同的目标，希望她们的丈夫能够关注更多的爱，而不是复仇。尽管存在着阶级差异，但她们一起设计合作揭露了伯爵的虚伪，两人的共性更是在音乐层面得到精彩演绎。在那段因电影《肖申克的救赎》走红的著名二重唱《晚风轻拂树林》(*Che Soave Zeffiretto*)中，"她们从彼此的乐句中得到启发，以迂回的回应和对彼此的音高、节奏甚至音色的高度关注来交流思想"。随着二重唱的继续，"她们的相互关系也变得更加亲密与复杂"，最终抵达了"紧密编织的和谐"。音乐所塑造的这种关系不仅体现了"一种相互尊重的形象"，而且还体现了"一种较之于尊重更深刻的互惠之爱"。[3] 对此保罗·罗宾逊也有类似评述："一个贵妇和她的贴身女仆以绝对的平等在一起歌唱，三度音程和六度音程以及她们柔和地交织在一起的乐句无不暗示出两人处于完全的和谐状态。音乐消除了她们的阶级差别，展现出她们纯粹的人性。"[4]

1　Martha C. Nussbaum, *Political Emotions: Why Love Matters for Justice*, Cambridge: The Belknap Press of Harvard University Press, 2013, p. 32.

2　Ibid., p. 33.

3　Ibid., p. 36.

4　保罗·罗宾逊：《歌剧与观念：从莫扎特到施特劳斯》，周彬彬译，上海：华东师范大学出版社2008年，第28—29页。

在莫扎特的这部歌剧中，努斯鲍姆最看重的是其结尾。最后一幕，当伯爵夫人揭去其假扮苏珊娜的面纱，揭露其丈夫的虚伪面目的那一刻，伯爵跪在妻子的面前，以他从未用过的语调，一种抒情、连贯、安静，近乎是温柔的语调恳求原谅："原谅我吧，夫人！原谅我，原谅我。"这个时候音乐停止，有一个长时间的停顿。努斯鲍姆指出，这个停顿，不仅给伯爵夫人，而且也给歌剧的观众提供了思考的时间："她需要原谅他吗？""她的丈夫真的改过自新了吗？"

停顿之后，伯爵夫人回答道："我比较仁慈（I am nicer）/ 我愿意原谅你。(and I say yes)。"这一幕或许会让女性主义者感到愤怒，因为伯爵夫人选择了妥协。但跟不少歌剧的诠释者一样[1]，努斯鲍姆却为伯爵夫人的宽容所打动。努斯鲍姆更愿意从人类情感发生的机制中去探讨这种宽容精神，因为这种宽容根植于一个人对生活与世界的认识，他 / 她需要认识到人生的脆弱与生活的不完美。在她看来，伯爵夫人"是在对他们不完美的生活说'是'，接受这样一个事实：在女性与男性之间的爱情，并不总是那么平坦和无忧无虑；人们绝无可能获得他们所渴求的全部"。[2] 即便男性学会了尊重女性，"我们也没有理由期待这些成果能够得到稳定保持，因为文化与养育给人性发展施加了太多的压力"。因为"即便是最好的文化环境中，我们都无法移除根植于人性之中的羞耻与自恋，从而产生一个在其中

---

[1] 保罗·罗宾逊对这一幕做如此评价："在整部歌剧中，我们发现伯爵一再背叛伯爵夫人，使她深受伤害。最后一幕中，装扮苏珊娜的她遭到最大的侮辱，因为她丈夫错把她当成另外一个女人而向她示爱。然而，当她最后从花园的阴影中走出来，宽恕了她那风流成性的丈夫时，我们不禁被她难以理解的仁慈深深打动。在她身上，不存在偏狭和恶毒的仇恨，有的只是宽容和爱的美德。她的姿态显示出人类情感的源泉，它属于一种已经被遗忘的道德施予。"参见保罗·罗宾逊：《歌剧与观念：从莫扎特到施特劳斯》，周彬彬译，上海：华东师范大学出版社2008年，第29页。

[2] Martha C. Nussbaum, *Political Emotions: Why Love Matters for Justice,* Cambridge: The Belknap Press of Harvard University Press, 2013, p. 50.

相爱的人们想要什么就得到什么的世界"。[1] 因此，当伯爵夫人说"我原谅你"时，就意味着她同意去爱，甚至愿意去信任这个不稳定与不完美的世界，对这一不完美世界的承认甚至需要比战场上的士兵更多的勇气。努斯鲍姆指出，这种艺术效果的实现更多取决于莫扎特的音乐，而非德·彭特的剧本，因为"莫扎特的音乐并不存在于某个触不可及的天堂，而是存在于我们的世界之中，存在于歌唱者的身体之中"。[2] 换而言之，伯爵夫人对这个世界的承认也代表了整个歌剧所认可的世界。这是一个强调人与人之间的互惠、尊重与协调的世界，而不是一个完美无缺的世界。在这个世界中，人们致力于追求自由、平等与博爱，他们懂得我们"不能通过逃离现实世界来到淳朴世界来实现这一超越性的理想，而是需要在这个世界中去追求它"。若要保持那种远离完美幻想的希望，那就需要"一种对爱的可能性的非感情用事的信任，而且尤其是需要对这个世界怀有一种幽默感"。[3] 这种正视现实的幽默感使莫扎特与19世纪的贝多芬拉开距离：不同于贝多芬在《第九交响曲》(*Symphony No.9*) 中传达的虚无主义，在莫扎特的音乐世界中，人们会看到这个世界需要很多工作去做，他不会终止把事情做好的渴望，并投身于友爱、平等与自由的事业中去。

此外，努斯鲍姆还在对《魔笛》与《狄托的仁慈》的诠释中发掘莫扎特歌剧的启蒙价值。在她看来，《魔笛》是莫扎特的一部更具鲜明启蒙色彩的歌剧，尽管用爱来克服怨恨一直是莫扎特所有歌剧作品持续出现的主题，但在这部莫扎特临终前完成的歌剧"将这个主题

1　Martha C. Nussbaum, *Political Emotions: Why Love Matters for Justice,* Cambridge: The Belknap Press of Harvard University Press, 2013, p. 50.

2　Ibid., p. 51.

3　Ibid., p. 51.

推向深度和具体，并与共济会运动的启蒙信念联系在一起，这种信念对于莫扎特极其重要并贯穿其一生"。这部歌剧以极其美妙的音乐所创造的幻境表达了莫扎特有关"理性、仁慈以及人类兄弟情谊的理念"。[1] 此外努斯鲍姆还暗示"身份政治"对于解读这部歌剧的无效性。我们不能用简单的性别意识去指责剧本对"夜后"的形象塑造，因为"夜后"并不代表女性形象，她代表的是"迷信的力量""自我中心的爱欲的力量"以及"复仇的力量"。在那段"夜后"经典的咏叹调《地狱的复仇》（*The Revenge of Hell*）中，莫扎特的音乐凸显的是一个极度膨胀的自我形象，她的唱词中永远都是"我，我，我"。同样，我们也不能因为莫诺斯塔托是一个黑人就给予他无条件的支持，从莫诺斯塔托对他手下的奴隶们表现出的暴君般的粗鲁中，即可见出这是一个被嫉妒与怨恨情感所控制的个体。在莫扎特的另一部作品《狄托的仁慈》（1791）中努斯鲍姆看到了"一则关于仁慈与同情性想象（sympathetic imagination）的声明"。[2] 这部歌剧讲述了维特丽娅利用塞斯托对她的爱，让他行刺狄托，最后得到狄托宽恕的故事。莫扎特通过音乐来描绘维特丽娅和塞斯托的心路历程，并塑造了一位仁慈的罗马皇帝。这部歌剧所展示的仁慈观念完全脱离了犹太基督教传统中那种恩赐式的仁慈观念，并在 18 世纪的意义上复活了古希腊罗马时代（尤其是塞涅卡）的仁慈观念，为这一在情感上匮乏的观念注入了平等与同情的内涵。努斯鲍姆认为这部歌剧可为当代公共生活（尤其是司法审判）中实现更多的同情与仁慈提供启示。

　　当然，努斯鲍姆对莫扎特的诠释也会遭遇挑战。作为莫扎特另

---

[1]　Martha C. Nussbaum, "The Music of Brotherhood and Love: Mozart's *The Magic Flute*", Program note, Lyric Opera of Chicago, fall 2016.

[2]　Martha C. Nussbaum, "'If You Could See This Heart': Mozart's Mercy", *Hope, Joy, and Affection in the Classical World*, Edited by Ruth R. Caston, etc, New York: Oxford University Press, 2016, p. 226.

一部脍炙人口的歌剧《唐·乔万尼》（1787），似乎很难传递出她所期待的积极价值。该剧是对西方传统经典故事的歌剧改编，讲述一个浪荡子到处勾引女性最终被复仇石像惩罚坠入地狱的故事。尽管唐·乔万尼在道德上一无是处，但主人公"蔑视道德的本性"不仅对观众"具有一种吸引力"[1]，而且还得到了哲学家们的认可。前有克尔凯郭尔在《非此即彼》中对这一人物形象的赞赏，后有伯纳德·威廉斯对其生命活力的充分肯定。威廉斯指出："唐·乔万尼的结局以及歌剧的终结让人确信没有人可以在不受任何条件限制下生活，但与此同时，他们还从中认识到生活若要富于活力，那么就必须保持像他那样持有这种从一切条件下解放出来的梦想。"[2]

与之相反，努斯鲍姆认为这部歌剧的音乐是"迷人的"，但其"情感是令人困惑的，或许是糊里糊涂的"。她尤其反感歌剧所塑造的人物形象，"尽管富于某种孩子气的精力与魅力，但唐就是个令人厌恶的人，对任何人都缺乏同情，他利用炫目的光彩和全部的力量来实现他的征服"。[3]如果观众被这样的形象所捕获，那就是个问题。在具体展开的论证中，努斯鲍姆认为该负责任的应当是剧本作者德·彭特而非莫扎特，因为莫扎特一般会从负面的角度去表现这种盛气凌人的男性气概（比如《费加罗的婚礼》中的伯爵），而对那些富有绅士温和情感的男性则会给予积极表现（如《费加罗的婚礼》中的凯鲁比诺以及《女人心》中的情人）。此外，莫扎特似乎也没有试图如歌剧的副标题"被惩罚的放荡者"所暗示的那样，对报复存有执念。在此她引述了歌剧评论家约瑟夫·凯尔曼的评价，后者认为

1　卡罗琳·阿巴特、罗杰·帕克：《歌剧史：四百年的视听盛宴和戏仿文化的缩影》，赵越等译，北京：中国画报出版社2020年版，第166页。

2　Bernard Williams, *On Opera*, New Haven and London: Yale University Press, 2006, p. 22.

3　Martha C. Nussbaum, "Rape, Revenge, Love: The *Don Giovanni* Puzzle", Program Note, Lyric Opera of Chicago, Fall 2014, https://www.lyricopera.org/lyric—lately/don—giovanni/.

德·彭特的本子太差，而莫扎特已经尽其所能。

但有更多的学者指出，其实莫扎特认可唐·乔万尼这一形象，比如大卫·凯恩斯指出，"莫扎特允许、鼓励、帮助每个人物去做他们自己。他对所有人物都怀有同情与认同，包括唐·乔万尼。最后，面对被罚下地狱的结局，他的唐·乔万尼竟立身于英雄的高度。"[1] 而且唐·乔万尼的这一形象也被认为是符合启蒙时代的价值观念。比如尼古拉斯·蒂尔在《莫扎特与启蒙》一书中指出，唐·乔万尼的出现是启蒙思想对个人主义和无限自由狂热崇拜的合乎逻辑的后果。[2] 在这点上可以发现在 18 世纪启蒙精神与当代自由主义之间所存在的裂隙。

总体而言，努斯鲍姆对莫扎特的解释是合理且颇具洞见的，这不仅体现在她有效地发掘了莫扎特歌剧与启蒙精神之间的关联，而且还体现在她有力地阐明了其音乐所具有的道德现实主义色彩。她对《费加罗的婚礼》结尾的诠释尤为精彩，细腻地区分出了莫扎特与浪漫主义音乐之间的界限。然而当她的自由主义无法框住莫扎特在部分作品中所传达出来的意义时，她不是去直面作品本身的复杂性，而是对作品采取了一种较为强硬的批判立场。

泰戈尔与两首国歌

作为印度诗人、诺贝尔文学奖得主泰戈尔的这一形象早为世人所熟知，但其在音乐上的贡献与成就却不为人所重视。在泰戈尔的一生中，他根据孟加拉与苏菲派的诗歌创作了两千多首歌曲。努斯鲍姆指出，泰戈尔通过音乐创作表达了他的社会与政治理想，并有

1　大卫·凯恩斯：《莫扎特和他的歌剧》，谢瑛华译，上海：上海三联书店2012年版，第164页。

2　Nicholas Till, *Mozart and the Enlightenment: Truth, Virtue and Beauty in Mozart's Operas,* New York: W. W. Norton & Company, Inc, 1993, pp. 197–228.

意识地通过音乐来传播启蒙理念。尤为引人注目的是，当今世界有两个国家的国歌都是由他创作的。它们分别是孟加拉国的国歌《金色的孟加拉》（*Amar Sonar Bangla*，1906）和印度国歌《印度的主宰》（*Jana Gana Mana*，1911）。

《金色的孟加拉》与《印度的主宰》是泰戈尔在音乐创作上成就最高的作品。《金色的孟加拉》深受孟加拉地区的包尔人歌手的启发而作。1906 年英国根据"分而治之"的政策将孟加拉地区分割成了两个部分，其实质就是试图在地理上把印度教徒与穆斯林进行宗教意义上的隔离。泰戈尔试图通过音乐来点燃对殖民者的抵抗，并激发人们对一个完整统一的孟加拉的想象：

> 金色的孟加拉，我爱你。
> 你的碧空你的和风在我心中永吹情笛。
> 啊，母亲，春天你的杜果花香使我陶醉，
> 啊，母亲，秋天在你丰收的田野，
> 我看见甜美的笑意。
>
> 你的树荫多么旖旎，
> 你的爱抚多么真挚。
> 榕树底下河流两岸你铺展的绿裙无边无际。
> 母亲，你说的每句话，像琼浆一样甜蜜。
> 母亲，一见你面容憔悴，
> 我眼里涌满泪水。
>
> 在你的游戏室里，我度过童年，

身沾你的尘土，我一生荣耀无比。

白昼消逝，黄昏你在屋里点烧灯烛，

母亲，我不再做游戏，

一头扑进你的怀里。

你那牛羊踯躅的旷野，行船如梭的渡口，

终日鸟儿歌唱、树影婆娑，你村庄的街巷里，

你堆满稻谷的庭院里，我消度着岁月，

啊，母亲，你的牧童你的农夫，

都是我的兄弟。

母亲，我匍匐在你的足下向你顶礼，

赏赐我你足上的尘粒，那是我桂冠上的宝石。

母亲，穷人所有的财富，敬献在你足前，

母亲，我决不容异域舶来的绞索

作为你颈上的首饰。[1]

　　努斯鲍姆指出，在这首饱含感情的动人音乐中，泰戈尔把祖国想象为一位母亲，但其所表达的民族主义并不是战斗式的，而是富于同情的。与受印度教民族主义（Hindu Right）[2]所推崇的班吉姆·查

---

[1] 泰戈尔：《泰戈尔精品集》（诗歌卷），白开元译，合肥：安徽文艺出版社2017年版，第441—442页。

[2] 印度教民族主义攻击甘地的非暴力运动，捍卫一种男性气概的攻击性。如其主要的社会团体人民志愿部队（RSS: Rashtriya Swayamesevak Sangh）成员每天的誓言是："我发誓，为了印度民族的快速发展，我将永远保卫印度宗教的纯洁性和印度文化的纯洁性。我已成为RSS的一员。我会全心全意，毫不利己，运用我的身体、灵魂和资源来为RSS工作，恪尽职守。只要我活着，我就会遵守这个誓言。胜利属于印度母亲。"参见布莱迪等编：《莎士比亚与法：学科与职业的对话》，王光林等译，哈尔滨：黑龙江教育出版社2015年版，第337页。

特吉（Bankim）的《致敬祖国》（*Bande Mataram*）大相径庭。在这首歌曲中，泰戈尔充分地展示了包尔传统中的包容与友善。尽管这首歌在孟加拉国 1972 年独立后成为国歌，歌曲常常勾起人们悲伤的回忆，为一个完整国家的分裂而感到痛心，但同时这首歌还为这个新的国家的多元的民主理想喝彩，号召全体公民"在自己的身体与歌唱中呈现一种爱的精神，并以一种文雅、游戏以及惊奇的精神来关切这片土地及其人民的命运"。[1]

与《金色的孟加拉》相比，印度国歌《印度的主宰》所体现的政治特色更为显著，所引起的争议也更大。泰戈尔创作这首歌曲旨在挑战班吉姆的《致敬祖国》，因为他在班吉姆的音乐中感受到的是一种缺乏包容，崇拜权威与推崇暴力的狭隘民族主义。同时这首歌曲也是出于对英国殖民者的抗议而作，它最初是在 1911 年印度国会上演奏，并在英国国王乔治五世访问印度时再次得到演奏。泰戈尔试图通过这首歌曲向英国殖民当局传达这样一个信息：全体印度人真正服从的最高权威，不是你们，而是道德理想。

> 胜利属于统治民众之心的印度命运的主宰！
> 旁遮普、信德、摩罗塔、达罗毗都、
> 孟加拉、古吉拉特，
> 文底耶山、喜马拉雅山、白浪滔天的印度洋、
> 朱木那河、恒河，
> 在你的圣名下复苏，
> 祈求你吉祥的祝福。

1　Martha C. Nussbaum, *Political Emotions: Why Love Matters for Justice,* Cambridge: The Belknap Press of Harvard University Press, 2013, p. 14.

你的凯歌，高唱起来。

胜利属于为民造福的印度命运的主宰。

啊，胜利，胜利是属于你的！

听着你高亢的响彻四方的声音，

印度教徒、佛教徒、锡克教徒、耆那教徒、拜火教徒，

基督教徒、穆斯林，

波斯人，来自东西边陲，

聚集在你御座的周围，

编成的花环溢散着爱。

胜利属于团结民众的印度命运的主宰。

啊，胜利，胜利是属于你的！

盛衰的坎坷路上世代奔走着旅人，

旅途日夜回响着永恒御者的辚辚车声。

艰难的革命中，

你吹响号音，

排除危险和祸灾。

胜利属于指示民众前进的印度命运的主宰。

啊，胜利，胜利是属于你的！

当浓黑的长夜窒息了大地，

你清醒地用坚定温善的目光对它凝视。

从恐怖的噩梦中，

慈爱的母亲，你拯救它的生命，

把它搂在胸怀。

胜利属于拯危济难的印度命运的主宰。

啊，胜利，胜利是属于你的！

夜尽天明，东方的额际升起太阳，

百鸟歌唱，纯洁的晨风倾斟新生的甘浆。

你以朝霞的爱抚

唤醒昏睡的印度。

它在你足前俯身膜拜。

胜利属于统辖众王的印度命运的主宰。

啊，胜利，胜利是属于你的！ [1]

　　《印度的主宰》的歌词用孟加拉语写成，但泰戈尔试图让这首歌超越孟加拉的地理局限使之为更多的印度人所理解，其包容性尤其体现在歌词的第二段：印度教徒、佛教徒、锡克教徒、耆那教徒、拜火教徒、穆斯林、基督教徒得到了同等的尊重与对待，歌词体现出了一种在印度现实中至今都未能实现的宗教多元与宽容。不同于《致敬祖国》督促人们去服从传统宗教，《印度的主宰》号召人们去实现胜利，这种胜利不是某个民族或某种宗教的胜利，而是人性的胜利："爱所有的人"。[2] 努斯鲍姆指出，这首歌曲特别容易传唱，它还像梦幻的舞蹈一般富于"摇摆的节奏"，暗示出"没有任何跟战争有关的东西"。[3] 其最耐人寻味的是它的结尾方式。当唱到"胜利是属于你的"

1　泰戈尔：《泰戈尔精品集》（诗歌卷），白开元译，合肥：安徽文艺出版社2017年版，第443—445页。对译文作了微调。

2　Martha C. Nussbaum, *Political Emotions: Why Love Matters for Justice*, Cambridge: The Belknap Press of Harvard University Press, 2013, p. 103.

3　Ibid., p. 103.

时，音乐上升到了次属音（subdominant）。听众希望音乐最后能以主调结束，然而音乐却并未按照人们期待的方式结束。就努斯鲍姆个人经验而言，音乐似乎是"未完成的"。[1] 但正是这种"未完成"具有强烈的政治含义：我们依然有很多的工作需要去做。这一"未完成"意识催生了后来尼赫鲁的著名演讲《我们和命运有个约会》中的一段话："我们必须工作和劳作，勤奋劳动，这样才能实现我们的梦想。"（第六章第二节）不可否认，泰戈尔的理想依然尚未实现。今日的印度现实依然令人忧心，种姓的隔离以及宗教的冲突，依然是印度社会继续进步的障碍。泰戈尔的这首国歌也不断地遭遇着来自印度教民族主义的挑战。但就像曾经激励过无数拥有启蒙理想，关心人类命运的人们那样，这首歌在今天依然具有经久不衰的文化魅力。

　　除了印度之外，努斯鲍姆还提及南非在解除种族隔离之后的新国歌在促进种族和解过程中所发挥的积极作用。目前的南非国歌是由两首历史上的歌曲混合而成。一首是《天佑非洲》（*Nkosi Sikelel'iAfrica*），创作于 1897 年，后成为反种族隔离运动的自由之歌；另一首名为《呼唤》（*Die Stem*），创作于 1918 年，是种族隔离时期的南非国歌。努斯鲍姆指出："国歌有着深度的情感共振，这两首歌界定了两种相互冲突的目标与情感。"[2] 曼德拉于 1994 年出任南非总统时，这两首歌曲还是分别被各自的群体歌唱，1997 年开始出现混合版本：国歌从《天佑非洲》开始，然后转到用南非荷兰语唱《呼唤》的第一段，最后以英语写成的新歌词作为结束。当时有不少非洲民族议会领袖想要直接废除《呼唤》，以《天佑非洲》取而代之，但

1　Martha C. Nussbaum, *Political Emotions: Why Love Matters for Justice,* Cambridge: The Belknap Press of Harvard University Press, 2013, p. 104.

2　Martha C. Nussbaum, *Anger and Forgiveness: Resentment, Generosity, Justice*, Cambridge: Oxford University Press, 2016, p. 233.

曼德拉拒绝这样做："你们如此轻易处理掉的这首歌维系着你们尚无法代表的许多人的情感。只用一支笔，你们就将做出决定，毁掉我们建立和解的唯一基础。"[1]努斯鲍姆对于曼德拉的决定颇为赞赏，认为这样的国歌在南非追求种族和解的历史进程中扮演着非常重要的角色。

音乐剧《汉密尔顿》

《汉密尔顿》（*Hamilton*）是一部由托马斯·凯尔导演、林-曼努尔·米兰达（Lin-Manuel Miranda）编剧，以美国独立战争与建国历史为背景的音乐剧，讲述了美国开国元勋亚历山大·汉密尔顿一生的故事，既包括他的个人经历、家庭生活，也涉及他在政治上的奋斗历程。该剧以引入大量嘻哈音乐（Hip-hop）、蓝调音乐（R&B）以及舞台剧音乐，并用非白人演员来饰演美国建国元勋为一大特色。音乐剧自2015年在纽约百老汇开演以来，票房极其火爆，并得到时任美国总统奥巴马的高度评价与赞赏。努斯鲍姆认为这部音乐剧严肃思考了人类情感在建设民主社会过程中所具有的重要性，美国的创建，不仅需要在制度层面从英国的殖民统治下摆脱出来，而且还需要培养与塑造与新制度相适应的情感。她认为这部作品聚焦于"因地位焦虑而产生的愤怒"，它也对"嫉妒在美国建国历史中所扮演的角色，以及遏制这种嫉妒的重要性进行了思考"。[2]

努斯鲍姆对剧中汉密尔顿与阿伦·伯尔（Aaron Burr）二人之间的

---

[1] Martha C. Nussbaum, *Anger and Forgiveness: Resentment, Generosity, Justice*, Cambridge: Oxford University Press, 2016, p. 234.

[2] Martha C. Nussbaum, *The Monarchy of Fear: A Philosopher Looks at Our Political Crisis*, New York: Simon & Schuster, 2018, p. 152.

冲突给予特别关注：两人从最初结识成为朋友到最后成为政敌相互决斗，成为美国大历史中的小历史。在她看来，两人之间的冲突不仅是政治上的斗争，而且还是一种新旧情感之间的竞争，汉密尔顿选择一种为这一新生国度投入爱的生活信念，伯尔则寻求一种充满嫉妒的零和性质的竞争性生活态度："在汉密尔顿（富于雄心，但致力于国家的善）与伯尔（为嫉妒心所困扰，试图破坏汉密尔顿的成功）之间，音乐剧展现了为恐惧驱使的嫉妒给民主政治带来的危险。"[1]

努斯鲍姆指出，政治领域跟其他领域有所不同：在实现政治美好愿景的过程中，人们不可避免地要卷入竞争，因为只有获得权力才有可能将理想诉诸现实。于是在为了赢得胜利的竞争中人们往往对德性毫不在意。很多政治上有野心的人总是像伯尔那样，自我迷恋、对他人缺乏尊重；纯粹的富于德性的理想主义者，常常会在这种竞争中出局。简而言之，"民主是一个不确定的，弥漫着恐惧的领域，在那里没人有空间在展示创造性的力量的同时，不带着焦虑去追求竞争优势"。[2]不难看出，汉密尔顿本人在政治上的追求也伴随着一种出人头地的欲望。那么，如果政治创造需要竞争之时，竞争意识本身是否包含了嫉妒的成分呢？

努斯鲍姆认为《汉密尔顿》回应了这个问题，其答案是"不"。尽管汉密尔顿渴望获得荣耀，但他完全没有任何的嫉妒心，相比之下，伯尔跟莎士比亚笔下的伊阿古那样，完全被自己的嫉妒心所支配，某种社会条件会使这种嫉妒心变得极其危险：比如他因未能得到乔治·华盛顿的赏识，以及未能取得选举胜利而对他人产生愤恨与嫉妒。伯尔的嫉妒在那首《决策的那个房间》（*The Room Where It Happens*）

1　Martha C. Nussbaum, *The Monarchy of Fear: A Philosopher Looks at Our Political Crisis,* New York: Simon & Schuster, 2018, p. 152.

2　Ibid., p. 154.

的唱段中尽显无遗，当他发现汉密尔顿等人达成的重要决策他却无从知晓时，他便唱出"我要置身决策的那个房间"。要克服伯尔所代表的这种嫉妒并不容易，无论在政治光谱的左右还是更大的社会生活中，嫉妒这种情感都有肥沃而深厚的土壤。

尾声阶段汉密尔顿与阿伦·伯尔的决斗场景是全剧的高潮。在这场决斗中，汉密尔顿因放弃射击对方而最终被伯尔打死。努斯鲍姆指出，从汉密尔顿留下的关于决斗的声明看，他本人并不赞成决斗，但出于对当下政治危机以及未来的考虑，他允诺了这场决斗。尽管米兰达没有引述这一声明，但通过音乐剧的形式传递了其精神内涵。在决斗中，汉密尔顿故意对空放枪，自己最终死于伯尔的枪下。努斯鲍姆看到这是个颇具反讽意味的场景：那个在开场反复唱着"我绝不错失任何良机（I'm not throwing away my shot）"的人，最后却有意打偏（throw his shot away）。[1] 尽管汉密尔顿死了，努斯鲍姆却认为米兰达在此呈现的是一位成功者而非失败者的形象，音乐剧在此也无形地传达了一种乐观主义的政治希望。

第二节　演讲修辞与爱国主义

对国家的认同是每个现代国家政治文化中的核心价值。在全球化的移民浪潮与媒介革命的冲击下，很多传统的价值与认同正在经受考验。如何重新塑造国家的文化认同，免于社会分化与撕裂，成

1　Martha C. Nussbaum, *The Monarchy of Fear: A Philosopher Looks at Our Political Crisis,* New York: Simon & Schuster, 2018, p. 156.

为每个现代国家的政治家需要思考的问题。在追求国家价值认同，将人们联系在一起的问题上，审美扮演了一个越来越重要的角色。无论是本尼迪克特·安德森提出的"想象的共同体"，理查德·罗蒂所言的"反讽共同体"，还是查尔斯·泰勒对现代社会想象的思考，都无不突出审美想象对于国家认同与团结的价值。

对于爱国主义的评价，努斯鲍姆在思想上有一个发展变化的过程。深受斯多亚学派的世界主义观念影响，她在早期并不支持爱国主义。在其 20 世纪 90 年代的文章中，她严厉地批判了罗蒂的观点，后者曾专门撰文对当代美国左派知识分子提出批评，认为他们应该暂停抽象的理论研究，不要站在某种超然的世界主义立场上看问题，而应当正确地看待爱国主义，"努力构建一个令人振奋的国家形象"。[1] 努斯鲍姆并不认同罗蒂的立场，并为世界主义立场进行了辩护。[2] 不过此后她对爱国主义的评价有所调整。一方面她逐渐意识到世界主义过于抽象的人性观存在瑕疵[3]，不利于有效地整合人心，另一方面她也从赫尔德、马志尼以及勒南等人的思想中获得启发，认为一种良性而不狂热的爱国主义可以与世界主义兼容，即便是为了全球正义，"国家依然可以扮演一个有价值的角色"。[4] 她通过希腊神话中的形象为喻来区分两种不同的爱国主义：一种是六头的女妖斯库拉（Scylla）式的爱国主义，指出这种情感中潜藏着不少危险的因素，

1　理查德·罗蒂：《筑就我们的国家：20世纪美国左派思想》，黄宗英译，北京：生活·读书·新知三联书店2006年版，第72页。

2　*For Love of Country: Debating the Limits of Patriotism,* edited by Joshua Cohen, Boston: Beacon Press, 1996, pp. 3–20.

3　在2019年出版的作品中努斯鲍姆对世界主义思想给予了批判性的审视。参见Martha C. Nussbaum, *The Cosmopolitan Tradition: A Noble but Flawed Ideal,* Cambridge and London: The Belknap Press of Harvard University Press, 2019.

4　Martha C. Nussbaum, *Political Emotions: Why Love Matters for Justice*, Cambridge: The Belknap Press of Harvard University Press, 2013, p. 212.

其具有强烈的排外性，人们需要时刻对其保持批判性的审视。[1] 她同时又用女妖卡律布狄斯（Charybdis）来形容一种理性抽象的爱国主义，比如哈贝马斯式的以抽象原则为基础的"宪政爱国主义"，但她认为这种爱国主义可能导向一个空洞与冷漠的社会。[2] 为此，爱国主义既不能偏狭排外，也不能因此丧失情感的温度，我们需要培养人们对国家的热爱与认同。为此，她援引惠特曼在《在蓝色的安大略湖畔》中的诗句：

> 凭公文印章或命令把人们拧在一起，是靠不住的，
>
> 只有凭那在生活的法则里聚集一切的力量，才能把人们团结起来，就像身体的四肢或植物的根茎那样结合。

> 在所有的国家和时代中，合众国的血脉里充满了诗的素材，最需要诗人，会拥有最伟大的诗人，会重用他们……[3]

在惠特曼看来，修辞与叙事对于一个国家的整合尤为重要："事实上，一个国家的思想从根本上就是一种叙事的建构"。[4] 基于纳粹主义的惨痛历史教训，人们普遍对政治修辞持以怀疑和冷漠。但正如弗兰克·富里迪所言，像"我不信任政客"或者"我不相信他们所说

---

1 努斯鲍姆指出，爱国主义的首要危险在于它可能把情感投注于某种不当的价值，如军国主义、发动非正义战争、排外、种族仇恨等。参见Martha C. Nussbaum, *Political Emotions: Why Love Matters for Justice,* Cambridge: The Belknap Press of Harvard University Press, 2013, p. 212.

2 Martha C. Nussbaum, *Political Emotions: Why Love Matters for Justice*, Cambridge: The Belknap Press of Harvard University Press, 2013, p. 222.

3 沃尔特·惠特曼：《草叶集》，邹仲之译，上海：上海译文出版社2016年版，第397页。

4 Martha C. Nussbaum, *Political Emotions: Why Love Matters for Justice,* Cambridge: The Belknap Press of Harvard University Press, 2013, p. 210.

的"这样的宣言，只不过是给自己从公共生活中退却寻找理由。[1] 政治冷漠非但无助于解决问题，甚至还会纵容政治状况的恶化。我们不能因为希特勒利用政治修辞来蛊惑人心，就彻底放弃对政治修辞的积极使用。努斯鲍姆深知"象征与故事"对于加强"人们对良好的制度以及体现这些制度的理想的感情"的意义。[2] 为此，她试图通过对历史中伟大政治家的演讲对其政治修辞的分析来提醒当代的政治家需要学会用一种清晰同时又富于人性温度的修辞来团结国家，并且捍卫人性的尊严与社会的公正。她对林肯、马丁·路德·金以及尼赫鲁等杰出政治家演讲修辞的分析，为修辞美学在政治上的积极意义做了有力辩护。

亚布拉罕·林肯的葛底斯堡演讲

亚布拉罕·林肯于 1863 年 11 月 9 日在葛底斯堡国家公墓发表的演讲无疑是美国历史上最重要的演讲之一。根据相关历史记载，美国南北战争的初衷"并不是为了将自由平等传播至全美而发动的革命，也不是为了废除奴隶制所进行的斗争，这场战争是为了保全联邦而做出的挣扎"。有学者指出，这一判断可在林肯在 1861 年 3 月 4 日的就职演讲与 1862 年 8 月 22 日写给《纽约论坛报》主编的信中得到印证，那时他甚至同意一定程度地保留奴隶制。他的立场在 1863 年 1 月发生变化，决定重新描述与解释这场战争，将其理解为一场致力于践行《独立宣言》，追求"人人生而平等的信条"的战争。[3] 在

---

1 弗兰克·富里迪：《恐惧的政治》，方军译，南京：江苏人民出版社2007年版，第2页。

2 布莱迪等编：《莎士比亚与法：学科与职业的对话》，王光林等译，哈尔滨：黑龙江教育出版社2015年版，第332页。对译文略作调整。

3 丹·克鲁克香克：《摩天大楼：始于芝加哥的摩登时代》，高银译，北京：北京燕山出版社2020年版，第110—111页。

此，林肯通过其政治修辞创建一个国家的愿景，对后来美国的政治与社会发展产生了深远的影响。

努斯鲍姆认为林肯绝不是一位幼稚的政治家，他非常重视政治修辞对于人性情感的影响力，这篇演讲淋漓尽致地展示了林肯如何通过对国家的叙事（包括其过去的历史，建国的理念以及可能的未来）使他的人民心甘情愿地继续肩负起这场异常残酷的战争的重担，这篇演讲还有力地塑造了人民对这个国家未来的希望。以下为演讲全文：

八十七年前，我们的先辈们在这个大陆上创建了一个新的国家。她受孕于自由之中，奉行人人生而平等的信条。

现在我们正进行一场伟大的内战，以考验这个国家。或者任何一个孕育于自由和奉行人人生来平等信条的国家是否能够长久坚持下去。我们相聚在这场战争的一个伟大战场上，我们来到这里把这战场的一部分奉献给那些为国家生存而捐躯的人们，作为他们最后的安息之所。我们这样做完全是适合的、恰当的。

但是，从更高的意义上说，我们是不能奉献，不能圣化也不能神化这块土地的，因为曾经在这里战斗过的人们，活着的和死去的人们，已经圣化了这片土地，他们所做的远非我们的微薄之力所能扬抑。这个世界不大会注意也不会长久记得我们今天在这里所说的话，但是，它永远不会忘记勇士们在这里所做的事。毋宁说，我们活着的人，应该献身于留在我们面前的伟大任务：从这些光荣的死者身上吸取更多的献身精神，以完成他们精诚所至的事业；我们在此下定最大的决心，以不让死

者白白牺牲；让这个国家在上帝的保佑下获得自由的新生；让这
个民有、民治、民享的政府与世长存。[1]

努斯鲍姆首先指出，这篇演讲充分展示了林肯对政治修辞与
符号象征的重视。他的笔记、草稿以及书信都体现出其对修辞的强
烈兴趣。在其整个职业生涯中，林肯就不断在追求简洁，古典的素
朴，以及凝练[2]。在这篇演说中，林肯模仿了古希腊葬礼演说的结构
（如中伯里克利的葬礼演说），包括一般性的陈述，对死者的赞美，
对这些死者为之奋斗的理想的歌颂，以及号召生者来继承他们的使
命。[3] 除了模仿古希腊之外，他还有所创新，致力于在修辞的语境中
创建一个完全建立在平等理念基础上的国家。

在这篇演讲中，林肯先是回忆了过去的岁月，还援引了《圣经》
中赞美诗的段落。他提醒听众人的短暂一生以及在充满不确定性的
战争中国家的脆弱性。努斯鲍姆指出，这篇演讲的特色在于，林肯
有意识地突出《独立宣言》的精神，回避美国宪法，试图在理念上构
建一个基于平等主义理念的国度。因为在当时美国的宪法中，奴隶
制依然得到认可与保护，有悖于平等主义的理念。然后，他在演说
中将南北战争中战士的献身与这个国家的平等愿景联系起来。不是
我们这些活着的人圣化了这片土地，而是那些勇敢的死者做到了这
些。作为我们这些活着的人，应该继续肩负起捍卫美国民主的使命。
努斯鲍姆指出，这种理念最终超越了国家的边界，成为一种更为普
世性的，属于全人类的价值："通过将这些抽象的理想与某个具体的

1　徐中川主编：《美国总统演讲名篇赏析》，北京：中国人民大学出版社2013年版，第85页。

2　Martha C. Nussbaum, *Political Emotions: Why Love Matters for Justice*, Cambridge: The Belknap Press of Harvard University Press, 2013, p. 230.

3　Ibid., p. 231.

悲伤场景相联系，他在对'我们'的狭隘关切与对抽象原则的信奉之间架起了桥梁。"[1]

在此意义上，努斯鲍姆指出，林肯的演讲中所包含的"宪政爱国主义"不仅会让罗尔斯与哈贝马斯这样的抽象原则的捍卫者感到愉悦，而且她还认为林肯的贡献超越于此："在其对建国的栩栩如生的调用中，他的演讲为这些道德的骨骼赋予了历史与当下的血肉。若是缺少这些幸福要素的话，这个演说就不可能成功地让人们去信奉这些原则。"[2]

马丁·路德·金的《我有一个梦想》

著名美国民权领袖马丁·路德·金的演讲《我有一个梦想》是美国历史上另一篇里程碑式的演讲。该演讲发表于 1963 年 8 月 28 日，不仅激励了 20 世纪 60 年代以来的社会运动，而且为美国废除种族隔离政策发挥了重要影响。在努斯鲍姆看来，这是一篇经典的演讲，金在对人类情感（如愤怒）的认识上以及对如何通过艺术性的修辞塑造社会共同希望方面达到了极高的造诣，时至今日其演讲依然有着重要意义。在她看来，金的这篇演讲的卓越之处在于，他通过政治上的修辞创造了一种非报复性的且着眼于未来的"转化的愤怒"。

金的很多理念受到印度民权领袖甘地的影响。但努斯鲍姆指出，两人存在不同之处：甘地对人类的所有情感缺乏信任，"有些趋近于彻头彻尾的斯多亚主义"[3]，认为非暴力的抗争需要建立在不愤怒的基

1　Martha C. Nussbaum, *Political Emotions: Why Love Matters for Justice*, Cambridge: The Belknap Press of Harvard University Press, 2013, p. 231.

2　Ibid., p. 232.

3　Martha C. Nussbaum, *Anger and Forgiveness: Resentment, Generosity, Justice*, Cambridge: Oxford University Press, 2016, p. 223.

础上；相比之下，金并不反对愤怒，认为愤怒在激发人们参与正义的行动中扮演了有益的角色。努斯鲍姆在此认同金的立场，认为甘地式的超然态度并不具有真正的吸引力。不过金也深刻认识到，愤怒的目的不是报复，不是针对人，而是针对事情本身。在 1959 年的一篇文章中金就特别指出，为了种族融合而做的努力会遭遇两种不同形式的阻碍，一种是良性的社会组织抗拒为促进这种进步做出努力，另一种阻碍则是人们会被"一种糊里糊涂的愤怒所驱使，寻求激烈报复，并施加伤害"。[1]金认为这种愤怒缺乏任何的建设性，他也为此与另一位宣扬仇恨与暴力的民权领袖马尔科姆·艾克斯分道扬镳。愤怒需要被"净化"和"疏导"，愤怒的人们需要放弃那种要求对方偿还的意愿并保持公正的抗议精神。他希望所有的抗议者能够关注未来，并尽量克制与放弃自己心灵中幽暗的报复冲动，来实现"转化的愤怒"。

金的演讲的重要意义就体现于此。努斯鲍姆指出，这篇演说一开始就隐含提及葛底斯堡演说，将这篇演说视为林肯著名演说的下一个篇章，是对美国平等主义建国理想的再一次重申。在这一理念的基调下，金的演讲并没有妖魔化美国白人，而是把他们比作未能兑现经济义务的人："就有色公民而论，美国显然没有实践她的诺言。美国没有履行这项神圣的义务，只是给黑人开了一张空头支票，支票上盖着'资金不足'的戳子后便退了回来。"[2]在他看来，重要的不是如何去报复与羞辱白人，而是希望他们将曾经许下的诺言有所兑现。努斯鲍姆指出，"这种财务公正的隐喻对美国民众特别具有吸引

1　Martha C. Nussbaum, "Powerlessness and the Politics of Blame", 2017年5月1日，努斯鲍姆受约翰·肯尼迪中心的邀请发表的杰弗逊演讲（Jefferson Lecture）http://www.law.uchicago.edu/news/martha-nussbaums-jefferson-lecture-powerlessness-and-politics-blame.

2　王瑞泽编：《我为演讲狂：我有一个梦想》，青岛：青岛出版社2010年版，第5页。

力，因为美国人特别喜欢以这种美德来界定自身"。[1] 这种表达也将白人听众包含在内，所有人都应共同享有这种公正。由此金就为演讲定下了基调：摆脱愤怒的报复意识。

> 但是，我也要向站在正义殿堂温暖大门前的同胞说几句话。在争取我们的正当地位的过程中，我们不要做出非法的行为。我们不要喝充满仇恨和苦痛的杯子里的水来满足我们对自由的渴望。我们一定要永远站在有尊严、守纪律的高度来进行我们的斗争。不要让充塞在黑人社区的那种激动人心的新战斗精神使得我们对所有白人都不信任，因为他们今天来到这里所证明，也都认识到，他们的命运与我们的命运是连在一起的，他们的自由与我们的自由是分不开的。我们不能独自走自己的路。[2]

于是，这种抗争的结果不在于报复或伤害对方，而是让双方彼此得益。他们的自由与我们的自由是息息相关的。我们不能单独行动。

接下去是金演讲中最脍炙人口的"我有一个梦想"部分。演讲不再聚焦于愤怒，而是邀请大家一起来想象未来，这是一个关于平等、自由与兄弟情谊之梦。努斯鲍姆指出，在这个部分的演讲中，金不断地引述萨缪尔·史密斯创作的爱国歌曲《为你，我的国家》中的歌词，"如果美国要成为一个伟大的国家，这个梦想必须实现。"努斯鲍姆指出，此时此刻，这首在平时被人们自鸣得意地演唱的歌曲，被赋予了一种批判性内涵。

1　Martha C. Nussbaum, *Political Emotions: Why Love Matters for Justice,* Cambridge: The Belknap Press of Harvard University Press, 2013, p. 237.

2　裴妮选编：《20世纪著名演讲文录》（下），北京：中国对外翻译出版公司2003年版，第70页。

最后是演讲的尾声部分，努斯鲍姆指出这部分可用"爵士乐的语言"来形容，是"一首歌中的即兴重复乐段，如同让自由响彻于美国各地"。[1]

让自由的回声响彻新罕布什尔州连绵不绝的山丘吧！让自由之回声响彻纽约州的崇山峻岭吧！

让自由的回声响彻科罗拉多州皑皑白雪的落基山脉吧！

让自由的回声响彻加利福尼亚州逶迤起伏的山峰吧！

这样还不够；让自由的回声响彻佐治亚州的斯通山吧！

让自由的回声响彻田纳西州的卢考特山吧！

让自由的回声响彻密西西比的每一座大山小丘吧！让每一处山坡都响彻自由的回声吧！

如果我们让自由的回声响彻四方，如果我们让它响彻每一个大小村庄、每一个州和每一个城市，我们就能加快这样一天的到来……[2]

在她看来，这个部分呈现出诸多内涵[3]：首先，通过与各个地理位置相连接，美国的形象会变得更为具体；其次，这些地理位置本身也被"道德化"了，它们成为自由的地点；再者，国家被充分拟人化，并以性感的方式得到呈现；最后，南方各地也被邀请参与平等自由的事业。跟林肯的演讲一样，金的演说最终致力于激发一种深刻的对祖国的爱以及对其最高理想的自豪之情，但与此同时，这种爱国主

1　Martha C. Nussbaum, *Political Emotions: Why Love Matters for Justice*, Cambridge: The Belknap Press of Harvard University Press, 2013, p. 238.

2　裴妮选编：《20世纪著名演讲文录》（下），北京：中国对外翻译出版公司2003年版，第72页。

3　Martha C. Nussbaum, *Political Emotions: Why Love Matters for Justice*, Cambridge: The Belknap Press of Harvard University Press, 2013, pp. 238–239.

义情感本身又带有强烈的批判色彩，因为现实中的美国尚未真正实现这一理想。于是这篇演讲在塑造人们希望的同时，更激发了人们对这个国家现实的批判性思考。金的演讲既是一篇愤怒的演讲，同时又将愤怒的力量转化成了一种共同体的希望；它在激发人们对美国理想的爱的同时，也将爱国主义情感与现实的批判意识联系在了一起，并为社会未来的正义与希望培育出合宜的政治情感。

尼赫鲁的《我们和命运有个约会》

就对印度当代政治与社会的影响力而言，除甘地之外，1947 至 1964 年任职总理的尼赫鲁所扮演的角色不容忽视。在努斯鲍姆看来，与甘地的浪漫主义的政治观念相比，尼赫鲁的政治理念更为务实与成熟。尼赫鲁尽管出身精英阶层，但始终对平等主义事业富于热忱。这集中体现在他 1947 年 8 月 14 日，即印度独立前夜所发表的演讲《我们和命运有个约会》（*Tryst with Destiny*）中。努斯鲍姆指出，这篇演讲不仅与勃鲁托斯的演讲旗鼓相当，而且还超越了后者，甚至在塞尔曼·拉什迪写作《子夜的孩子》之前，那个"子夜出生的自由一代的想法已攫取了全世界的想象"。[1]

按照常理，很多国家的独立日的演说常常会以欢庆作为基调，但跟泰戈尔为印度所写的国歌《印度的主宰》一样，尼赫鲁的演讲独辟蹊径，不走寻常路，体现了一种"具有批判意识的爱国主义"[2]：

1　布莱迪等编：《莎士比亚与法：学科与职业的对话》，王光林等译，哈尔滨：黑龙江教育出版社2015年版，第337、339页。根据原作对译文做了修正。

2　Martha C. Nussbaum, *Political Emotions: Why Love Matters for Justice*, Cambridge: The Belknap Press of Harvard University Press, 2013, p. 246.

很久以前，我们和命运有个约会，现在兑现我们的诺言的时候来到了。虽然没有全部兑现，但却是实实在在地兑现了。在午夜的钟声敲响之时，当全世界还在睡梦之中，印度将为获得生命和自由彻夜不眠。……在这个庄严的时刻，我们誓言为印度和印度人民无私奉献、为更广阔的人类事业做出贡献，这是再好不过的时机……

……在自由诞生之前，我们经历了各种劳役的痛苦，一想到这些伤心的往事，我们的心情就格外沉重。有些痛苦现在还在继续。不过，过去的已经过去了，现在，未来正在向我们招手。

未来并不意味着安逸和闲适，而是永不休止的努力，这样我们才能实现我们过去经常做出而且今天还要继续做出的承诺。为印度服务就是要为万众受苦的人民服务。这意味着结束贫穷、无知、疾病和机会的不平等。我们这一代最伟大人物不变的雄心就是从所有的眼睛里擦去眼泪。这一宏愿可能还很遥远，但是只要有眼泪和苦难，我们的努力就将继续。

因此，我们必须工作和劳作，勤奋劳动，这样才能实现我们的梦想。这些梦想是印度的，也是世界的，因为今天所有国家和民族都被紧紧地连接在一起了，没有人能够设想过着与世隔绝的生活。在这个再也无法分裂成隔离碎片的一体世界，和平、自由、繁荣和灾难都是不可分割的。

对于我们代表的印度人民，我呼吁你们充满信任和信心，加入到我们的伟大事业之中。这不是进行微不足道的消极批评的时刻，也不是满怀憎恨或指责别人的时刻，我们必须要建造

　　一幢自由印度的高尚大厦，能让她的孩子们安居其中。[1]

　　努斯鲍姆指出，听这场演讲的现场录音，最令人惊讶之处在于场下几乎没有任何欢呼声。除了那句"印度将为获得生命和自由彻夜不眠"引发热情欢呼之外，在余下的大部分时间里，底下的听众都是"安安静静的"，尼赫鲁的语调显得"庄重和严肃"，他将印度的独立"视为一种挑战，而不是一个成就"。[2]

　　较之于一个为胜利而庆祝的印度，尼赫鲁更倾心于描述一个正在劳作与奋斗的印度，一个致力于消灭人类饥饿与贫穷的印度。努斯鲍姆指出，这个演讲虽然蕴含感情，"但其所建构的情感并不包含（对英国统治印度的）怨恨，（对欧洲殖民主义者的）愤慨，甚至（对再次被统治的）恐惧。其主要基调是同情与决心，它呼吁全体印度人民超越狭隘的自我，放眼关注那些经受着最大不幸的人们的苦难，呼吁人们联合在于一起决心来消除贫困"。[3]在努斯鲍姆看来，这样的演讲是反思性的，充满了忧患意识。演讲中"产生了一种夹杂着公民责任感的快乐，一种希望，它建立在投身于服务的承诺之上，还有一种同情，表达了为公共利益牺牲的意愿"，因为它们的目标就是"要引入一个让代表和法治接管君主统治的时代"[4]；尼赫鲁的梦想"不仅仅是为了印度，而且是为了整个世界；印度的诞生不仅仅是在印度

1　布莱迪等编：《莎士比亚与法：学科与职业的对话》，王光林等译，哈尔滨：黑龙江教育出版社2015年版，第337—338页。

2　Martha C. Nussbaum, *Political Emotions: Why Love Matters for Justice,* Cambridge: The Belknap Press of Harvard University Press, 2013, p. 247.

3　Ibid., p. 248.

4　布莱迪等编：《莎士比亚与法：学科与职业的对话》，王光林等译，哈尔滨：黑龙江教育出版社2015年版，第340页。根据原文对译文作了调整。

出现一个共和国，而是为殖民主义敲响了丧钟"。[1]

第三节　建筑空间与多元文化

随着当代美学研究从艺术到文化的转向，建筑美学与空间文化也日益成为美学研究的关注重点。从列斐伏尔到大卫·哈维，当代空间美学普遍重视利用建筑与空间的异质性来实践乌托邦式的意识形态批判。以艺术家理查德·塞拉1981年的作品"倾斜的弧（*Tilted Arc*）"为例。这位艺术家曾在纽约联邦广场用钢板打造了长一百二十英尺，高十二英尺的一面单调形体，像一面墙一样横跨广场中央。由于其妨碍了市民出行而遭到抗议，并最终拆除。这个在生活中备受诟病的艺术作品，却得到了美学及艺术批评界的充分肯定。比如美国学者 W. J. T. 米切尔就曾指出，它对公众的刻意冒犯很好地展示了艺术的批判性与乌托邦冲动："一方面，艺术试图创造一个理想的公共空间，一个乌有乡，一个想象性的风景；另一方面，艺术通过打破平静、乌托邦式的公共空间来揭示冲突，并与它所指涉的公共领域保持一种反讽、叛逆的关系。"[2]

努斯鲍姆并不排斥空间政治，但她对空间政治的理解并非建立在这种抽象观念的基础上，跟对文学、音乐等艺术形式的理解一样，她诉诸建筑与空间来实现对人性情感的培育，她相信良性的情感最终有利于政治的进步。而且，她对建筑空间所能实现的审美教育潜

1　布莱迪等编：《莎士比亚与法：学科与职业的对话》，王光林等译，哈尔滨：黑龙江教育出版社2015年版，第340页。

2　*Art and the Public Sphere*, edited by W.J.T. Mitchell, Chicago: University of Chicago Press, 1992, p. 3.

力的看法，与本雅明的思考如出一辙。在后者看来，"散心是艺术品潜入了大众。关于这点，建筑最足以说明。因自古以来，建筑呈现的是一种以散心和集体方式来感受的艺术品模范，故其感受法则是具有教导性的。"[1] 努斯鲍姆对空间美学的理解既不是形式主义意义上的"看上去很美"，也不是激进主义所强调的"空间反叛"，而是一种与人的美好生活密切相关的空间思考。她关注如何通过空间与建筑的设计来激活人们的同情与批判，从而激活一种富于活力的多元平等的城市文化。在此意义上，她是城市理论家简·雅各布斯以及日本建筑设计师芦原义信的同道。

本节主要分两个板块，第一个板块聚焦于介绍努斯鲍姆如何看待政治性的纪念碑与纪念堂对于塑造公民情感的意义；第二个板块则以印度与美国的城市文化为个案，介绍努斯鲍姆如何通过不同的案例来论证城市公共空间对于多元平等生活的价值。

从老兵纪念碑到总统纪念堂

努斯鲍姆认为，公共文化一方面需要具有像林肯的葛底斯堡演说那样坚定人们的信心、凝聚人心的力量，另一方面它也不能忽略苏格拉底式的批判性思考对于激发一个社会活力的价值。努斯鲍姆看到，坐落在华盛顿特区的越战纪念碑为苏格拉底式的怀疑与批判提供了支持。她援引阿瑟·丹托的话指出："我们建造纪念碑，这样我们就总是记住；我们建造纪念堂，这样我们就不会遗忘。"[2]

在介绍越战老兵纪念碑（The Vietnam Veterans Memorial）之前，

1　恩斯特·本雅明：《摄影小史》，许绮玲译，桂林：广西师范大学出版社2018年版，第108页。

2　Martha C. Nussbaum, *Political Emotions: Why Love Matters for Justice*, Cambridge: The Belknap Press of Harvard University Press, 2013, p. 285.

我们先来看一下距它不远的华盛顿纪念碑。这个纪念碑具有国家的象征意义。努斯鲍姆指出，在它上面人们找不到任何个体的因素。因此它不是一个人的雕塑，更不是一个寻求个人崇拜的神殿，而是一个抽象的标志。作为一尊方尖塔，其并不是古代方尖塔那样的独块巨石，而是由分散的石块筑成。这项设计的使命就在于象征"美国各个州的联合"与"这个国度的最高目标"。[1]

跟华盛顿纪念碑表达的抽象性与非个体性不同，越战纪念碑指向每一个死亡的个体，同时蕴含着这个国家的最高承诺及其最深刻的创伤。在当年的设计竞标中，官方就对它的设计提出了五个条件[2]：1. 需要呈现出反思与沉思的特征；2. 与其所处的场所及周边环境保持和谐；3. 在上面展示所有在战争中牺牲或失踪者的名字（近5800人）；4. 不发表任何关于战争的观点；5. 占满两公顷的土地。该纪念碑最后由来自耶鲁大学的 21 岁华裔学生林璎（Maya Lin）设计完成。建成之初引起很多争议，比如有人认为这是一面"耻辱之墙"，但其很快成为客流量最多的地标性建筑。

越战纪念碑是由两块巨大的黑色的花岗岩砌成，以 125 度 V 字的角度构成一本书的样子。石头上面按照年代顺序依次刻上死难者的名字。根据林璎的设计理念，当人们在纪念碑前读着这些名字的时候，会陷入反思之中，会把自己与战争联系在一起：你当时在那里吗？你是否失去了挚爱的亲人？你如何看到这场战争带来的创伤？这场战争值得吗？在努斯鲍姆看来，这个纪念碑"不仅是沉思性的，而且还是询问性的"。[3] 尽管纪念碑纪念的是每一位牺牲的个体，但

1　Martha C. Nussbaum, *Political Emotions: Why Love Matters for Justice*, Cambridge: The Belknap Press of Harvard University Press, 2013, p. 229.

2　Ibid., p. 286.

3　Ibid., p. 287.

它又具有普遍意义。在这个批判性空间中，对战争持不同立场的人都能找到一种共享的价值：他们共同地体验到战争中个体所遭受的伤害。在此意义上，努斯鲍姆认为越战纪念碑所体现的慎思跟古希腊悲剧的慎思具有相似性："通过在激发强烈情感的同时，又对与这些情感相联系的事件提出疑问，它让人们审视自己过去与当下的人生，而人们很少会在日常生活的分心中进行这样的审视。"[1]

除了越战纪念碑之外，努斯鲍姆还探讨了罗斯福纪念堂（Franklin Delano Roosevelt Memorial）对于公共文化的价值。对于残疾人的污名一直以来存在于各个社会的文化之中，在历史上，残疾人甚至还被拒绝进入公共建筑；在当今时代的公共空间与教育文化中，这样的人物形象也很少得到公开展示，因为这令人感到羞耻。努斯鲍姆指出，在过去的五十多年的时间里，通过在政治、法律以及社会文化教育层面的努力，美国社会对残疾人的歧视状况得到了改善。其中特别一提的是在对罗斯福纪念堂的设计过程中，设计师对罗斯福形象的塑造。这一雕塑形象有助于克服公共生活中的"羞耻"。

罗斯福是美国历史上最重要的总统，除了领导美国取得了二战的胜利之外，其"新政"也令美国从经济危机的低迷中得到恢复。不过，罗斯福外在的强悍形象，并不能改变其曾患过小儿麻痹症而终身残疾的事实。在他活着的时候，罗斯福极力避免在公共场合展示其残疾的形象：他避免坐轮椅，而是试图表现为一个站立者的形象。在努斯鲍姆看来，即便是这样一位伟大的总统都无法免除社会文化在其身上所建构的羞耻心理。那么当总统去世以后，应该如何纪念他，如何

1　Martha C. Nussbaum, *Political Emotions: Why Love Matters for Justice*, Cambridge: The Belknap Press of Harvard University Press, 2013, p. 288.

来呈现他的形象，成了很多艺术家所面对的难题。

在 1974 年的设计竞标中，景观建筑设计师劳伦斯·哈普林（Lawrence Halprin）脱颖而出。由于建设资金的问题，这项工程直到 1997 年才正式开始。在刚开始的设计方案中，罗斯福的残疾形象并未出现，因为罗斯福并不希望人们看到他坐轮椅的样子，同时这也不是一个以纪念残疾为主题的纪念馆，设计者认为应该将更多的目光聚焦于罗斯福在政治上所取得的卓越成就。于是在设计中，罗斯福身着长袍坐在一把椅子上，长袍遮住了椅子，遮蔽了他的身体残疾。这一设计受到了不少批评，人们希望能够还原历史的真相。在此后的改进中，哈普林在椅子的后部添加了轮子，暗示了轮椅的存在。在美国国家残疾人组织的支持下，纪念馆后来又建起了第二尊罗斯福的雕像，那尊罗斯福的雕像清晰地显示了他正坐在一把轮椅上。努斯鲍姆颇为赞赏这尊雕像，认为其"以低调与合宜的方式陈述了羞耻的主题，在诚实地强调罗斯福的成就及其包容的同情心的同时，消除了羞耻"。它同时也"邀请每一位访问者来自己思考这些问题的意义，以一种完全开放的方式来思考污名"。[1]

从新德里到芝加哥

除了政治性的纪念碑、纪念堂以及人物雕塑之外，城市的规划与公园的设计也受到努斯鲍姆的重视。她以美国与印度的主要城市为例，探讨了城市公园对于激活多元文化，消除嫉妒、恐惧等情感的价值。

1　Martha C. Nussbaum, *Political Emotions: Why Love Matters for Justice*, Cambridge: The Belknap Press of Harvard University Press, 2013, pp. 374–375.

对印度新德里这座城市，人们常常持批判立场。阿拉文德·阿迪加（Aravind Adiga）的《白老虎》（*The White Tiger*）中主人公对这座城市的体验很具代表性：他总是在城市中感到失落或被排斥，不知道人生的方向。这座城市提供给他的，似乎只有悲哀与疏离之感：

> 这里所有的路看上去都差不多，围成了一个个的圆圈，中间是大块的草地，不少人坐在草地上睡觉、吃东西或者打牌，然后你会看到有四条路从草地中笔直地伸出去；随便驶上其中的一条路，你又会看见一个一个的圆圈，中间又是大块的草地，又有不少人坐在草地上睡觉、吃东西或者打牌。因此在德里你会不停地迷路、迷路、再迷路。

> 成千上万的人住在德里的道路两旁。可以看出他们也来自黑暗之地，因为他们身体瘦弱、面目肮脏，像动物一样住在大桥或者立交桥下面。汽车从他们身边呼啸而过，而他们就在那里生火做饭，取水洗衣，不时地从头发里抓出虱子。这些无家可归的人对司机来说是个大麻烦。他们从来不等红灯，总是随心所欲地猛跑着冲过马路。每次我急刹车避开他们的时候，都会听到从副驾驶上发出的喝骂声。

> 但是我想问，是谁建造了这座疯狂的城市？ [1]

在此背景下，人们不禁怀念起历史中的旧德里。在那时，它不同于这些当代的规划城市，是一座在人们日常的生活与交往中有机地成长起来的城市。努斯鲍姆指出，英国在1857年的入侵及其后的统治，彻底损毁了那座城市。殖民者用英格兰式的好斗的、基督

1　阿拉文德·阿迪加：《白老虎》，陆旦俊等译，北京：人民文学出版社2010年版，第105—106页。

教福音派的城市风格取代了原有的城市风格。殖民者选择建筑师爱德华·鲁琴斯（Edward Lutyens）以及他的同事赫伯特·贝克（Herbert Baker）重建德里，目标在于"表达优越与激发敬畏——不同于好奇，敬畏从骨子里是一种等级性的情感，表达出对至高权力的屈服"。[1] 尽管努斯鲍姆并不否定鲁琴斯在建筑设计上的才华与成就，但她认为这座城市的设计本身存在着问题，新的城市"巨大、沉重并无法触摸，缺乏活力且不适宜居住。它创造了一种人不能走近的感觉，其特别的白色与其几何迷宫般几乎无法辨认的街道，制造了恐惧"。[2] 而且，它还制造出一种原本从未有过的宗教分裂局面。她认为人们应当从新德里的城市悲剧中吸取教训，因为这样的计划会摧毁长达数个世纪的城市生活。

如果说，新德里的城市规划是一个反面典型的话，那么努斯鲍姆在芝加哥大学所处的海德公园（Hyde Park）中则找到了积极的案例。笔者曾于2015—2017年在芝加哥大学访学，因此居住在大学所坐落的这个社区。每周笔者都有机会穿过59街与60街之间宽阔的绿化带去法学院上课。天气晴朗的日子里，这里风景如画，绿草如茵，零星点缀着娇艳的野花，常能见到孩子们嬉戏玩耍的身影，离校园不远处是密歇根湖，蔚蓝的湖水在轻风中静静荡漾。看上去，这是一个安详而宁静的世界。然而多年以前，这片区域却令人畏惧。每到夜幕降临，便是枪击抢劫等暴力活动上演之时。每位学生与教师来芝大的第一天即被告知：不要在傍晚五点后进入这一区域，也千万别在密歇根湖边单独行走。因为这些，芝大校方甚至一度动过搬迁校园的念头。自任教芝加哥大学以来，努斯鲍姆在此工作已

1　Martha C. Nussbaum, *Political Emotions: Why Love Matters for Justice*, Cambridge: The Belknap Press of Harvard University Press, 2013, p. 331.

2　Ibid., p. 331.

近三十年，这里的情况她再熟悉不过。每天她都可以透过法学院五楼办公室明亮的落地窗，以其文学式的敏感打量周边发生的一切。1996 年的某个傍晚，她在此遭遇抢劫，但这在"今天几乎不可能再发生了，友谊与安全总是形影不离"。[1] 这些都跟芝加哥大学以及海德公园在建筑与空间规划上的革新有关。

努斯鲍姆指出，历史上的芝加哥大学秉承精英主义的办校理念，致力于将自身打造成抵御现代商业洪流的象牙塔，抗拒外在诱惑的古老修道院，这个理念在芝加哥大学哥特式的中世纪风格的建筑上就体现得格外显著。但在她看来，随着时光的推移，芝大对于古老尊严的追寻会跟种族主义与阶级的排斥联系得越来越紧密。在芝加哥大学与芝加哥南部的贫民窟之间，有着一条无形的颜色分界线。这同时也使得这个社区远离人世的喧嚣，成为一个非常孤立的"孤岛"。当时，校方还在 60 街停车场与黑人区之间建造了栅栏，以防止来自 60 街以南的恶意破坏。在她看来，这个栅栏就是一个"怀有敌意与对外界漠不关心态度的象征"。[2] 这些隔离的符号与象征，非但没能带来安全，反倒引发了更多的不信任与愤怒，偷盗、暴力以及抢劫事件更是频频发生。

这些情况直到 21 世纪才慢慢有所改变，在新任校长的推动下，芝大也开始展现出一种开放性的姿态，主动与周边的社区建立起联系。在这种改变过程中，艺术符号与空间规划发挥了重要的功能：当隔在学校与周边区域的栅栏被逐步拆除，当新的艺术中心罗根艺术中心（Logan Arts Centre）在附近区域拔地而起，当黑暗的夜幕被一盏盏排成拱形的夜灯照亮，一座审美意义上的桥梁得以建立，两个

1　Martha C. Nussbaum, *Political Emotions: Why Love Matters for Justice*, Cambridge: The Belknap Press of Harvard University Press, 2013, p. 337.

2　Ibid., p. 335.

世界也终于有了沟通与碰撞的机会，社会治安也出现了明显改善的趋势。在笔者生活的两年中，虽然犯罪还时有发生，但审美与文化的力量的确在一点一滴地改变着这里的生活，尽管这些问题的根本解决还需要人们在制度层面上付出持久的努力。[1]

从中央公园到千禧公园

在市场经济为主导的现代社会中，公园不仅仅是一个供人们歇息游玩的审美空间，而且它还能为推进社会平等做出贡献。努斯鲍姆指出，居住在大城市的人常常承受着快节奏城市生活带来的各种压力：从交通拥堵到空气污染，从高昂的生活成本到高压的工作强度。为此，他们需要在休假期间寻找一片绿地来缓解身心。对于富人而言，他们可以驱车前往乡郊或海滨，但对于中下层的民众而言，这些显得并不现实。于是在城市建造一座公园，对于这些民众，对于维护这个社会的平等而言，亦有重要价值。

纽约著名的中央公园（Central Park）的修建就是缘于这样的初衷。其设计师弗里德里克·奥姆斯特德（Frederick Law Olmsted）因参观英国利物浦伯肯海德公园（Birkenhead Park）而触发在纽约建造一个"人民的公园"的想法。他与另一位建筑师卡佛特·沃克斯（Calvert Vaux）最终在竞标中获胜。中央公园的设计理念从园艺学家安德鲁·唐宁（Andrew Jackson Downing）那里获得灵感："当行人想要一个人待的时候，他们可以找到安静且隐蔽的小道，而当他们想要寻

1　2021年1月9日以及11月9日在芝加哥大学发生的两起枪杀学生的案件，无疑为努斯鲍姆所讲述的故事蒙上了一层阴影。芝大周边治安环境的恶化在很大程度上跟美国近年来的社会分化、种族矛盾以及贫富不均有关，两年多来的新冠疫情更是加剧了这些问题。在此意义上审美文化的意义是辅助性的，努斯鲍姆在其不同的作品中都表达过类似的看法。

找快乐的时候，他们又能找到到处都是人的宽阔道路。"[1] 在设计中，中央公园将欧洲的形式元素与自然的野生元素结合起来。奥姆斯特德等人"降低了建筑物、甚至包括喷泉与花园的重要性，认为它们没有一样是这个公园的'必要'元素"，最为重要的是那些"干燥的小道与车道，草坪与树荫"。[2] 但为了做好这些，需要修建非常复杂的排水系统，移除公园道路上的巨石以及种植大量的植被。中央公园看上去似乎并没有那么的美，也缺乏足够的艺术元素。因为奥姆斯特德真正考虑的是市民的生活，考虑的是数以万计疲惫的工人能够有机会在城市中享受自然的宁静。这是城市所展示出来的不同于艺术品的生活美学，一种与人的日常生活息息相关的美学实践。如果纽约没有中央公园的话，"它将成为一个充满嫉妒的城市，这种公园至少提供了一个安全阀，并为此保存了友谊的可能性"。[3]

与崇尚自然与无为风格的中央公园不同，芝加哥千禧公园（Millennium Park）则展示出强烈的艺术的想象力与创造性。努斯鲍姆指出，这座由弗兰克·盖里所设计的 2004 年建成的公园创造了一个多元主义的公共空间。这座新建的公园完全摆脱了距它不远的处格兰特公园（Grant Park）那种 19 世纪的欧洲贵族式的审美风格，后者曾经在芝加哥打造"白色城市（White City）"理念过程中被赋予了纯洁的意味。在她看来，"这种纯粹的白色所建构出来的童话遮蔽了外在世界的多样，它缺乏身体，当然也缺乏幽默"。[4] 一言以蔽之，就是缺乏对人性的重视。因此它很难对人们尤其是普通民众产生足够

1　Martha C. Nussbaum, *Political Emotions: Why Love Matters for Justice,* Cambridge: The Belknap Press of Harvard University Press, 2013, p. 358.

2　Ibid., p. 358.

3　Ibid., p. 359.

4　Ibid., p. 298.

的吸引力。

与之相反，西班牙设计师霍姆·普伦萨（Jaume Plensa）设计的
千禧公园则别有意味：其核心景观同样也是喷泉，这个名为"皇冠喷
泉（Crown Fountain）"由两面高达五英尺、相距二十五码的巨大的屏
幕构成，人们可在大屏幕中看到不同年龄、不同性别以及不同种族
的芝加哥人的面孔。这些面孔每五分钟更替一次，在每次更替时屏
幕都会喷出水来，仿佛来自屏幕中的人之口，喷出来的水花给孩子，
甚至中年人老人都带来了乐趣："把身体弄湿使人们看上去傻傻的，
似乎还有失尊严。但人们喜欢这样，大家一起摆脱日常的一本正经，
会让整个空间变得民主化。"[1] 在这种嬉戏的欢乐中，那些阶级、性别
以及种族的隔阂与仇恨，可以暂时消失得无影无踪。

千禧公园的另一个重要景观"云门（Cloud Gate）"的设计同样
显得独特而有创意。这个以不锈钢为材料的雕塑由雕塑家安妮施·卡
普尔（Anish Kapoor）设计。因为外形像一颗芸豆，常常被称为"大
扁豆"。其不锈钢的外壳可以倒映天空的白云以及密歇根大道上的摩
天大楼，由于外壳椭圆扭曲，使得倒映其中的笔直高楼的形象变形，
像哈哈镜那样，显得非常有趣。同样，在扁豆底下的人们也可看到
自己被扭曲的形象，并为此发笑。努斯鲍姆指出，这个"卡普尔的作
品是林璎的越战纪念碑的堂姐妹，因为它们共同聚焦于自我意识：
都在反映观看者的脸与身体"，如果说林璎的方案反映了一张"正在
凝视（逝者）名字的脸，一张充满悲哀与疑问的脸"的话，那么卡
普尔的"大扁豆"则"以喜剧化的扭曲方式来反映出整个自我与他人

1　Martha C. Nussbaum, *Political Emotions: Why Love Matters for Justice,* Cambridge: The Belknap Press of Harvard University Press, 2013, p. 299.

的身体"。[1] 此外努斯鲍姆还指出，弗兰克·盖里所设计的通往高速公路的曲桥也为人们漫步、停留，以及与陌生人交谈提供了惬意的空间。总之，她认为在这个充满魔力的空间中建构了一种对多样性的爱，一种不怕被"弄湿"的快乐，一种阿里斯托芬式的幽默感和喜剧意识，以及一种无所事事、漫步行走，停步与人交谈的意愿。[2]

第四节　视觉文化与民主生活

相较于对文学、音乐的浓厚兴趣，视觉艺术并非努斯鲍姆的最爱，也是相对而言在其讨论中涉及最少的艺术门类。不过在努斯鲍姆对某些图像、符号以及影像叙事的解读中，我们依然可以看到努斯鲍姆的独特视角。她并未随大流地以一种僵化的态度去批判消费主义时代的"景观"现象，也不以文青式的立场对商业电影给予笼统的否定。她的非乌托邦理念决定了她会以更加现实的态度来看待审美文化对于特定国家社会政治的价值。本节分别从美国与印度的个案来探讨服饰、漫画以及影像叙事对于创造多元民主文化的价值。

服饰与人格：从华盛顿到尼赫鲁

在独立革命后，当时的美国革命家面临着一个重要的任务：建立一个基于共和理想的新国家。在没有国王的时代，他们需要想象

1　Martha C. Nussbaum, *Political Emotions: Why Love Matters for Justice*, Cambridge: The Belknap Press of Harvard University Press, 2013, p. 300.

2　Ibid., pp. 300–301.

一种全新的公共生活。这并不是一个可以轻松完成的任务，"因为历史中充满了君主制的情感，这些情感涉及对一位好父亲的奉献与屈从，而那些与共和情感相关的符号和隐喻并不充分。"[1] 努斯鲍姆指出，主流读物在对建国之父乔治·华盛顿进行介绍时，更多强调他在政治与军事上的卓越贡献，但在她看来，华盛顿还是一位具有深刻政治洞见的思想家，其充分认识到审美符号的巧妙运用对于民主政治的重要性。

据努斯鲍姆的介绍，在华盛顿上台之前，很多反联邦主义者心存疑虑，害怕总统有可能复辟帝制。为此，华盛顿需要做很多事情来打消人们的疑虑，比如他曾经在进行演说时突然戴上老花镜，以此来与他的士兵们分享人性的弱点。[2] 在第一次总统就职仪式上，他拒绝穿军装，而是选择一件由康妮狄克州的哈特福德羊毛制造厂生产的细毛布织成的双排扣的棕色套装，套装上有镀金的纽扣与老鹰的徽章。尽管华盛顿身材魁梧，威风凛凛，也偏爱骑马，但在整个仪式过程中他有意识地像普通人那样走在纽约的大街上，友好地感谢人们。在努斯鲍姆看来，华盛顿成功地通过一系列文化符号传递了他对新的共同体的看法。这些"象征符号（如老鹰、天然羊毛、眼镜）把人们联合起来，并凝固了他们的忠诚。这些象征让人们的精神奔向而不是远离这个国家的核心理想"[3]。

此外，这种在个人形象上的精心打造也在印度领导人尼赫鲁身上得到体现。努斯鲍姆指出，尼赫鲁曾经是印度最会穿衣服的人，

1　Martha C. Nussbaum, *Political Emotions: Why Love Matters for Justice*, Cambridge: The Belknap Press of Harvard University Press, 2013, p. 226.

2　布莱迪等编：《莎士比亚与法：学科与职业的对话》，王光林等译，哈尔滨：黑龙江教育出版社2015年版，第333页。

3　Martha C. Nussbaum, *Political Emotions: Why Love Matters for Justice,* Cambridge: The Belknap Press of Harvard University Press, 2013, p. 228.

一副英式的打扮，他的儿子在剑桥留学时更是追求王尔德或佩特式的花花公子形象。但当尼赫鲁决意追随甘地参加印度独立运动之后，父子俩在形象上大为改变，他们不仅"完全改变了服饰，穿上了手织粗布服装，还戴上了作为国会议员标志的朴素帽子"，而且还"改变了生活方式，与乡村的农民一起亲密劳作"。[1] 当然，尼赫鲁并不认同甘地式的禁欲主义。在努斯鲍姆看来，正是他的这种接地气的人格形象塑造，对他在政治上的成功发挥了重要的作用。

比尔·莫尔丁的卡通画

为了战争需要，宣传机器总是大量炮制那种整洁体面的士兵形象，他们是赢得了荣耀的勇敢的英雄。在某种意义上，这种宣传是虚假的，战争中的真实人生并非如此。因此有必要在对这些士兵给予尊重的同时，让公众认识到战争的残酷与和平的珍贵。在此努斯鲍姆专门提到著名美国漫画家、普利策奖获得者比尔·莫尔丁（Bill Mauldin）在二战期间创作的"维利和乔（Willie and Joe）"系列漫画。莫尔丁曾在芝加哥美术学院学习，后在亚利桑那州国民警卫队工作，1940 年参军服役于第 45 步兵师，并自愿为部队的报刊编辑部工作，在此期间他创作了"维利和乔"系列漫画。

在努斯鲍姆看来，莫尔丁笔下的"维利和乔"是阿里斯托芬式的英雄。他们关注"身体机能及其脆弱性"，他们的身体"充满褶皱，松松垮垮，嘴上叼着烟，如同那些古典喜剧形象的填充玩具"。这些漫画一次次地描述着身体的需要与不适："下雨、泥泞、寒冷、脚上

1　Martha C. Nussbaum, *Political Emotions: Why Love Matters for Justice,* Cambridge: The Belknap Press of Harvard University Press, 2013, p. 353.

的水泡、睡眠不足以及各种各样的疼痛"。[1] 她以两幅漫画为例：一幅是精疲力竭的维利去看军医，医生一手拿着阿司匹林，一手拿着装有勋章的盒子，问他想要哪一个？维利毫不犹豫地说："请给我阿司匹林，我已经有紫心勋章[2]了。"勋章怎么可能缓解病痛？这幕场景有力地呈现出在身体的苦痛面前，所有荣誉与意识形态式的崇高都黯然失色。努斯鲍姆所举的另一幅漫画则讽刺了高级将领对普通士兵生活的无视与冷漠。坐在吉普上的维利和乔一脸疲惫，他们因为未刮胡子，邋遢而被拦在一个豪华俱乐部门外，俱乐部门上写着"只有军官可进"以及"必须系领带"。[3]

军队的高级将领并不喜欢这种冒犯性或讽刺性的漫画。莫尔丁曾对巴顿将军的命令进行过讽刺，该命令要求士兵必须在战争期间保持刮胡子的习惯。因为这幅漫画，巴顿将军一度威胁查封报纸，惩罚莫尔丁。好在艾森豪威尔为莫尔丁辩护，认为其漫画为普通士兵在战争的沮丧情绪提供了发泄的渠道，并能帮助他们在情感上克服艰苦的战争带来的沮丧与痛苦。努斯鲍姆认为巴顿是错的，而艾森豪威尔是对的。莫尔丁试图通过漫画表明，这些士兵只是在寻求最低限度的体面与尊严，这是个很严肃的问题，尽管他们的行为方式多少显得有些喜剧性。他的漫画提醒军队将领与公众："战争都是用（普通士兵的）身体在打的"，你们需要"审慎地考虑他们的需求与牺牲"。[4]

---

1 Martha C. Nussbaum, *Political Emotions: Why Love Matters for Justice,* Cambridge: The Belknap Press of Harvard University Press, 2013, p. 308.

2 紫心勋章（Purple Heart）指的是美军用以表彰在战争中负伤或死亡士兵的勋章。它于1782年8月7日由乔治·华盛顿将军设立，是美国历史最为悠久的军事勋章，被美军官兵称为"永远的紫心"。

3 Martha C. Nussbaum, *Political Emotions: Why Love Matters for Justice,* Cambridge: The Belknap Press of Harvard University Press, 2013, p. 308.

4 Ibid., p. 309.

影像中的国家身份

2017年初，一部名为《摔跤吧，爸爸》的印度电影走红全球。影片以体育竞赛为主题，讲述了一位父亲如何勇敢地挑战印度社会的传统将自己的两个女儿培养成摔跤冠军的故事。影片由著名影星、被称为"印度良心"的阿米尔汗主演，通过体育竞赛这样一个切口，成功地向世人呈现了一个包容而开放的国家形象。其实在十年前，阿米尔汗饰演的另一部影片《印度往事》（Lagaan）也广受好评。在努斯鲍姆看来，这部影片在一个相对艰难的时代，以影像的方式向世人展示了印度的国家身份。

电影讲述了在甘地之前，印度人成功地以非暴力形式抵抗英国殖民者的故事。故事发生在19世纪英国殖民统治时期印度的一个贫穷的村庄里，当地英国驻军指挥官罗素向村民强征税收。由于常年遭受干旱，作物歉收，村民的领袖拉凡向罗素请求减免税收。在这之前，拉凡曾经妨碍罗素狩猎，并且在言语上对他的板球队颇有冒犯（拉凡称他们打的是"蠢球"）。为了进行报复，罗素提出了一个苛刻的条件：如果在三个月之内，村民组成的球队能够击败他的球队，那么可以免除三年的税；但若输球的话，他们则需缴纳三倍的税。令村民们感到惊讶的是，拉凡竟然接受了这个几乎不可能获胜的赌局。村民对板球几乎一无所知，拉凡在一开始几乎得不到任何支持和理解，只有女友葛莉以及罗素的妹妹支持他，后者爱上了拉凡，并偷偷地教授村民们如何打板球。

拉凡的勇敢与决心最终打动了村民，他们纷纷加盟球队。在组建球队的过程中，影片特别突出了几位身份特殊的队员：一位熟知这项运动的锡克教徒，一位穆斯林击球手，还有一位残疾的贱民投球手。由于出身贱民，地位低下，这位会投旋转球的投球手遭到球队中很多印度教村民的抵制，拉凡对此进行了严厉的批评，并最终让他们心悦诚服。这位选手在后来的比赛中发挥了很大的作用。用努斯鲍姆的话来说，这支小小球队的组建隐含着"这个国家的建立"。[1]电影的后半部分是对这场比赛过程的呈现。在三天的比赛中，村民的球队一开始处于劣势，一方面跟比赛经验缺乏有关，另一方面则是队伍中出现了叛徒。一位身份地位较高的选手因为对拉凡心存嫉妒而故意输掉比赛，使全队一度陷入困境。最终村民球队奇迹般地赢得比赛。比赛结束时，天降大雨，结束了干旱。在音乐的伴奏下，人们在雨中欢快地跳舞。

在努斯鲍姆看来，这部电影展示的不仅仅是印度球队如何击败了英国球队，而且还展示了这支队伍中彼此尊重、宽容多元的价值观如何击败了殖民者所代表的价值观。拉凡带领的板球队呈现出来的是"相互尊重、团结协作、包容且热爱多元"的印度。[2]她也借此赞赏印度宝莱坞所承载的进步主义的价值观。然而影片终究是艺术的虚构，代表不了现实。"印度往事（*Once Upon a Time in India*）"其实是这部电影的副标题。让人想到这似乎就是曾经的印度。但冷酷的现实告诉我们：即便在 19 世纪，也未曾有过这样的印度。而且，自20 世纪 90 年代以后印度的社会状况持续恶化，排外的印度人民党掌握政权之后，印度的宗教冲突、阶级矛盾以及性别歧视等问题有增无减。在努斯鲍姆看来，这部电影跟古希腊时代阿里斯多芬创作的《阿卡奈人》（*Acharnians*）与《吕西斯忒拉忒》（*Lysistrata*）一样，

1　Martha C. Nussbaum, *Political Emotions: Why Love Matters for Justice,* Cambridge: The Belknap Press of Harvard University Press, 2013, p. 302.

2　Ibid., p. 303.

创作于现实中的黑暗时代。但她同时坚信，"这种幻想或者希望同时也是现实的，希望有一天印度可以成为这样一支团结合作又能相互包容的板球队，成为宝莱坞一样丰富多元的世界"。[1] 通过对人类渴求与希望的呈现，艺术终究有可能通过对人类心灵的影响来完成对现实的介入与改造。

第五节　诗性想象与法律正义

本书的第四章重点讨论了文学想象对于回答"人应当如何生活"的伦理学价值，除此之外，文学想象对于现实的社会正义也意义重大。作为一位法学院教授，努斯鲍姆尤为关注文学阅读对于法律实践的影响。1994 年，在芝加哥大学法学院做访问教授时，她就为法学院的学生开过一门文学课，引导 70 多位学生在课堂上阅读了索福克勒斯、狄更斯以及理查德·赖特等人的作品。[2] 她深信，这样的课程学习有助于培养未来的好法官与好律师。努斯鲍姆理想中的法律工作者"并不倾向于认为，为了寻求公正她需要与案件中所呈现的社会现实保持一段冷漠的距离。事实上唯有通过想象的参与，特别关注到那些受不公正对待的群体，透彻地审视这些现实，她才能保持真正的中立"。[3] 与此同时，她和法学院同事也一直致力于推动颇具芝大

1　Martha C. Nussbaum, *Political Emotions: Why Love Matters for Justice,* Cambridge: The Belknap Press of Harvard University Press, 2013, p. 305.

2　Martha C. Nussbaum, *Poetic Justice: The Literary Imagination and Public Life,* Boston: Beacon Press, p. xiv.

3　Martha Nussbaum, *Upheavals of Thought: The Intelligence of Emotions,* New York: Cambridge University Press, 2003, p. 445.

特色的"法律与文学"运动[1]，并定期举办学术研讨会，出版相关论文集，这些都充分体现出努斯鲍姆对于诗性文化如何介入司法实践的兴趣与热忱。

诗人作为法官：从亚当·斯密到沃尔特·惠特曼

对于文学与正义之间关系的思考，努斯鲍姆主要从亚当·斯密的"公正的旁观者"与沃尔特·惠特曼的"时代和国家的平衡者（the equalizer of his age and land）"这两个概念中获得启发。

"公正的旁观者"出自《道德情操论》。努斯鲍姆认为斯密的这部著作旨在发展一种情感理性的思想。斯密所提出的"公正的旁观者"在为情感在伦理判断中的重要性做出辩护的同时，也对文学阅读的公共价值给予了强烈的暗示。在她看来，斯密一方面把这个旁观者理解为一位相对超脱的旁观者，由于自身并未卷入他所目睹的事件，因此他能以超然的态度看待与审视眼前的情景；另一方面这位旁观者并不是冷冰冰的"理性人"，而是带着情感去看待事物。因此他具备一种把自己想象成他人，把自己置于对方情境之中的能力，这就是

1　"法律与文学"运动开始于20世纪70年代初，跟芝加哥大学法学院紧密相连。当时，美国的几所法学院开设了法律与文学课程。这一运动的开创之功归于当时在芝大任教的詹姆斯·博伊德·怀特1973年发表的《法律想象》，这本书是其上课的讲稿；此后1988年理查德·波斯纳出版的《法律与文学》，成为这场运动中最有影响力的作品之一。在当代法学界对"法律与文学"的问题的关注中，不同的学者有着不同的关注点。根据身处其中的学者介绍，大致有四组不同的研究路径：第一组是"精通法律的文学爱好者和学者（如理查德·波斯纳和罗伯特·弗格森）"，由于"法律研究已经变得越来越跨学科"，他们希望"将文学增加到这一对话里"，但他们对现行的法律研究并没有特别的不满。第二组学者则"注意到了经济学方法在法律分析中的主导作用"，他们认为这种方法会造成法律研究者在事业上的局限，而文学则有可能起到弥补的价值。持这一立场的有玛莎·努斯鲍姆、詹姆斯·怀特以及罗宾·韦斯特等人。比如韦斯特认为"大量经典文学作品都对法律、以及通常用来支持法律道德权威的那些论证持高度批评的态度……文学帮助我们理解其他人"。第三组学者主要在文学领域，他们认为关注文学文本的法律与法律修辞语境可以丰富人们对文学文本的研究。第四组学者兼修法律与文学，"他们普遍感到现在的法律对话缺少对政治现状的一套激进的挑战"，因此他们往往通过后现代思想资源进行文本分析，以此形成某种"批判性的法律研究"。通过这样四组对"法律与文学"研究的介绍，有助于我们更好地确认努斯鲍姆在其中的位置。参见布莱迪·科马克等编：《莎士比亚与法：学科与职业的对话》，王光林等译，哈尔滨：黑龙江教育出版社2015年版，第6页。

一种同情的能力。"同情与其说是因为看到对方的激情而产生的，不如说是看到激发这种激情的境况而产生的"。[1] 这就使他会对他人的情感采取一种批判意义上的同情。这个斯密意义上的"公正的旁观者"，就是在追求这样一种合宜的理性情感。

透过斯密的理论，努斯鲍姆发现文学读者恰恰是斯密意义上的"公正的旁观者"："斯密赋予了文学相当的重要性，将其视为一种道德指引的资源。其重要性来源于这样一个事实：读者身份实际上就是对公正旁观者身份的艺术建构，它以愉悦自然的方式引导我们拥有一种适合好公民与法官的态度"。[2] 在文学阅读中，人们与作品人物的关系不同于日常生活中的人际交往。通过文学阅读，人们会对那些在日常生活中并无兴趣的人产生同情共感。由于这个故事并不是真的，并不会真的发生在自己身上，因此人们会在阅读中采取一种"真正的利他主义"的态度，"真正地去认识他人身上的他性"。[3] 在一个存在着性别、种族等不平等问题的社会中，人们可以通过文学的想象把自己视为自己社会中边缘或受压迫群体中的个体成员，学着暂时通过他们的眼睛观看这个世界，然后再作为旁观者，对他们所见到的一切进行反思。

惠特曼也为努斯鲍姆对于文学与法律的思考提供了灵感。其关于诗人作为"时代和国家的平衡者"的描述出自《草叶集》的序言：

> 在所有国家中，合众国的血脉里充满了诗的素材，最需要诗人，无疑会拥有最伟大诗人，会最大限度地重用他们。诗人

---

[1] 亚当·斯密：《道德情操论》，蒋自强等译，北京：商务印书馆1997年版，第9页。

[2] Martha C. Nussbaum, *Poetic Justice: The Literary Imagination and Public Life*, Boston: Beacon Press, 1995, p. 75.

[3] Martha C. Nussbaum, *Love's Knowledge: Essays on Philosophy and Literature*, New York: Oxford University Press, p. 48.

们将成为他们的公共仲裁者，胜过总统。伟大的诗人是人类中平静的人。凡不是在其内、反在其外的事物都离奇、古怪或有悖理智。不在其所的事物不会好，凡在其所的事物不会差。他把适当的比重分与每一物体或品质，不多也不少。他是纷繁事物的仲裁者，他是关键人物。他是他的时代和国家的平衡者……他不是争论者……他是审判者。他不像法官那样审判，而是像阳光落在无依无靠者的周围。他看得最远，怀有最强的信念。他的思想是赞美万物的圣歌……他在男男女女中看到了永恒……他不把男女众人看得虚幻或渺小。[1]

在惠特曼的定义中，诗人被视为"公共的仲裁者，胜过总统"，是"时代和国家的平衡者"，因为他能"把适当的比重分与每一物体或品质，不多也不少"。他不是"争论者"，而是"审判者"。惠特曼认为诗人的审判不同于法官的审判，而是"像阳光落在无依无靠者的周围"。

那么，什么是"像阳光落在无依无靠者的周围"？答案包含在后面的句子中："他不把男女众人看得虚幻或渺小。"在努斯鲍姆看来，首先，"阳光落在无依无靠者周围"这个大胆的形象暗示了对细节与特殊性的重视，诗人不会把个体看作理性计算中的一个虚幻或渺小的数字，而是一个个充满着生活故事的个体。阳光可以照亮"每一个曲面，每一个角落；没有什么是被隐蔽起来的，没有什么是看不到的"；其次，虽然阳光落在那些无依无靠者的周围，照亮了他们为黑暗所裹挟的处境，但同时阳光意味着"诗人对公平和合宜的承诺并

1　沃尔特·惠特曼：《草叶集》，邹仲之译，上海：上海译文出版社2016年版，"第一版前言"第4—5页。

不会导致偏见或袒护。尽管在面对特殊个体时是亲密的，但同时也是不偏不倚的"。这里存在着某种司法意义上的中立性，"这不是一种和冷漠的普遍性相关的中立性，而是一种与丰厚的历史具体性相关的中立性；不是一种与准科学的抽象相关的中立性，而是一种与对人性世界的视野相关的中立性"。[1]

努斯鲍姆进一步将惠特曼的诗人裁判与其他三种类型的法官相区分：第一种是以怀疑式的超然为特征的法官。比如斯坦利·费什指出，如果没有超越于人类历史及其解释活动的抽象标准的话，我们就无法对信念给予可靠地论证。第二种是以科学的形式推理为模型进行司法推理的法官。比如现代法律教育观念的创始人克里斯托弗·兰德尔（Christopher Columbus Langdell）就信奉法律为一门严密精确的科学。第三种是因司法中立而远离特殊性的法官。赫伯特·韦克斯勒（Herbert Wechsler）是这种司法中立观念的倡导者，其所定位的中立性要求个人和当前处境及其历史拉开距离。与这三种司法态度不同，努斯鲍姆认为诗人裁判"有足够的理由远离怀疑式的超然，较之于准科学模式，更有理由去偏爱那种评价性人文主义的实践理性形式"[2]，此外，诗人裁判也并不回避任何特殊情境的影响，反倒试图全面地了解案件所涉及的具体处境。在此意义上，惠特曼的"诗人裁判"与亚当·斯密的"公正的旁观者"理念达成共识。

文学中的法律思考

透过斯密与惠特曼对"诗性正义"的理解，人们可以看到诗对正

1　Martha C. Nussbaum, *Poetic Justice: The Literary Imagination and Public Life,* Boston: Beacon Press, 1995, p. 81.

2　Ibid., p. 82.

义的理解常常能够超越现实中的法律实践，并对现实中的司法实践形成了一种批判性的审视。就如约翰·密尔所言："可能存在着非正义的法律，所以法律不是正义的最终标准，法律也许会做出正义所谴责的事情，即给一个人带来了利益而给另一个人造成了损害。"[1] 我们的确可以从大量的文学作品（包括影视作品）中看到，诗的正义理念如何与现实法律实践之间形成冲突，正是透过这种诗性的批判，人类的现实正义才获得真正落实的可能性。努斯鲍姆通过大量的文学作品分析，探讨了文学对于当代法律实践的价值。她对安东尼·特罗洛普、菲利普·罗斯等人作品的分析，论证历史上的文学作品如何批判与修正了传统的法律观念，以及它们是如何对人类法律以及观念的进步做出贡献的。

在历史与当代的各个社会的文化观念中，"私生子（女）"普遍受到道德上歧视和社会的污名化。尤其在性别不平等的社会中（比如英国的维多利亚时代），其处境显得更为艰难。努斯鲍姆在特罗洛普的作品中惊讶地发现，这位作家的观念远远超越了他的时代，其通过对私生子（女）的正面描绘与同情，有力地批判了当时维多利亚社会保守的道德习俗以及法律上的不正义。

根据当时英国的普通法，父母双方未结婚的情况下出生的孩子被称为私生子（filius nullius），法律上即"不是任何人的孩子"。这些孩子没有权利继承父母的遗产，同时也没有自己的继承人。当时有不少文学作品抨击这一法律，如菲尔丁的《汤姆·琼斯》、查尔斯·狄更斯的《荒凉屋》以及威尔基·柯林斯（Wilkie Collins）的《无名氏》（No Name）等。但努斯鲍姆指出，他们的作品只是让这些之前被污名化的形象表现得更为迷人，却并未真正去打破这些刻板的形象。

---

[1] 约翰·穆勒：《功利主义》，徐大建译，北京：商务印书馆2014年版，第54页。

这种情况只有在特罗洛普的作品中才有所改变。

努斯鲍姆指出，在 1872 年完成的《继承者拉尔夫》这部小说中，特罗洛普就完成了一项可称为"社会解构"的"迷人实验"，尽管作者本人对该作并不满意。[1] 这是一个两个名字同为"拉尔夫·牛顿"的年轻人继承遗产的故事。其中一个拉尔夫是乡绅格雷戈里与一位德国底层女性未婚所生，虽然孩子并未获得法律的认可，但父亲非常疼爱他。另一个拉尔夫是格雷戈里的侄子，他拥有了叔叔财产的继承权。格雷戈里一直努力使其私生子获得继承权，并几乎取得成功，不幸的是他在一次打猎过程中丧生，他的儿子还是未能得到继承权。小说对这位私生子的塑造打破了社会的刻板印象，他忠诚，富于爱心，并具有男性气概，与之相比，另一个拉尔夫则被塑造成十足浪荡的花花公子。特罗洛普通过这样的作品完成了对现实法律与习俗道德的颠覆。

在 1858 年出版的《索恩医生》中这种颠覆抵达了更深的层次。故事发生在英国一个叫巴塞特郡的地方，主人公玛丽·索恩是一位私生女。其母亲受到一位浪荡子亨利·索恩的勾引并怀孕，她哥哥在冲动之下杀死了亨利，为此深陷牢狱。此后亨利的弟弟，品德高尚的索恩医生收养玛丽，并给予她身体与精神上的照料。非常幸运的是，这个孩子并没有因为私生女的身份而遭受厄运。巴塞特郡完全没有受到维多利亚时代那种阴森森的教育氛围的影响，而索恩医生也拥有某种非英国式的教育理念，他有和孩子们平等交往的本领，"他高兴和孩子们谈话，高兴和孩子们玩耍"，并强调"父母对孩子的主要

1　Martha C. Nussbaum, "The Stain of Illegitimacy: Gender, Law, and Trollopian Subversion", *Subversion and Sympathy: Gender, Law, and the British Novel,* edited by Martha C. Nussbaum, etc, New York: Oxford University Press, 2013, pp. 164–165.

职责是让孩子幸福"[1]。于是玛丽不仅被培养成一位富于教养、品行高尚的姑娘，而且还最终过上了非常幸福的人生。她还与信奉进步与平等理念的弗兰克·格雷沙姆相爱。尽管他们之间的婚姻遭遇阻碍，但问题并不在于她的私生女身份，而在于她的贫穷。小说最后以喜剧式的结局收场，玛丽意外继承一笔巨额遗产，从而顺利地克服了婚姻的阻碍。尽管根据当时英国的法律，她并不享有这一权利。

努斯鲍姆指出，小说对玛丽·索恩的塑造完全打破了人们对私生女的传统刻板印象。她成长在一个宽松，没有歧视且充满关爱的环境之中，小说所虚构的这种环境迥异于现实中压抑刻板、死气沉沉的维多利亚时代的社会现实。她不是刻板印象中端庄贤淑的淑女，而是充满活力且心怀远大志向的女孩，"她被允许生活，游戏，成为一个人，被喜欢，被爱"。[2] 其形象展示了一位女性的活力与雄心。因为良好的自然教育，她作为女性的自然天性没有受到束缚与压制。努斯鲍姆认为特罗洛普的写作并未停留于对社会歧视所作的一般性批判，而是展示了更为激进的立场，他还在维多利亚道德中找到了那种污名的精神根源，那就是"禁忌与控制的精神"，而私生子（女）这一身份则"与那种不受社会控制的性能量联系在一起"。[3] 在对私生子（女）进行污名化的背后，隐含着一种强大的社会控制，这种社会控制也反映出对人性本身的憎恨与厌恶。

在此意义上，这部作品不仅对推动私生子（女）法律的改革有重要价值，而且其价值更体现在特罗洛普对这些既定法律的深层资源，激发这些法律的精神的有力洞察。小说提醒人们，"法律的改革

1 安东尼·特罗洛普：《索恩医生》，文心译，上海：上海译文出版社1994年版，第42页。

2 Martha C. Nussbaum, "The Stain of Illegitimacy: Gender, Law, and Trollopian Subversion", *Subversion and Sympathy: Gender, Law, and the British Novel*, edited by Martha C. Nussbaum, etc, New York: Oxford University Press, 2013, p. 170.

3 Ibid., p. 171.

若不同时协同心灵的变革，去创造一种新的自爱，它能够欣然接受我们每个人身上的无序，那么法律改革将会失败"。[1]

类似的精神也在菲利普·罗斯的短篇小说《狂热者艾利》（*Eli, the Fanatic*）中得到体现。故事发生在纽约的伍登顿社区，一个名叫艾利·派克的律师受到社区居民的委托，承担了一项与刚移来社区的犹太难民图里夫进行交涉的任务，因为后者不仅在这个基督徒为主的社区为移民犹太人开办学校，而且还教授《塔木德》和意第绪语，更为糟糕的是，其中还有一位不知名的男人戴黑色的无边小圆帽，身着黑色的大衣，"穿得像是公元前一〇〇〇年的样子"。[2] 社区居民要求他们搬离社区，艾利对这些犹太移民有所同情，因此他做了折中选择，写信希望图里夫能够劝阻那个男人不再穿戴那身衣服，但对方称这是他唯一拥有的衣服。为此艾利最终想到的办法是把自己的两套西装送给图里夫，希望对方能换一身衣服。他的做法多少取得了成功，那个男人穿上了他给的绿色西装，但艾利同时收了对方寄来的黑色衣帽并受到"感化"。小说最后，艾利以这身穿戴去探望刚出生的孩子，最终被当作疯子而被注射了镇静剂。

在努斯鲍姆看来，小说不仅描绘了犹太人在战后美国依然遭受歧视的处境，而且还深刻地揭示了这一处境不仅源自白人新教文化（WASP[3]）的排斥性，而且更是源自犹太人为了融入白人文化而培育的对自我身份的憎恨（在不少要求犹太人搬离的居民中，很多人本身就是犹太人）。除此之外，努斯鲍姆认为小说对法律也做出了强有

1　Martha C. Nussbaum, "The Stain of Illegitimacy: Gender, Law, and Trollopian Subversion", *Subversion and Sympathy: Gender, Law, and the British Novel*, edited by Martha C. Nussbaum, etc, New York: Oxford University Press, 2013, p. 171.

2　菲利普·罗斯：《再见，哥伦布》，俞理明等译，北京：人民文学出版社2009年版，第252页。

3　White Anglo-Saxon Protestant的简称，指盎格鲁撒克逊新教徒裔的、富裕的、有广泛政治经济人脉的上流社会美国人。

力的反思。罗斯塑造了艾利这样一位与众不同的律师形象。在一般人的印象中，从事法律行业的人都很理性，甚至会有些冷漠，很少感情用事。但艾利不太一样，用他妻子的话说，多少有些"神经症"。对于一般的律师而言（比如艾利的搭档），处理这样的事情并不困难：只需要不动心地执行"法律"即可。但艾利却把事情处理得很复杂，甚至一团糟，因为他"做事情从来不讲分寸"，"热情过头了"。[1]他在对法律的理解中投入了很多情感。在这点上，他与图里夫对法律的理解并无区别：

> "派克先生，我可以问个问题吗？谁制定了法律？"
>
> "人民。"
>
> "不是。"
>
> "是的。"
>
> "是在人民之前。"
>
> "不是，人民出现之前没有法律。"艾利的心思全然不在这段交谈上，但是在只有烛光的氛围下，他如同被催眠了般继续着对话。
>
> "错了，"图里夫说。
>
> "图里夫先生，我们制定了法律。这里是我们的社区，这些人是我的四方邻里。我是他们的律师，他们付我工资。没有法律，一切都会陷入混乱。"
>
> "你称之为'法律'的东西，我称之为'羞耻'。心灵，派克先生，心灵才是法律！上帝啊！"他大声说道。[2]

1　菲利普·罗斯：《再见，哥伦布》，俞理明等译，北京：人民文学出版社2009年版，第249页。

2　同上，第242页。

努斯鲍姆指出，图里夫在此嘲笑了那种对法律的工具主义使用，"伍登顿的法律，不仅缺乏心灵的根基，而且还要否决心灵：它面对无家可归者只会展示出一种计算的迟钝，以及一种对于正义与同情的冷漠"。[1]在图里夫看来，真正的法律应当跟人的痛苦与同情相联系，坚信自己为孤儿以及难民提供一个庇护所的做法是合乎正义的。艾利在某种意义上也认同这样的看法，当他得知那位一身黑衣的难民没有妻子，没有孩子，没有朋友，曾经遭到过纳粹残酷迫害，当下一无所有的时候，他不知不觉地站到了难民的这一边。当艾利穿着那身黑衣走在大街上的时候，他是"在揭露伍德顿社区的荒谬与贫瘠，并彻底地与那个旧的法律观念一刀两断，在那种观念中法律被视为社会特权与社会安定的工具"。[2]

当然，不同于《索恩医生》的喜剧大团圆，《狂热者艾利》的结局是悲剧性的。努斯鲍姆指出，小说结局提醒读者，艾利最终还是输了。因为正义的取得并不单单取决于工具意义上的制度与法律运作，还取决于人对于自我羞耻与恐惧的克服。在此意义上，"罗斯的故事并不是简单的预言，或者只是为某个反歧视的社会运动的胜利做贡献，而是在为一个更为深刻，但尚未取得的胜利所进行的努力"。[3]优秀的小说提醒人们，尽管法律看上去是抽象与理性的，但法律的制定与执行都取决于人，在这一过程中，心灵扮演着极为重要的角色，无论这种角色是积极的还是消极的。

1　Martha C. Nussbaum, *American Guy: Masculinity in American Law and Literature,* edited by Martha C. Nussbaum and Saul Levmore, New York: Oxford University Press, 2014, p. 186.

2　Ibid., p. 188.

3　Ibid., p. 192.

诗性想象与司法实践

在具体的司法实践中，诗性想象的意义也得到努斯鲍姆的重视。在美国这样高度法治的社会中，法官对于社会正义的影响无处不在。在努斯鲍姆看来，一名优秀的法官不会仅仅根据普遍规则判案，而是会调查和审视"每一条法规和每一种情境的本质，以便以充分的敏感性和富有想象的热情对呈现在她面前的东西做出反应"。[1] 拥有某种与特殊性相关的诗性想象能力是成为一位优秀法官的必要条件。正如前文提到的，法官自身良好的文学素养，才使他在对《尤利西斯》的裁决中采取较为公正的立场。这种诗性想象能力，不仅有助于公正评判文学艺术作品，而且有利于对广泛的社会政治问题做出公正的评判。

首先她指出，美国历史上很多不合理的审判跟法官本身缺乏同情共感的能力有关。努斯鲍姆以"洛文诉弗吉尼亚州（*Loving v. Virginia, 1967*）"为例指出，1958 年黑人女性米尔德里德·杰特尔与白人男性理查德·洛文结婚，根据当时他们所居住的哥伦比亚特区的法律，他们的结合是合法的，但当他们回到弗吉尼亚州的居住地时，当地的大陪审团起诉这对夫妇，认为他们违反了弗吉尼亚州禁止种族通婚的法律，结果二人被判入狱一年。当时的法官就指出："全能的上帝创造了白色、黑色、黄色、马来以及红色种族，他把他们置于彼此分离的大陆上。由于破坏了他的安排，这种婚姻就没有存在的理由。他对不同种族进行分离的做法体现出他并不打算让不同种

1　Martha C. Nussbaum, *Love's Knowledge: Essays on Philosophy and Literature*, New York: Oxford University Press, 1990, p. 84.

族混合起来。"[1] 此后洛文向美国最高法院提出诉讼，美国最高法院在1966年作出判决，认为弗吉尼亚的反异族通婚法并不违宪，这些法律并不存在种族歧视，因为其使这两个种族所遭受的损害是同等的。直到1967年情况才发生改变，美国最高法院一致判决弗吉尼亚违宪，因为这一禁止异族通婚的法律支持的是一种白人至上主义的价值观，这种看似平等的法律判决其实隐含着种族歧视。努斯鲍姆指出，如果法官缺乏对人类处境同情共感的想象能力的话，他们就会倾向于对社会平等问题持以迟钝与教条的理解，以为形式上的中立足以确保平等待人，却忽视了在种族、性别不平等的环境中这种法律的中立性在本质上的"不中立"。

与之类似，布朗诉托皮卡教育委员会案（*Brown v. Board of Education*，1954）也说明了同样的问题。琳达·布朗是居住在堪萨斯州托皮卡的黑人学生，出于上学的便利需要，她申请就读离家较近的小学。但申请却遭托皮卡教育委员会驳回，原因是该小学只招收白人学生，而当时堪萨斯州的法律允许这种情况存在。1951年，琳达的父亲偕同二十多位学生家长对托皮卡教育委员会提出诉讼。地方法院以"隔离但平等（separate‐but‐equal）"为由认为教育委员会的做法并不违宪。最后案件上诉至联邦最高法院。在最高法院的审理中，首席大法官厄尔·沃伦发挥了关键性的作用，并最终判决布朗胜诉，判决书这样写道："我们得出，在公共教育领域，'隔离但平等'的论调是站不住脚的。隔离教育资源本质上即是不平等。"[2] "布朗案"最终推翻了校园的种族隔离，标志着有效行使美国法律保护公民

---

1 Martha C. Nussbaum, *Upheavals of Thought: The Intelligence of Emotions,* New York: Cambridge University Press, 2003, p. 442.

2 伯纳德·施瓦茨：《民主的进程：影响美国法律的"十宗最"》，周杰译，北京：中国法制出版社2015年版，第85—86页。

权利的开始。在对这一案件的反思中，努斯鲍姆指出，这个案件之所以在地方法院遭到驳回，是因为中立原则在司法实践中一直具有广泛的影响力。这一原则由法学家赫伯特·韦克斯勒在《走向宪法的中立原则》一书中提出。努斯鲍姆认为这位法学家的理论缺乏对具体生活的想象，他并没有真实感受到种族隔离给黑人所带来的侮辱与损害。[1] 这样的反面案例充分说明想象力的介入对于法律公正的重要性。

除了反面案例之外，历史上也有很多优秀的法官以他们卓越的想象与同情，表达了在努斯鲍姆看来更为公正的司法意见。一个案例是"哈德森与帕尔默案（*Hudson v. Palmer*，1984）"。原告帕尔默是一位因伪造罪、重大盗窃罪以及抢劫银行而被判罪服刑的囚犯。被告哈德森是一位曾经对他房间进行过"彻底搜查（shakedown）"的警察。帕尔默认为哈德森在搜查其房间的过程中，故意损毁了他的一些合法私人财产，比如照片与信件，在人格上对他进行了羞辱。他上诉美国最高法院指控哈德森侵犯了自己受宪法保护的权利。当时多数最高法院的法官尽管承认对犯人的恶意搜查与故意骚扰行为有所不当，但并不认为哈德森的行为违反了正当程序。史蒂文斯（Justice Stevens）大法官等反对者则提出不同看法：在史蒂文斯看来，从警察的角度看，囚犯的这点隐私也许微不足道，但若"站在犯人的立场看，这些微不足道的隐私却标记着奴役与人性之别"，私人信件、家庭快照、一个纪念品、一副纸牌、一本日记等这些并不那么昂贵的物品对于他人而言微不足道，但对犯人本人而言，这些小物件却能使他"与自己的部分过去保持联系，并且看到更好未来的可能

1　Martha Nussbaum, *Upheavals of Thought: The Intelligence of Emotions*, New York: Cambridge University Press, 2003, p. 443.

性"。[1] 在这些论辩中，努斯鲍姆较为关注文学因素在史蒂文斯的考量中所发挥的作用。虽然从纯粹的修辞学角度看，史蒂文斯的论证并不具有"文学性"，但他却是以文学性的"公正的旁观者"的态度来作出评判的。他能够"进入那个为社会所（正当地）恐惧与憎恨的个体存在中，在没有完全分享其情感与动机的情况下，就看到了罪犯的利益与权利以及他的特殊处境"。[2]

另一案例是"玛丽·卡尔诉通用汽车公司艾莉森燃气轮机分公司案（*Mary Carr v. Allison Gas Turbine Division*，*General Motors Corporation*，1994）"。原告玛丽·卡尔是通用汽车公司的一家分公司修理店的女员工，在工作期间长期受到男同事的骚扰，这种骚扰体现在言语及各种恶作剧上。对于卡尔的抱怨，她的上司无动于衷。在地区法院的审理中，法官认为这种冒犯性言语在工作场所非常普遍且正常，于是判决通用公司胜诉。此后卡尔再次上诉才改变了判决的结果。在这个过程中，法官理查德·波斯纳的审判起到了至关重要的作用。他对这个案件的描述"在某种意义上是直白的，但也彰显了相当的文学性选择与技巧"，并将自己置身于这一骚扰场景的近处，"他对事实的描述更为翔实"。[3] 其中的部分段落甚至还被认为参照了"讽刺文学的传统技巧与情感：要么是古罗马式的（尤维纳利斯），要么是诸如斯威夫特作品那样的晚近案例"。[4] 在努斯鲍姆看来，波斯纳在对该案件的描述中采取了"公正的旁观者"的诗性正义立场：一方面他在对案件的描述中努力避免情绪化的表述，另一方面他

1　Martha C. Nussbaum, *Poetic Justice: The Literary Imagination and Public Life*, Boston: Beacon Press, 1995, pp. 100–101.

2　Ibid., p. 103.

3　Ibid., p. 107.

4　Ibid., p. 110.

努力去想象卡尔在工作场所的种种遭遇，并表达了对通用公司不作为的愤怒。在努斯鲍姆看来，这种情感是适当的，对于他的司法意见中的推理至关重要，"他所感到的义愤并不是任性的：它稳固地建立于事实之上，他使读者在其叙述中感受到这种义愤"。[1] 此外她还讨论了鲍维尔斯诉哈德维克案（*Bowers v.Hardwick*，1986）中涉及的同性议题，认为缺失了文学想象，法官就很难"获得一种对同性恋所面临的特殊不利状况的理解"。[2]

对于文学在法律上的价值，有不少学者存疑。努斯鲍姆对波斯纳的判条赞赏有加，对方却并不领情。前文提到，波斯纳对努斯鲍姆的批评，也是对"法律与文学运动"中部分观点的批评，尤其是对法律学界的那些"教益学派"（the edifying school）的批评。波斯纳认为文学修养未必能让法官变得更为公正。比如他指出，尽管霍姆斯是美国最高法院历史上文学修养最好的大法官，但这也没有让他在巴克诉贝尔案（*Buck v. Bell*，1927）中摆脱优生学意义上对智障人士的偏见。[3] 有时候很多优秀的法官反倒是自然科学与社会科学的热忱读者。此外他还认为，很多文学作品的内容与伦理态度并不是平等而公正的，因此没有理由认为阅读了这些作品会有助于培养法律从业者的正义感。

努斯鲍姆并不回避此类批评。她清醒地看到，确实存在着一些非平等主义的小说，"这些非平等主义会与（小说）这一体裁的结构

1　Martha C. Nussbaum, *Poetic Justice: The Literary Imagination and Public Life*, Boston: Beacon Press, 1995, p. 110.

2　Ibid., p. 117.

3　巴克诉贝尔案（1927）是美国一个关于优生学和强制绝育有关的案件。判决结果由美国最高院大法官奥利弗·温德尔·霍姆斯于1927年做出。判决结果认为，为了保护国家及人民健康，为智力受损者进行强制绝育手术并没有违反美国宪法第十四条修正案。最高法院至今仍未推翻该判决结果。

之间形成某种程度的张力"[1]；在法庭陈述与辩论中，有时诗性叙事会阻碍我们对那些完全不同于我们的人群的理解，这些叙事更倾向于让我们对与我们类似的群体产生同情；距离的存在会阻碍同情的发生，叙事有时还会强化这种距离，而且还存在着一些"非平等主义的叙事"，有时候受害者的叙述对法官和陪审员所造成的影响要远远大于被告所做的叙述。因此，叙事与叙事之间很难达到平衡，有时候在法庭中出现"太多的叙事也并不总是好的"。[2]

在努斯鲍姆看来，在推进人类平等与社会正义的过程中，想象力永远不能取代制度上的建设，反过来还需要制度的存在来保障想象的权利。她的"诗性正义"旨在提醒人们：一个正义的社会制度得到建立与良好的运作离不开美好人性的参与，但美好的人性是需要培养的，它的养分常常就蕴藏在文学艺术的肥沃土壤之中。"阅读并不会给我们一整个关于社会正义的故事，但它可以成为一座桥梁，把对正义的想象与将这一想象予以落实的社会行动连接起来"。[3]在此前提下，"诗性正义"才是"亲密而公正的，有爱但无偏向，顾全大局而非只顾特殊群体或派系；在'畅想'中理解每一位公民内在世界的丰富性与复杂性"。[4]从努斯鲍姆所举的案例来看，她对诗性正义的关注偏向于种族、性别以及性向等当代美国社会问题，关注那些被边缘化的弱势群体，关心他们"长久暗哑的声音"。[5]这些议题也凸显"身份政治"在当下美国政治文化中所占据的主导地位。努斯鲍姆的

1　Martha C. Nussbaum, *Poetic Justice: The Literary Imagination and Public Life*, Boston: Beacon Press, 1995, p. 129.

2　Martha C. Nussbaum, *Upheavals of Thought: The Intelligence of Emotions,* New York: Cambridge University Press, 2003, p. 448.

3　Martha C. Nussbaum, *Poetic Justice: The Literary Imagination and Public Life*, Boston: Beacon Press, 1995, p. 12.

4　Ibid., p. 120.

5　沃尔特·惠特曼：《草叶集》，邹仲之译，上海：上海译文出版社2016年版，第61页。

思考不可避免受到这种知识氛围的影响，不过她的思考更为复杂且具有张力，下一章对此会有更专门的讨论。

第七章
美育论：人文教育的实践维度

从上一章的讨论中不难发现，相较于亚里士多德意义上复杂的文学想象与小说叙事，努斯鲍姆对公共艺术价值的发掘更多体现于实践应用层面而非伦理探询层面，即艺术如何为推进社会正义做出贡献。她试图摆脱学院专业主义的束缚，让思考与写作走近普通公众。在此意义上，可把她在此方面的思考，理解为旨在培育公民的美育思想。在努斯鲍姆的理解中，审美教育并不仅仅是单纯超脱现实、非功利意义上的精神陶冶，也不是基于保守理念、遵循传统的道德主义教育，而是一种对于个体的成长、公民意识的培养以及社会正义的推进具有重要价值的社会实践。在她看来，"每个社会存在着在相互尊重与彼此互利基础上与他人共同生活的人，也存在着热衷于主宰他人来寻求安慰的人。我们需要懂得怎样去更多地培养出前一种人，更少地制造出后一种人"。[1] 因此，其美育思想是一种基于人文主义立场的，致力于推动现实进步的，具有强烈实践意识的教育思想。

1　Martha C. Nussbaum, *Not for Profit: Why Democracy Needs the Humanities*, Princeton: Princeton University Press, 2012, p. 29.

第一节　培养人性：通识教育中的美育

约翰·密尔的启示

在《政治情感》中努斯鲍姆指出，她对节庆表演、演讲修辞、公共空间、公园设计以及公共艺术在推进人类公共生活所具有的重要价值的认识，源自密尔的审美教育思想。密尔的这一思想主要体现在 1867 年在苏格兰圣安德鲁斯大学发表的演说（*Inaugural Address: Delivered to the University of St. Andrews*）中。在努斯鲍姆看来，这篇演说是"高等教育史上最伟大的文献之一，它也成为一切对大学如何培育普遍同情心探讨的必要起点"。[1]

在这篇演讲中，密尔将美育放置在通识教育（Liberal Arts）的大背景下进行讨论。他强调通识教育的目标在于培养人格，而不是技能："大学的目的不是培养熟练的律师、医生和工程师，而是培养有能力、有教养的人才"；学生在大学应该学习的"不是专门知识，而是能正确利用专业知识的方法，以普遍教养之光来诱导专业领域技术正确的发展方向"。[2]密尔赞赏苏格兰大学在高等教育方面所取得的成就。他分别从古代语言与文学课程、自然科学、数学、逻辑学、生理学、卫生学、心理学、伦理学、政治学、经济学、法学、宗教学等多个学科的价值来论证广泛涉猎各种知识对于人格培养的重要

1　Martha C. Nussbaum, *Political Emotions: Why Love Matters for Justice*, Cambridge: The Belknap Press of Harvard University Press, 2013, p. 81.

2　约翰·密尔：《密尔论大学》，孙传钊等译，北京：商务印书馆2013年版，第15—16页。

价值。审美教育在这样的背景下浮出水面。

在密尔看来，构成人类教养主要涉及两方面的因素："知识、知性能力和良心、道德能力"，对于人来说，这两方面因素还不是全部，还有第三个领域，这个领域就是"美"的领域。[1]他认为诗"呈现了所有我们天性中不自私的方面，引导我们把自己的喜悦和悲伤与我们所在系统的幸福和不幸等同起来。所有那些严肃和深刻的感情虽然不会对我们的品行产生直接影响，却会驱使我们去认真对待生命，让我们接受所有以职责形态呈现在面前的事物。读了但丁、华兹华斯的诗，卢克莱修的诗乃至维吉尔的《田园诗》之后，或者是细细地体味了格雷的《哀歌》、雪莱的《对知性美的赞歌》之后，谁最终都感到自己变成更善良的人了"。[2]除了诗之外，其他艺术的伦理重要性也不容低估。自然美会"超越人世间事物那种渺小的形象"，让人们"深感那些无聊的利益冲突是多么猥琐呀！"[3]大多数艺术能够让我们感知"美的理想"，一旦拥有了这样的理想之后，我们就接受了这样的教育："今后绝不甘心于自己的不完美，会把我们从事的所有工作、工作中形成的特别的人格和日常生活都尽可能地作为理想的事物"。[4]最后密尔总结道：通过这种通识教育，"你们有机会在一定程度上洞察远比买卖或工作中的细枝末节高尚的东西，学会熟练地思考所有事关人类更高利益的问题，并把它们带到日常生活中去"。[5]

密尔对审美教育的重视，很大程度上跟他青年时代所遭受的精

1　约翰·密尔：《密尔论大学》，孙传钊等译，北京：商务印书馆2013年版，第77页。

2　同上，第82页。对译文略作调整。

3　同上，第83页。

4　同上，第85页。

5　同上，第85页。

神危机有关（第三章第二节）。在走出这场精神危机的过程中，不少文学作品尤其是华兹华斯的诗歌给予了他莫大的安慰，因为华兹华斯"不仅没有使我脱离人类的共同感情和共同命运，反而使我对它们更感兴趣。这些诗歌给我带来的快乐证明了：只要有了这种陶冶，对那种根深蒂固的分析习惯也没什么好怕的了"。[1] 阅读诗歌的经历不仅使他真切感受到在童年教育中被忽视的情感力量，也使他最终走出了父亲格雷戈林式功利主义教育的阴影。那么，密尔所认为的审美教育的意义究竟体现在哪些层面呢？究竟是个体精神层面的救赎还是同情心与道德想象力的拓展呢？显然，努斯鲍姆从密尔的言说中读出的更多是后者，并在此基础上构建自己的美育思想。

超越道德主义与浪漫主义

跟密尔类似，努斯鲍姆理解的审美教育是在通识教育的理念下展开的。通识教育兴起于19世纪，被认为是"一种关于培养完整的人的高等教育，使之能够普遍地行使公民权与学会如何生活"。[2] 通识教育的对立面是"职业教育"，后者只关注教授具体的职业与技术技能，并不关注"培养人性"。在具体讨论努斯鲍姆的通识教育理念之前，有必要先对努斯鲍姆与之对话的另外两种美育理念进行考察：一是道德主义的美育理念，二是浪漫主义的美育理念。正是在与上述两种理念的区分中，努斯鲍姆的美育理念得到界定。

首先，在前面的论述中可以见出，努斯鲍姆并不认同把审美教育理解为道德教育。道德美育理念的代表性人物是列夫·托尔斯泰与

1　约翰·穆勒：《约翰·穆勒自传》，郑晓岚等译，北京：华夏出版社2007年版，第110页。

2　Martha C. Nussbaum, *Cultivating Humanity: A Classical Defense of Reform in Liberal Education*, Cambridge: Harvard University Press, 1997, p. 9.

F.R. 利维斯。托尔斯泰美育理念集中体现在其作品《艺术论》（*What is Art?*）中，这位作家在其晚年提出了一种颇为严厉的评判艺术的标准。他认为"人类的艺术活动建立在人们能够被他人的情感所感染的这种能力的基础之上"[1]，对于艺术价值的评价则取决于人类生活中的伦理观念，而这种伦理观念由宗教观念所决定："在各民族中，凡是传达本民族的人们公认的宗教意识中流露出来的艺术总被认为是优秀的艺术，而且受到鼓励；而传达出与这一宗教意识相抵触的情感的艺术被认为是拙劣的，而且予以否定"。[2] 以此为标准，托尔斯泰否定了其时代的诸多新艺术，认为那种贪图享乐的美的理想取代了道德的理想，他甚至还以此为标准否定了他自己的作品，因为只有"那些表达人类兄弟般团结友爱、或其所传达的情感能把全人类联合起来的作品才能称做艺术"。[3]

利维斯对于审美教育也采取较为严厉的道德主义立场。利维斯继承了阿诺德的批评传统，认为文学应当反映这个世界上最美好的事物，能够体现人类在真理与道德上的共识。他不满于布鲁姆斯伯里团体对文学社会责任的放弃，认为文学应该肩负起拯救社会文明的使命，大学则是文学得以发挥作用的制度性载体。其代表作《伟大的传统》集中体现了这一立场。在该作中，利维斯重点讨论了乔治·艾略特、亨利·詹姆斯以及约瑟夫·康拉德等英国小说家，并借此构建由菲尔丁、简·奥斯丁以来直至劳伦斯的英国文学所特有的"兴味关怀"的道德传统，对于英语传统之外的文学几乎不屑一顾。他批评福楼拜作品丧失德性（《包法利夫人》），认为《尤利西斯》"是一条死胡同"，自己"宁可读两遍《克拉丽莎》也不看一遍《追忆逝水

1　列夫·托尔斯泰：《艺术论》，张昕畅等译，北京：中国人民大学出版社2005年版，第40页。

2　同上，第45页。

3　同上，第165页。

年华》"。[1] 尽管利维斯在现代批评史有其独特的地位，但他在道德原则上的偏狭和对文学作品过于教条的评价，常常为人所诟病。用乔治·斯坦纳的话说，其批评文字的背后"闪耀的是一种更古老的乡村传统道德秩序的历史观（大致是空想出来的）"[2]。对于托尔斯泰和利维斯的美育理念，努斯鲍姆均持批判态度。尽管她没有从正面对这两位作家的思想进行系统评论，但我们可从她对美国教育学家、里根时代的教育部长威廉·本内特（William Bennett）的《美德书》（*The Book of Virtues*）的批判中见出端倪。

本内特的这部作品以人类的各种美德（如同情、责任、友谊、诚实、忠诚、自律等）为关键词，搜集了人类历史上的故事与诗歌，试图为美国的父母与儿童提供一本道德教育指南。尽管努斯鲍姆认为该书从总体上来说值得肯定，但认为本内特过多地倚重于借助艺术中的道德情感来传达一种简单的道德信念，而未能重视审美教育在激发和培育批判与反思能力方面所具有的价值。在其选编的作品中存在着两种相互冲突的美育理念：一种是亚里士多德意义上的，该理念强调人们从艺术中所获得的东西绝不是简单的，直截了当的，因为如何生活本身是一个复杂的问题；另一种理念则是托尔斯泰式的（或者说是更为简单的道德保守主义），该理念认为文学或艺术的伦理价值在于以情感的方式传达简单的道德或宗教信仰，传达某种乐观主义和希望。努斯鲍姆显然认可前者批判后者，她也充分认识到本内特作品中的这种内在矛盾反映了美国精神中的内在矛盾："因为这个国家在历史上和本质上被分为两个部分，一个是渴望简单的感

1　F.R.利维斯：《伟大的传统》，袁伟译，北京：生活·读书·新知三联书店2002年版，第7页。

2　乔治·斯坦纳：《语言与沉默》，李小均译，上海：上海人民出版社2013年版，第275页。

情生活，另一个是对自由的强烈热爱"。[1]从中可见，努斯鲍姆试图将对审美教育与道德教育区别开来。

此外，努斯鲍姆也试图与浪漫主义的美育理念拉开距离。努斯鲍姆的美育理念并不迷恋于浪漫主义式的"完人"教育，而是致力于公民教育，具有很强的现实感与实践性。在确立公民美育理念的目标方面，努斯鲍姆深受英国密尔而非德国席勒的影响。尽管席勒试图将审美活动纳入到政治自由的范畴中去进行理解，但当他在《审美教育书简》中将美视为一种游戏，并将游戏视为人的完善状态[2]时，多少暗示了审美活动的非现实性以及通过审美游戏所获得的自由很可能只是一种心境。[3]用加达默尔的话来说："一种通过艺术的教育变成了一种通向艺术的教育。在真正的道德和政治自由——这种自由本应是由艺术提供的——位置上，出现了某种'审美国度'的教化，即某个爱好艺术的文化社会的教化"。[4]在这一标准中，任何非游戏王国的现实之人都不可避免会被打上"异化"的烙印。相比之下，努斯鲍姆（包括密尔）对审美教育的理解则更具有现实感，并试图将审美教育引向现实中的公民人格与情感的培养中去。在她看来，没有艺术的话，"我们就极有可能培养出迟钝并在情感上死亡的公民，深受好斗的愿望所害，这种愿望经常性地与那个对他人形象无动于衷的内在世界相伴"。[5]

---

1 Martha C. Nussbaum, *Philosophical Interventions: Reviews, 1986—2011*, New York: Oxford University Press, 2012, p. 137.

2 "只有当人是完全意义上的人，他才游戏；只有当人游戏时，他才完全是人"。弗里德里希·席勒：《审美教育书简》，冯至等译，上海：上海人民出版社2003年版，第124页。

3 同上，第162页。

4 汉斯–格奥尔格·加达默尔：《真理与方法：哲学诠释学的基本特征》（上卷），洪汉鼎译，上海：上海译文出版社2004年版，第108页。

5 Martha C. Nussbaum, *Upheavals of Thought: The Intelligence of Emotions*, New York: Cambridge University Press, 2003, p. 426.

走出古典通识教育

我们可以进一步展开对努斯鲍姆通识教育理念的介绍。她深刻认识到，若要在实践意义上思考教育，那就不能仅仅停留于哲学或者做一名理论家，而需要了解更多的事物："儿童的心理是怎样的，他们社会的文化与政治是怎样的，等等"。在她看来，人类历史上那些伟大的教育家苏格拉底、塞涅卡、杜威、泰戈尔都"博闻强识、具有高度的实践精神以及对于不同人类心理具有高度的敏感性"。[1]不过，努斯鲍姆并未全盘接受古典的通识教育理念，而是基于当代的时代要求对其进行了改造。19世纪以来西方知识界发展的通识教育观念，推崇博学通识的、个人主义的精英教育。通识教育中的 liberal 一词，其内涵就指向带有鲜明的非功利色彩与去实践性的品格[2]，并借此暗示通识教育需要创造的大学环境应当是象牙塔式的，其培养的学生并不一定要与社会现实保持紧密联系，他们的所学所思亦不需要被现实的社会状况所影响。努斯鲍姆并不认可这样的教育理念。古典自由主义传统主张"每一个独立个体在价值上是深刻的，具有广度与深度，拥有独立的生活与想象能力，绝不是某个传统或家庭风格的继承者"，她认为，这一主张在某种程度上助长了一种"婴儿式的自恋"。[3]而且，出于对公共生活与社会正义的关注，她

1　Martha C. Nussbaum, "On Moral Progress: A Response to Richard Rorty", *The University of Chicago Law Review*, Vol. 74, No. 3, 2007, pp. 939–960.

2　在一篇题为《自为目的的知识》的文章中，约翰·纽曼指出Liberal　Knowledge这种知识"因其自身的理由而成立，它不依赖于任何结果，它不需要任何东西作为补充，更不需要靠任何目标来提供支持，它也不会为了出现在我们的思考中而完全为任何技艺服务"。参见约翰·亨利·纽曼：《大学的理念》，高师宁等译，北京：北京大学出版社2016年版，第96页。

3　Martha C. Nussbaum, *Hiding from Humanity: Disgust, Shame, and the Law,* Princeton: Princeton University Press, 2004, pp. 318–319.

认为好的教育理当对现实做出回应，并对社会正义（尤其是社会平等）有所裨益。

努斯鲍姆对古典通识教育的批判突出体现在她对阿兰·布鲁姆的批评中。作为列奥·施特劳斯学派最重要的代表性人物，布鲁姆在1985年出版《美国精神的封闭》，对当时美国的大学教育中的文化相对主义提出严厉批判："毫无节制、不加思考地追求开放，无视开放作为一种自然目标所固有的政治、社会和文化问题，使开放变得毫无意义。文化相对主义同时摧毁了一己之善和至善。"[1] 为了对抗人文学科日益衰落的趋势，布鲁姆认为需要提升哲学在大学教育中的地位，并需要建立一种基于西方传统的"伟大的书"的核心课程，以此作为解药来治疗那些让学生都遭受感染的相对主义，"以便为这些学生提供检验其生活、考察其潜能的手段"。[2] 布鲁姆的文字犀利而颇具洞见，作品畅销全美，影响巨大。为此，努斯鲍姆在1987年撰写书评质疑。她指出，作为哲学家，布鲁姆的方案违背苏格拉底的初衷，在布鲁姆宣称的对苏格拉底的忠诚与那种他自身沉溺其中的更为教条和具有宗教意味的哲学观之间存在冲突。[3] 她特别指出，布鲁姆对大学教育的理解拒绝任何实践的目标，与现实中的道德与正义都无关。[4] 为此，努斯鲍姆试图将传统保守主义的通识教育理念重新诠释

---

1 艾伦·布鲁姆：《美国精神的封闭》，战旭英译，南京：译林出版社2007年版，"导言"，第13页。

2 同上，第6页。

3 Martha C. Nussbaum, *Philosophical Interventions: Reviews, 1986—2011*. New York: Oxford University Press, 2012, p. 40.

4 在2012年书评集的序言中，努斯鲍姆坦承自己与布鲁姆也存在很多重要的共识，他们都认为人文学科应该在教育中占据核心的位置，并对民主社会有重要的价值，而且她也不再像过去那样反对核心课程，相较于电子游戏和社交网络，这些经典书籍所具有的价值毋庸置疑。他们都反对这种被利益驱动的社会文化发展状况。她反对的教育理念不再是人文主义的保守主义，而是新撒切尔主义，以经济增长与短期效益来衡量一切贡献的评估模式。因此她反倒开始怀念起这位过去的对手："尽管我们之间存在着许多根本的不同之处，但我们可以联合起来对抗这种廉价的学习，这种学习只是为了经济上的富足而学习一系列有用的技术"。参见Martha C. Nussbaum, *Philosophical Interventions: Reviews, 1986—2011*, New York: Oxford University Press, 2012, p. 15.

为一种具有社会实践意味的、带有进步主义色彩的教育理念。

努斯鲍姆对通识教育的阐释集中体现在《培养人性》（1997）以及《非为盈利》（2010）等作品中。她指出，若要培养人性，需要培养三方面的能力：

一是要培养一种苏格拉底式的，对自己以及自身的传统进行批判性审视的能力。她对 liberal 重新做出诠释，指出这种古典意义上的 liberal 就包含着"让学生自由掌控自己的思想，并对身处的社会规范与传统进行批判性的检验"[1] 的内涵；此外她还指出，苏格拉底式的教育不会让书成为思想的权威，学生不该在阅读书籍的过程中丧失了批判能力。她认为布鲁姆式的通识教育并没有做到这一点，反倒让学生屈从于那些"伟大的书"。

二是要培养一种不单单把自己视为某个地区或某个群体成员的世界公民意识。努斯鲍姆对这一观念的重视源自斯多亚学派的影响，该学派认为我们每个人生活在两个共同体之中："一个是我们自己出生的当地社区，一个则是人类论辩与渴求的共同体，这个共同体才是'真正的伟大和真正的共同'"。[2] 在她看来，成为世界公民相当于"邀请我们从爱国主义及其简单的情感舒适中撤出，以正义和善的观点来看待自身的生活方式"。[3] 这种观念有助于超越狭隘的共同体意识与身份政治。

三是要发展出一种从他人的境遇出发来思考可能发生的事情的叙事想象力（narrative imagination），这种想象力恰恰是审美教育所追求的目标，同时它也能对前两种能力产生促进作用。努斯鲍姆认

---

1 Martha C. Nussbaum, *Cultivating Humanity: A Classical Defense of Reform in Liberal Education,* Cambridge: Harvard University Press, 1997, p. 30.

2 Ibid., p. 52.

3 *For Love of Country: Debating the Limits of Patriotism*, edited by Joshua Cohen, Boston: Beacon Press, 1996, p. 7.

为审美教育并非人性教育的全部，而是人性培养环节中极其关键的一环。

由此可见，努斯鲍姆的美育理念是在与批判精神以及世界公民的意识并行的框架中提出来的。审美想象、世界公民以及理性反思之间是彼此联系，相互促进的。这同时也意味着审美想象需要服务于世界公民的目标，同时还要受制于批判理性的审视。这一方面能够让审美想象更好地为培养正派公民及促进社会正义服务，但另一方面也对审美想象的开放性与可能性形成了限制。

第二节　摆脱自恋：在审美游戏中成长

随着消费主义的迅速扩张与新媒体技术的广泛应用，人类社会业已进入一个新纪元。公共生活的萎缩与自恋文化的泛滥业已成为当今文化的典型症候。凯斯·桑斯坦在《网络共和国》一书中指出，互联网所引领的信息社会不仅没有通过知识与文化的分享实现人类理解与交流的增进，反倒促使个体生活中"信息茧房"的出现：我们只听我们选择的东西和愉悦我们的东西，花费大量时间沉迷于"我的日报（The Daily Me）"。[1] 福布斯最新发表的一篇报告显示：一个朋友都没有的美国人数量翻了三番。这种情况可以说是当今全世界存在的普遍现象，尽管在虚拟的社交平台上我们可以与无数人聊天交友，但在现实中甚至连一个真正的朋友都没有。对此，在2017年的毕业演讲中，耶鲁大学校长彼得·沙洛维（Peter Salovey）对数字时代的自

1　凯斯·桑斯坦：《网络共和国》，黄维明译，上海：上海人民出版社2003年版，第4页。

恋文化提出了严厉的警告：

> 当我们不再深入社交网络或社区群体时，我们怎么能感到安全？一个可能的结果是我们退回到自己的世界。我们可能花很多时间盯着镜子，只留心那些与我们先前存在的信念一致的信息，我们只会关注我们自己的困惑、脆弱以及心事。我们变得与世隔绝并且孤独。[1]

自恋文化无疑是努斯鲍姆关注的核心问题。在她看来，很多社会与政治问题都源自人性自身的缺陷。[2] 人的羞耻、厌恶以及恐惧等情感，在本质上都与尚未成熟的自恋人格有关，而且有大量的心理学研究表明，越是具有此类人格的人，越是对诗歌与文学缺乏兴趣。[3] 她也完全认同艾丽丝·默多克的看法："道德生活的最大敌人是那种膨胀而无情的自我"[4]。在疗治自恋人格方面，审美教育需要发挥重要作用。

"根本恶"

教育的核心就是人的成长，成长的核心内涵就是走出孩童时期

---

[1] 彼德·沙洛维的演讲主题是《陌生之地的陌生人》（"Strangers in a Strange Land"），参见 http://www.president.yale.edu/president/speeches/strangers–strange–land.

[2] 努斯鲍姆与印度学者专门撰文讨论美国总统特朗普与印度总理莫迪身上的自恋主义人格。参见 Nussbaum, Martha C. and Zoya Hasan, "The Narcissist and the Ideologue: Trump, Modi and the Threat They Pose to Democracy", *ABC Religion and Ethics*, 27 Jul, 2017.

[3] 努斯鲍姆援引美国精神病学教授奥托·科恩伯格（Otto Kernberg）的研究结果指出，很多对自我及他人内在世界缺乏兴趣的病人都不会对文学作品感兴趣，他们能够接受的只有那些强悍、冷酷以及有用的事实。参见 Martha C. Nussbaum, *Hiding from Humanity: Disgust, Shame, and the Law,* Princeton: Princeton University Press, 2004, p. 195.

[4] Iris Murdoch, *The Sovereignty of Good*, New York: Routledge & Kegan Paul, 1970, p. 51.

的自恋，"有勇气去接纳贯穿我们生命始终的裂缝"。[1] 一个真正成熟的人能够意识到自己不能再依赖母亲的乳房，也不再"寻求政治上或者人际交往的完满、主宰或者完美。他将是一个接受了人性的人"。[2] 努斯鲍姆指出，成长的关键取决于儿童时期的情感教育。成人生活的情感起源于婴儿与童年时代，这个时期的历史以强有力的方式形塑着成人的心智结构。要理解健康成长，就需要理解是什么在阻碍人格的健全发展。

努斯鲍姆指出，在人性内部存在着要比狭隘有限的同情心更为严重的问题。她援引康德的"根本恶"来形容这一根植于人性中的问题。"根本恶"的概念是康德在《单纯理性限度内的宗教》中提出的。在这位德国哲学家看来，人具有三种禀赋：一是作为有生命的存在物，人具有动物性的禀赋。在这种禀赋中，人像动物一样自爱但没有理性，在这种禀赋之上可以嫁接各种恶习，如饕餮无厌、荒淫放荡等"禽兽般的恶习"。二是作为一种有生命同时又有理性的存在物，人具有人性的禀赋。这是一种建立在与他人比较之上的禀赋，它容易导致某种"文化的恶习"，即"要为自己谋求对其他人的优势"。三是作为一种有理性同时又能够负责的存在物，人具有人格性的禀赋。康德对这种禀赋评价最高，称"在这种禀赋之上，绝对不能嫁接任何恶的东西"。[3]

康德所言的"根本恶"，并不是某种类型的恶，也不是存在于人天性中的某种倾向。在此康德深受卢梭的影响，后者认为自然不会产生恶，只有自由的人类意志才会产生恶。在康德看来，一个好人

1　苏珊·奈曼：《为什么长大》，刘建芳译，上海：上海文艺出版社2016年版，第7页。

2　玛莎·努斯鲍姆：《同情心的泯灭：奥威尔和美国的政治生活》，选自《〈一九八四〉与我们的未来》，阿伯特·格里森等编，董晓洁等译，北京：法律出版社2013年版，第320页。

3　康德：《单纯理性限度内的宗教》，李秋零译，北京：中国人民大学出版社2003年版，第11—13页。

与一个恶人之间的区别，不在于他是否放弃了道德法则，而在于他"把道德法则纳入自己的准则"，从而"颠倒了它们的道德次序"。[1] 正如艾伦·伍德所言，"好人的准则不同于恶人的准则，只是因为好人用义务诱因调节倾向诱因，而恶人则颠倒诱因的道德次序"。[2] 康德之所以用形容词"根本的"来修饰恶，就在于强调这种恶根植于人性，是无法被根除的。

在此努斯鲍姆指出，康德的核心观点在于："这个撒旦，这个不可见的内在敌人，是特属于人类的一种竞争性的自爱倾向，当人以群体的方式存在时它就会自我显现"。[3] 这种恶无需特殊的教导，它可能是一种内在倾向，或者可能产生于人类生活的普遍结构之中，在儿童的任何特定文化经验之前就已存在，或者说存在于所有特定文化的经验之中。[4] 不过她认为，尽管康德提出了这个概念，但对"根本恶"的性质与表现方式并未做出具体的描述。为此她需要做进一步的论证。

激发"根本恶"的东西究竟是什么呢？努斯鲍姆试图从人类自身的特殊性寻找原因，即"无助所引发的怨恨"。生物学的研究表明，尽管所有的物种都在出生之时显得脆弱，幼崽都需寻求生存与安全，但人与动物之间存在本质区别：动物在出生之时就有生存的技能，人则并非如此。人出生时身体完全处于无助的状态，需要得到他人的照顾，这个问题在其他物种那里并不存在。比如小马可以在出生后的短暂时间内学会站立，而人却至少需要花十个月的时间。与身体

---

1 康德：《单纯理性限度内的宗教》，李秋零译，北京：中国人民大学出版社2003年版，第25页。

2 理查德·J.伯恩斯坦：《根本恶》，王钦等译，南京：译林出版社2015年版，第18页。

3 Martha C. Nussbaum, *Political Emotions: Why Love Matters for Justice,* Cambridge: The Belknap Press of Harvard University Press, 2013, p. 167.

4 Ibid., p. 167.

上的无助相比，人在认知上的卓越才能却是动物所无法比拟的，比如人在生下来的短短两周之内能准确地区分出自己母亲的乳汁。这就造成了一种独特的现象：婴儿在心智上具有高度认知能力的同时，在身体上却能力低下，非常无助。这种不相称的结合"影响着情感发展，并常常不是往好的方向发展"。[1]

　　婴儿从一开始就是自我中心的，它不仅无法将自己与外在环境分离开来，而且还会把父母或他人对它的照顾视作理所当然："所有一切都是用来服侍我的"。[2] 它渴望世界对它的忠诚，并渴望自身的无助持久不断地得到满足，这也就是弗洛伊德所说的"婴儿陛下"。在此情况下婴儿会发展出一系列的情感：对被遗弃与饥饿的恐惧；对食物与安慰没有及时到来的愤怒；对期待与现实之间裂痕感到羞耻。从根本上说，这是一种"人类优越论（anthropodenial）：拒绝接受自身有限的动物性，渴望寻求一个动物所无法拥有的世界"。[3] 努斯鲍姆指出，这种对完满的渴望是一种"超越人类命运的渴望"。这种渴望无法客观面对现实，无法接受人类的生活充满着彼此的需求与互惠。于是，这种"无助"只能导致强烈的焦虑，无法通过对这个世界与他人的信任而有所缓和。唯一克服焦虑之道就是让自己"完美"，使自己完美的唯一途径就是使他人成为你的奴隶。在此意义上，自恋型人格会彰显出它的破坏性。

1　Martha C. Nussbaum, *Political Emotions: Why Love Matters for Justice,* Cambridge: The Belknap Press of Harvard University Press, 2013, p. 169.

2　Ibid., p. 171.

3　Ibid., p. 173.

温斯顿的悲剧与《一九八四》的启示

有不少经典文学作品塑造自恋型人格的人物形象。比如普鲁斯特《追忆逝水年华》中的主人公马塞尔是自恋的，他始终没有走出那个期盼母亲睡前亲吻的多愁善感的男孩阶段，因此他的爱与友谊始终包含着强烈的控制与占有的因素。此外，努斯鲍姆在奥威尔笔下的人物身上也发现类似人格。不同于大多数评论家（甚至包括奥威尔本人）将《一九八四》视为对极权主义的反抗之作，在"九一一"事件的背景下，努斯鲍姆从温斯顿·斯密斯病态的人格特质以及美国社会对这一形象的广泛推崇中，解读出当代美国社会的潜在危机。

在《我们所交往的朋友》中，韦恩·布斯曾对《一九八四》提出过质疑。在他看来，与其说该小说体现了个体与极权制度的对抗，不如说它描绘了"一个缺乏真正人格的社会"。[1] 在他看来，温斯顿和他的情人的价值仅仅体现在挑战作为"非我"的极权体制的层面上，却无法体现真正的人格特质。因为在奥威尔的叙述中他们并没有做出任何有价值的选择，除了在"一个私密的、自我防卫的'我'"与"老大哥的世界"之间做出选择。为此，布斯对这部小说的伦理价值深感忧虑：它只是更多地激发人们反抗体制的欲望，而没有从积极的角度来关注自我的成长。

努斯鲍姆对这部小说的解读在某种意义上是对布斯评论的继承与深化。在她看来，《一九八四》不仅关注谎言和极权统治，而且"还

1　Wayne C. Booth, *The Company We Keep: An Ethics of Fiction*, Berkeley and Los Angeles: University of California Press, 1988, p. 242.

有一些更深邃的东西"。[1]大洋国在儿童成长的关键阶段阻碍了温斯顿的成长。努斯鲍姆根据对人类情感发展的观察与思考，看到人在婴儿阶段都是自恋的，只有通过适当的游戏和良好的教育才能跨越这个阶段，实现人格的真正成熟。但在某种特定的社会环境中，人的发展很可能会在某个阶段停滞不前："大洋国所做的，正是切断这一情感的发展。原始的自恋情结一直存在着。在恐怖、需求和唯我独尊的感情支配下，其他人都变成了工具。他人不再是一个完整或者完全独立的个体"。[2]奥威尔笔下的温斯顿面临的正是这样的危机："虽然温斯顿已经超越了原始的自恋阶段，但他的个人发展在一个关键点上停滞不前，这让他很容易向自恋的方向发展，并最终崩溃"。[3]

努斯鲍姆指出，温斯顿的成长在关键节点上没得到足够的关爱。这个阶段正是孩子开始超越自恋的阶段，在这个阶段他们发现自己所依赖的照顾者（父母），并不是自己的一部分，而是独立的个体。他们所爱的人正是他们所恨的人，"这种爱恨交加的感情让人苦恼"。在这段时间里，孩子们会"显得非常哀伤。因为，自己再也不能回到以前的黄金时期了"。[4]母亲在他关键的发展阶段离他而去，还没来得及教会他如何更好地认识自己与他人，他也几乎没有时间通过游戏来实现温尼科特意义上的人格发展，再加上大洋国在社会文化上的政治控制，使得温斯顿的人生失去了成长的空间，始终停滞在这种状态之中，"他无法找到通向新世界的道路，而在那个世界里，人们能够接受其他人的缺陷，学会道歉，宽恕他人攻击性的言

1　玛莎·努斯鲍姆：《同情心的泯灭：奥威尔和美国的政治生活》，选自《〈一九八四〉与我们的未来》，阿伯特·格里森等编，董晓洁等译，北京：法律出版社2013年版，第303页。

2　同上，第310页。

3　同上，第312页。

4　同上，第314页。

词举动"。[1]他不断地幻想着曾经的那个黄金般的地方，那里充满阳光和自由，无法忍受充满冲突与缺陷的现实世界。

努斯鲍姆以温斯顿的妈妈与妹妹死去的梦境为例指出他的自恋人格。这个梦反反复复地出现，多少能够说明温斯顿的心理状态：

> 现在他母亲坐在他下面很深的一个地方，怀里抱着他的妹妹……她们是在一艘沉船的客厅里，通过越来越发黑的海水抬头看着他……他在光亮和空气中，她们却被吸下去死掉。她们所以在下面是因为他在上面。他知道这个原因，她们也知道这个原因，他可以从她们的脸上看出她们是知道的。她们的脸上或心里都没有责备的意思，只是知道，为了使他能够活下去，她们必须死去，而这就是事情的不可避免的规律。[2]

这个梦之所以常常出现，存在其现实根源。努斯鲍姆指出，温斯顿对母亲与妹妹的死怀有负疚感，因为有一天饥饿的他从妹妹手中抢了她的巧克力，后来妈妈和妹妹就被人带走，再也没有出现。温斯顿心怀愧疚，并把他抢巧克力的行为与妈妈和妹妹的不幸遭遇联系在一起。其实这两件事情并不具有关联性，温斯顿无法从这样的愧疚中摆脱出来，是因为他始终没有学会宽恕自己，他是一个残缺、软弱的个体，并没有走向真正的成熟。在他对母亲和妹妹的哀伤中，"混杂着愧疚感和自轻自贱，而并不纯粹是为另一个独立的个体感到惋惜"。因此，努斯鲍姆认为在小说结尾温斯顿变成一个"彻头彻尾的自私鬼"，一个"反悲剧主义的自恋狂"，一点都不令人意

---

1 玛莎·努斯鲍姆：《同情心的泯灭：奥威尔和美国的政治生活》，选自《〈一九八四〉与我们的未来》，阿伯特·格里森等编，董晓洁等译，北京：法律出版社2013年版，第314页。

2 乔治·奥威尔：《一九八四》，董乐山译，上海：上海译文出版社2011年版，第25页。

外，因为"他的个性中本就包含着这一倾向"[1]，他被老大哥轻易摧毁的结局包含着某种必然性。努斯鲍姆在奥威尔所塑造的这一反抗者的形象中，读出的是一个不成熟且自恋的小男孩形象。

追寻"凯鲁比诺"与审美游戏

与温斯顿式的自恋人格相反，努斯鲍姆在莫扎特歌剧中的凯鲁比诺身上找到了理想的人格案例。这是她在《费加罗的婚礼》的男性世界中找到的唯一一位正面男性形象。在她看来，这位男性并不具有传统白人新教文化观念所定义的男性气概（manliness）[2]，而是一位在舞台上并不用男声进行歌唱的男性角色。但这些并不否定他身上的男性气质（masculinity）：他高大、英俊且对女性具有吸引力。努斯鲍姆在这一形象中看到了不同于剧中其他男性的特点：他富有强烈的爱的激情（其他男性只在乎身体的性欲），从这种爱之中展示出他的被动性与脆弱性，并且从不试图去掩盖这些（他要寻找在他之外的善，而其他男性从未想在自身之外寻求善）。她在凯鲁比诺身上看到了一种"全新的主张平等主义的公民"的形象，一个"博爱、平等与自由的化身"。[3]尤其对于男性而言，凯鲁比诺的形象颇具对当下的批判与启示意义。这一形象可以促使成长中的男孩懂得："没有进攻性的人也能成为真正的男人，只要尊重他人的尊严，同情他人的需要，这些都能够得到有力地强调，那么各种性别风格都能与真正的

---

1 玛莎·努斯鲍姆：《同情心的泯灭：奥威尔和美国的政治生活》，选自《〈一九八四〉与我们的未来》，阿伯特·格里森等编，董晓洁等译，北京：法律出版社2013年版，第315页。

2 针对"男性气概"，参见努斯鲍姆针对哈维·曼斯菲尔德撰写的书评。Martha C. Nussbaum, "Man Overboard". *Philosophical Interventions: Reviews,* 1986—2011, New York: Oxford University Press, 2012, pp. 319–329.

3 Martha C. Nussbaum, *Political Emotions: Why Love Matters for Justice,* Cambridge: The Belknap Press of Harvard University Press, 2013, pp. 38–41.

男性气概相兼容"，男子气概并不意味着"不哭泣、不去体会饥饿者和受虐待者的悲伤"。[1]

成为"凯鲁比诺"的首要前提就是走出自恋。努斯鲍姆援引温尼科特的观点展开论证，后者在《游戏与现实》（*Playing and Reality*）的结尾这样总结他的理论：

> 在人类能够客观地感知外部事物之前存在着一个发展阶段。在这个理论上的初级阶段，婴儿可以说是生活在一个自己主观构想的世界里。从这个原始的状态发展到一个客观感知外部世界的阶段，这对于婴儿而言不仅仅是一个继承以及在继承中成长的问题，还需要一个适于发展的最小化环境。这个问题涉及整个人类从依赖到独立的发展过程。[2]

温尼科特在此提出的"适于发展的最小化环境"也称为"促进性环境"，它对于健全人格的发展极为重要。从大的社会环境看，温斯顿的例子体现了极权制度对于健全人格发展所形成的阻碍与扭曲。不仅极权社会存在着这样的危险，民主社会同样潜藏危机，苏珊·奈曼就指出，"非极权社会为我们提供了一系列玩具，让我们感到舒适，助长了我们懒惰的天性，使我们的幼儿化过程更为简单微妙"。[3]努斯鲍姆也看到美国的大众文化中充斥着自恋文化的各种危险因素："过分夸大男性尊严和控制力；铲除一切有碍于我至高无上的障碍；无限制或者无需代价即可获得满足；不承认个体终将消亡的宿命及其

1　Martha C. Nussbaum, *Not for Profit: Why Democracy needs the Humanities*, Princeton: Princeton University Press, 2012, pp. 111–112.

2　W. D. 温尼科特：《游戏与现实》，卢林等译，北京：北京大学医学出版社2016年版，第197页。

3　苏珊·奈曼：《为什么长大》，刘建芳译，上海：上海文艺出版社2016年版，第33页。

有限性，而是传达这样一种观念，即你可以做任何事，成为任何一种人；别说年龄，甚至连死亡都无法战胜我们"。[1]

从小的家庭环境看，父母的爱、游戏以及艺术审美活动对于人格发展的价值不容忽视。在人生的不同阶段，情感与审美教育在克服自恋问题上都发挥了重要影响。首先，温尼科特指出，"婴儿可以在没有爱的情况下被养育，但是这种无爱和非个体化的养育不能够使孩子成为一个有自主感的人"。[2] 这个时候爱的参与显得更为重要，只有通过积极地想象他人的生活才能消除这种恶的倾向。通过这些"微妙的互动（subtle interplay）"，"婴儿发展出了一种自信，尽管它依然充满敌意，但它已能够对父母做一些积极的回应，它的焦虑也逐渐转换成为一种强烈的道德意义上的内疚感。它与父母的关系成为一种道德关系"。[3] 其次，婴儿在一岁以后，进入了一个关键的人格发展期：需要对自我与他人进行区分，并能够认识到他人作为独立人格的存在。

在这个时期，温尼科特认为"游戏"扮演了极为重要的角色。其中"过渡性客体（transitional object）"概念的提出，是温尼科特对于儿童心理学所做的最重要贡献。他指出，婴儿在稍大一点的时候，可以在父母不在场的时候通过其他客体（如毯子、填充玩具等）来寻求安慰，并使自我的全能感有所消退。[4] 这点被认为极其重要，这意味着孩子开始有能力来安慰自己，并渐渐地从将别人当成奴隶与仆人的需要中摆脱出来。在与这些玩具的游戏中，出现了一个让婴

1　玛莎·努斯鲍姆：《同情心的泯灭：奥威尔和美国的政治生活》，选自《〈一九八四〉与我们的未来》，阿伯特·格里森等编，董晓洁等译，北京：法律出版社2013年版，第316页。

2　W. D. 温尼科特：《游戏与现实》，卢林等译，北京：北京大学医学出版社2016年版，第140页。

3　Martha C. Nussbaum, *Political Emotions: Why Love Matters for Justice,* Cambridge: The Belknap Press of Harvard University Press, 2013, p. 175.

4　W. D. 温尼科特：《游戏与现实》，卢林等译，北京：北京大学医学出版社2016年版，第5—7页。

儿信任和可依赖的"潜在空间（potential space）"。在此空间中，"人们（首先是儿童，后来是成人）通过一种比通常直面他人要少具威胁性的方式体验到了他者，从而获得了不可估量的共情与互惠层面的操练"。[1] 除此之外，儿童还发展出了一种畅想与好奇的能力。这种能力会促使孩子把自己想成是另一种事物。

在对《艰难时世》的解读中努斯鲍姆指出，这部小说的唯一亮色是斯赖瑞马戏团、西丝·朱帕以及其所代表的"畅想（fancy）"世界。这是一个完全不同于格雷戈林和庞德贝的世界。朱帕不会像比泽那样给马下毫无人情味的定义[2]，她甚至还愿意用马的图案来装饰房间。她所生活于其中的马戏团里，所有的父亲"什么都敢骑，什么都敢跳，从来不怵任何东西。所有的母亲都能在或松或紧的绳索上跳舞，在光秃秃的马背上飞快地表演各种动作。她们谁也不在乎露出自己的大腿……全团人的学问加在一起也说不清某个问题的来龙去脉。但是，这些人却十分善良，率真，对于不择手段的行为显得特别无能，随时准备不知疲倦地相互帮助，相互同情"。[3]

所谓"畅想"，就是"把一个事物看作另一个事物，在一个事物中看到另一个事物的能力。我们或许可将其称为隐喻性的想象"。[4] 在努斯鲍姆看来，狄更斯在暗示，像月亮上的男人、长着外角的牛、眨眼睛的星星那样的畅想能够与仁慈、慷慨，以及普遍的人类同情关联在一起："在这种愿意超越事实的想象中存在着一种仁慈，而且

1　Martha C. Nussbaum, *Not for Profit: Why Democracy needs the Humanities,* Princeton: Princeton University Press, 2012, p. 99.

2　"四足动物。草食类。有四十颗牙齿，即臼齿二十四颗，犬齿四颗，门牙十二颗。春天换毛，在沼泽地，还要换蹄。蹄很硬，但仍需钉上蹄铁。看它的牙口可以知道它的年龄。"见查尔斯·狄更斯：《艰难时世》，陈才宇译，上海：上海三联书店2014年版，第7页。

3　查尔斯·狄更斯：《艰难时世》，陈才宇译，上海：上海三联书店2014年版，第35—36页。

4　Martha C. Nussbaum, *Poetic Justice: The Literary Imagination and Public Life*, Boston: Beacon Press, 1995, p. 36.

这种仁慈会为在生活中带来更大的仁慈做好准备"。[1]这种畅想能够培育一种对世界的宽容的理解，并能够培养孩子对所见事物的丰富理解；在畅想的过程中，孩子学会了在关注事物的实用性之外，还能够因为事物本身而珍爱它们。当他学会以这种模式参与世界之后，他会把这种模式带到他与其他人的关系之中。这是一种不计功利，为事物本身存在而感到愉悦的能力，这种愉悦"包含了一层更为深远的道德维度，为生活中的种种道德实践做好了准备"。[2]格雷戈林的孩子们就是因为缺乏或被禁止参与这样的游戏活动，才导致了他们的人生遭遇重大挫折。

随着孩子的进一步成长，他也依然离不开游戏，因为自恋会在人生的任何一个阶段故态复萌。在这个阶段，游戏会以文学艺术的形式得以表达，艺术是用以克服自恋的重要途径。在此努斯鲍姆对普鲁斯特的观念颇为信服：

> 只有借助艺术，我们才能走出自我，了解别人在这个世界，与我们不同的世界里看到些什么，否则，那个世界上的景象会像月亮上有些什么一样为我们所不知晓。幸亏有了艺术，才使我们不只看到一个世界。[3]

"这就意味着艺术能够提供关于人类真实关系的唯一可能，那么

1　Martha C. Nussbaum, *Poetic Justice: The Literary Imagination and Public Life*, Boston: Beacon Press, 1995, p. 38.

2　Ibid., p. 42.

3　马塞尔·普鲁斯特：《追忆逝水年华》（第七卷），徐和瑾译，南京：译林出版社2012年版，第198页。

这种爱的可能就是互惠而非自恋。"[1] 在努斯鲍姆看来，"艺术的首要功能就是维持并促进'游戏空间'的发展"。[2] 这个人类生活的"第三区域"，既不在个体内部，也不在个体外部，人正是通过这个区域来获得成长。他开始更为坦率地面对那些展示人类生活脆弱性的故事（如《菲罗克忒忒斯》和《看不见的人》），相比于童年阅读的故事，这些故事更为忧伤也更令人烦恼。但在此过程中，他开始学会面对人类各种困境与灾难：疾病、死亡、奴役、强奸、战争、背叛以及家破人亡。努斯鲍姆认为，这在心理学层面至关重要，因为他"开始能够通过那些召唤其参与的故事对此有所了解，并确信这些故事感知到的重要具有紧迫性。单单对事实的陈述无法达到这一目的"。[3] 到了成人阶段，游戏的形式还会继续发生变化。这个时候更为复杂的悲剧作品开始发挥力量：那些"悲剧不是为那些儿童写的，也不仅仅是为年轻人写的，成人总是需要拓展自身的经验与修缮他们对现有的核心伦理真理的掌握"。[4]

努斯鲍姆这一通过游戏／艺术来克服自恋的思想进路，在理查德·桑内特的作品中得到回应。后者从公共表达能力的角度来强调游戏的价值，指出人做游戏的目的并非"逃避现实挫折"，而是为了忍受甚至享受挫折。因为"游戏让孩子学到，如果搁置自己马上获得满足的欲望，转而关注游戏规则的内容，他就能达到自己的目的"。[5] 这种建立在公共性意义上的"游戏说"，与努斯鲍姆的思想殊途同归。

1　Martha C. Nussbaum, *Upheavals of Thought: The Intelligence of Emotions,* New York: Cambridge University Press, 2003, p. 519.

2　Martha C. Nussbaum, *Not for Profit: Why Democracy needs the Humanities,* Princeton: Princeton University Press, 2012, p. 101.

3　Martha C. Nussbaum, *Upheavals of Thought: The Intelligence of Emotions,* New York: Cambridge University Press, 2003, p. 428.

4　Ibid., p. 428.

5　理查德·桑内特：《公共人的衰落》，李继宏译，上海：上海译文出版社2008年版，第403页。

由此可见，基于这一游戏观念基础上的审美教育并不是旨在逃离现实，追求一种心境意义上的"完人"境界，而是在游戏／审美中体验一种安全的"挫折感"，并学会与自我拉开距离，从而实现一种对他人的生活有所关注的人格理想。

第三节 成为公民：想象力与社会正义

走出自我中心的意义，在于关心他者，成为真正负责任的公民。在努斯鲍姆看来，负责任的公民能客观地思考各种社会、国家以及世界层面的问题，并做出合宜的选择。这是当代的"温斯顿"们尤为需要培养的能力，他们需要懂得人类普遍存在的脆弱性，并以一种爱与互惠的方式，而不是叛逆或怨恨的方式，参与与推动社会正义。奥尔罕·帕慕克曾言："小说艺术不是在作者表达政治观点的时候才具有政治性，而是在我们努力理解某个与我们在文化、阶级和性别上不同的人之时才具有政治性。这意味着我们在作出伦理的、文化的或政治的判断时，要怀有同情之心。"[1] 努斯鲍姆对此亦有这样的认识，因为这恰恰是审美教育无可替代的价值所在。在培育公民人格方面，审美教育需要面对的问题是：如何去想象与"真正看到"他人的生活，如何真正超越身份政治的视野局限，以更客观公正的方式去审视生活的多样性，以及如何以更富责任感的方式介入到现实生活的改进中去。

---

1 奥尔罕·帕慕克：《天真的和感伤的小说家》，彭发胜译，上海：上海人民出版社2012年版，第64—65页。

聆听失落的世界

平等是当今时代全球最为重要的社会议题。即便是被认为全球最发达的国家美国，也存在着大量不平等的问题：从经济上的贫富不均到教育医疗上的社会分层，从种族歧视到性别不平等，这些问题让当代美国社会深陷分裂的危机。平等议题，自然也是以努斯鲍姆为代表的左翼知识分子最为关注的议题。除了从政治学、法学等角度进行思考之外，她认为不平等的根源在于社会文化层面及其塑造的人类情感。正是因为某种文化与情感意义上的隔阂，才让人们看不到社会的边缘角落，也听不到失落世界的声音。审美教育的意义就在于通过拓展想象的方式进入他人的世界。

首先，审美教育可以通过重构我们对事物的想象来打破隔阂。本书在探讨努斯鲍姆的情感思想过程中已指出，她认为人类的群体之所以出现各种各样的壁垒，在很大程度跟恐惧、厌恶等情感有关。比如人类社会中的厌恶绝大多数都是社会文化的产物，即人们将对自身动物性与脆弱性的不满，投射于某些群体之上（如犹太人、黑人、女性、同性恋者等），来获得安全感。文学艺术恰恰凸显了在克服厌恶等情感上的价值。努斯鲍姆以惠特曼的诗歌《我歌唱带电的肉体》为例，指出这位诗人通过对各种身体的歌颂来克服与治疗我们对动物性的身体的羞耻与厌恶：

> 男人的肉体是圣洁的，女人的肉体是圣洁的，
> 不管它是谁人，它是圣洁的——它是一个最卑微的劳工吗？

> 它是一个刚上码头、呆头呆脑的移民吗？
>
> 每个人都像有钱人一样，像你一样，属于这里或任何地方，
>
> 每个人在行列中都有他或她的位置。
>
> ……
>
> 一个男人的肉体在拍卖，
>
> （战前我常去奴隶市场观看，）
>
> ……
>
> 检查这四肢，红的、黑的、白的，筋肉和神经都美妙灵巧，
>
> 他们会脱下衣服给你们看看。
>
>
> 敏锐的感觉，闪耀生命之光的眼睛，勇气，意志，
>
> 大块儿的胸肌，柔韧的脊梁和脖子，结实的肌肉，匀称丰
>
> 满的胳膊和腿，
>
> 那身体里面还有奇迹。[1]

努斯鲍姆指出，这样的文字不像色情文字那样吸引眼球，反倒会对人的阅读形成冒犯，因为这种深刻地将自我暴露于他人的做法有时是不可容忍的，而色情文字的那种并不那么深入的观看反而可被读者接受。因此惠特曼的任务"并非简单地让读者接受那些洁净的身体部位"[2]，而是通过挑战与冒犯读者来真正实现一种对身体与人的认识。通过这样的诗歌，读者不仅在惠特曼对身体的讴歌中克服了对身体的羞耻感与厌恶感，而且还从他对女性身体、移民的身体以及奴隶身体的赞美中，消除了原先的厌恶与敌视。审美想象可以通

1　沃尔特·惠特曼：《草叶集》，邹仲之译，上海：上海译文出版社2016年版，第113—114页。

2　Martha C. Nussbaum, *Upheavals of Thought: The Intelligence of Emotions*, New York: Cambridge University Press, 2003, p. 663.

过这种重新描述的方式来重构我们对那些事物的想象，从而改变我们对它们的态度。

其次，审美教育可以通过对具体的情境和特殊的个体生活的描述来激发并拓展人们的同情与想象。在努斯鲍姆看来，文学叙事在这方面表现最为突出。基于美国社会的特定背景，她最关注的是种族、性别、阶级等议题，她希望通过艺术欣赏和文学阅读来增进不同群体之间的理解与互信。作为一位女性主义者，努斯鲍姆自然关注性别平等问题。在她的文学批评实践中，女性主义的批判视角无所不在。她会推荐人们多去听听莫扎特的歌剧，看看伍尔夫的小说以及詹姆斯的《金钵记》，因为这些作品不仅仅呈现了女性在传统与现代社会中的处境，而且还揭示了女性的成长是如何受到社会制度与结构制约的。

此外，努斯鲍姆还从女性主义的视角审视色情作品可能带来的危害。前文已指出，她对于某些被认为带有色情嫌疑的作品（如《尤利西斯》）持开放包容的态度，并对其进步价值给予肯定，但这并不意味着努斯鲍姆会为色情作品大开绿灯。她对色情作品的反对，并非基于许多传统主义者所持有的道德立场，认为这些作品"有伤风化"，而是基于特定的女性主义立场。在此她深受凯瑟琳·麦金农与安德里亚·德沃金的影响，认同从语义上对淫秽（obscenity）与色情（pornography）进行区分的必要性。如果说前者是从道德角度对这些作品进行定位的话，那么后者的提出是基于女性主义的批判立场，认为色情作品通过对性行为的描绘与表现，强化了男权社会关于女性的刻板印象，将女性表现为低级的、应当受到虐待，并且期待受到虐待的事物。在此意义上，色情作品的危害跟反犹作品或者其他种族主义作品一样具有严重的危害性。[1]

除性别问题之外，种族问题的解决也被努斯鲍姆列入审美教育的清单。除了上文介绍的《土生子》之外，拉尔夫·艾里森的小说《看不见的人》(*Invisible Man*，1952)也具有类似的社会价值。故事讲述的是一位非洲裔美国人由于肤色的原因总是"不被看见"。小说以这位没有姓名的主人公为叙述视角，反思了其一生在社会中所遭遇的各种经历，以及在社会中的"隐身"体验。小说的开篇就这样写道：

> 我是一个看不见的人。可我并不是缠磨着埃德加·爱伦·坡的那种幽灵，也不是你习以为常的好莱坞电影中虚无缥缈的幻影。我是一个有形体的人，有血有肉，有骨骼有纤维组织——甚至可以说我还有头脑。请弄明白，别人看不见我，那只是因为人们对我不屑一顾。在马戏的杂耍中，你常常可以见到只露脑袋没有身体的角色，我就像那个样儿，我仿佛给许许多多哈哈镜团团围住了。人们走近我，只能看到我的四周，看到他们自己，或者看到他们想象中的事物——说实在的，他们看到了一切的一切，唯独看不到我。[2]

在努斯鲍姆看来，艾里森的小说邀请读者去认识与感知更多那些不被看到的人，从而影响与改变读者对人类社会的观看与认知。她对艾里森将小说艺术与民主的可能性联系在一起的看法深感认同，叙事艺术能够让我们了解不同的生活，不仅仅是"游客式的到此一游"，而是"投入其中与感同身受地理解，为我们社会拒绝看见这些

1　Martha C. Nussbaum, *Hiding from Humanity: Disgust, Shame, and the Law,* Princeton: Princeton University Press, 2004, p. 139.

2　拉尔夫·艾里森：《看不见的人》，任绍曾等译，上海：上海文艺出版社2014年版，第1页。

而感到愤怒。我们开始认识到环境如何影响了那些与我们拥有同样目标与计划的人们，我们还看到环境不仅影响了他们行动的可能性，而且还影响了他们的渴求、欲望、希望以及恐惧"。[1]

努斯鲍姆也尤为关注同性议题。除了讨论《草叶集》中的同性议题之外，她还认为 E. M. 福斯特的《莫瑞斯》有可能把人们从对同性恋的厌恶与憎恨中解放出来。这部小说 1913 年完成直到 1971 年才发表这一事实本身就说明了这一主题的敏感性与艰难性。唯有透过莫瑞斯的内在视角，人们才能感同身受地体会作为一个同性恋在现实生活中所遭受的舆论压力与社会歧视：他不能公开表达他的性取向，他一直生活在受人指控与迫害的危险之中。"他像以前那样活得凄凄惨惨，受到误解，越来越寂寞。人是不可能把心中的寂寥说尽的。莫瑞斯的孤寂与日俱增。"[2] 福斯特对莫瑞斯的同情流溢笔尖。尽管这部小说的主题与《土生子》有所不同，但两部小说都涉及了社会中所存在的隔阂与壁垒，无论是黑人与白人之间，还是同性恋与异性恋之间。只要人类文明向前发展，人类依然追求平等自由的理想，就需要去打破这些历史与习俗因素造就的壁垒。

最后，努斯鲍姆认为审美教育可以通过创造某种临时性的共同空间来逐渐消除人与人之间的隔阂与敌意。努斯鲍姆以芝加哥的海德公园社区的"芝加哥儿童合唱团（Chicago Children's Choir）"为例。这个儿童合唱团的成员来自不同的种族、宗教团体和社会阶层。据其亲身观察，这些儿童在表演时所受到的情感冲击，完全不同于她小时候的教堂唱诗班："唱诗班的孩子在音乐面前完全是静态的，而这些儿童则记住了自己演唱的一切，并且唱什么都十分富于感情，

1　Martha C. Nussbaum, *Cultivating Humanity: A Classical Defense of Reform in Liberal Education*, Cambridge: Harvard University Press, 1997, p. 88.

2　E·M.福斯特：《莫瑞斯》，文洁若译，上海：上海译文出版社2016年版，第151页。

有时还用手势甚至身体动作来完成歌唱。在歌唱中，他们脸上洋溢着灿烂的笑容，这是这个项目中的表演者和观众共同培养起来的"。[1] 此外，通过对合唱团助理指挥的采访，努斯鲍姆还发现这种合唱对于当地公共生活的贡献[2]：合唱能使儿童们有机会与来自不同种族和社会经济背景的孩子一起，获得一种强烈的体验，并让他们学会爱自己的身体；此外合唱团唱的是来自不同文化传统的音乐，孩子们有机会接触到更多不同于自身习俗的文化，这对于世界公民意识的培养意义重大。他们都以非常放松的方式融入这种相互尊重、彼此包容的艺术氛围之中，这种体验会植入他们的心灵，生根发芽，引导他们在未来的成长中努力创造一种更好的现实生活。

超越身份政治

2016 年 11 月，政治素人唐纳德·特朗普出人意料地赢得总统大选，震惊了全世界。在这一背景下，美国著名政治学者马克·里拉（Mark Lilla）在《纽约时报》发表《身份自由主义的终结》（"The End of Identity Liberalism"）一文。他指出，美国学院左派在近些年来所倡导的"身份政治"需要部分为特朗普的获胜负责，因为"学校与媒体中对多元主义的执念培养了一代自由派与进步派，他们孤芳自赏，对自我定义之外的群体状况一无所知，也对承担起与各行各业美国人的沟通任务毫无兴趣"。[3] 这种狭隘的身份认同造成的惊人结果就是，大量传统民主党选民（包括中产阶级与底层选民）都将选票投

1　Martha C. Nussbaum, *Not for Profit: Why Democracy needs the Humanities,* Princeton: Princeton University Press, 2012, p.114.

2　Ibid., p. 115.

3　Mark Lilla, "The End of Identity Liberalism", *The New York Times*. Nov. 18. 2016.

给特朗普。文末，里拉呼吁终结身份自由主义，回到民主文化健全时期的国家政治（即罗斯福时代），那种政治关注的并非"差异"，而是共性。[1] 弗朗西斯·福山也有类似看法。其在近作中指出，当代左派的问题在于，"它不再团结工人阶级、经济上的被剥削者等广大团体，而是团结那些以特定方式被边缘化的更小的群体"，于是，"基于普遍与平等原则的承认变异成了对特定群体的特别承认"。[2]

尽管作为一名自由派，努斯鲍姆对左翼知识界的批判并不那么公开与严厉（她花更多的精力批判保守派），但在这些问题的判断上，她与里拉等人大致一致。她也完全认同阿玛蒂亚·森在《身份与暴力》中所做的论断。森指出，一方面，"对某一特定身份的关注可丰富我们与他人的联系的纽带，促使彼此互助，并且可帮助我们摆脱狭隘的以自我为中心的生活"，但另一方面，"认同感可以在使我们友爱地拥抱他人的同时，顽固地排斥许多其他人"，在某种极端情况下，身份认同甚至会"肆无忌惮地杀人"。[3] 森甚至还尖锐地指出："如果20世纪30年代的纳粹党人的所作所为使得今天的犹太人除了认为自己是犹太人外没有其他身份，那才是纳粹主义的永久胜利。"[4]

跟森一样，对"身份政治"的批判与质疑，始终贯穿于努斯鲍姆的写作中。她曾这样写道："学生和学者都存在着这样一种信念：只有某个特定受压迫的群体才能很好地写出或者读懂某个群体的经历。只有女性作家才能理解女性的经验；只有非洲裔美国作家才能理解黑

1　Mark Lilla, "The End of Identity Liberalism", *The New York Times*. Nov. 18. 2016.

2　弗朗西斯·福山：《身份政治：对尊严与认同的渴求》，刘芳译，北京：中译出版社2021年版，第89页。

3　阿玛蒂亚·森：《身份与暴力：命运的幻象》，李凤华等译，北京：中国人民大学出版社2009年版，第2页。

4　同上，第7页。

人的经验。"[1]在她看来，这种信念表面看似成立，其实并不靠谱。因为任何个人或群体对于自身的认识都存在盲点。对身份政治的强调会导致"一种新的反人文主义观念时而出现，其以一种未加批判的方式庆祝差异性，并对那些出现在自身群体之外可能存在的共同利益与理解，甚至对话与辩论都予以否认"。[2]

在种族议题上，努斯鲍姆认为黑人的历史和文化被不公平地曲解，迫切需要在文化与学术上纠正这些错误，真实地反映非洲和非洲裔美国人的文化多样性和人类特质来取代先前捏造的形象。但她同时认为，试图缔造一种新的文化身份的做法并不可取也不可能，因为那种"认为一个人的身份必须首先基于种族群体身份而不是在更广的世界身份中去寻找"的想法对于"培育公民与相互理解而言充满危险"。[3]在讨论两位黑人作家艾里森与赖特的作品的过程中，她更为赞赏艾里森的态度，艾里森因为反对描述所谓的"黑人体验"，坚持把黑人看作人类整体中的一员而与理查德·赖特的激进立场分道扬镳。[4]艾里森与亨利·詹姆斯一样重视人的敏感性，认为有必要"揭开社会成见想要掩盖的那种人性的复杂性"。[5]

在性别问题上，努斯鲍姆也持类似立场。她认为"女性主义者关心的是正义，而不是一种身份政治的实践"。[6]她指出，女性主义并

1　Martha C. Nussbaum, *Cultivating Humanity: A Classical Defense of Reform in Liberal Education*, Cambridge: Harvard University Press, 1997, p. 111.

2　Ibid., p.110.

3　Ibid., p.168.

4　参见Martha C. Nussbaum, "Invisibility and Recognition: Sophocles' *Philoctetes* and Ellison's *Invisible Man*", *Philosophy and Literature*, Oct 1, 1999, pp. 257–283.

5　拉尔夫·艾里森：《看不见的人》，任绍曾等译，上海：上海文艺出版社2014年版，第12页。

6　Martha C. Nussbaum, "Man Overboard". *Philosophical Interventions: Reviews, 1986—2011*, New York: Oxford University Press, 2012, p. 325.

不存在单一的"政党路线（party line）"。[1] 她发现不少女性主义者总是觉得自己是"被敌人围困、严阵以待的少数派，并将任何对其他女性的公开批评视为糟糕的行为，甚至是背叛"。[2] 比如在对莫扎特《魔笛》的解读中，她并不因为夜后的女性身份而放弃对她的批判；她对《费加罗的婚礼》结尾的解读以及对《到灯塔去》中拉姆齐夫妇彼此关系的肯定与欣赏，似乎少了女性主义批评应有的锋芒与好斗，反倒展现出某种"妥协"的姿态，这些都跟她不愿局限于身份意识，而有着更开阔的视野有关。在民族认同或爱国主义的问题上，努斯鲍姆也保持了强烈的批判意识。尽管爱国主义是扩大我们同情心的有效手段，但她深知这种身份认同本身的局限性。

此外，在当代社会文化的讨论中，"老年"也沦为一种固化的身份。在各种媒体与文艺作品所塑造的刻板印象中，老年人总被认为是虚弱的、缺乏活力的。为此，努斯鲍姆严厉地批判了西蒙·波伏娃的作品《衰老》（*La Vieillesse*，1970），认为"这是我所遇到的最为可笑的哲学著作"。[3] 最主要的原因是，波伏娃对老年的描述完全缺乏作为哲学家应有的批判性思考，而是追随了社会中流俗的关于老年人的刻板印象。努斯鲍姆认为该作"残暴地对待了多样性，为那种偶然与负面意义上的老年刻板印象提供了辩护，并且剥夺了老年人的能动性"。[4] 虽然同为女性主义者，但她并不因为性别身份而对这位作家笔下留情，网开一面。

在努斯鲍姆看来，在克服身份政治的问题上，世界主义无疑是

1　Martha C. Nussbaum, *Cultivating Humanity: A Classical Defense of Reform in Liberal Education*, Cambridge: Harvard University Press, 1997, p. 206.

2　Ibid., p. 205.

3　Martha C. Nussbaum & Saul Levmore, *Aging Thoughtfully: Conversations about Retirement, Romance, Wrinkles, and Regre*t, New York: Oxford University Press, 2017, p. 19.

4　Ibid., p. 19.

一种更合适的立场。世界公民本质上就是人文主义的。世界公民教育的任务就是"超越在学生与教师身上的那种首先以对本地群体的忠诚与身份来界定自身的倾向"。[1] 因此，培养世界公民的目标跟身份认同政治的精神深度对立，前者把个体视为世界中的普遍一员，后者则强调一个人主要从属于所在的当地群体，无论是宗教的、种族的、性别的还是以性取向划分的群体。"世界公民的观点坚持所有的公民需要去理解那些与他们生活在一起的人们的差别；这种观念要求公民努力做出跨越界限的慎思与理解。这种观念与对共同善进行慎思的民主辩论观念联系在一起。相反，身份政治则将公民身体描绘为一个以身份认同为基础谋求权力的利益群体的交易市场，并将差异视为某种确定的东西，而不是需要去理解的事物。"[2] 因此一方面我们需要关注这个时代的"看不见的人"，另一方面我们要基于普遍的人性观来捍卫正义。在此方面，爱德华·萨义德被认为树立了一个正面的形象。

由于写作《东方主义》一书，萨义德常被视为后殖民理论的标杆式人物，其作为人文主义者的立场常常为人忽视。他一方面认为文学的政治阅读不仅可能而且必要，但另一方面他从不认可为某个民族代言的做法，一生以格格不入的姿态践行着批判知识分子的使命，这点尤其体现在他的《知识分子论》与《人文主义与民主批评》中。在为萨义德的作品《论流亡及其他》所写的书评中，努斯鲍姆指出，萨义德最重要的思想贡献在于对政治认同的批判，在于他向所有的国家或民族认同宣战，这使他始终处于精神上流亡的状态："对萨义德而言，流亡意味着与所有的文化身份保持一种批判性的距离，它

---

1 Martha C. Nussbaum, *Cultivating Humanity: A Classical Defense of Reform in Liberal Education*, Cambridge: Harvard University Press, 1997, p. 67.

2 Ibid., p. 110.

是一种与所有正统对立的不安分立场，无论这些正统是殖民者的还是被殖民者的。"[1] 萨义德清醒地看到，尽管身份政治在抵抗运动中具有重要作用，但当抗争胜利之时，这种身份认同就会变得非常狭隘，甚至还会成为"歧视与排斥的借口"。[2] 萨义德批判当代文学研究的贫瘠、行话泛滥，缺乏历史感，呼吁富有现实性（worldliness）的文学研究，努斯鲍姆对此都深表赞赏。在她看来，绝大多数打着"身份政治"旗号的学术研究最终走的都是一条"非现实（nonworldly）"的道路，用话语游戏取代了真正需要付出努力的政治实践。换言之，这是一种她经常谈到的"无为主义（quietism）"。

拒绝"无为主义"

"无为主义"这一概念[3]，努斯鲍姆最早将其用在对斯多亚学派的批判中。该学派在为人类尊严进行辩护的同时，完全放弃了对现实中物质条件、社会平等以及人身自由等问题的关心。在斯多亚学派看来，一个人受到奴役与否无关紧要，只要他拥有"尊严"即可，"尊严"是不会受到伤害的。对此努斯鲍姆认为，"这不仅是无为主义的，而且在逻辑上也是说不通的"。[4] 此外，她还把这个标签贴给了唯美主义思想及其实践。从克莱夫·贝尔为代表的布鲁姆斯伯里群体到兰色姆、退特、布鲁克斯为代表的新批评流派，这些艺术家与批评

1　Martha C. Nussbaum, "The End of Orthodox", *New York Times Book Review*, February 18, 2001.

2　Ibid.

3　Quietism通常被译为"寂静主义"，其原义带有较强烈的宗教意涵。"寂静主义"具体指的是17世纪罗马天主教内部的一场运动，由意大利的西班牙人莫利诺斯和法国的费内尔发起，他们为了反对天主教的仪式而转向私人化的沉思冥想。努斯鲍姆在著作中经常使用这个词，但是在脱离其原有宗教背景下使用的，旨在描述那种不关注公共事务并缺乏实践性的思想。为了避免读者对该词做出宗教性的理解，在此将其译为"无为主义"。

4　Martha C. Nussbaum, "Compassion & Terror", *Daedalus*, Vol.132. No. 1, On International Justice 2003, pp. 10–26.

家都试图撇清文学艺术与现实世界之间的联系。他们普遍认为，人们既不能从现实的外部角度去解读文学和艺术，也不能赋予文学与现实相关的任何使命。努斯鲍姆对此无法认同，尤其当他们为文学家或艺术家的政治污点进行辩护，并认为后者不需要为政治负责时，努斯鲍姆看到的是这种"去政治化"审美观的不负责任，并将这种态度视为"无为主义"："我们不可能不遭遇到政治，即便假装（文艺作品）不存在政治维度，目前我们所做的，是抽空了作品（尤其是叙事作品）中的大部分意义与紧迫性"。[1]

颇具讽刺意味的是，某些打着"文化政治"旗号的，通篇充斥着"颠覆""革命"以及"反叛"词语的作品，也存在类似的问题。在努斯鲍姆看来，后现代女性主义的代表性人物朱迪斯·巴特勒的作品最为典型。她指出，长久以来美国学院中的女性主义研究是与现实中为女性争取平等与正义的斗争紧密联系在一起的，而在当下出现的学院派的女性主义思潮，则跟这些有意义的正义事业完全脱钩。这种女性主义话语偏离生活的物质方面，走向一种口头的和象征的政治，这种政治与真实女性的实际处境联系极其微弱。为此她这样写道：

> 这些新派女性主义者似乎相信，从事女性主义政治就是在高深晦涩与倨傲抽象的学术刊物上，以颠覆的方式来使用词汇。这些象征性姿态本身就被认为是一种政治反抗的形式，因此就不需要为了体现出行动上的勇敢而去参加类似立法和运动之类麻烦的事情。此外，这种新型的女性主义教导其成员：大规模

---

1 Martha C. Nussbaum, *Cultivating Humanity: A Classical Defense of Reform in Liberal Education*, Cambridge: Harvard University Press, 1997, p. 107.

的社会变革缺乏甚至没有任何空间。我们所有人或多或少都是权力结构的囚徒，这种权力结构已经界定了我们作为女性的身份；我们绝无可能对这些结构实行大幅度的变革，我们也无法从中逃离。我们所能希望的是：在权力结构中找到可以对其进行戏仿，对其进行嘲笑的空间，通过言语去冒犯它们。因此，这种象征的口头政治，除了被当作一种现实政治外，更是被认定为一种在现实中唯一可能的政治。[1]

在《戏仿的教授》（"The Professor of Parody"）一文中，努斯鲍姆对朱迪斯·巴特勒的四部著作展开犀利的批判，认为巴特勒就是这种"象征的口头政治"的典型代表。与推崇身份政治的女性主义者还有所不同，巴特勒不仅对女性主义的身份政治毫无兴趣，甚至还质疑女性身份本身。在她看来，"女性主义的'我们'一直是，也只是一种幻想的建构"。[2]巴特勒深受福柯影响，认为这些范畴"同时也预先限定、限制了女性主义原本应该要打开的那些文化可能性"。这些身份本身是"被生产的或被生成的"，[3]因此那种试图逃离权力结构和身份建构的愿望是徒劳的："女性主义的重要任务不是去建立一个超越建构的身份的观点；那是建立一种认识论模式的妄想"，"关键的任务反而应该是，找出那些建构所打开的可能的颠覆性重复策略；通过参与建构身份的重复实践而肯定局部介入的可能性，并因此展现挑战这些实践的内在可能性"。[4]这种所谓的"颠覆性重复策略"就是

1　玛莎·努斯鲍姆：《戏仿的教授：朱迪斯·巴特勒著作四种合评》，陈通造译，《汉语言文学研究》2017年第8期，第12—23页。

2　朱迪斯·巴特勒：《性别麻烦：女性主义与身份的颠覆》，宋素凤译，上海：上海三联书店2009年版，第186页。

3　同上，第191页。

4　同上，第192页。

"戏仿的操演（parodic performance）"：因为"在模仿社会性别的时候，扮装隐含透露了社会性别本身的模仿性结构——以及它的历史偶然性"。[1] 于是"戏仿产生的增衍效应使霸权文化以及其批评者，都不能再主张自然化的或本质主义的性别身份"。[2] 在巴特勒看来，虽然戏仿就其本身并不构成颠覆，但正是在某种鼓励颠覆性混淆的语境和接受情境中，戏仿产生了好笑的结果，而这种笑则具有颠覆价值。巴特勒的女性主义抗争建立在这样一种表演性的语言游戏之上，她也为此尤为看重文学艺术在戏仿政治中所扮演的角色。

努斯鲍姆从以下几个角度对巴特勒思想做出批判：首先她认为巴特勒的理论表达缺乏作为一个好哲学家所应有的清晰性，其在写作中刻意地制造一种晦涩的光晕，显示出一种对普通读者居高临下的傲慢。其次，巴特勒的思考抽象而笼统，缺乏对具体事物特殊性的认知。这种将一切视为建构的思考方式，本质上是一种思维上的懒惰，对福柯思想仅仅做平庸化的搬用，并无任何在学术上的创见。因为她不愿意对现实做更多的观察，"更偏爱留在形而上学抽象的高原上"。[3] 再次，她认为巴特勒政治观念的核心其实是"空白的"。因为她跟福柯一样，只关注颠覆，颠覆是好的，而从不关注颠覆什么，颠覆是否会产生危险的后果。最后她得出结论，巴特勒的"戏仿政治"在本质上就是一种"无为主义"。她无法认同巴特勒的看法，即任何现实实践都是徒劳，语言游戏才是正道，这恰恰反映了巴特勒对现实的逃避与对责任的放弃。为此，努斯鲍姆愤怒地写下这样的句子：

1　朱迪斯·巴特勒：《性别麻烦：女性主义与身份的颠覆》，宋素凤译，上海：上海三联书店2009年版，第180页。

2　同上，第181页。

3　玛莎·努斯鲍姆：《戏仿的教授：朱迪斯·巴特勒著作四种合评》，陈通造译，《汉语言文学研究》2017年第8期，第12—23页。

　　这是不是有点像对一个奴隶说，奴隶制永远不会改变，但是你可以找到一些办法来嘲笑它并颠覆它，并在这些小心谨慎的挑衅行动中找到你自己的个人自由？但事实却是奴隶制可以被改变，并且已经被改变了——不是被那些对可能性抱有巴特勒这般看法的人所改变。它之所以被改变，是因为人们不再满足于戏仿性的操演：他们要求，并且在一定程度上实现了社会剧变。还有一个事实，就是那些塑造了女性生活的制度结构也已被改变了。强奸法虽然仍有缺陷，但至少得到了改进；性骚扰的法律已经有了，而它在以前是不存在的；婚姻不再被视为男人对女性身体的专制控制。这些事情的改变是由那些不把戏仿性操演当成自己的答案的女性主义者实现的，她们认为权力，恶的权力，应该并且将会在正义面前投降。[1]

　　她认为巴特勒在此显示了在女性问题上视野的狭隘。对美国女性问题的关注使她完全无视发展中国家妇女所面临的现实困境。特别在像印度这样的国家中，女性连最基本的经济、社会与政治权利常常都得不到保护和捍卫，如何奢谈"话语政治"与"符号实践"？巴特勒虽然反对的是等级与霸权，但其理论背后的预设依然是一种对第三世界现实漠不关心的、傲慢的西方中心论。

　　与之相反，由于跟阿玛蒂亚·森的长期合作，努斯鲍姆有机会长期接触印度的现实，这使得她拥有了一种审慎的跨文化意识，并体现出她作为一位知识分子的良知和同情共感的能力。她深刻地体会到，那些正在深受饥饿贫困煎熬的人们，那些深受专制权力迫害的

---

[1] 玛莎·努斯鲍姆：《戏仿的教授：朱迪斯·巴特勒著作四种合评》，陈通造译，《汉语言文学研究》2017年第8期，第12—23页。

人们，无法体会到所谓的"戏仿式颠覆"带来的快乐，更无法想象单凭这种轻轻松松的"口头政治"就能对社会的不公做出丝毫的改进："饥饿的妇女不能以此果腹，受虐待的妇女不能以此自卫，被强暴的妇女不能从中获得正义，男同性恋和女同性恋不能借此得到法律保护。"[1] 因此，与其说这是一种勇敢的政治行为，不如说是学院左派的故作姿态，为自己缺乏真正的现实行动力寻找虚幻的借口。在此意义上，她将巴特勒形容为"穿着花衣的吹笛手（Pied Piper）"[2]，并不为过。令她感到忧心的是，这些后现代理论家在丧失公共担当意识的同时，反倒通过这种"激进的政治行为艺术"实现了名利双收。这种消费主义时代明星式的学术做派，还会成为急功近利的年轻人竞相效仿的榜样。好在已有越来越多的学者开始意识到这一点，并对这类空洞无当的话语政治有所反思。审美的政治不应当通过这种自欺欺人的口头 / 话语政治来实现，而应当通过文学和艺术对人心的教化、对公民的塑造来实现。在这点上，努斯鲍姆的美学立场是具有现实感的，同时也是充满希望的。

第四节　超越人类：通过动物反思人性

　　人类道德的进步，在某种意义上可被视为是一个逐渐打破界限、扩展人性的过程。历史上的人类社会不曾将奴隶以及女性视为有尊

1　玛莎·努斯鲍姆：《戏仿的教授：朱迪斯·巴特勒著作四种合评》，陈通造译，《汉语言文学研究》2017年第8期，第12—23页。

2　Robert S. Boynton, "Who Needs Philosophy? A Profile of Martha Nussbaum", *The New York Times Magazine,* Nov 21, 1999.

严的人，随着文明的进程，人类逐渐改变了这些看法，学会了以更平等更开放的姿态对待那些他者。那么，作为非人类的动物，是否有一天也会被纳入人性的考量之中呢？在诺贝尔文学奖得主南非作家 J.M.库切的小说《伊丽莎白·科斯特洛：八堂课》中，主人公伊丽莎白用严厉的口气谴责当代社会对动物的杀戮：

> 让我说得坦率些：那包围我们的，是一种堕落、残忍和杀戮的行当。它可以跟第三帝国所能做出的任何勾当相比；实际上，在它面前，第三帝国是小巫见大巫。因为，我们的行当无穷无尽，能自我更新，能源源不断地把兔子、耗子、家禽和牲口带到这个世界上来，目的就是要屠杀它们。[1]

站在强调人权价值的当下，思考动物权利看似有些遥远。但努斯鲍姆却从人类因动物受到的残酷对待而产生的同情中，看到某种伦理事实：人类并不希望动物受到残酷的对待。从古罗马竞技场上大象的哀号引发观众的同情到今日网络上的虐猫视频所引发的愤怒与声讨都可见出，人类似乎与动物存在着某种共性，对动物的伤害感觉就如对人的伤害一样。

努斯鲍姆对动物的关注一直贯穿其学术生涯之中。这不仅体现在她的古典学论著中（其博士论文主题牵涉亚里士多德的《论动物的运动》），而且也体现在她有关人类社会正义的能力构想中。她不仅在研究人类情感的过程中对动物情感给予了很多关注，而且还在伦理学层面关心动物权利问题，并设计了包含动物权利在内的"能力清

1　J.M.库切：《伊丽莎白·科斯特洛：八堂课》，北塔译，杭州：浙江文艺出版社2004年版，第79页。

单"。尽管她也知道，对动物的关注在很多人看来无异于"某种浪漫的绿党式繁荣"[1]，因为与之相比，这个世界存在着更为紧迫的问题。但在她看来，对动物的关注依然重要。当人类能够坦然面对动物以及自身的动物性时，就会在人性上更进一步。在推动对动物的同情方面，审美想象扮演了重要角色。

关心动物也是关心人性

　　我想我能够转向和动物一起生活，它们是这样安详自足，

　　我站着观察了它们很久很久。

　　它们不为处境着急叫苦，

　　它们不会夜里睡不着觉为自己的罪过哭眼抹泪，

　　它们不谈论对上帝的职责而叫我头疼，

　　没有一个不知足，没有一个精神错乱的占有狂，

　　没有一个向另一个下跪，也不向千年的祖宗下跪，

　　整个地球上没有谁高高在上或郁郁寡欢。

　　它们就这样表明了它们和我的关系，我接受了，

　　它们带给我自己的天性，它们用自己具有的天性明白地示

意出来。[2]

　　透过《自我之歌》中的这段诗节，努斯鲍姆指出，惠特曼通过对动物的观察比照出人类生活的缺陷："动物向惠特曼显示的是自我尊重、自我表达以及社会平等的可能性，而这些东西往往被人类社会

1　玛莎·努斯鲍姆：《女性与人类发展：能力进路的研究》，左稀译，北京：中国人民大学出版社2020年版，第139页。

2　沃尔特·惠特曼：《草叶集》，邹仲之译，上海：上海译文出版社2016年版，第69—70页。

生活的实际状况所遮蔽。"[1]

在努斯鲍姆看来，对动物的关注首先会增进我们对人性的认识，有助于对人性现状的反省。很多哲学研究"过分地把人类孤立出来，没能把对人的研究与对一般而论的生物有机体的全面探究结合起来"。[2]她在亚里士多德对动物的研究（尤其是《论动物的运动》）中得到了重要的启示并援引其"共同说明（common explanation）"指出，对动物的关注有助于更好地思考我们自己和世界。比如亚里士多德提出的"orexis"（欲望）可以指向人与动物行动时的共同特点，这样就可以把理性行动指向视为"与动物的需要具有某种联系的对象"，"动物看起来就不再那么原始，而人类看起来也更具动物性"。[3]在此意义上，某种人类中心论得以克服，人类在自然中会找到更恰当的位置。

努斯鲍姆还通过大量最新的动物行为学研究以及相关具体案例来证明动物具有情感。她借助当代心理学研究的最新成果来论证动物与人在情感方面的共性。如马丁·塞利格曼对狗的实验研究表明，狗与人类一样都会由于无法控制自身环境产生无助、恐惧以及沮丧，他也借此论证了情感的认知价值。[4]此外，约瑟夫·勒杜、理查德·拉扎勒斯、凯斯·奥特利、安东尼·奥托尼等人的研究成果也为努斯鲍姆的哲学论证提供了强大支持。

在努斯鲍姆看来，人在很大程度上遗忘了自己的动物本源，总是试图寻找不同于动物的特性来确认自身的优越性。她在斯威夫特

1　玛莎·努斯鲍姆：《欲望的治疗：希腊化时期的伦理理论与实践》，徐向东等译，北京：北京大学出版社2018年版，第30页。

2　玛莎·C.纳斯鲍姆：《善的脆弱性：古希腊悲剧与哲学中的运气与伦理》（修订版），徐向东等译，南京：译林出版社2018年版，第404页。

3　同上，第424页。

4　Martha C. Nussbaum, *Upheavals of Thought: The Intelligence of Emotions,* New York: Cambridge University Press, 2003, p. 103. 马丁·塞利格曼的著作已出版中文译本，见马丁·塞利格曼：《习得性无助：论抑郁、发展与死亡》，李倩译，北京：中国人民大学出版社2020年版。

的《格列佛游记》中就发现了这一点：格列佛从"慧骃国"回来之后，就特别痛恨自己身为"雅虎"的动物性成分，无法忍受自己妻儿身上的气味，甚至不允许他们触碰他的身体、食物以及水。对动物及其特性的鄙视不仅在 18 世纪的文学中有所呈现，而且也在 20 世纪的作品中得到描绘。在约翰·厄普代克的《兔子歇了》（*Rabbit at Rest*）中，当主人公听说他已受损害的心脏瓣膜需要用兔子的心脏瓣膜来替换时，他感受到一种剧烈的恶心。因为他从小接受的基督教文化教育他，人是世上独一无二的神圣造物，这使他无法接受任何动物性因素对他的玷污。

努斯鲍姆关注的是，人类对动物性的厌恶使人类倾向于拒绝与生俱来的身体与情感，认为这是灵魂的低级部分，需要贬低甚至根除，这些都会妨碍人类彼此之间的同情、互惠与爱。与人类的这种倾向不同，不少动物是具有同情心的，它们拥有强健的关于错误与非错误的概念，而且还能够注意到其他动物所遭受的苦难，但从不会产生"这个人不值得同情，因为他咎由自取"的观念[1]，其同情是无条件且相对简单的。努斯鲍姆指出，当代科学家对灵长类动物的研究为我们提供了三个方面重要的启示[2]：首先，我们需要找到把我们与动物联系起来的共同点。对动物行为的研究有助于增进对人类自身的理解。如惠特曼所言，那些动物为我们"带来"我们自身的"标记"，我们应该"接受它们"。其次，通过与动物行为的比较，才能真正发现人类在多大程度上是特殊的。最后，对动物的研究也提醒我们某些情感上的扭曲和病态是人类所独有的。她援引灵长类学者弗朗斯·德·瓦尔（Frans de Waal）的研究指出，动物的同情存在着不同

1　Martha C. Nussbaum, *Political Emotions: Why Love Matters for Justice*, Cambridge: The Belknap Press of Harvard University Press, 2013, p. 147.

2　Ibid., pp. 140–141.

的类型：最基本的类型是一种情感的感染，最高级的类型则是具有某种与安慰结合在一起的"换位思考"的能力 [1]：黑猩猩、倭黑猩猩、部分的大象以及海豚和人类都能达到这个水平。

为此，不少思想家与文学家倾向于以动物世界的单纯与无辜来比照人类世界的世故、虚伪与冷漠。这不仅体现在卢梭式思想家对自然世界的赞美中，同样也表现在大量文学叙事与影视作品的创作中，如《白比姆黑耳朵》《忠犬八公》《帝企鹅日记》《战马》等等。这些作品通过对动物形象的正面（甚至浪漫化）描绘来实现对人类世界的批判。在与动物主题相关的作品中，努斯鲍姆除了引述乔治·皮茄的非虚构作品之外，还讨论了特奥多尔·冯塔纳（Theodor Fontane）的小说《艾菲·布里斯特》（*Effi Briest*）。

《艾菲·布里斯特》讲述的是叫艾菲的十七岁女孩在父母的安排下嫁给了三十八岁的男爵殷士台顿。殷士台顿虽然行为正派，但缺乏生活情趣，所有的心思都放在追名逐利之上，与艾菲之间缺乏共同语言，对她的个人生活也不闻不问。他们所住的公馆阴森恐怖，让艾菲倍感恐惧和孤单。于是，她与男爵的朋友少校军官克拉姆巴斯发生婚外情。出于愧疚之心，两人只维持了短暂的关系，早早分手。但男爵依然发现了这一事实，尽管他想要原谅，但出于当时社会所要求的男性的自尊，他还是决定休掉艾菲，并与克拉姆巴斯进行决斗，并最终刺死对方。离婚后的艾菲，只能孤苦伶仃地与她的女仆生活在柏林，她的父母受当时的陈腐社会观念影响，拒绝让她回家。小说最后以艾菲的死亡结局，即便在最后那一刻，她的父母都没有多少悲伤之情，更不会认识到女儿之死跟他们有关。

1　Martha C. Nussbaum, *Political Emotions: Why Love Matters for Justice,* Cambridge: The Belknap Press of Harvard University Press, 2013, p. 148.

努斯鲍姆指出，在这部令人绝望的悲剧中，唯一的亮点是艾菲身边的那条名叫"洛洛"的狗，始终不离不弃。在艾菲生命最后的时光里，"晚上它躺在艾菲房门口的草席上，早晨艾菲在园子里用早餐，它就躺在日晷旁，总是那么安详，总是那么睡意朦胧。只有在艾菲吃罢早餐，离桌迈入穿堂，拿起挂在架上的草帽和阳伞时，洛洛才又变得年轻活泼了。它顾不得自己还有多大力气，总要跟随女主人走一趟"。[1] 在艾菲死后，也是它最为悲伤，躺在墓碑前，两个前肢捧住脑袋，面对艾菲父母交谈慢慢地摇摇头。努斯鲍姆指出，作者在描绘艾菲父母的那些被社会文化扭曲了的观念的同时，也在引导读者采取一种"洛洛"式的立场："对那些针对女性的社会准则加以怀疑，关注现实的苦难。小说的整体结构是一项向动物学习的操练，不仅学着像动物一样无条件地去爱，而且也以一种人类所具有的理性与社会批判的力量去爱"。[2] 关注动物，向动物学习，绝不是放弃人性，而是为了挽回在文明化进程中被遗忘与堕落的人性。

动物繁荣与人类想象

在《动物之构造》中，亚里士多德这样写道：

> 我们不应当带着一种孩子气的厌恶开始研究那些不太高贵的动物：因为任何事物在本性上都有些惊叹之处。……我们也要着手研究每一种动物，不要摆出一张臭脸，要知道它们中

1　特奥多尔·冯塔纳：《艾菲·布里斯特》，韩世忠译，上海：上海译文出版社1980年版，第375页。

2　Martha C. Nussbaum, *Political Emotions: Why Love Matters for Justice,* Cambridge: The Belknap Press of Harvard University Press, 2013, pp. 141–142.

的每一个都是自然的、奇妙的。[1]

这段话包含了两个层面的意涵：一个层面体现在，亚里士多德倡导我们要以开放、好奇的眼光来探询这个神奇的世界。若从伦理思考的角度而言，动物的存在可以激发起我们的好奇与想象，这对于我们探询人类生活的可能性有着独特的价值。在此意义上，不同于对人性的反思，动物的价值体现在它为人类想象力的激发以及培育探询知识的能力提供契机。比如约翰·彼得斯通过对鲸鱼的观察，极大拓展和深化了人们对新媒介环境下种种问题的认识。[2]

不过，无论是通过动物认识人性还是通过动物发展想象，都是从一种手段或工具论的角度思考动物，在努斯鲍姆看来，理解动物还应存在另一个层面的内涵，即动物本身的存在及其繁荣就是一种善。在她看来，如果一种生物的繁荣受到阻碍，那将会是一个错误。她在"能力清单"中将动物考虑在内，源自这样一种直觉："对生物有着基本的钦佩之情，并希望它们繁荣，希望世界上的各种生物都能够繁荣。"[3] 这种能力进路要得到支持，就需要人类摆脱自我中心的意识，真正体会动物的生存状况，这无疑给人的想象与同情能力提出极大挑战。

本书在前面讨论同情时就谈到，同情常常基于相似性的判断而产生，如果说人对人的同情会因阶级、性别以及文化等差异而受到阻碍的话，人对动物的想象与同情则更成问题。为此彼得·辛格等当代

1　玛莎·C.纳斯鲍姆：《正义的前沿》，朱慧玲等译，北京：中国人民大学出版社2016年版，第245页。

2　参见约翰·杜海姆·彼得斯：《奇云：媒介即存有》，邓建国译，上海：复旦大学出版社2020年版，第二章。

3　玛莎·C.纳斯鲍姆：《正义的前沿》，朱慧玲等译，北京：中国人民大学出版社2016年版，第246页。

功利主义者对人类发展针对动物的同情与想象不抱太多的信心，而更强调理性原则在捍卫动物权利问题上的重要性[1]，认为只需要在保护动物的实践中将正确的理论进行应用即可，而"不需要不可靠的、对于动物受苦状况的想象"。[2]努斯鲍姆并不认可他的观点：如果不是基于对动物痛苦的想象，功利主义者又如何来判定他们的原则是正确的？除了想象动物的生活和它们的受苦景象，我们又能如何保护动物权利呢？在她看来，辛格的文字中也隐含了"某种最强有力的引诱，引诱人们去想象记载过的动物的受苦景象"[3]。她还进一步指出，同为功利主义者的密尔也对人类的同情能力怀有信心："人不仅能够同情自己的后代，也不仅仅像某些高等动物那样，能够同情某种对自己友好的更高等级的动物，人还能够同情一切人，甚至能够同情一切有感觉的生物"。[4]为此，尽管同情的拓展会遇到阻碍，但她依然坚定地认为："对于促进反对残忍地对待动物这方面，想象力丰富的文字一直是至关重要的。"[5]

难以回避的困境

在想象动物权利的问题上，努斯鲍姆指出我们需要避免对自然的浪漫化。西方19世纪以来形成的对自然的崇拜，经常出现在文学

1　彼得·辛格指出："我选择理性的论证方式，不是我没有认识到尊重对动物的同情心和感情的重要性，而是因为理性在说理上更具有普遍意义、更令人信服。"参见彼得·辛格：《动物解放》，祖述宪译，青岛：青岛出版社2004年版，第224页。

2　玛莎·C.纳斯鲍姆：《正义的前沿》，朱慧玲等译，北京：中国人民大学出版社2016年版，第249页。

3　同上，第249页。

4　约翰·穆勒：《功利主义》，徐大建译，北京：商务印书馆2014年版，第64页。

5　玛莎·C.纳斯鲍姆：《正义的前沿》，朱慧玲等译，北京：中国人民大学出版社2016年版，第249页。

与艺术作品中。这种浪漫主义的观念认为，人类世界的一切都是糟糕的，真正善意对待自然与动物的方式就是让它们顺其自然，无需给予任何干涉。她以2002年的动画电影《小马王》（Spirit）为例指出，该影片似乎在表达这样一个看法：那匹野马"只有当它回到山中与它的那些野马同类在一起的时候，它才是快乐的"[1]。在她看来，这样的观念其实只是一种幻想。贝克特小说《莫洛伊》的尾声部分也表达了类似的态度，似乎只有蜜蜂与鸟儿的世界才是单纯无瑕的。很多的文学与影视作品为了批判现实的人性，很容易走到无限崇拜和美化动物的境地，却并未认识到现实中对于动物的保护，恰恰需要人类的参与和付出。她援引环境保护专家丹尼尔·波特金（Daniel Botkin）指出：许多我们所认为的自然生态系统的平衡，并不是以"自然而然"的方式获得的，实际上是人类各种形式干涉所取得的结果。所谓"自然之平衡"只是一种古老的神话，"在过去的30年中，这已经被表明是环境科学革命的一部分"[2]。现在已经不存在不受人类影响而自在生活的野生动物了，事实上很多动物离开了人类是很难实现繁荣的。彼得斯也指出，在自然中其实包含着人为的技术元素，于是，"夜晚、羽毛、青草和酵母等这些东西貌似自然，但实际都有人工的痕迹"。[3]

此外，在我们所生活的这个世界中，人的幸福与动物的幸福之间确实存在着持久并且经常是悲剧性的冲突。努斯鲍姆指出，为了促进人类的健康和安全所进行的药物试验，会给动物带来疾病、痛苦和过早死亡的危险；人类也不可能成为彻底的素食主义者，源源不

---

[1]　玛莎·C.纳斯鲍姆：《正义的前沿》，朱慧玲等译，北京：中国人民大学出版社2016年版，第266页。

[2]　同上，第260页。

[3]　约翰·杜海姆·彼得斯：《奇云：媒介即存有》，邓建国译，上海：复旦大学出版社2020年版，第47页。

断的动物食品供应依然是当今社会的现实。因此，为了动物的利益而牺牲人类的利益并不实际，也不可取。要在人的幸福与动物的幸福之间找到平衡，有时候只是一个梦想的乌托邦。即便如此，如同史珂拉为自由主义所设定的底线一样，努斯鲍姆认为人类对待动物的态度也需坚守基本的道德底线："拒绝残酷"，即"人类对动物之责任的首要领域就是禁止做出一系列恶行"。[1]人类并不愿看到在马戏团中动物残酷地受到鞭打与虐待，也不愿看到作为医疗实验用途的动物长时间地生活在污秽、孤单的环境之中，更不愿看到以极其残忍的方式饲养和宰杀动物的行为。在"拒绝残酷"这个意义上，努斯鲍姆认为我们至少树立了一个值得追寻的低调理想。

综上所述，努斯鲍姆对人文教育的思考，为当代审美教育的思想与实践提供了新的启示。她竭力劝导人们阅读文学与欣赏艺术，在她看来，这种审美教育并不仅仅是为了让一个人成为知识或文化精英，而是为了使一个人生活得更好，真正走出自我中心，成长为一个对社会有价值的公民。在此意义上，她在通识教育的理念下提出了一种不同于道德主义和浪漫主义的审美教育理念。她也多少能够超脱于左翼知识界对于身份政治的热情以及时髦理论的追捧，保持了难能可贵的独立性。此外，较之于激进理论家以抽象理论的方式来论证文学艺术对于社会平等的意义，努斯鲍姆探讨审美活动如何通过情感中介来实现对公共生活的改善，在实践上更具说服力与可行性。然而，有时候努斯鲍姆依然难以免俗。她对身份政治的警惕也未能降低她对身份议题的兴趣，女性、黑人、移民以及LGBT[2]

1　玛莎·C.纳斯鲍姆：《正义的前沿》，朱慧玲等译，北京：中国人民大学出版社2016年版，第264页。

2　LGBT（Lesbian, Gay, Bisexual, Transgender），指以同性恋、双性恋、跨性别等群体为代表的性少数群体。

社群，几乎是她近期著作必谈的主题，总体而言，这些讨论的内容有很多重复，缺乏新意，视野也受到一定程度的限制。在当下美国社会如此分裂的文化背景下，她对这些问题的思考依然受制于左翼知识界的大氛围。审美教育只是抵达这类平等议题的手段而已，她对这些目标本身则缺乏应有的反思。

根本上看，这跟努斯鲍姆强烈的现实感有关。这种现实感既成就了她的学术思考，但同时也造成了她思想的局限。就审美教育而言，她太过在乎审美教育如何真正改善现实，却忽视了审美活动与现实效应之间关系的不确定性。尽管在"文学促进对生活丰富性的认知"与"文学拓展想象与培育同情"之间不存在绝对的逻辑跳跃，对生活的复杂性的敏锐感知确实能引导我们去想象一种并不一样的生活，但这种敏锐的感知未必能确保人们去想象边缘群体的生活。用诺埃尔·卡罗尔的话说：艺术确实"训练了我们的道德理解和道德情感，但是或许最好认为它们在道德上是善的，却没有引起变化"。[1]如果我们把她与另一位在美育上贡献卓著的教育学家玛克辛·格林（Maxine Green）进行比较的话，便能凸显努斯鲍姆对于改造现实的迫切感。

格林深受杜威哲学的影响，对于审美教育的社会价值与努斯鲍姆有着类似的定位，两人关注的社会议题有诸多重合之处，都试图运用文学艺术的想象来跨越种族界限与性别界限，也都指出想象力的匮乏会阻碍民主共同体的建设。但两人的不同在于，格林并不像努斯鲍姆那样，将想象的价值完全诉诸道德意义上的同情，而是赋予想象力本身重要价值，引向同情只是其中的一种可能。此外，格林还深受法国哲学家梅洛－庞蒂身体现象学的影响，更看重审美想象在突破现实

1　诺埃尔·卡罗尔：《超越美学》，李媛媛译，北京：商务印书馆2006年版，第463页。

既定规范与习惯惰性层面的价值，关注审美教育提供的想象如何让人们从"惯常的思维模式中解脱出来"，超越那些标准或"共识"，从而实现"在经验中形成新的认知秩序"的目标[1]。在此意义上，格林对审美教育的定位的关键词是"解放思想"而不是"道德正确"："想象的作用并不是解决问题，不是指出道路，不是提高与完善。想象是要唤醒，要揭示那些通常未曾见过、未曾听过、出人意料的世界"。[2]为此她指出"我们不能指望欣赏了艺术作品，就能拥有仁慈之心，就会感受到安慰的温暖或得到任何明确的道路指引"。[3]

相比之下，努斯鲍姆的审美教育在引导人们超越传统规范的同时，还希望引导人们学会遵从新的规范，并认为这是一种正确的规范。目标的不同，也决定了在选取审美教育的作品案例上，格林的范围要比努斯鲍姆宽广得多。在格林的选材视野中，不仅有艾里森的《看不见的人》、托尼·莫里森的《宠儿》，而且还有约翰·凯奇的《四分三十三秒》以及梵·高的绘画；相比之下，努斯鲍姆用于审美教育的作品在选择范围上显得相对狭窄，因为那些在她看来正确的作品往往艺术水平不高（如《土生子》），有些作品对读者阅读能力的挑战太大，并不适合普通读者（如《尤利西斯》《金钵记》），而有些经典作品则被认为存在着这样那样的瑕疵（如《裘力斯·凯撒》）。努斯鲍姆的困境提醒我们：审美教育的复杂性在于，一方面我们不能否认审美教育所具有的伦理价值；但另一方面也不能对审美教育在现实道德进步中所发挥的作用抱有过高的期待。努斯鲍姆认为读者能够通过对优秀小说的阅读，通过对其主要人物的认同与模仿来实现道德

---

1 玛克辛·格林：《释放想象：教育、艺术与社会变革》，郭芳译，北京：北京师范大学出版社2017年版，第25—26页。

2 同上，第38页。

3 同上，第37页。

上的进步，但她并没有预见到，现实中读者并不一定按照她所设想的那样去认同正面人物形象。

"我们作为读者，不但可能会同情小说中的极端利己主义者、流氓、诱奸者、征服者、精神病患者、骗子、不道德的人；也可以想象，通过从小说中更好地理解我们所遇到的天真脆弱的人、好人、慷慨大方的人，我们会提高自己为了达到自私目的而操纵别人的技巧。"[1]不得不承认，波斯纳的这番表述更符合实情。卡罗尔则认为，文学阅读所激发的情感，并不是基于"对人物的认同，而是我们自己业已存在的情感"。[2]其言外之意是，不是文学激发了我们的善良，而是因为我们的善良才有了同情的阅读。此外，善良的内心与正义的实践之间依然存在距离，文学会培育对弱者的同情，也有可能只是停留在想象层面上的："女人们因为正在上演的戏剧而涕泪滂沱，而她们的仆人却在戏院外的冰天雪地里捱冻"。[3]莫里斯·迪克斯坦的论断一针见血。"没有真凭实据能够证明，接受了高等教育或者'文化'就可以提升利他主义的个性。"[4]杰弗里·哈特曼也提醒，不能对美育的结果持有太过简单的乐观信念。

此外还有一个更深层次的问题。让我们再次回到约翰·密尔的青年时代的那次精神危机。密尔曾经认为，其人生的一切意义就在于改造这个世界："我把这个目标与自己的幸福等同起来。……想到我与别人一起为推进世界的改良而奋斗，都使我的生活趣味横生又生

1　理查德·A.波斯纳：《法律与文学》，李国庆译，北京：中国政法大学出版社2002年版，第437页。

2　诺埃尔·卡罗尔：《超越美学》，李媛媛译，北京：商务印书馆2006年版，第363页。

3　莫里斯·迪克斯坦：《途中的镜子：文学与现实世界》，刘玉宇译，上海：上海三联书店2008年版，第294页。

4　理查德·A.波斯纳：《法律与文学》，李国庆译，北京：中国政法大学出版社2002年版，第412页。

机勃勃"。[1]但1826年秋天当他陷入精神危机之时，这一切原先的设想都遭到了质疑：

> 假如你所有的生活目标都实现了，假如你期望的所有制度和思想改变在这一刻都完全实现了，那么你会觉得非常快乐和幸福吗？一种不可压制的自我意识清晰地回答"不"。想到这，我的心开始往下沉，我为生命构建的全部基础都坍塌了。我所有的幸福原本是对这个目标的不懈追求，但是现在这个目标已不再有吸引力了，追求目标的手段怎么可能还会有意义呢？我活着似乎没有任何意义了。[2]

的确，是诗歌与艺术让他从危机中解脱出来。在这个过程中，他第一次把个人的内心修养当作人类幸福的首要及必要的条件之一。他不再重视外部环境的安排以及对人类思想与行为的训练。密尔的这场危机似乎在启示我们：社会层面的正义实现，似乎不是人类幸福的全部。

密尔式的问题，在一百多年后当代法国哲学家吕克·费希的《什么是好生活》中被又一次地提及：

> 假设我们有一根魔法棒，能让如今生活在世界上的每一个人每天都严格奉行人文主义所规定的尊重他人的原则。如此一来，每个人都无一例外地重视所有人的尊严，充分考虑到所有人的两项基本的平等权利——自由权与追求幸福的权利。很难

---

1 约翰·穆勒：《约翰·穆勒自传》，郑晓岚等译，北京：华夏出版社2007年版，第99页。

2 同上，第99页。

想象这种态度会给我们的行为带来多么巨大的变化与无与伦比的革命。世界从此将不再有战争，残杀，不再有违反人性的罪行，也不再有"文明的冲突"、种族主义、仇外心理、奸淫掳掠，或是统治与排他主义；军队、警察、监狱及司法体系等镇压和惩罚性机制都将统统消失。这说明道德真是了不起。[1]

这就是幸福吗？这就是好生活的全部吗？吕克·费希的回答是否定的，仅有道德是不够的，哪怕这是一种广义上的道德：

即便最为高尚的道德的完美实现，也不能阻止我们老去；不让我们眼看着自己长出皱纹和白发而无能为力；阻止我们的生老病死以及看着自己心爱的人们逝去；或是不再为孩子们的教育问题而寝食不安，含辛茹苦地抚育他们成长。即使我们成了圣贤，也未必能过上如愿以偿的情感生活。[2]

如果按照努斯鲍姆的看法，审美教育的全部意义在于推动道德进步的话，那么密尔的精神危机将难以化解，因为化解其精神危机的力量，恰恰来自个体精神的内部，而不是外部世界。在将审美落实于好生活的过程中，努斯鲍姆对审美之于公共生活的价值做了相当全面与深入的阐发，但她在此过程中未能兼顾审美对于个体精神救赎意义。在审美的救赎价值与社会价值之间，存在着难以两全的悲剧性冲突。

---

1 吕克·费希：《什么是好生活》，黄迪娜等译，长春：吉林出版集团有限责任公司2010年版，第11页。

2 同上，第11—12页。

结语　艺术与不完美的世界

一

在一篇题为《超越人性》（"Transcending Humanity"）的文章中，努斯鲍姆援引了《荷马史诗》中的一个著名段落：奥德修斯被困于神女卡吕普索的洞府，神女对他一往情深，照应他的饮食起居，答应让他长生不死，永不衰朽。奥德修斯对此却毫无兴趣，因不能返回家园而日日掉泪，望洋兴叹。卡吕普索颇为困惑：

> 要是你心里终于知道，你在到达
> 故土之前还需要经历多少苦难，
> 那时你或许还希望仍留在我这宅邸，
> 享受长生不死，尽管你渴望见到
> 你的妻子，你一直对她深怀眷恋。
> 我不认为我的容貌、身材比不上
> 你的那位妻子，须知凡间女子
> 怎能与不死的女神比赛外表和容颜。[1]

奥德修斯深知他的妻子佩涅洛佩在容貌上完全无法与卡吕普索

1　荷马：《荷马史诗·奥德赛》，王焕生译，北京：人民文学出版社1997年版，第93页。

相比；与神的生活相比，作为凡人还必须面对生老病死，经历生活的种种磨难。然而在完美永恒的天堂面前，奥德修斯却坚定地站在颠沛流离的现实人生这一边："我忍受过许多风险，经历过许多苦难，/在海上或在战场，不妨再加上这一次。"[1]不可否认，奥德修斯式的人生观念早已不为当代世界所理解与接受，对完美乌托邦的追寻业已取代对充满瑕疵与遗憾的人生的认可。尤其在虚无主义的时代情境中，人们确实更愿意认同柏拉图笔下苏格拉底与阿狄曼图这段对话中所表达的立场：

> （苏格拉底）我说，不，我的朋友。对这样的事情来说，哪怕有一点点不满意也都意味着不满意。任何有缺陷的事物都不能用来作为尺度衡量别的事物，尽管有些人有时候会认为自己已经够了，不想再作进一步的研究。
>
> （阿狄曼图）他说，对，确实如此，每个人都有这种惰性。[2]

诚如特里林所言，没有一个时代的人们像今天的人们那样赋予文学艺术如此强烈的超越色彩与救赎意义。在当代西方美学的理论话语中，"审美超越"是用来描述文学艺术独有价值的重要概念，将审美体验理解为某种类宗教或形而上的救赎力量是现代美学的主流共识。查尔斯·泰勒就曾指出："在我们这个时代的艺术与艺术家周围弥漫着这样一种崇拜，它源于这样的意识：艺术能够显现巨大的道德与精神意义；在它之内存在着对于生活的特定深度、完满、严肃以及

1　荷马：《荷马史诗·奥德赛》，王焕生译，北京：人民文学出版社1997年版，第94页。

2　柏拉图：《柏拉图全集》（第二卷），王晓朝译，北京：人民出版社2002年版，第499页。

强度而言关键性的东西，或对于某种整全而言至关重要的东西"。[1] 伊格尔顿也表达了类似看法：即便身处"上帝已死"的后现代的文化处境中，人类也不愿放弃对信仰与超越性的追求，"两架飞机撞上了世贸中心使得形而上学的激情再次勃发"，[2] 大部分的美学言说依然不会满足于琐碎的日常性，更愿意将自身定位于"神学的置换性片段"。[3]这一判断在现实层面亦可得到印证，"超越""救赎""乌托邦"等词语的确成为当代艺术展览与美学期刊论文频繁使用的关键词。[4] 人们总是希望像珀尔修斯那样，拒绝被现实的美杜莎之眼"石化"而飞向无垠的苍穹。从这样一个背景看，努斯鲍姆的思想立场多少显得与时代风潮格格不入。她始终端着一只"有裂缝的金钵"请大家欣赏，她的思想中体现出一种与时代格格不入的不彻底性。

二

努斯鲍姆作品中出现频率最高的词是"不完美（imperfection）"与"脆弱性"。在此，她的思想与 18 世纪批评家萨缪尔·约翰逊形成了遥远的呼应："写作的唯一目的是，能使读者更好地享受生活，或更好地忍受生活。"[5] 在努斯鲍姆看来，审美并不仅仅是人们超越现实、追求完美的手段，而且还可能成为人们认识现实、追求良好生

1　Charles Taylor, *Sources of the Self: The Making of the Modern Identity*, New York: Cambridge University Press, 1989, p. 422.

2　特里·伊格尔顿：《文化与上帝之死》，宋政超译，郑州：河南大学出版社2016年版，第217页。

3　同上，第194页。

4　单从国内的相关研究文献来看，以"审美超越"为题目的著作就有《审美超越与艺术精神》《生命体验与审美超越》《诗意回归与审美超越》《文学审美超越论》等，知网上题名包含"审美超越"的相关论文有400多篇。

5　W.H.奥登：《染匠之手》，胡桑译，上海：上海译文出版社2018年版，第451页。

活的指南。在当下的艺术与美学语境中，努斯鲍姆所发出的是一种"不同的声音"。

在她笔下，人生充满了难以克服的悲剧性冲突，但她似乎提醒我们不该为这种悲剧性而感到痛苦，甚至认为"人性卓越之美，正是在于它的脆弱性"。[1]我们无法为阿伽门农寻到一个两全其美的办法，在拯救希腊军队的同时，不付出牺牲女儿的代价；我们也无法在安提戈涅与克瑞翁的冲突中找到一条和谐的解决之道。她一再表达这样的观点："排除一切有限性，尤其是排除必死的命运，不仅不能让这些价值（笔者注：友谊、爱、公正等）永恒地保存下来，反而会导致价值的枯萎"。[2]

在她的笔下，人生永远包含着某种遗憾和缺陷，她暗示我们应该接受与正视这些缺憾。莫扎特歌剧中伯爵夫人的婚姻存在着缺憾，即便伯爵犯了错误，她也最终原谅了他。伍尔夫笔下的拉姆齐夫妇的婚姻不属于浪漫主义意义上的完美；《金钵记》中的玫姬最终所取得的也并非人生的"胜利"，而是对于生活的复杂性及其代价有了更深切的体悟。这些缺陷不仅仅体现在人与人之间的心灵差异上，而且还体现在价值与价值的冲突中。尽管在狄更斯塑造的大卫·科波菲尔身上，爱与道德之间的冲突被认为取得了暂时性的协调，但这种协调只是一种脆弱的理想状态。

从她所选取的作品看，似乎也不存在某种趣味上的一致性。她既可以接纳《金钵记》《追忆逝水年华》以及《莫洛伊》这样令普通读者望而却步的"深奥之作"，也绝不排斥《大卫·科波菲尔》和《土生

---

[1] 玛莎·C.纳斯鲍姆：《善的脆弱性：古希腊悲剧与哲学中的运气与伦理》（修订版），徐向东等译，南京：译林出版社2018年版，第2页。

[2] 玛莎·努斯鲍姆：《欲望的治疗：希腊化时期的伦理理论与实践》，徐向东等译，北京：北京大学出版社2018年版，第230页。

子》这样的"通俗之作"。她不认为能欣赏伊迪斯·华顿的《伊坦·弗洛姆》或托马斯·品钦的《万有引力之虹》就"高人一等"，而喜爱狄更斯或者 E.M. 福斯特便"矮人一截"。对于她而言，在雅俗之间划分界限并无意义，在审美品位上追求极致，确立完美标准，更是傲慢之举。在她看来，辛克莱·刘易斯笔下的人物弗兰克·沙拉德便是这种傲慢的化身，很多像沙拉德这样的人："想要显示他们高人一等，那么取笑狄更斯便是最受青睐的办法"。[1]

　　这种不完美性不仅体现在努斯鲍姆所选取与分析的作品中，而且还体现于她所追求的理想人格之中。她并不赞赏对"黄金时代"怀着眷恋的温斯顿，更倾心于那个看上去弱弱的凯鲁比诺。她的美育理想决意培育现代公民，是一种对外在善给予肯定，并对社会物质条件给予关注的公民人格。无论从斯多亚学派的观点，还是从席勒的美育理想的视角看，她所追求的理想人格不可避免地带有某种失去"自主性"或者"异化"的特质。但恰恰以宽容态度看待不完美的人性才具有某种独特的深刻性，它有利于培育我们"对生活和变化持有一种更加深刻、更为一致的爱，一种愿意正视自己在整体中的微小地位的爱"。[2]此外，对于她所追求的社会正义，努斯鲍姆也持类似看法："实际上，我所呼唤的是那种我并不期待我们能够完全实现的事物：一个能够承认自身人性的社会，既不在它面前隐藏我们，也不在我们面前隐藏它；一个其公民认可自身是匮乏和脆弱的社会，他们放弃那种实现无所不能与完整的宏大诉求，这种诉求已经造成人类

1　弗兰克·沙拉德是小说《灵与欲》中的人物。参见*Power, Prose, and Purse: Law, Literature and Economic Transformations*, edited by Allson Lacroix. etc, New York: Oxford University Press, 2019, p. 113.

2　玛莎·努斯鲍姆：《欲望的治疗：希腊化时期的伦理理论与实践》，徐向东等译，北京：北京大学出版社2018年版，第227页。

如此多的公共与私人痛苦"。[1]

"不完美"为何对于努斯鲍姆如此重要？在回答这一问题之前，首先需要指出努斯鲍姆为何拒绝完美主义，她所拒绝的完美主义具有怎样的特质，以及完美主义究竟存在怎样的危险。

努斯鲍姆所拒绝的完美主义，主要是以西方传统的沉思型哲学与基督教传统为代表的完美主义。在她看来，这些传统所体现的"完美主义"是以神而非人的立场来看待现实世界，在"神目观"的要求下，人需要超越现实的不完美去抵达神一般的完美境界。以柏拉图、斯宾诺莎为代表的沉思性哲学造成的结果就是放弃了人的生活本身，"当我们急不可待地用技艺去控制和把握没有得到控制的东西时，我们大概也很容易远离我们原来想要控制的生活"。[2]与此同时，她认可马克思以及尼采对基督教（以原罪为主要理念的基督教）的批判，他们认为宗教式的超越"摧毁人们的爱，并削弱了为克服局限而作斗争的努力"。[3]在反对这种完美主义的前提下，她认同亚里士多德的看法："一个不受限制的存在者的视野，不一定就是一个无限制的视野，因为这个视野是看不到很多价值的。"[4]

在努斯鲍姆看来，成为一位好人需要拥有"一种面对世界的开放性，一种对超越你控制的、不确定的、并会让你心烦意乱的事物有所信任的能力"，需要认识到自己是"需要得到支持的和脆弱的"。[5]

1　Martha C. Nussbaum, *Hiding from Humanity: Disgust, Shame, and the Law*, Princeton: Princeton University Press, 2004, p. 17.

2　玛莎·C.纳斯鲍姆：《善的脆弱性：古希腊悲剧与哲学中的运气与伦理》（修订版），徐向东等译，南京：译林出版社2018年版，第397页。

3　Martha C. Nussbaum, *Love's Knowledge: Essays on Philosophy and Literature,* New York: Oxford University Press, 1990, p. 380.

4　玛莎·C.纳斯鲍姆：《善的脆弱性：古希腊悲剧与哲学中的运气与伦理》（修订版），徐向东等译，南京：译林出版社2018年版，第534页。

5　Rachel Aviv, "The Philosopher of Feelings", *The New Yorker*, July 25, 2016, pp. 34–43.

为此她首先提醒，在一个人的情感发展中对完美的向往常常是羞耻、厌恶、恐惧以及愤怒这些对正义有负面影响的情感的根源所在，完美主义往往与这种自恋的心理紧密联系，不愿坦然面对个体的不完整性与脆弱性的后果，通过将这种对脆弱性的羞耻、厌恶与愤怒投射到其他事物与群体身上，来寻求一种自我的宽慰。其次她指出，对完美主义的追寻将使人丧失对现实复杂性的认识与体验，也将最终失去现实感以及生活的意义。无论是狄更斯笔下的格雷戈林和庞德贝，还是詹姆斯笔下的纽瑟姆夫人，从根本上说都是没有真正生活过的人。再次，对完美主义的追求还会使人产生极度的自负与自我封闭，无论是克瑞翁与安提戈涅的悲剧，还是斯特雷瑟与海厄森斯的人生历程都提醒我们必要的被动性与自我开放的重要性。最后，对完美主义的追求会使人渴求安全，并屈服于一种至高无上的力量，在政治层面最终导致温斯顿式的无望结局。

在对不完美的看法上，哲学家努斯鲍姆与文学家默多克以及经济学家阿玛蒂亚·森的看法异曲同工。在《反对干涩》（"Against Dryness: A Polemical sketch"）一文中，默多克把象征主义运动中的 T. E. 休姆、T. S. 艾略特以及瓦莱里的艺术观视为是"水晶式的"，他们所追求的理想就是"干涩（dryness）"。这种水晶式的干涩象征着一种自足的孤独个体。她认为"文学需要从这种安慰性的浪漫主义梦想，从干涩的象征、虚假的个体以及错误的整全中"逃离出来，转向"一种现实的且无法穿透的人性"。[1] 现实是不完整的，文学也无需害怕这种不完整。她认为现在我们更需要用一个关于现实的更为复杂的观念来改进文学。

1　Iris Murdoch, *Existentialists and Mystics: Writings on Philosophy and Literature,* Harmondsworth: Penguin Books, 1999, p. 294.

阿玛蒂亚·森则从哲学的角度对完美主义给予了批判，在《正义的理念》中，他以约翰·罗尔斯的正义论为批判对象指出，追求正义的目的绝不是努力建立或梦想建立一个绝对公正的社会或确立绝对公正的社会制度，而是避免出现极度恶劣的不公正。因为"认为世界上最完美的画是《蒙娜丽莎》，这对于我们在一幅毕加索和一幅达利的画之间作出选择并没有什么帮助"。[1] 尽管努斯鲍姆并不认同森对罗尔斯正义论的"完美主义"定位，但她基本认可森的这种"非完美主义"思想路径。

三

对"不完美"的认可，并不意味着努斯鲍姆的审美理念是一种非超越的、对现实妥协的、缺乏批判维度的观念。从她对伯纳德·威廉斯的批判中就能体会到，努斯鲍姆绝不是一位接受现实的世俗主义者或接受命运必然性的虚无主义者，她永远寻求对现实的改变。但她的批判和超越不同于浪漫主义者或乌托邦主义者，总是存在着某种限度。她对超越性进行"内在超越"和"外在超越"的区分，她更倾向于用"渴求（aspiring）"或"卓越（excellence）"来替代"超越"。

努斯鲍姆所谓的"外在超越"主要指代以柏拉图、斯宾诺莎为代表的沉思型哲学传统与以基督教为代表的宗教传统，以及这两种传统影响下所影响的审美理念。这种超越以彻底否定现实的变化以及身体的有限性作为前提。比如在讨论《斐莱布篇》的过程中，努斯鲍姆对柏拉图的审美理念给予严厉批判。柏拉图认为我们在观看绘画时不应该从以人为中心的兴趣和需要出发来关注对象，而是应该采

1　阿玛蒂亚·森：《正义的理念》，王磊等译，北京：中国人民大学出版社2012年版，第13页。

取一种超越人性的方式来观看："只欣赏纯粹的、简单的线条和色彩之美"，因为"完美的神不可能在这一特殊的个体身上看到任何奇异的地方"。在音乐欣赏上，"我们同样也应该放弃对人类的语言、意义和情感的关注，而去欣赏'流畅和清晰的声音，以及那些把一个单一的和纯粹的音调产生出来的声音'"。[1]在呈现并批判柏拉图上述观点的过程中，努斯鲍姆还将其与现代艺术上的"去人性化"追求（奥尔特加·加塞特语）相联系（如她提到了汉斯立克《论音乐的美》）。

与"外在超越"不同，"内在超越"则是一种基于日常人性的超越，是一种正视人性局限前提下的超越。在努斯鲍姆的概念框架内，这两种超越存在着对立：我们反对外在超越的原因，在于它会妨碍我们更好地实现以人性与现实作为基础的超越。[2]她以体育竞赛为例指出，人的卓越完全不同于神的卓越。作为人的运动健将比完美的神更具有魅力，因为他们所取得的成绩建立在身体的局限性之上。我们会为奥运会的赛场上百米赛跑的纪录刷新而喝彩，也会为运动员横渡太平洋的壮举而激动万分，因为这些行动都让人体会到一种因克服身体局限而达到的卓越。"追求卓越就是充分利用这些能力去成功地克服那些局限"，而"越大的局限能产生越伟大的成就的可能性"[3]，这点可以在很多残疾人所取得的成就中得到充分印证。与之相反，人们之所以痛恨运动员在比赛中使用兴奋剂，不仅在于它违背了公平竞赛的理念，而且还在于这种通过药物而达到的卓越毫无魅力可言，因为它通过帮助人摆脱身体的局限性，"超越了身体的界

　玛莎·C.纳斯鲍姆：《善的脆弱性：古希腊悲剧与哲学中的运气与伦理》（修订版），徐向东等译，南京：译林出版社2018年版，第234页。

2　Martha C. Nussbaum, "Transcendence and Human Values". *Philosophy and Phenomenological Research,* Vol. LXIV, NO. 2, March 2002, pp. 445–452.

3　Martha C. Nussbaum, *Love's Knowledge: Essays on Philosophy and Literature,* New York: Oxford University Press, 1990, p. 372.

限"，使得"取得的成就不再是一种成就"。[1]

在詹姆斯与普鲁斯特的作品中，努斯鲍姆看到，这些作家的创作以细致的人物心理刻画与稠密繁复的文风见长，立足于抵抗与超越日常生活的麻木与迟钝。在阅读《金钵记》或《专使》的过程中，读者追随主人公玫姬或斯特雷瑟感受到了一个与被惯性与功利原则所主导的日常生活世界完全不同的世界。但这些小说的超越是基于现实感的内在超越。努斯鲍姆多次强调，尽管小说家使用的语言是"天使那样的"，但同时又是"尘世的"，并来自"有限人类生活与情感的土壤之中"。[2]他们感受到的并非与人类无关的世界，而是"一个已经被解释了的和被人性化了的世界"。[3]此外，通过对莫扎特与贝多芬音乐的对照，努斯鲍姆辨析出这两位音乐家在创作中所呈现出来的不同类型的审美特质。尤其是通过对莫扎特歌剧作品的分析，她指出莫扎特在音乐中传达出来的是"一种与众不同的幸福，一种充满喜剧性的、不平稳以及不确定的幸福，对那种宏伟的超越性主张充满警惕"。[4]很多美学家或音乐评论家倾向于从一个笼统的"审美超越"观念去理解莫扎特的作品，并没有像努斯鲍姆那样注意到在莫扎特与贝多芬、瓦格纳作品之间的差异。如果说贝多芬的《第九交响曲》对超越性的渴求弥漫着更多虚无主义的味道，并很可能鼓励人们对现实世界采取鄙夷和厌恶态度的话，那么在莫扎特《费加罗的婚礼》中人们则能感受到一种对现实世界的热忱，人们会把这个世界看作一个值得我们去投入与奋斗的世界。

1　Martha C. Nussbaum, *Love's Knowledge: Essays on Philosophy and Literature,* New York: Oxford University Press, 1990, pp. 372–373.

2　Ibid., p. 5.

3　Ibid., p. 164.

4　Martha C. Nussbaum, *Political Emotions: Why Love Matters for Justice,* Cambridge: The Belknap Press of Harvard University Press, 2013, p. 52.

　　通过对审美超越的区分与反思，努斯鲍姆贡献了更具辨别性与现实感的美学思想与批评范式。中国文艺学与美学界长期深受欧陆尤其是德国美学思想的影响[1]，以席勒为代表的"审美超越"成为学界思考美学问题的普遍范式，以此为背景的"美育取代宗教说"亦成为中国艺术教育所致力的主要方向。即便当代有学者试图探讨审美的公共维度，也依然无法摆脱席勒的影响。如有学者指出审美共通感的实现，在于超越现代性的分裂，回归被现代—后现代黜退的"真理"与"至善"母体[2]。席勒的这一美学观看似沟通了三大领域，实现了某种"整全"，但这种"整全"往往只是实现于人的"心境"[3]之中，而非人的现实生活之中。不可否认，这种美学观对19世纪以来的美学思潮产生了深远的影响，并为中国学界普遍接纳。无论是后来的浪漫主义、唯美主义还是当代文化激进主义，基本没有摆脱这一以"游戏"逃离（或摧毁）"现实"的思考范式，甚至在现实中产生一定的危险。如果说包法利夫人的不幸命运尚属个体不幸的话，那么萨弗兰斯基对浪漫主义的反思则提醒我们：某种审美超越在政治上存在危险[4]。当下国内新一波走红的激进主义文艺思潮，即便展示着不留余地的激进政治姿态，也无法掩饰其有限而微弱的现实介入感。尽管也有个别学者对此做出批判与反思[5]，但并未动摇国内美学研究的这一基本格局。为此，探寻一种更具有现实感、更有利于社会正义的美学思想，不仅可能而且必要，至少有助于丰富与补充美学研究

1　有关德国文化问题的批判可参见拙文《致命的深度》，《上海文化》2013年第1期。

2　尤西林：《审美共通感与现代社会》，《文艺研究》2008年第3期。

3　弗里德里希·席勒：《审美教育书简》，冯至等译，上海：上海人民出版社2003年版，第174页。

4　"浪漫并不适合政治。倘若它进入政治，就该与现实主义的一种有力附加紧密相连。"参见吕迪格尔·萨弗兰斯基《荣耀与丑闻：反思德国浪漫主义》，卫茂平译，上海：上海人民出版社2014年版，第428页。

5　比如崔卫平提出建立"世俗世界的美学"，参见《建立世俗世界的美学》，《文艺争鸣》2008年第7期。

的维度。

此外需要指出的是，努斯鲍姆并不倡导以机械的标准否定一切外在超越，肯定一切内在超越。因为在具体的美学实践与批评过程中，人们很难在两者之间划出明确的界限。她指出，抽象的规则绝不可能成为正确的指针，真正的答案只能来自我们对历史以及当下经验的理解。在她看来，古希腊词 hubris（傲慢自大）可以成为我们衡量超越性合理与否的重要指标。这个词常被用来指称丧失与现实的联系，过高估价自身的能力，意味着"丧失对一个人已经获得的生活的理解，并无法生活于人生的局限（同时也是可能性）之中"。[1] 人们之所以会急于追求这种舍弃一切现实人生的目标，是因为"病理学上的自恋主义"：渴求完全地控制整个世界，拒绝放弃这种愿望而去支持一种更为现实的人生。自恋主义者对人生的理解常常被他们的愿望所扭曲，只要世界存在着不完善或其控制欲无法实现的地方，他们就只看到"痛苦与悲惨"。[2] 唯有通过避免这种傲慢自大，我们才能找到一种合适的超越，从而获得一种对待生活的合宜的态度。这就意味着：在这两者之间寻找微妙与灵活的平衡。因为一方面，对超越人性局限的渴望是正当与合理的；但另一方面，我们又不希望这种超越最终是以否定人性，丧失对现实改造的激情作为代价。在追求合理人性超越的过程中，我们无法机械地按照某种教条或准则行事，而需要"更多的经验与实践，更多思想与情感上的灵活性与微妙性"。[3]

不可否认，在这种平衡之中，努斯鲍姆的这一美学立场很容易

1　Martha C. Nussbaum, *Love's Knowledge: Essays on Philosophy and Literature*, New York: Oxford University Press, 1990, p. 381.

2　Martha C. Nussbaum, *Upheavals of Thought: The Intelligence of Emotions,* New York: Cambridge University Press, 2003, p. 524.

3　Martha C. Nussbaum, *Love's Knowledge: Essays on Philosophy and Literature*, New York: Oxford University Press, 1990, p. 378.

遭到质疑。一方面她会遭到自由主义者的批判，认为其对审美文化的辩护，暗示了某种形式的非理性情感政治；另一方面，她的审美观还会遭到浪漫主义以及审美主义的质疑，认为其以伦理问题为主要关切的美学观缺乏自主性。比如安·兰德就认为"艺术的关键要点是形而上学而不是道德"[1]。波斯纳更是指出："我们不应自作聪明地断言，研究一部文学作品的最佳路径，便是追问它如何才能够帮助读者指导他的生活。"[2] 一方面在抽象的理性主义面前强调情感与想象的价值，另一方面则在非理性的情感狂热面前，强调具有现实感的"理性情感"，这不可避免使努斯鲍姆陷入左支右绌的境地。其中既有客观的因素，也有主观的原因。

四

英国政治哲学家约翰·格雷曾指出：尽管自由主义的理想是宽容，但在现实的历史发展中呈现出两张不同的面孔。一张面孔致力于寻求一种普遍主义的理性共识，因为这一共识被认为是实现社会宽容的形式前提；另一张面孔则并不执着于寻找理性共识，而是认为人类可以探索多种方式的和平共处，理想生活的形式并不是唯一的[3]。尽管格雷有意识地区分自由主义的两张面孔及其代表人物，但与其说这是自由主义思想的两条支流，不如说是很多自由主义者思想内部存在的张力。这种张力也在努斯鲍姆的审美伦理思想中得到显著呈现。她的思想也不是完美无缺的，其审美伦理世界存在着内

---

1 安·兰德：《浪漫主义宣言》，郑齐译，重庆：重庆出版社2016年版，第10页。

2 理查德·A.波斯纳：《公共知识分子》，徐昕译，北京：中国政法大学出版社2002年版，第287页。

3 约翰·格雷：《自由主义的两张面孔》，顾爱彬等译，南京：江苏人民出版社2008年版，第1—2页。

在的紧张。

努斯鲍姆对审美伦理的认识呈现出两张截然不同的面孔：第一张面孔主要体现在文艺作品在伦理探询层面的价值。她通过对詹姆斯等作品的阐释，揭示了文学艺术在引导人们以开放性、被动性的态度对生活进行敏锐感知，从而揭示生活复杂性与价值冲突方面的重要性，这种审美伦理甚至有时还有效抵达社会政治领域。在第二张面孔中，努斯鲍姆更强调文学艺术在情感治疗上的功用，强调其在捍卫与推进民主价值上所体现的价值，尤其在对同情与平等理念的培育中。要实现审美的这一伦理价值，需要的不是开放性与被动性，而是批判性与主动性。这两张面孔的差异，很大程度上体现为个体生活与公共生活的区分。如果说在个人生活中，努斯鲍姆更看重来自文学艺术的伦理教导的话，那么在公共生活中她更倾向于对文学艺术进行批判性意义上的吸纳与使用。在个体生活层面，努斯鲍姆认为审美伦理致力于认识生活的复杂与困难，在公共生活层面，她更强调审美伦理在捍卫民主政治基本原则方面的价值。如果说前一张面孔是多元主义的，那么后一张面孔则是普遍主义（或平等主义）的。当然在具体的文学思考与批评实践中，努斯鲍姆的审美伦理思想并非如文中分析得那般泾渭分明，而是呈现出更为复杂的面貌。

通过分析可见，这两种审美伦理观念在努斯鲍姆思想中并非和谐共处，而是充满矛盾与紧张。治疗观念在某种程度上是对伦理探询观念的忽视与否定，该观念暗示：我们不需要继续为何为好生活殚精竭虑，只要求文学艺术为促成好生活的普遍共识添砖加瓦；伦理探询观念则会消解情感治疗观念的前提，即对好生活的探寻永无止境，我们没有理由与必要就"何为好生活"形成僵化和教条的论断。在笔者看来，相较于其对情感治疗的强调，努斯鲍姆对伦理探询价值的肯定显得更为重要，也更具现实意义。略感遗憾的是，越到后期，治疗理念越是在努斯鲍姆的思考中占据重要的分量。她逐渐放弃审美在探询人生伦理智慧方面所扮演的角色，越来越倾向于通过文学艺术来上一门关于道德或社会正义的课程。尽管较之于那些要对各种文艺作品进行意识形态审查的激进同行们，努斯鲍姆已展现出难得的开放性。她的文学观与批评实践也在一个更为普遍的层面上折射出当代自由主义在处理文艺及文化问题时所遭遇的困境。

五

尽管如此，努斯鲍姆所做的思考依然具有积极的意义。对于一位以伦理问题（而非美学问题）为主要关切的学者而言，这种诉诸审美／诗性的哲学叙述比抽象枯燥的哲学论证令自由主义思想显得更有魅力，从而在更大的社会层面产生影响，对于一个追求公平正义的社会而言有积极的意义。[1]这也充分地揭示了努斯鲍姆作品广受公众欢迎的原因。

"无论有关这些文学作品的主张是否被接受，她已成功地将那些关于文学文本的讨论引入了道德哲学"[2]。正如克拉·戴蒙德所言，努斯鲍姆的贡献不仅体现在她发掘了文学艺术在思考伦理问题上的潜力，而且她对伦理思想的重视亦有助于让文艺研究走出"躲入小楼成一统"的狭隘视野，她的积极贡献更体现在其对文艺作品与好生活之

1　理查德·波斯纳认为努斯鲍姆援引西方哲学传统来支持她的自由主义思想，"有一种修辞的意义，而非哲学含义。"参见理查德·A.波斯纳《公共知识分子：衰落之研究》，徐昕译，北京：中国政法大学出版社2002年版，第425—426页。

2　Cora Diamond, "Martha Nussbaum and the need for novels", *Renegotiating ethics in Literature, Philosophy, and Theory,* Edited by Jane Adamson, etc. New York: Cambridge University Press, 1998, pp. 39–64.

间密切联系的不断重申中。努斯鲍姆真正在乎的不是自洽的理论真理，而是具有现实价值的实践智慧。在 2017 年京都奖颁奖仪式上发表的演讲中，她这样讲道："我们这些在学院里过着优渥生活的人如果不努力把这些思想带到那个正在做出社会与政治决策的世界的话，那么我们就是自私的"。[1] 她也深知为此需要付出左右不讨好的代价："我相信，真理就在中间某个地方。"[2]

愿意勇敢直面现实的裂缝，在成就努斯鲍姆思想的同时，也造成了其思想的种种问题与不足，其思想总显得不那么彻底，充满了内在的紧张与冲突。从这个意义上讲，努斯鲍姆倡导的并非基于自我与理想的"青春美学"，而是一种面向现实与公共生活的"成长美学"。"青春美学"关注应然与理想的世界，厌恶或逃避现实世界，而"成长美学"则需要坦然面对应然与实然、理想与现实之间的裂缝。"不管生活多么美好，裂缝总是存在：理性的理想告诉我们世界应该是什么样子；经验却告诉我们现实往往不是理想的样子。长大需要我们面对两者之间的鸿沟——两者都不放弃。"[3] 苏珊·奈曼在此传达了努斯鲍姆的心声。

若要实现真正的成长，人们就需要有勇气去超越"青春期理想主义"[4]。在努斯鲍姆看来，这种理想主义有时就是"病理学上的自恋主义"，是人在心理上的成长受阻的表现，始终无法走出婴儿的心理状态：他们渴求完全地控制整个世界，拒绝放弃这种愿望而去支持一

1　Martha C. Nussbaum, "Philosophy in the Service of Humanity," text of Kyoto Prize Lecture, *Know*, 2017. vol. 1 number 2.

2　布莱迪等编：《莎士比亚与法：学科与职业的对话》，王光林等译，哈尔滨：黑龙江教育出版社2015年版，第331页。

3　苏珊·奈曼：《为什么长大》，刘建芳译，上海：上海文艺出版社2016年，第7页。

4　格兰特：《伪善与正直：马基雅维利、卢梭与政治的伦理》，刘枝彤译，上海：华东师范大学出版社2017年版，第7页。

种更为现实的人生[1]。成为一个真正成熟的好人需要"一种面对世界的开放性,一种对超越你控制的、不确定的、并会让你心烦意乱的事物有所信任的能力"[2]。人如果未能发展这一能力,就依然是未断奶的孩子,或如狄更斯笔下的格雷戈林,满足于借助简单的理论来寻求幸福,或如奥威尔笔下的温斯特,最终选择在国家这一巨大的乳房那里寻求安慰。

虽然"使人成长"并非衡量好艺术的唯一标准,但当代美学理应重视这一伦理维度。有不少优秀的文艺作品在实现人的成长中发挥着重要作用:它们启示人们如何直面现实的复杂与冲突,以及自我的限度,并在承担其社会职责的过程中真正实现自我的成长。努斯鲍姆关于"不完美"与"脆弱性"的思考,客观上提示当代艺术与美学不能仅仅满足于愤世嫉俗,以"颠覆""抵抗""反叛"以及"革命"的简单姿态来实现自我的价值,而应以一种直面现实复杂性与脆弱性的方式来唤起人们对生活的责任与担当。为此,我们完全有理由重视与赞赏这位当代思想家为实现艺术的公共性与美学的现实感所做出的思想贡献。

从现实角度看,努斯鲍姆的追求在当代应者寥寥,但从历史的角度看,其追求绝非空谷足音。这种对不完美的理解与追求在西方思想史与文学史上早有传统。18世纪法国启蒙思想家伏尔泰,在小说《老实人》中表达了同样的伦理见解。老实人经历了各种生活的磨难并认清世界的残酷真相之后,依然决定选择面对苦难的现实人生,放弃衣食无忧的黄金国,只关心"种植好自己的花园"。法国作家蒙田认为人的生活注定是一片"不完美的花园",因为完美的天堂会让人

1　Martha C. Nussbaum, *Upheavals of Thought: The Intelligence of Emotions,* New York: Cambridge University Press, 2003, p. 524.

2　Rachel Aviv, "Philosopher of feelings", *The New Yorker,* July 25, 2016, pp. 34–43.

们失去追寻真理与幸福的动力："生活是一种物质和身体的运动，从其本质上就是不完美的活动，而且没有规则；我努力依据生活本身来为它效劳。"[1] 我们还可在伊壁鸠鲁的思想中找到源头。为了逃避"黑暗时代"，公元前 306 年，伊壁鸠鲁购置了一块菜地并创办了花园（或称菜园）学校。目睹了曾让年轻的柏拉图心生厌恶的一系列阴谋惨剧，伊壁鸠鲁试图让这个花园远离尘世与政治纷争。这是一个"温和愉快的非政治世界，一个致力于推进友谊和团结之价值的世界"。[2] 罗伯特·哈里森指出，伊壁鸠鲁尽管采取了"避世"之策，他却无意"逃避现实"。两者的区别甚为关键。在园中寻求庇护的伊壁鸠鲁从未忽视他离开的现实。这里的花园充满"友谊、交谈、感恩、灵魂的安宁"。在此意义上，"花园是个可以由此，并且在此重新构思现实本身、重新想象其可能性的地方"。[3]

由此可见，"花园"这一意象既让我们明白世界的不完美是生活的常态，也让我们充分警惕自我的局限："花园的意义可为我们提供一份人生的忧思。放弃这个世界会让我们失去作为人的价值。在伊甸园中，一切都为他而存在"，而在花园之中，是"他为一切而存在"。[4] 人只有在并不完美的花园中才能真正认识并理解人之为人的脆弱与责任。彼得·盖伊在解读伏尔泰的《老实人》时写下了这样一段话：

1　茨维坦·托多罗夫：《不完美的花园：法兰西人文主义思想研究》，周莽译，北京：北京大学出版社2015年版，第180页。

2　玛莎·努斯鲍姆：《欲望的治疗：希腊化时期的伦理理论与实践》，徐向东等译，北京：北京大学出版社2018年版，第120页。

3　罗伯特·波格·哈里森：《花园：谈人之为人》，苏薇星译，北京：生活·读书·新知三联书店2011年版，第79页。

4　同上，第9—10页。

人是生而注定受苦，但也有责任去凌驾这些痛苦。人生是一场船难，但我们仍然可以坐在救生艇上面好好高歌；人生是一片沙漠，但我们仍然可以在自家的角落经营一座花园。高谈阔论是怡人的，但只有能把我们导向责任和激进潜能的高谈阔论才是有益的。如果我们对责任没有清晰的概念，行动便会变得不负责任，如果我们对自己的潜能没有认识清楚，行动就会脱离现实。[1]

的确，当代美学更有理由去"种植我们自己的花园"。"不论我的终极目标多么富有理论性，我都试图以回应现实的方式来写作，那样有助于读者对相关现实展开想象"。[2] 在一个艺术家们唯理论家的口号马首是瞻而丧失思考力、文艺理论家或美学家日渐沦为政治宣传家或社会活动家的时代里，努斯鲍姆的声音是难能可贵的，我们很庆幸地从她所耕种的这片不完美的花园中获得了关于文学艺术乃至人生的宝贵智慧。在此意义上，她不仅作为行外人为美学这个学科提供了行内人的洞见，而且她还让我们在这个知识分子声名狼藉的暗夜里看到了一丝希望的星光。

---

1 彼得·盖伊：《启蒙运动》（上），刘森尧等译，台北：立绪文化2008年版，第242页。

2 玛莎·努斯鲍姆：《女性与人类发展：能力进路的研究》，左稀译，北京：中国人民大学出版社2020年版，第8页。

附录

艺术、理论及社会正义
——美国芝加哥大学教授玛莎·努斯鲍姆访谈 [1]

  本访谈时间为 2013 年 1 月，笔者就文学艺术的价值、文学理论的伦理转向、人文教育的现状、多元文化与文明共识、知识分子与社会正义等问题对玛莎·努斯鲍姆教授进行了书面采访。本访谈的中文翻译得到了浙江大学许志强教授、张丽萍副教授的帮助与指正，在此对他们致以诚挚的谢意。

  范昀（以下简称范）：作为当代世界最重要的哲学家，您与其他哲学家最大的不同在于，您非常关注文学，并认识到文学对于哲学研究的重要性。您的作品不仅对哲学界，而且对文学界也产生重要影响。因此我的第一个问题是，作为一位哲学家您是如何认识到文学的重要性的？为什么您认为一个人要成为优秀的哲学家有必要阅读文学作品？

  玛莎·努斯鲍姆（以下简称努）：早在开始读哲学作品之前，我就阅读文学作品了，因为高中课程就是这样安排的。老师鼓励我们通过文学作品来提出哲学问题，在高中时代，许多这类问题使我着迷，至今依然如此：思考希腊的悲剧与喜剧，狄更斯与亨利·詹姆斯的小说，伟大的俄国小说，莎士比亚的戏剧，雪莱、济慈以及

---

1 本文刊于《文艺理论研究》2014年第5期。

华兹华斯的诗歌等等。那时我对法国文学也饶有兴趣，尽我所能去阅读法文原典。我和朋友为了演法国戏而创办"法国戏剧社团"（French Drama Society），除常规经典剧目之外，我们还排演从谢里丹（Sheridan）到布莱希特的各种剧本。所以说我的全部生命都是在与文学、音乐的相伴中度过的，关于音乐我会在后面谈到。

因此之故，早在我开始读规范的哲学作品之前，我就一向觉得文学作品彰显人的感情和道德选择的问题。实际上我并不认为"要成为好的哲学家就得读许多诗"。这取决于他所研究的哲学类型。我认为逻辑学家、科技哲学家及形而上学家应该通过阅读文学作品来拓展他们对生命的感受，但我并不觉得，这对他们的哲学研究会有很大的帮助。不过，道德与政治哲学确实需要学者切身去体会这些问题：生活的艰辛，如何在某种情境下做出明智的选择，各种情感所承担的伦理角色，以及社会限制内部成员所采用的各种方式。所有这些问题都能在文学作品中得以显现，因此，通过广泛而深入的阅读来培养人的想象力就显得合乎情理了。即便一个人对哲学毫无兴趣，从培养好公民以及理解我们身处世界的角度看，阅读文学作品也是有其意义的。

范：不同的人会出于不同的理由热爱文学，有的人喜欢文学独特的语言和文体，有的人则看重文学所构建的想象乌托邦，还有人赞赏文学所体现出来的反叛精神。作为一名文学读者，您最看重文学哪方面的价值？您经常提到狄更斯、亨利·詹姆斯、普鲁斯特等作家，那么还有哪些当代作家是您特别感兴趣的？

努：你知道，我不喜欢任何一种哲学上的简化解释，所以我想，我是不会以那种方式厚此薄彼的。我喜欢在人生的不同阶段阅读不同作家，让他们与我当下的思考和情感相符。这些天我经常在锻炼时听有声读物，它给了我大量与文学相处的时光。我刚听完《战争与和平》与《安娜·卡列尼娜》，这大概是第三遍了；我正在听《罪与罚》，我自高中后再也没有读过这部小说。不过，我也非常喜欢詹姆斯·乔伊斯，还有比乔伊斯和陀思妥耶夫斯基更不相同的两位作家吗？我喜欢的另一位作家是最近五年才发现的安东尼·特罗洛普，他的重要性被严重低估。关于当代作家，我最近一直在写关于菲利普·罗斯的文章，实际上有一篇已被收入我与同事索尔·莱夫莫尔（Saul Levmore）合编的一本文集里，大概一年后将由牛津大学出版社出版，内容是关于美国法律与文学中的男性形象。我再强调一遍，还有比特罗洛普和罗斯更不相同的两位作家吗？特罗洛普估计会讨厌罗斯，我不知道罗斯会如何评价特罗洛普，尽管我比较了解他，但还是打算去问他。因此，我喜欢读各种不同作品来丰富我的生活感受。音乐也同样，它是我的另一个最爱。作为一名业余歌手，我用歌唱来拓展我对人类生活的意识与情感。我刚刚正在研究《玫瑰骑士》（*Der Rosenkavalier*）[1] 中马莎琳（Marechallin）的独唱与贝尔格（Berg）的《沃采克》（*Wozzeck*）中的一幕，有比这两位女杰差异更大的吗？但这正是有趣之处。

我最近还有另外两篇关于特罗洛普的文学论文，对中国读者来说比较陌生，收录在我和同事埃里森·拉克鲁瓦（Allison L. LaCroix）合编的新文集《颠覆与同情：性别、法律与英国小说》（*Subversion and Sympathy: Gender, Law, and the British Novel*，牛津大学出版社2013年版）中；另一篇文章是好几年前写的，关于台奥多尔·冯塔纳

1　《玫瑰骑士》是著名德国音乐家理查·施特劳斯最负盛名的作品之一，由霍夫曼斯塔尔撰脚本，于1909到1910年之间完成，是歌剧史上的经典之作。

（Theodor Fontane）[1] 的《施泰西林》（*Der Stechlin*），题目是《维特根斯坦与道德生活》（"Wittgenstein and Moral Life"），收录在纪念科拉·戴蒙德（Cora Diamond）的文集（麻省理工学院出版社 2007 年版）中。我是为了提高德语水平，在与我的德国侄儿对话时，偶尔发现冯塔纳的。我认为他是一位了不起的、深刻的小说家，但非常不幸地被人忽视，至少在美国是这种情况。

那些对人类及其困境缺乏关爱的作家，我想我是很容易就会厌烦的。有些蛮走红的作家，像托马斯·品钦，在我看来是冷冰冰的，难以接近的。如果你想问我，哪些作家我目前尚未涉及，但打算以后去评论，我会回答是那些俄国作家，然而我立马会说，我绝不会这样做，因为我还没学过俄语，原则上我绝不去评述任何我无法读其原文的作家。此外，还有我非常喜欢的泰戈尔，我为他的用英语完成的哲学作品写了不少文章，但只是偶尔涉及他的那些用孟加拉语写成的文学作品，它们对于理解泰戈尔的哲学是如此重要，以致在这种情况下我无法完全恪守自己的原则。我的新书《政治情感》用很大篇幅来讨论泰戈尔的思想，其中一部分涉及他的伟大小说《家庭与世界》（*The Home and the World*），而更多的章节则涉及他的英文哲学作品《人的宗教》（*The Religion of Man*）。

当我被那些作家深深打动，而且我正好有这样的机会，需要某个特别的主题时，我就会决定去写一写他们。例如，将于 2014 年 2 月召开的下一届法律—文学系列会议的主题是"刑法与文学"，我正在考虑写一写阿兰·佩顿那部了不起的小说《哭泣的大地》。我最近刚完成对南非的第一次造访，对这个国家进行了大量思考，并将在

1　台奥多尔·冯塔纳（Theodor Fontane，1819—1898），德国小说家、诗人，19世纪最重要的德语作家之一，代表作有《沙赫·封·乌特诺夫》《艾菲·布里斯特》和《燕妮·特赖贝尔夫人》等。

2014 年牛津大学的约翰·洛克讲座（John Locke Lectures）中讨论"宽恕"这个主题，因此佩顿的小说在不止一个方面满足了我最近的思考，它同样是一部美妙而引人入胜的小说。

　　范：在今天这个消费主义的时代，随着人文教育的衰落，文学与艺术并不那么受人重视，甚至还有不少文学领域的学者也对文学艺术的价值产生怀疑（比如英国批评家约翰·凯里的作品《艺术有什么用？》），似乎文学在面对诸多现实问题时显得无能为力。您却非常重视文学的价值，尤其是发掘了它在捍卫正义、推进公共生活以及培育世界公民等方面的价值。这对于文学研究者来说无疑是一个巨大的鼓舞，是什么使您一直保持对文学的坚守与热爱？

　　努：嗯，我想要说，我捍卫的是所有的艺术，不单单是文学。在我的生活与写作生涯中，不仅是文学与音乐，而且美术、建筑、舞蹈和电影同样扮演了重要的角色。我的新书《政治情感》花很大篇幅讨论了建筑、视觉艺术、音乐以及文学。事实上就公共文化中的艺术而言，我并不认为这是一个糟糕的时代。芝加哥市市长拉姆·艾曼努尔（Rahm Emanuel）刚刚宣布了一个雄心勃勃的计划来扩展芝加哥公立学校的艺术教育，他与歌剧演员弗莱明（Renée Fleming）以及大提琴家马友友（Yo‐Yo Ma）一起合作，就是让你感觉到这个项目的高水准和大志向。此外，我工作的大学（芝加哥大学）做出承诺以有益于公民的方式使用建筑。我刚从我们大学在新德里新建中心的设计委员会会议回来，看到我们大学团队那种敏锐的审美意识，同时带有文化上的责任感和好奇心，感到心驰神往。我们的北京中心已开放数年，大家都赞成，它最成功的一点就是用建筑和艺术展览引起对话。所以现在决不要放弃艺术！

　　至于文学，我觉得出版社与书评刊物的缩水的确给文学增添了新的负担。此外，相比过去，年轻人读得太少，他们花太多的时间玩电子游戏、看电视等等，因此不太可能回到书籍来寻找快乐。不过多亏有地方图书馆和图书俱乐部，文学依然兴盛，也多亏美国仍致力于本科生的通识教育，不管所修专业是什么，本科生都要选人文类的必修课程。我的专著《非为盈利：为何民主需要人文学》论证了这种教育形式对那些想要保持健康与繁荣的社会来说至关重要。文学可以促进对社会不同群体的同情与理解，如果我们想要更好地思考种族与宗教差异及很多其他问题的话，文学的这种价值就显得非常必要。

范：我们对您最近的研究很感兴趣，您的新作《新宗教不宽容：在焦虑时代克服恐惧的政治》已经出版，《政治情感：为何爱对于正义如此重要》也即将出版。您能否为我们简要地做些介绍？它们是否进一步拓展了您的"诗性正义"主题？

努：这部有关宗教的专著出版已将近一年，是一部面向普通公众的小书。其主题有关近期在美国与欧洲兴起的宗教不宽容，尤其是对待穆斯林的不宽容。我从一些案例入手，随后对恐惧进行分析，分析恐惧是多么靠不住以及为什么靠不住，恐惧又是怎样被操控的。然后，我论证克服对他人的非理性恐惧有三条途径：首先，我们需要有好的政治与法律原则。在此，我讨论了美国宪法传统和它的哲学基础。其次，我们需要下定决心自我反省和公正对待他人，避免绝大多数人的道德生活中非常可悲的那种强词夺理，我们应当寻求公平对待所有人的那些原则。接着，为了说明问题，我对通常用于禁止穆斯林妇女穿全身罩衫（布卡，burqa）的五条论据加以细究，我发现，这些一贯被采用的论据也会将主流文化中的许多活动作为攻击目标。最后我提出，对那些为我们所不熟悉的群体，我们需要培养想象力。同时我通过历史上的事例对此进行描述，观察文学是如何帮助我们去想象其他宗教群体的生活的。我通过莱辛的《智者纳旦》和乔治·艾略特的《丹尼尔·德龙达》（*Daniel Deronda*）这些案例聚焦于欧洲人对犹太人的排斥。我还关注那些为孩子们所写的书。这部分内容确实与《诗性正义》的主题紧密相联。

《政治情感：为何爱对于正义如此重要》将在2013年底出版发行。[1]这是一本约500多页的大部头书，是我多年来的工作结晶。该书提出了我在《正义的前沿》最后部分所引申的问题：一个拥有好的制度与原则的社会是如何维持它的长期稳定的？该书指出，我们必须在公共领域中培育能够支持这种制度的情感，使人们甘愿去牺牲自身利益。不过，要采用那些并不专横或偏狭的方式做到这点，的确是一种挑战，而这正是我要承担的挑战。当代的自由主义政治哲学多少忽略了这个问题，约翰·罗尔斯曾提出过并认为其至关重要，但我认为他对公共情感的看法过于抽象以致很难成功地打动现实生活中的人们。

此书的前面三分之一是历史性考察。我考察了这个问题是如何在法国大革命之后产生的，并对卢梭、赫尔德、马志尼、孔德，以及孔德的两位友善批评者（英国的约翰·密尔与印度的泰戈尔）作品中有关"公民宗教"与"人性宗教"的说法加以审视。我对"人性宗教"这个版本感兴趣，它为言论自由和多样性留出了足够空间。因此，较之卢梭与孔德，我更欣赏密尔与泰戈尔。书的中间三分之一探讨我们该在人类心理中寻找怎样的资源来推进我们的计划，在人类心理中存在着什么样的力量，让这项计划变得困难重重。在此，我关注同情与厌恶。在最后较长的三分之一篇幅中，我探寻如何通

1　该书已于2013年由美国哈佛大学出版社出版。

过政治修辞、公共艺术与音乐，以及公共空间的构造等手段使这项计划可能真正得以落实。我所举的历史案例都来自印度与美国，包括亚布拉罕·林肯、富兰克林·罗斯福、莫罕达斯·甘地、贾瓦哈拉尔·尼赫鲁以及马丁·路德·金，这些都是我特别推崇的人物。第三部分包含三个章节，一章是讲培养正当的爱国主义，一章是讲古代雅典悲喜剧节庆在现代社会的重现，一章是讲对羞耻、羡慕与恐惧的控制。我希望这本书能被翻成中文，因为我认为这是我最重要的作品之一。

范：让我们再来谈谈文学理论吧！就我个人的感觉，当代的文学理论呈现出两个特点：一是关注文本自身，并不太关注文本所处的历史语境，如新批评、结构主义及后结构主义。二是具有强烈的政治意识形态批判色彩，主要针对资本主义的文化展开批判，如西方马克思主义批评、女性主义理论及后殖民主义理论等。这些理论往往把文学视为意识形态的承载物，比如伊格尔顿称其为"审美意识形态"，把经典文学视作一种霸权话语。您是如何看待这一理论现状的？当代的文学理论似乎越来越少地对"人应当如何生活"这样的问题感兴趣，您对此如何评价？

努：我认为形式主义理论经常有助于我们阅读，因此我并不反对。不过这些理论当然是有缺陷的，在我们面对包括像小说这些在传统上与道德和政治关怀密切联系的体裁时，尤其如此。在这一点上，我要再一次提及刚刚编完的文集《颠覆与同情：性别、法律与英国小说》[某次芝大法学院学术会议的成果，由我和埃里森·拉克鲁瓦（Alison L. LaCroix）主编，探讨了小说在对女性角色进行批判性反思方面所做的贡献]。我认为不带任何伦理关怀地阅读狄更斯、艾略特、特罗洛普以及哈代的小说基本上是不可能的。在这部文集中，理查德·波斯纳在关于简·奥斯丁的文章中认为对其作品进行伦理阅读是错误的。（我不同意这种看法！）

范：您对文学的关注很大程度上是基于一种伦理学的兴趣，即回答"人应当如何生活？"这个问题。从文学批评的角度来说，您非常接近于文学上的伦理批评。韦恩·布斯曾写过一篇题为《重新定位伦理批评》的文章，您在多年前的《爱的知识》中也认为文学理论需要回归伦理实践，许多年过去了，您认为目前的文学理论发展是否已经出现了这样的趋势？

努：我认为我们在此需作更为细致的区分。有些"道德批评"是道德主义的，它对道德的定义相当死板，它会用这个定义去赞扬或指责某些作品。这种批评对作品本身缺乏足够重视，并对其所提供的乐趣怀有敌意。很多对像詹姆斯·乔伊斯、劳伦斯这样的作家所作的道德主义批评就属于这一种，甚至利维斯有时也会犯这种过分严格的过错，虽说形式上要微妙得多。理查德·波斯纳反对伦理批评是反对过于简单的道德主义，他正确地看到了道德主义对文学所提供的复杂愉悦的敌意。可布斯和我所做的工作与此不同，我希望不要犯下这种过错，这种过于简单化的苛刻。我们的工作是深入探究欲望和关切在具体的作品中得以建构起来的方式，或通过例举各种有价值的关注类型（如我对亨利·詹姆斯的阅读），或清晰地指出那种我们在日常生活中经常使用的粗糙的关注形式（如布斯对本奇力[1]《大白鲨》的解读），以论证它们将对我们探寻"人应当如何生活"做出贡献。可以这么说，我们试图提供一套诊断工具，它们能帮助形形色色的读者自己来提出并解答这一问题。我反复表明的一点是，恰恰

---

[1] 彼得·本奇利（Peter Benchley, 1940—2006），美国著名编剧、作家、评论家，其代表作《大白鲨》被著名导演斯皮尔伯格改编成电影。

是通过其精妙性与复杂性，通过对过分简单化的说教的拒绝，以及通过对更为微妙的人类理解力的捍卫，某些文学作品在"人应当如何生活"的问题上做出了独特贡献，而这正是文学的形式本身做出的贡献。因此我相信我并没有犯下波斯纳正确指出的那些道德批评家所犯的错误，那些道德批评家忽视了文学的形式。

同样重要的是，正如罗尔斯那样，我的伦理学意义上的正义论要求每个人都集中注意力去思考所有重要的伦理观点，这样才能深入理解他在一开始完全不感兴趣的观点。这使我对广泛的作品产生兴趣，即便其中不少并不符合我的伦理观念。我认为波斯纳认可我在这个层面上的观点。

至于是否出现了伦理批评转向的发展趋势，嗯，我们的文集《颠覆与同情》中的论文以某种示范的方式探讨了这些问题，因此我觉得我们有理由保持一点乐观。不过，我发现要让文学系的研究者认同这一点仍然存在困难，尽管我愿意邀请他们加入到这一事业中来，绝大多数"法律与文学"研讨会的参与者都是从事哲学和法律的人士。

范：您在作品中经常提及利维斯、莱昂内尔·特里林、韦恩·布斯这些文学批评家的名字，您的文学批评是否受到他们的影响，您对他们的批评理论作何评价？此外，您的笔下还有不少关注文学的哲学家，比如伯纳德·威廉斯、普特南以及艾丽丝·默多克。目前多数文学理论教材很少提及这些理论家与批评家（相比之下更重视海德格尔、德里达等），中国的相关译介也很少，您能否为我们做些简单的介绍？

努：韦恩·布斯对我产生了很大影响，特里林有一些，利维斯则并不那么多。真正对我造成巨大影响的是斯坦利·卡维尔，我曾与他合上过一门课，在我看来，他的那篇关于莎士比亚的文章是哲学批评的典范。一般说来，在道德哲学方面对我影响最大的当然是伯纳德·威廉斯和约翰·罗尔斯了，当然，影响的方式非常不同。普特南恐怕是在世的最为优秀的哲学家，我非常敬佩他，并有幸成为他的朋友。我从他那儿学到很多，但更多是心灵哲学而非伦理学方面。默多克是位相当重要的人物，尽管我对她有过不少批评，但我总是能从她的作品中获取营养。你能在我的书评集《哲学介入》（*Philosophical Interventions*）里找到关于默多克的研究，我借评论默多克传记之机讨论了不少她的作品，这部文集 2012 年由牛津大学出版社出版。你没有谈到的是理查德·沃尔海姆（Richard Wollheim），他对我的第一篇有关亨利·詹姆斯的论文所作的精彩评论，在我多年前开始这项研究的时候，给予了我很大的鼓励。沃尔海姆是位深刻的美学思想家，我总认为他的作品是一种全身心投入的、个人艺术批评的典范，其作品更多涉及绘画而非文学，不过他也写过一部很棒的小说和一部相当不错的自传。

范：作为理论的捍卫者，您认为理论在我们今天的现实生活中应该扮演怎样的角色？您曾经说过，"好理论"的重要价值在于它能抵消与克服那些"坏理论"。那么在您看来，什么样的理论是"坏理论"？除了宗教以及其他基于习惯与传统的理论之外，您认为在哲学领域还有哪些理论可被视为"坏理论"？

努：当我回答这个问题时，我想到的是经济学家们在思考全球财富时所使用的那些粗陋的规范理论。经济学家在许多领域中是精确和敏锐的，而对规范伦理的论述却并非如此！这是让道德哲学家长期以来大为沮丧的一个话题，经济学家完全忽略道德哲学家对功利主义的敏锐批评及其对这些理论的敏锐修正，他们继续对此置之不理，就像是边沁从未被批判过那样（甚至约翰·密尔对边沁的批评通常也是被忽略的）。现今捍卫功利主义的哲学家们使用一种极为精微的理论，包含着对偏好的扭曲（deformation of preference）的深入理解，而且他们通常还将对平等与分配的关切引入这种理论。当然，不少哲学家认为，功利主义难以为容纳所有这些关切而被修补，他们宁愿采用不同的理论。长期以来主流经济学完全忽略这些关切（以及对美好事物的多样性与不可通约性的相关关切），而阿玛蒂亚·森和他的助手、学生在相当孤立的状况中提出这些关切。直至今日，通过经常性的讨论，以及通过人类发展与可行能力协会[1]这样的组织，我们已成功地在主流经济学话语中发出声音。世界银行发布的精彩的 2006 年世界发展报告即为一例：它确实运用了许多哲学思想，而且用得相当巧妙！在法国，萨科齐委员会（Sarkozy Commission）[2]关于财富评价的报告也令人感到前景光明。不过那些粗陋的理论依然盛行于世，并判定着人们的实际状况。因此这是一场持久而艰难的斗争，为此我们需要一种完美的理论，"能力进路"试图满足这一需要。

那么，是什么原因让这些理论如此糟糕？首先，这些理论思想粗陋，就像低劣的本科生论文，对那些重要且众所周知的驳论根本没有回应。我们说它们是糟糕的理论还有一个原因，就是在某种程度上它们还具有很强的影响力，而一篇低劣的本科论文却不会剥夺人们为过上体面生活所需要的东西！

1　人类发展与可行能力协会（Human Development and Capability Association）创建于2004年，旨在鼓励在人类发展与可行能力之间联系的高水平研究。它所涉及的话题极为广泛，包括生活质量、贫穷、正义、性别、发展及环境等等；它同时也覆盖了包括经济学、哲学、政治理论、社会学以及发展研究在内的学科。由于该协会主要是一个学术机构，它会把那些主要从事应用研究（领域涵盖从人类发展到他们面临的问题）或对此感兴趣的实践人士一起合作进行学术研究的人们联合起来。玛莎·努斯鲍姆曾于2006至2008年间担任该协会的主席。

2　萨科齐委员会，全称经济发展与社会进步测量委员会，由法国总统萨科齐于2008年创建，旨在改变以GDP增长来判断社会进步的衡量模式，转而创建一种以人类幸福生活本身为对象的衡量标准。

　　有时那些有缺陷的理论甚至会左右材料的搜集。我的同事加里·贝克尔（Gary Becker）是位杰出的经济学家，他获得诺贝尔奖实至名归。不过他的"家庭论"存在一个明显的缺陷：该理论假定一家之主是位仁慈的利他主义者，会考虑以合理的方式在家庭内部进行资源分配。贝克尔影响的结果是，事实上我们所有的数据都是关于家庭（整体）的，而要想清楚了解内部分配则非常困难。但结果却告诉我们，一些家庭成员比另一些家庭成员得到了更多食物与医疗服务。这成就了森的颇具影响力的研究主题"消失的女性（missing women）"。[1]

　　范：自 20 世纪以来，中国的学术界引入了大量理论，从世纪初的杜威、尼采与马克思到世纪末的海德格尔、福柯以及德里达。我们目前也感受到了某种"理论的焦虑"，因为研究者无法在短时间内消化如此多的理论，并将其与对中国的社会现实的思考联系在一起。美国学界对待外来思想成果是否也遇到类似的问题？比如在面对来自欧洲和亚洲的思想时，你们会如何做？

　　努：我当然认为我们总是要为我们自己思考，绝不要轻易接受任何理论，除非对其进行了彻底的验证。我当然也认为你们确实需要非常批判性地对待这些思想家。除约翰·杜威之外，我很难列出我所喜欢的思想家。这个名单或许包括古希腊和古罗马思想家，也包括约翰·洛克、伊曼努尔·康德、大卫·休谟、亚当·斯密、让－雅克·卢梭以及当代思想家约翰·罗尔斯与尤尔根·哈贝马斯。

　　理论有时是有缺陷的，因为它们是在忽略了一系列特定问题的文化背景中产生的。比如说，绝大多数西方政治哲学忽略或否认女

1　阿玛蒂亚·森曾在《纽约书评》发表文章《超过1亿女性消失了》，指出家庭可以做到公正对待家庭成员，但也可能对女性造成损害。在他和学生一起评估了因性别原因而死亡的女性，发现世界上这样的"消失的女性"大约有1亿。

性的同等价值，根本不探究那些使女性处在附属地位的体制。我的作品《正义的前沿》指出了西方哲学未能完全应对的三个领域：关于残疾人的正义，超越国界的正义以及动物的正义。在所有这些例子中，提出新问题就意味着改造理论，而不是简单地用同样的理论去解释一系列新的问题。因此，如果在应对这些问题上非西方的思想比西方思想做得更好，我们就应该向那些思想家学习，并追随他们的指引。我认为动物权利与物种延续都是正确的，在此方面佛教与印度教思想为我们提供了许多启示。我搞不懂为何它的价值只为非西方国家的人们所认可，如果它是优秀的哲学思想，我们就应该去研究！有种观点认为某些理论只对某个群体有价值，而另一些理论则对另一群体有意义，我不认同这样的看法，难道一个其成员是非洲裔美国人的交响乐团就只能非洲裔美国音乐，而不能演奏巴赫或莫扎特，印度或中国音乐吗？难道一个芝加哥的读书小组就只能读芝加哥作家所写的小说吗？这些都显得如此狭隘，有悖情理，我想对理论来说也一样。我们应该从我们的思想中获益，不管这种思想是从什么地方得来的。当然，在处理与我们相异的传统思想时存在特定的问题：语言、翻译以及学术问题。但在希腊与罗马哲学那儿我们也遭遇类似问题，《圣经》也一样，尽管在美国我们认为这些作品都是"我们的"。

有时政治上的反对派会通过给某种批评思想贴上"西方的"标签来打压它们，对此我们必须加以警惕。女性主义思想有时就会遭遇这种形式的打压，尽管在这个世界上，不仅仅在"西方"，存在着大量关于不幸女性的材料。但如果某种女性主义思想因其西方文化传统而在一些问题上有狭隘或不当的说法，那也同样应该受到批评。

范：您对全球的教育非常重视，在《非为盈利》中您谈到了当代人文教育所面临的危机，这种情况在发展中国家似乎尤其严重，比如印度和中国。相较而言，您对美国的人文教育尽管有所批评，但还是持乐观的态度。您觉得美国人文教育的最大优势是什么？有什么好的经验值得像中国这样的发展中国家分享？

努：美国教育面临的最大挑战是贫穷与种族问题，两者之间有着密切的关联。许多公立学校制度，尤其是在有明显种族和阶级区分的大城市里，完全辜负了学生的期望。在早期干预（early intervention）上就存在着巨大的鸿沟。我的芝大同事詹姆斯·赫克曼（James Heckman）[1] 因其在教育领域的贡献于 2000 年获诺贝尔经济学奖。他令人信服地指出，儿童认知发展的最重要阶段在学前，换句话说，是在 2 岁到 5 岁之间。此后的时间对于情感与成熟的职业道德发展来说至关重要，但若早年在认知上未能得到良好发展，那么很难在以后加以弥补。事实上，这个问题在孩子出生之前就已出现，它与母体营养与健康相关。贫民窟的幼童无法在恰当的时间里得到培养。我们所需要的是开展一些与家庭合作的项目，并包含营养健康方面的内容。赫克曼的研究表明，当这些要素都齐备时，其结果将是持久性的。然而，尽管我们对此有所认识，目前为止却缺乏创建这些有效项目的政治意愿，在全世界很多国家都存在这个问题。在美国，其中一个障碍是公共教育由地方财政承担，因此在不同地区，甚至在单个城市里都会存在明显的不平等。此外，在相对贫困的地区，儿童的生活环境中暴力事件不断（我们的凶杀案发案率非常高，尤其是由于帮派火拼）。由此可见，要发展这些孩子的能力阻碍重重。

1　詹姆斯·赫克曼（James J. Heckman, 1944—），美国芝加哥大学教授，微观计量经济学的开创者，因对分析选择性抽样的原理和方法所做出的贡献，与丹尼尔·麦克法登一起荣获2000年诺贝尔经济学奖。

　　我认为艺术是解决这些问题的一条途径。正如我之前提到，我们的市长已极大地拓宽了艺术教育，他说在与这个城市家长们的会面中，他一再地听到这一要求。你或许熟悉"音乐带来希望"（El Sistema）项目，这一委内瑞拉的项目通过音乐来呈现贫穷与不平等。[1] 这个项目在不少地区被成功复制，就我所知，在洛杉矶、巴尔的摩、格拉斯哥、苏格兰都有过实验。在《非为盈利》中我描述了芝加哥儿童合唱团采用的一种类似的方式：它通过合唱来创造纪律、快乐以及合作的价值。纪录片《舞动柏林》（Rhythm Is It !）也同样值得观看，该片研究了指挥家塞蒙·莱托（Simon Rattle）在柏林与来自这个城市贫民窟的青少年合作开创的一个项目。他教他们跳舞，并让他们参与斯特拉文斯基《春之祭》的表演。当这些年轻人的身体受到尊重并被用于创造美的时候，人们会非常感动地看到这一切。

　　范：作为多元价值的支持者，您如何来协调多元主义与普世主义之间的关系？同是多元主义的支持者，以赛亚·伯林给予了启蒙运动严厉的批评，并转向浪漫主义，而您依然坚持站在了启蒙运动的这一边。您曾在作品中特别指出，您不愿拒斥启蒙运动的思想，而是要将古希腊人作为一种经过扩展的启蒙运动的自由主义同盟。

　　努：在你简短的陈述中浓缩了许多问题！首先，我认为我们需要区分两种不同的多元主义，这方面伯林的区分并不恰当。一种多元主义是指善的生活的构成是多元的，这种多元主义认为有价值的事物是很多的并且不同，并非只有一种，那些简化的理论是错误的，

1　该项目由何塞·阿布留博士于1975年发起，为社区和儿童提供乐器和乐队训练，组建各级年龄段的儿童乐团、青年乐团以及铜管乐团及合唱团。经过三十多年发展，体系已经使数十万儿童受益，中心扩展至近两百个，从中诞生了西蒙·玻利瓦尔青年乐团和杜达梅尔这样的世界级乐团和指挥天才。目前，该项目已经远远超出了单纯的音乐教育，在委内瑞拉的贫穷的中下层社区造成巨变，它带来了巨大的社会良性效益。目前这一成功的模式正在由联合国教科文组织以及世界业余管弦乐团协会在全球推广，在中国，该运动也方兴未艾。

它只是把人类生活中所有的善视为同一事物的不同的量。我认为，这种我称为"价值多元主义"（value‐pluralism）的类型，道理明白而真切。比如没有人会认为友谊与健康是一回事，它们在质上有区别，但都有价值。功利主义把所有这些不同的善简化为一种单一的善，这么做到底是有害的还是一种有益的简化，在这个问题上我们可以争论，但我们至少要承认这一点：人们是以质的区分来评价事物的。但这种多元主义与普世主义并不矛盾，比如国际人权运动正是多元主义的一种形式，它认为对人类尊严而言，很多事物都至关重要，我的"能力进路"则是这种普世多元主义的另一种形式。

但伯林所说的是些完全不同的东西。在他看来，一切生活模式在本质上都无法相互兼容。比如禁欲主义的基督教无法与尼采的人文主义相容，但两者都有内在的价值，我们可把这称作"生活方式的多元主义"（form of life pluralism）。我追随查尔斯·拉莫（Charles Larmore）［其重要作品《现代性的教训》（*The Morals of Modernity*）］的观点，认为伯林的主张是非常偏狭的，与那种更进一步的多元主义是不相容的，后者我们可以称作"政治多元主义"（political pluralism）。拉莫、罗尔斯与我［可参见我论罗尔斯与伯林的文章，发表于 2011 年的《哲学与公共事务》（*Philosophy and Public Affairs*）］认为，正当的政治文化应当基于这样一种理念，即平等尊重所有的公民，而平等尊重公民却需要尊重人们借此选择其生活方式的许多不同的"完备性学说"（comprehensive doctrines）[1]，宗教的和世俗的教义。因此，这意味着一个社会的政治原则不能建立在某种价值的学说之上，它被主要的宗教与世俗的"完备性学说"所拒绝。伯林的多

---

1 这是约翰·罗尔斯在《政治自由主义》中使用的一个术语，在此采用了万俊人先生在《政治自由主义》中译本中的译法。

元主义则是这样一种学说：一位虔诚的基督徒无法接纳尼采式人文主义的价值。他提出的是一种富于争议的形而上断言。在一个人们拥有不同宗教观和世俗观的社会里，这种断言根本就无法构成罗尔斯式的"重叠共识"的基础。人们能够达成一致的，是对核心政治价值的范围更小而且是更为有限的解释。比如我的能力进路就是这样一种范围有限的基本的善。在这里，我们明确介绍了一种旨在保卫多元主义的普世主义，即平等待人的政治多元主义。

至于古希腊思想和启蒙自由主义，希腊思想家众多，我从亚里士多德那里获得不少启发，还从希腊罗马时代的斯多亚学派以及启蒙思想家那里吸取智慧。我从不把自己的思想局限于某位或某派思想家，而是吸取所有我能找到的优秀思想。希腊思想的优点与缺陷并存，假如非要我选择一位最为正确的、当代政治思想最好的指引者的话，我会选约翰·密尔（毫无疑问，密尔用一生的时间研究希腊思想，他对边沁的批判在精神上非常接近亚里士多德）。

范：您的作品给我这样的感受，您的许多评论尽管严厉，但并不偏激，总是能保持相当温和的立场。您既批评过右翼的阿兰·布鲁姆、曼斯菲尔德，也批评过左翼的雅克·德里达、理查德·罗蒂以及朱迪斯·巴特勒。您的这种立场是否受惠于亚里士多德？这是否意味着作为真正的自由主义者您需要保持温和？

努：事实上，我认为这并不准确。我非常同情凯瑟琳·麦金农[1]

---

1 凯瑟琳·A·麦金农（Catharine MacKinnon, 1946—），美国密歇根大学法学院教授，著名法学家。代表作有《不修饰的女权主义：论法律与生活》《通往女权主义的国家理论》等。她最早提出对性骚扰诉诸司法主张，专门研究性侵害与性别平等的问题，并与女性主义作家安德里亚·德沃金一起，设计并撰写了有关法规，将淫秽出版物视作对人权的一种违犯。其作品《言词而已》（*Only Words*）已出版中译本。

与安德里亚·德沃金[1]的激进女权主义。我对朱迪斯·巴特勒的批评主要在于，针对不公正制度的激进批判，她没有为我们提供任何思想资源。她自称左派人士，可她思想的实际内涵却并不清晰，不如说她作为自由至上主义者（libertarian）的思想倒是清晰的（罗蒂也同样，我批评他的自鸣得意与保守）。此外，我表达过对激进的男同性恋权利运动及其更为激进的思想家如迈克尔·华纳（Michael Warner）[2]与戴维德·郝珀林（David Halperin）[3]的全力支持。就经济与社会权利而言，我的立场尽管在印度与欧洲算是主流，但在美国却不被任何政治派别所接受，因此我的政治主张根本就不会被认真对待。国家立法机构的成员中唯一基本认同我看法的是伯尼·桑德斯（Bernie Sanders），他是位参议员，来自佛蒙特州，拒绝人们称他为民主党人，因为他是一位欧洲式的社民党人，所以被人称为"无党派人士"（Independent）。在当前美国社会的背景下，整个"能力进路"是激进的，毫无疑问，它在35年之前曾是主流。我觉得我还是停在原地，但这个国家已往前走了很多，20世纪70年代的主流思想放到今天就显得激进了。

不过你的看法触及一个重要事实：我经常是个自由主义者，坚信言论自由、良心自由以及结社自由的重要性，那些极权主义运

---

1 安德里亚·德沃金（Andrea Dworkin, 1949—2005），美国当代激进女权主义者，她以对淫秽色情作品的批评闻名，尤其反对强奸及其他针对女性的暴力。作为一位在20世纪60年代的反战主义者和无政府主义者，德沃金写了十部有关激进女性主义理论与实践的著作，其中以《色情：男性占有女性》《性交》最为著名。此外，在1976年出版的《我们的血：关于性政治的预言和演说》和凯特·米利特的《性政治》遥相呼应，成为女权主义的纲领性文件。

2 迈克尔·华纳（Michael Warner），美国耶鲁大学英文系教授，文学批评家、社会理论家。作为一名同性恋，华纳在早期美国文学、社会理论以及酷儿理论研究领域有很大的影响力。其主要代表作有《公共与反公共》《正常的烦扰：性、政治和酷儿生活的伦理学》《美国英语文学：1500—1800》等。

3 戴维德·郝珀林（David M. Halperin, 1952—），美国密歇根大学教授。本科毕业于奥柏林学院，1980年获得美国斯坦福大学古典学与人文学领域的哲学博士学位。其研究领域涉及性别研究、酷儿理论、批判理论、物质文化及视觉文化。作为一位公开身份的同性恋者，其不少研究涉及同性恋问题，如《同性恋谱系学》《同性恋的一百年》等。

动，无论是左的还是右的，我都对其有种根深蒂固的不信任。在越战期间，我的许多朋友加入"学生争取民主社会组织"，甚至其他一些更为革命的团体，我却在民主党候选人尤金·麦卡锡（Eugene McCarthy）[1]的竞选总部贴着邮票。麦卡锡是一位罗斯福式的自由主义者，信奉强有力的经济与社会保障体系。我过去喜欢以这样的方式参与变革，现在继续通过辩论推动和平改革。我所提到的那些激进女权主义者也同样通过辩论来寻求变革：麦金农是位重要的律师和法理学家，她所做的是事情就是劝说法律文化认真对待性骚扰及其他针对女性的违法行为。对我来说，这比全部推倒重来要有吸引力得多。

范："反抗"一直是西方左翼知识分子的精神传统，从卢梭、加缪到克里斯蒂瓦，反抗的传统源远流长。反抗的对象也从传统的专制转向了全球资本主义文化，您是如何看待"反抗"的？此外，您是否注意到许多当代左翼知识分子（如齐泽克、巴迪欧）都对激进的"反抗"感兴趣，并将其作为重要的理论资源？

努：嗯，我在谈到"学生争取民主社会组织"时就已回应过这个问题。许多人容易对那些极端的东西充满热情，而这些极端的东西让他们的理性屈服于某些宗教或世俗的意识形态。有时他们会从一种意识形态转向另一种意识形态，如麦金泰尔，他从马克思主义转向了保守的基督教。这些人为了实现他们的目标，往往并不反对使用暴力，他们觉得自由辩论与渐进改良很是无趣。我不觉得这很无趣，相反，我真的觉得暴力既残忍又无趣。我心目中的政治英雄是

1　尤金·麦卡锡（Eugene McCarthy, 1916—2005），当代美国著名政治家。他在1949年到1959年期间为美国众议院议员，1959年至1971年为参议院议员。1968年，麦卡锡以坚定的反越战立场参加美国当年的总统大选，并直接导致积极主战的林登·约翰逊退出总统选举。虽然麦卡锡并未成功当选总统，但他的反战立场对美国当代历史与政治产生了深远的影响。

那些通过认真思考和非暴力行动来实现变革的人，他们是美国的亚布拉罕·林肯和罗斯福，印度的甘地和尼赫鲁。不过，我并不是和平主义者，我认为暴力在某些特定情况下是必要的。我同意林肯的看法，为了联邦的建立和奴隶制的终结，我们的战斗是值得的。罗斯福说服我们的国家向希特勒和裕仁天皇宣战，我认为他是完全正确的。尼尔森·曼德拉认为非暴力行动的时代已经过去，有必要使用暴力手段。尽管就我的性格而言，要认同他的看法存在困难，但在理性上我赞成曼德拉的决定。非洲人不同于英国统治下的印度人，非暴力的策略对印度人是有效的，而非洲人在面对那种注定要失败的种族政策时显得更为暴力。不过总的说来，我认为，制止邪恶的其他办法都试过以后，暴力才是最后之举。

范：犹太文化对您的思想发展产生过怎样的影响？记得您曾在一篇访谈中提到，犹太文化提供了您成长中所缺失的共同体意识。您能具体谈谈吗？另外，那些犹太背景的知识分子，如本雅明、阿伦特、列维纳斯等，您如何评价他们的思想？

努：我不曾在笼统意义上谈过这个共同体，我专指那种致力于社会正义的精神共同体。我所成长的精英社会中有很多共同体，只是这个共同体有很强的精英与种族色彩。我在犹太教改革派身上发现，这是一个致力于社会正义的共同体。重要的是，我所加入的是犹太教改革派（Reform Judaism），它总把自身视为推进社会正义、反对奴隶制、为工人权利抗争以及最近的为女性及同性夫妇争取权利的激进力量。事实上，它是在美国唯一能使女性得到真正平等的地方：改革后的拉比中超过 55% 的都为女性。你能查到我所写的关于犹太教改革派如何对我产生吸引力的文章[它收录在玛雅·博尔（Marya Bower）和路斯·格洛浩特（Ruth Groenhout）主编的《哲学、女性主义及信仰》（*Philosophy，Feminism，and Faith*）中]。大致说来，犹太教改革派有点像康德的理性宗教，即对道德律令进行合理论证的宗教，我加入犹太教改革派的原因与康德的理性论证相同：周围有一群志趣相投的人增强你对正义和道德律令的信念，这样很好。不过我还想说，我业余热爱歌唱，经常在教堂参与演唱活动。无论是传统的朗诵式圣歌还是现代乐曲我都唱。比如这个礼拜五我要担任教堂活动的主唱，在大约两个小时内我要演唱各种各样的乐曲。歌唱总能给我巨大的情感满足，歌唱正义更是如此。对于你所列出的这些名字，我对他们真的不太了解，因此就不对该部分作回答了。当然，由于他们成长于欧洲，因此没有机会成为改革派犹太人（Reform Jews），因为这场改革运动只在美国取得成功并得到广泛传播。此外，犹太文化（文学、艺术等等）和我们这儿谈论的犹太宗教大不相同。我也同样重视犹太文化，实际上整个美国文化基本就是犹太文化和非洲裔美国文化，有时是两者的结合（爵士乐因此成了这两种文化快乐的聚会场所，绝大多数巨星不是来自这个群体，就是来自那个群体）。

范：我特别欣赏您曾经说过的一句话："如果你逃避了行动，你就是个卑贱的懦夫，或是个伪君子和骗子。如果你帮助他人的话，你就能做得很好。"您是个富有实践精神的思想家，非常重视理论的现实意义。您觉得这是知识分子应尽的职责吗？当今时代知识分子的价值受到了质疑，被认为需要为各种问题负责，您又如何看待当代的反智主义？

努：我想你得问问自己，你个人能够做什么，你如何定位自己？我认为所有知识分子都应当为社会正义作出贡献，但如果你是逻辑学家或物理学家，那么向政治候选人或政治事业捐款，或参与某些类型的运动，或许是你所能做出的最好的贡献。如果你是政治哲学家，我坚持认为，你该问问自己，你的写作怎样才能推动你所支持的变革，至少你的部分作品应该让人们看得懂并照此实践。我们生活富足，衣食无忧，因此我觉得我们应当通过服务公共利益的作品来回报社会。哲学家是否应当介入和参与政治工作，这完全取决于他们自身所长。我自己在这方面非常差劲。与成为委员会成员相比，我更喜欢为自己的言论做主，而且也更看重彻底的自由，可以对我所认为的真理畅所欲言的自由。但你若参与了政治，就不能这样做了。事实上，即便作为大学的系主任或者管理者，你也不能这样做，因为你总要为一群人代言。因此，我很尊重那些一直有志于从事政治工作的同事，但若让我和他们一样，那就大错特错了。再说，也没有人这样要求我，因为我离奥巴马政府的左翼政策那么远，我的前同事奥巴马永远也不会找到我。

关于人们日常会遇到的具体问题，我常常有机会就当前发生的各种事件（从同性恋权利到印度的种族灭绝问题）在报纸上发出声音——我的心情亦十分急切。我认为，来自国际社会的压力确实能改变现实。

至于知识分子是社会问题根源这一看法，我在1980年以后就没有再听说过！我认为这个观点在当时是错的，现在依然是错的。知识分子往往是没有权力的，他们仅仅在那些有权力的人采纳他们的观点或他们自己积极参与政治运动（比如海德格尔加入纳粹，米尔恰·伊利亚德[1]支持罗马尼亚铁卫队[2]）时才有影响力。当然，人们将思想诉诸具体的政治行动时，有一些思想会给他人（包括自己）带来伤害，也有一些思想则带来好处，这完全取决于思想的内容是什么。在过去，有不少维护奴隶制与男女不平等的知识分子，也有不少为种族与性别的平等而战的知识分子。在今天，有不少歧视同性恋的知识分子，也有不少为同性恋争取平等权利的知识分子。当然，知识分子有权发表令人反感的言论，只要他们没有在某个特殊情境中支持非法行为，而在那种情境中他们的言论可能会引起直接的暴力。我认为，如果曾因突出的工作而获得终身教职，即便那些最愚蠢和最具潜在危害的知识分子也应该得到学术自由与终身教职的保障。但我认为他们不应该受到奖励！比如，我会反对把荣誉学位授予那些支持种族主义或反犹政策的人，我也将加入到那些反对授予玛格丽特·撒切尔荣誉博士学位的学者的行列中去，鉴于她大肆破坏英国社会福利保障体系。我当然不会希望我的大学以尊贵客人的身份邀请马丁·海德格尔、米尔恰·伊利亚德以及其他法西斯主义知识分子。我的一位朋友，一位比较宗教领域的杰出学者，在芝大接受了米尔恰·伊利亚德宗教研究教席。就我个人而言，我绝不会允许自己的名字以那种方式与一位法西斯主义者相联系，不管他是多么伟大的学者。说实在的，我对学校创建以此名字命名的教席颇感不满，尽管他在此任教多年。在接受

---

1 米尔恰·伊利亚德（Mircea Eliade，1907—1986），罗马尼亚著名宗教史家，曾任芝加哥大学教授。伊利亚德是首屈一指的宗教体验研究专家，他创建了迄今依然盛行的宗教研究范式，其最重要的研究是关于永恒轮回的理论，代表作有《神圣的存在：比较宗教的范型》《神秘主义、巫术与文化风尚》《神圣与世俗》《宗教思想史》等。伊利亚德是一位在政治上立场极右的哲学家，在20世纪30年代他公开支持法西斯性质的罗马尼亚铁卫队（Romanian Iron Guard），这使其在战后备受争议。

2 "铁卫队"是1927年到1941年罗马尼亚的一个极右政治组织，对当时的罗马尼亚社会和政治中产生深远影响，在意识形态上推崇极端的民族主义、法西斯主义、反犹主义以及反共产主义。

恩斯特·弗伦德[1] 讲席之前，我对恩斯特·弗伦德做了大量研究。我很乐于告诉大家，弗伦德是美国第一位犹太法学教授和芝大法学院的创始人，除此之外，他还是首位用宪法第一修正案为战时持不同政见者的言论自由进行辩护的法学家，他还支持了一项包括哲学在内的跨学科性质的法学教育，这也理所当然地成为他们要我主持这个讲席的原因。所有这些都说明，我们有各种各样反对的方式，但这并不意味着去侵犯知识分子的言论自由。如果有朝一日芝大创建了玛莎·努斯鲍姆讲席，并把这一教席授予某位后现代女性主义者，毫无疑问，她会很不乐意，于是他们就只好另找人选！或许，说不定我还没死，后现代主义就已玩完了。

范：您如何评价当代的传媒文化，从电视节目到网络文化。不少学者对 Twitter 和 Facebook 产生的新王国感到担心和恐惧，您如何看待当代新媒体的兴起对于整个社会公共生活所产生的影响？

努：这个问题你问错了对象！我是个出了名的技术恐惧者。电动打字机我是到 1994 年才开始使用的，使用 email 则是在 1995 年，尽管目前我很喜欢这一交流工具。此外，我从不发短信，从不上 Facebook 或 Twitter；绝不读写博客，是我一以贯之的原则（除非某些人得到我的允许在那些博客上转载我的原稿）。因此我确实不知道这些媒体能为它们的使用者提供什么。我逃避这些新媒体的原因在于，我感到它们会侵蚀我的时间。我热爱写作并尽可能节约我的时间，这样我才能在完成写作的同时进行教学，以及与朋友们相聚。特别是 Facebook 这样的社交媒体，很多人请求我加他们为好友，让

1　恩斯特·弗伦德（Ernst Freund，1864—1932），美国著名法学家，美国20世纪初至20世纪20年代最为重要的行政法学者，同时也是1908年创建的移民保护联盟（Immigrants' Protective League）的组织者之一。为了纪念他所做的贡献，美国芝加哥大学法学院创建了恩斯特·弗伦德法律与伦理学杰出贡献教授讲席，玛莎·努斯鲍姆教授目前为该讲席教授。

我不得不一一做出决定，这令我感到非常痛苦。群发邮件倒是要简单得多，我想发的时候发一封就够了。

互联网的潜力在于，它加强了那些没有话语权的少数派的力量。这或许毫无疑问，但同样毫无疑问的是，目前这种形式的互联网，以匿名的方式鼓励了恶意欺凌与诽谤，尤其是针对女性和少数族裔。我的同事索尔·莱夫莫尔与我合编的文集《侵犯性的互联网：言论、隐私与名誉》（*The Offensive Internet: Speech, Privacy, and Reputation*）探讨了这个问题，其中绝大多数的论文支持制定更多的规则，同时减少使用匿名。如果一位女性遭人诽谤，名字被人与某个色情故事牵连起来，她甚至都无法为此提出诉讼，因为她根本不知道这是谁干的。我们认为，这种现象有待改变，互联网应像报纸那样，对所造成的伤害负有现实的责任。

参考文献

一、努斯鲍姆相关著作及论文

专著

Aristotle's De Motu Animalium, Princeton: Princeton University Press, 1978.

The Fragility of Goodness: Luck and Ethics in Greek Tragedy and Philosophy, New York: Cambridge University Press, 1986.

Love's Knowledge: Essays on Philosophy and Literature, New York: Oxford University Press, 1990.

The Therapy of Desire: Theory and Practice in Hellenistic Ethics, Princeton: Princeton University Press, 1994.

Cultivating Humanity: A Classical Defense of Reform in Liberal Education, Cambridge: Harvard University Press, 1997.

Sex and Social Justice, New York: Oxford University Press, 1999.

Women and Human Development: The Capabilities Approach, New York: Cambridge University Press, 2000.

Upheavals of Thought: The Intelligence of Emotions, New York: Cambridge University Press. 2003.

Hiding from Humanity: Disgust, Shame, and the Law, Princeton: Princeton University Press. 2004.

Frontiers of Justice: Disability, Nationality, Species Membership, Cambridge: Harvard University Press, 2006.

Not for Profit: Why Democracy Needs the Humanities, Princeton: Princeton University Press. 2012.

Creating Capabilities: The Human Development Approach, Cambridge: Harvard University Press, 2011.

Philosophical Interventions: Book Reviews 1986–2011, New York: Oxford University Press, 2012.

The New Religious Intolerance: Overcoming the Politics of Fear in an Anxious Age, Cambridge: The Belknap Press of Harvard University Press, 2012.

Political Emotions: Why Love Matters for Justice, Cambridge: The Belknap Press of Harvard University Press, 2013.

Anger and Forgiveness: Resentment, Generosity, Justice. New York: Oxford University Press, 2016.

The Monarchy of Fear: A philosopher looks at our political crisis. New York: Simon&Schuster. 2018.

Aging Thoughtfully: Conversations about Retirement, Romance, Wrinkles, and Regret, New York: Oxford University Press, 2017.

The Cosmopolitan Tradition: A noble but flawed ideal. Cambridge: The Belknap Press of Harvard University Press. 2019.

编著

The Quality of Life (with Amartya Sen), Oxford: Clarendon Press, 1993.

Passions & Perceptions: Studies in Hellenistic Philosophy of Mind (with Jacques Brunschwig), New York: Cambridge University Press, 1993.

On Nineteen Eighty–Four: Orwell and Our Future (with Abbott Gleason and Jack Goldsmith), Princeton: Princeton University Press, 2005.

The Offensive Internet: Speech, Privacy, and Reputation (with Saul Levmore), Cambridge: Harvard University Press, 2010.

Subversion and Sympathy: Gender, Law, and the British Novel (with Alison L. LaCroix), New York: Oxford University Press, 2013.

Shakespeare and the Law: A Conversation Among Disciplines and Professions (with Bradin Cormack and Richard Strier), Chicago: University of Chicago Press, 2013.

American Guy: Masculinity in American Law and Literature (with Saul Levmore), New York: Oxford University Press, 2014.

Power, Prose, and Purse: Law, Literature and Economic Transformations (with Alison LaCroix and Saul Levmore), New York: Oxford University Press, 2019.

Fatal Fictions: Crime and Investigation in Law and Literature (with Alison L. LaCroix and Richard McAdams), New York: Oxford University Press, 2017.

论文

"Comment on Paul Seabright", *Ethics*, Vol. 98. No. 2. Jan., 1988, pp. 332–340.

"Poetry and the Passions: Two Stoic Views", *Passions & Perceptions: Studies in Hellenistic Philosophy of Mind Proceedings of the Fifth Symposium Hellenisticum*, edited by Jacques Brunschwig, et al. New York: Cambridge University press,1993, pp.97–149.

"The Window: Knowledge of Other Minds in Virginia Woolf's *To the Lighthouse*", *New Literary History* 26, 1995, pp. 731–753.

"Patriotism and Cosmopolitanism", *For Love of Country: Debating the Limits of Patriotisn*, edited by Joshua Cohen, Boston: Beacon Press, 1996,pp. 2–17.

"Exactly and Responsibly: A Defense of Ethical Criticism", *Philosophy and Literature 22*, 1998, pp. 364–386.

"Invisibility and Recognition: Sophocles's *Philoctetes* and Ellison's *Invisible Man*", *Philosophy and Literature*, Oct 1, 1999, pp. 257–283.

"Virtue Ethics: A Misleading Category", *The Journal of Ethics* 3, 1999, pp. 163–201.

"Why Practice Needs Ethical Theory: Particularism, Principle, and Bad Behavior", *Moral Particularism*, edited by Brad Hooker and Margaret Little, New York: Oxford University Press, 2000, pp. 227–255.

"Literature and Ethical Theory: Allies or Adversaries?", *Yale Journal of Ethics* 9, 2000. pp. 5–16.

"The End of Orthodox", *New York Times Book Review*, February 18, 2001.

"Transcendence and Human Values". *Philosophy and Phenomenological Research*, Vol. LXIV, NO. 2, March 2002, pp. 445–452.

"Compassion & Terror", *Daedalus*, Vol.132. No. 1, On International Justice, 2003. pp. 10–26.

"Tragedy and Justice: Bernard Williams Remembered", *Boston Review*, October/November, 2003.

"Faint with Secret Knowledge: Love and Vision in Murdoch's *The Black Prince*", *Poetics Today,* Volume 25, 2004, pp. 689–710.

"On Moral Progress: A Response to Richard Rorty", *The University of Chicago Law Review*, Vol. 74, No. 3.2007, pp. 939–960.

"The 'Morality of Pity': Sophocles' *Philoctetes*", *Rethinking Tragedy*, edited by Rita Felski, Baltimore: The John Hopkins University Press, 2008, pp.148–169.

"Moral Hazard", *New Rambler Review*, March 04, 2015.

"'If You Could See This Heart': Mozart's Mercy", *Hope, Joy, and Affection in the Classical World*, edited by Ruth R. Caston, et al. New York: Oxford University Press, 2016, pp. 226–240.

"The Music of Brotherhood and Love: Mozart's *The Magic Flute*", *Program note*, Lyric Opera of Chicago, fall 2016.

"The Narcissist and the Ideologue: Trump, Modi and the Threat They Pose to Democracy", *ABC Religion and Ethics*, 27 Jul, 2017.

"Powerlessness and the Politics of Blame", The Jefferson Lecture in the Humanities, The John F. Kennedy Center for the Performing Arts, May 1, 2017.

"Reconciliation Without Anger: Paton's *Cry, the Beloved Country*",

Fatal Fictions: Crime and Investigation in Law and Literature, edited by Alison L. LaCroix, Richard McAdams, and Martha C. Nussbaum, New York: Oxford University Press, 2017, pp.177–194.

"Between Detachment and Disgust: Bloom in Hades", *Joyce's Ulysses: Philosophical Perspectives,* edited by Philip Kitcher, New York: Oxford University Press, 2020, pp.29–62.

"Love from Point of View of Universe", *Power, Prose, and Purse: Law, Literature and Economic Transformations* (with Alison LaCroix and Saul Levmore), New York: Oxford University Press, 2019, pp. 221–247.

中文译介

玛莎·纳斯鲍姆:《善的脆弱性:古希腊悲剧与哲学中的运气与伦理》(修订版),徐向东等译,南京:译林出版社 2018 年版。

玛莎·努斯鲍姆:《欲望的治疗:希腊化时期的伦理理论与实践》,徐向东等译,北京:北京大学出版社 2018 年版。

玛莎·纳斯鲍姆:《培养人性:从古典学角度为通识教育改革辩护》,李艳译,上海:上海三联书店 2013 年版。

玛莎·努斯鲍姆:《诗性正义:文学想象与公共生活》,丁晓东译,北京:北京大学出版社 2009 年版。

玛莎·纳斯鲍姆:《寻求有尊严的生活:正义的能力理论》,田雷译,北京:中国人民大学出版社 2016 年版。

玛莎·纳斯鲍姆:《正义的前沿》,朱慧玲等译,北京:中国人民大学出版社 2016 年版。

玛莎·努斯鲍姆:《女性与人类发展:能力进路的研究》,左稀译,北京:中国人民大学出版社 2020 年版。

玛莎·努斯鲍姆：《告别功利：人文教育忧思录》，肖聿译，北京：新华出版社 2010 年版。

玛莎·努斯鲍姆：《"罗马人，同胞们，热心肠的人们"：〈朱利叶斯·凯撒〉中的崇政与法治》，布莱迪·科马克等编：《莎士比亚与法：学科与职业的对话》，王光林等译，哈尔滨：黑龙江教育出版社 2015 年版，第 316－346 页。

玛莎·努斯鲍姆：《窗：弗吉尼亚·伍尔芙〈到灯塔去〉中对他者心灵的了解》，黄红霞译，选自芮塔·菲尔斯基主编《新文学史》（第 1 辑），杭州：浙江大学出版社 2013 年版，第 1—26 页。

玛莎·努斯鲍姆：《同情心的泯灭：奥威尔和美国的政治生活》，选自《〈一九八四〉与我们的未来》，阿伯特·格里森等编，董晓洁等译，北京：法律出版社 2013 年版，第 301—322 页。

M.纽斯鲍姆：《悲剧与正义：纪念伯纳德·威廉姆斯》，唐文明译，《世界哲学》2007 年第 4 期，第 22—32 页。

玛莎·努斯鲍姆：《非相对性德性：一条亚里士多德主义的研究路径》，选自《生活质量》，龚群等译，北京：社会科学文献出版社 2008 年版，第 261—292 页。

玛莎·努斯鲍姆：《戏仿的教授：朱迪斯·巴特勒著作四种合评》，陈通造译，《汉语言文学研究》2017 年第 8 期，第 12—23 页。

玛莎·努斯鲍姆：《道德（及音乐）危险：评伯纳德·威廉斯〈论歌剧〉及〈论文与书评：1959—2002 年〉》，范昀译，《中外文论》2019 年第 1 期，第 199—207 页。

二、其他英文文献

Alter, Robert. *The Pleasures of Reading: In an Ideological Age*, New York: Simon&Schuster, 1990.

Aviv, Rachel. "The Philosopher of Feelings", *The New Yorker*. July 25, 2016, pp. 34–43.

Aristotle, *The Nicomachean Ethics*, trans by David Ross, New York: Oxford University Press. 2009.

Booth, Wayne. *The Rhetoric of Fiction*, Chicago: The University of Chicago Press, 1983.

Booth, Wayne. *The Company We Keep: An Ethics of Fiction*, Berkeley and Los Angeles: University of California, 1988.

Booth, Wayne. *The Essential Wayne Booth*, edited by Walter Jost, Chicago: The University of Chicago Press, 2006.

Booth, Wayne. "Why Banning ethical criticism is a serious mistake", *Philosophy and Literature*, 1998, 22(2), pp. 366–393.

Boynton, Robert S., "Who Needs Philosophy? A profile of Martha Nussbaum", *The New York Times Magazine,* Nov 21, 1999.

Diamond, Cora. *The Realistic Spirit: Wittgenstein, Philosophy, and the Mind*, Cambridge: MIT Press, 1995.

Eaglestone, Robert. *Ethical Criticism: Reading after Levinas*, Edinburgh: Edinburgh University Press, 1997.

Felski, Rita. *The Limits of Critique*, Chicago: University of Chicago Press, 2015.

Harpham, Geoffrey Galt. *Shadows of Ethics: Criticism and the just society*, Durham: Duke University Press, 1999.

Hale, Dorothy J. "Aesthetics and the New Ethics: Theorizing the Novel in the Twenty–First Century", *PMLA*, Vol. 124, No. 3, 2009, pp. 896–905.

Johnson, Peter. *Moral Philosophers and the Novel: A study of Winch, Nussbaum and Rorty*, New York: Palgrave Macmillan, 2004.

Lilla, Mark. "The End of Identity Liberalism", *The New York Times*, Nov. 18, 2016.

Posner, Richard. "Against Ethical Criticism", *Philosophy and Literature*, 1997, 21, pp. 1–27.

Posner, Richard. "Against Ethical Criticism: Part Two", *Philosophy and Literature*, 1998, 22, pp. 395–412.

Art and the Public Sphere, edited by Mitchell, W.J.T, Chicago: University of Chicago Press,1992.

MacIntye, Alasdair. *After Virtue: a study in moral theory*, Notre Dame: University of Notre Dame Press, 1981.

Murdoch, Iris. *The Sovereignty of Good*, London and New York: Routledge &Kegan, 1970.

Murdoch, Iris. *Existentialists and Mystics: Writings on Philosophy and Literature*, Harmondsworth: Penguin Books, 1999.

James, Henry. *The Art of the Novel,* New York: Charles Scribner's Sons, 1962.

Rorty, Richard. *Philosophy as Poetry*, Charlottesville: University of Virginia Press, 2016.

Rorty, Richard. *Contingency, Irony, and Solidarity*, Cambridge: Cambridge University Press. 1989.

Rawls, John. *The Theory of Justice*, Cambridge: The Belknap Press of Harvard University Press.1971.

Sen, Amartya. *The Idea of Justice*, Cambridge: The Belknap Press of Harvard University Press. 2009.

Szalai, Jennifer. "When It Comes to Politics, Be Afraid. But Not Too Afraid", *The New York Times*, July 4, 2018.

Williams, Bernard. *Essays and Reviews 1959–2002*, Princeton: Princeton University Press. 2014.

Williams, Bernard. *Ethics and the Limits of Philosophy*, Cambridge: Harvard University Press, 1985.

Williams, Bernard. *On Opera*, New Haven and London: Yale University Press, 2006.

Rethinking Tragedy, edited by Rita Felski, Baltimore: The John Hopkins University Press, 2008.

Renegotiating Ethics in Literature, Philosophy, and Theory, edited by Jane Adamson, et al. New York: Cambridge University Press, 1998.

Ethics, Literature, Theory: An Introductory Reader, edited by Stephen K. George, Rowman & Littlefield Publishers Inc, 2005

Mapping the Ethical Turn: A reader in ethics, culture, and literary theory, edited by Todd F. Davis and Kenneth Womack, Charlottesville: University press of Virginia, 2001.

三、中文文献

专著

柏拉图：《柏拉图全集》，王晓朝译，北京：人民出版社 2002 年版。

亚里士多德：《诗学》，陈中梅译，北京：商务印书馆 1996 年版。

亚理斯多德：《亚理斯多德〈诗学〉〈修辞学〉》，罗念生译，上海：上海人民出版社 2016 年版。

亚里士多德：《尼各马可伦理学》，廖申白译，北京：商务印书馆 2003 年版。

亚里士多德：《亚里士多德全集》，苗力田主编，徐开来译，北京：中国人民大学出版社 1994 年版。

卢克莱修：《物性论》，方书春译，北京：商务印书馆 1981 年版。

塞涅卡：《强者的温柔：塞涅卡伦理文选》，包利民等译，北京：中国社会科学出版社 2005 年版。

伊壁鸠鲁等：《自然与快乐：伊壁鸠鲁的哲学》，包利民等译，北京：中国社会科学出版社 2004 年版。

塞克斯都·恩披里柯：《皮浪学说概要》，崔延强译注，北京：商务印书馆 2019 年版。

西塞罗：《库斯图兰论辩集》，李蜀人译，北京：中国社会科学出版社 2021 年版。

威廉·B. 欧文：《像哲学家一样生活：斯多葛哲学的生活艺术》，胡晓阳等译，上海：上海社会科学出版社 2018 年版。

奥古斯丁:《上帝之城:驳异教徒》(上、中、下),吴飞译,上海:上海三联书店 2008 年版。

汉娜·阿伦特:《爱与圣奥古斯丁》,J. V. 斯考特等编,王寅丽等译,桂林:漓江出版社 2019 年版。

亚当·斯密:《道德情操论》,蒋自强等译,北京:商务印书馆 1997 年版。

弗里德里希·席勒:《审美教育书简》,冯至等译,上海:上海人民出版社 2003 年版。

莱辛:《拉奥孔》,朱光潜译,北京:人民文学出版社 1979 年版。

卢梭:《爱弥儿》(上、下卷),李平沤译,北京:商务印书馆 1978 年版。

伊曼努尔·康德:《道德形而上学》,张荣、李秋零译注,北京:中国人民大学出版社 2013 年版。

伊曼努尔·康德:《单纯理性限度内的宗教》,李秋零译,北京:中国人民大学出版社 2003 年版。

约翰·穆勒:《功利主义》,徐大建译,北京:商务印书馆 2014 年版。

约翰·穆勒:《约翰·穆勒自传》,郑晓岚等译,北京:华夏出版社 2007 年版。

约翰·密尔:《密尔论大学》,孙传钊等译,北京:商务印书馆 2013 年版。

尼采:《论道德的谱系·善恶之彼岸》,谢地坤等译,桂林:漓江出版社 2000 年版。

约翰·罗尔斯:《正义论》,何怀宏等译,北京:中国社会科学出版社 1988 年版。

理查德·罗蒂：《哲学与自然之镜》，李幼蒸译，北京：商务印书馆 2003 年版。

理查德·罗蒂：《偶然、反讽与团结》，徐文瑞译，北京：商务印书馆 2005 年版。

理查德·罗蒂：《后形而上学希望：新实用主义社会、政治和法律哲学》，张国清译，上海：上海译文出版社 2003 年版。

理查德·罗蒂：《筑就我们的国家》，黄宗英译，北京：生活·读书·新知三联书店 2006 年版。

理查德·罗蒂：《哲学、文学和政治》，黄宗英等译，上海：上海译文出版社 2009 年版。

理查德·罗蒂：《真理与进步》，杨玉成译，北京：华夏出版社 2003 年版。

马克思·舍勒：《道德意识中的怨恨与羞感》，罗悌伦等译，北京：北京师范大学出版社 2017 年版。

罗莎琳德·赫斯特豪斯：《美德伦理学》，李义天译，南京：译林出版社 2016 年版。

阿拉斯代尔·麦金泰尔：《追寻美德：道德理论研究》，宋继杰译，南京：译林出版社 2011 年版。

伯纳德·威廉斯：《羞耻与必然性》，吴天岳译，北京：北京大学出版社 2014 年版。

伯纳德·威廉斯：《道德运气》，徐向东译，上海：上海译文出版社 2007 年版。

B·威廉斯：《伦理学与哲学的限度》，陈嘉映译，北京：商务印书馆 2017 年版。

伯纳德·威廉斯：《真理与真诚：谱系论》，徐向东译，上海：上海译文出版社 2013 年版。

阿玛蒂亚·森、伯纳德·威廉斯：《超越功利主义》，梁捷等译，上海：复旦大学出版社 2011 年版。

阿玛蒂亚·森：《身份与暴力：命运的幻象》，李凤华等译，北京：中国人民大学出版社 2009 年版。

阿玛蒂亚·森：《正义的理念》，王磊等译，北京：中国人民大学出版社 2012 年版。

查尔斯·泰勒：《自我的根源：现代认同的形成》，韩震等译，南京：译林出版社 2001 年版。

《美德伦理与道德要求》，徐向东编，南京：江苏人民出版社 2007 年版。

保罗·卡恩：《摆正自由主义的位置》，田力译，北京：中国政法大学出版社 2015 年版。

艾伦·沃尔夫：《自由主义的未来》，甘会斌等译，南京：译林出版社 2017 年版。

约翰·格雷：《自由主义的两张面孔》，顾爱彬等译，南京：江苏人民出版社 2008 年版。

弗朗西斯·福山：《身份政治：对尊严与认同的渴求》，刘芳译，中译出版社 2021 年版。

埃德加·莫兰：《伦理》，于硕译，上海：学林出版社 2017 年版。

理查德·J.伯恩斯坦：《根本恶》，王钦等译，南京：译林出版社 2015 年版。

扬·普兰佩尔：《人类的情感：认知与历史》，马百亮等译，上海：上海人民出版社 2021 年版。

露丝·雷斯：《情感的演化：20世纪情绪心理学简史》，李贯峰译，武汉：华中科技大学出版社2020年版。

威廉·雷迪：《感情研究指南：情感史的框架》，周娜译，上海：华东师范大学出版社2020年版。

苏珊·詹姆斯：《激情与行动：十七世纪哲学中的情感》，管可秾译，北京：商务印书馆2017年版。

迈克尔·L.弗雷泽：《同情的启蒙：18世纪与当代的正义和道德情感》，胡靖译，南京：译林出版社2016年版。

莎伦·R.克劳斯：《公民的激情：道德情感与民主商议》，谭安奎译，南京：译林出版社2015年版。

弗兰克·富里迪：《恐惧的政治》，方军译，南京：江苏人民出版社2007年版。

拉斯·史文德森：《恐惧的哲学》，范晶晶译，北京：北京大学出版社2010年版。

希拉里·普特南：《无本体论的伦理学》，孙小龙译，上海：上海译文出版社2008年版。

列·尼·安德烈耶夫：《撒旦日记》，何桥译，北京：新星出版社2006年版。

约瑟夫·布罗茨基：《文明的孩子》，刘文飞译，北京：中央编译出版社2007年版。

荷马：《荷马史诗·奥德赛》，王焕生译，北京：人民文学出版社2003年版。

埃斯库罗斯等：《古希腊悲剧喜剧全集》（1-8卷），南京：译林出版社2015年版。

但丁·阿利格耶里:《神曲》,黄国彬译,台北:九歌出版社2003年版。

莎士比亚:《莎士比亚全集》,朱生豪译,南京:译林出版社2015年版。

爱·勃朗特:《呼啸山庄》,张玲等译,北京:人民文学出版社1999年版。

特奥多尔·冯塔纳:《艾菲·布里斯托》,韩世忠译,上海:上海译文出版社1980年版。

安东尼·特罗洛普:《索恩医生》,文心译,上海:上海译文出版社1994年版

弗吉尼亚·伍尔夫:《达洛卫夫人 到灯塔去》,孙梁等译,上海:上海译文出版社1997年版。

查尔斯·狄更斯:《艰难时世》,陈才宇译,上海:上海三联书店2014年版。

查尔斯·狄更斯:《大卫·科波菲尔》(上、下),庄绎传译,北京:人民文学出版社2004年版。

亨利·詹姆斯:《专使》,王理行译,桂林:漓江出版社2018年版。

亨利·詹姆斯:《金钵记》,姚小虹译,上海:上海文艺出版社2017年版。

詹姆斯·乔伊斯:《尤利西斯》(上、下),萧乾等译,南京:译林出版社。

泰戈尔:《泰戈尔精品集》(诗歌卷),白开元译,合肥:安徽文艺出版社2017年版。

沃尔特·惠特曼：《草叶集》，邹仲之译，上海：上海译文出版社2016年版。

E.M.福斯特：《莫瑞斯》，文洁若译，上海：上海译文出版社2016年版。

马塞尔·普鲁斯特：《追忆逝水年华》（1—7卷），李恒基等译，南京：译林出版社2012年版。

乔治·奥威尔：《一九八四》，董乐山译，上海：上海译文出版社2011年版。

乔治·奥威尔：《政治与文学》，李存捧译，南京：译林出版社2011年版。

理查德·赖特：《土生子》，施咸荣译，南京：译林出版社2008年版。

贝克特：《莫洛伊》，阮蓓译，长沙：湖南文艺出版社2016年版。

戴维·赫伯特·劳伦斯：《虹》（上、下），杨德译，北京：九州出版社2000年版。

艾丽丝·默多克：《黑王子》，萧安溥等译，上海：上海译文出版社2016年版。

拉尔夫·艾里森：《看不见的人》，任绍曾译，上海：上海文艺出版社2014年版。

芭芭拉·艾伦瑞克：《我在底层的生活》，林家瑄译，北京：北京联合出版公司2014年版。

菲利普·罗斯：《再见，哥伦布》，俞理明等译，北京：人民文学出版社2009年版。

J.M.库切：《伊丽莎白·科斯特洛：八堂课》，北塔译，杭州：浙江文艺出版社2004年版。

阿拉文德·阿迪加:《白老虎》,陆旦俊等译,北京:人民文学出版社2010年版。

安·贝蒂:《短篇小说集》,北京:中国对外翻译出版公司1992年版。

保罗·罗宾逊:《歌剧与观念:从莫扎特到施特劳斯》,周彬彬译,上海:华东师范大学出版社2008年。

彼得·盖伊:《莫扎特》,杨丹赫译,北京:生活·读书·新知三联书店2014年版。

戴里克·柯克:《音乐语言》,茅于润译,北京:人民音乐出版社1981年版。

爱德华·汉斯立克:《论音乐的美:音乐美学的修改刍议》,杨业治译,北京:人民音乐出版社1980年版。

以赛亚·伯林:《现实感》,潘荣荣等译,南京:译林出版社2004年版。

茨维坦·托多罗夫:《不完美的花园:法兰西人文主义思想研究》,周莽译,北京:北京大学出版社2015年版。

茨维坦·托多罗夫:《走向绝对:王尔德、里尔克、茨维塔耶娃》,朱静译,上海:华东师范大学出版社2014年版。

罗伯特·波格·哈里森:《花园:谈人之为人》,苏薇星译,北京:生活·读书·新知三联书店2011年版。

理查德·桑内特:《公共人的衰落》,李继宏译,上海:上海译文出版社2008年版。

约翰·约翰姆·彼得斯:《对空言说:传播的观念史》,邓建国译,上海:上海译文出版社2017年版。

雅克·巴尔赞：《我们应有的文化》，严忠志等译，杭州：浙江大学出版社2009年版。

苏珊·奈曼：《为什么长大》，刘建芳译，上海：上海文艺出版社2014年版。

D.W.温尼科特：《游戏与现实》，卢林等译，北京：北京大学医学出版社2016年版。

特里·伊格尔顿：《理论之后》，商正译，北京：商务印书馆2009年版。

爱德华·W·萨义德：《知识分子论》，单德兴译，北京：生活·读书·新知三联书店2002年版。

苏珊·朗格：《感受与形式》，高艳萍译，南京：江苏人民出版社2013年版。

朱丽娅·克里斯特瓦：《反抗的意义与无意义》，林晓等译，长春：吉林出版集团有限公司2009年版。

安托万·孔帕尼翁：《理论的幽灵：文学与常识》，吴泓缈等译，南京：南京大学出版社2011年版。

雷蒙·布东：《为何知识分子不热衷自由主义》，周晖译，北京：生活·读书·新知三联书店2012年版。

拉塞尔·雅各比：《乌托邦之死：冷漠时代的政治与文化》，姚建彬译，北京：新星出版社2007年版。

克里斯托弗·拉希：《精英的反叛》，李丹莉译，北京：中信出版社2010年版。

约翰·亨利·纽曼：《大学的理念》，高师宁等译，北京：北京大学出版社2016年版。

艾伦·布鲁姆：《美国精神的封闭》，战旭英译，南京：译林出版社 2007 年版。

茱迪·史珂拉：《政治思想与政治思想家》，左高山等译，上海：上海世纪出版集团 2009 年版。

理查德·A. 波斯纳：《公共知识分子：衰落之研究》，徐昕译，北京：中国政法大学出版社 2002 年版。

理查德·A. 波斯纳：《法律与文学》，李国庆译，北京：中国政法大学出版社 2002 年。

莱昂内尔·特里林：《知性乃道德职责》，严志军等译，南京：译林出版社 2011 年版。

乔治·桑塔亚那：《诗与哲学：三位哲学诗人卢克莱修、但丁及歌德》，华明译，北京：商务印书馆 2021 年版。

特里·伊格尔顿：《文学事件》，阴志科译，郑州：河南大学出版社 2017 年版。

凯斯·桑斯坦：《网络共和国》，黄维明译，上海：上海人民出版社 2003 年版。

吉勒·利波维茨基：《轻文明》，郁梦非译，北京：中信出版集团 2017 年版。

吉尔·利波维茨基：《责任的落寞：新民主时期的无痛伦理观》，倪复生等译，北京：中国人民大学出版社 2007 年版。

吕克·费希：《什么是好生活》，黄迪娜等译，长春：吉林出版集团有限责任公司 2010 年版。

沃尔夫冈·韦尔施：《重构美学》，陆扬等译，上海：上海译文出版社 2002 年版。

迈克·费瑟斯通：《消解文化：全球化、后现代主义与认同》，杨渝东译，北京：北京大学出版社 2009 年版。

理查德·舒斯特曼：《生活即审美：审美经验和生活艺术》，彭锋等译，北京：北京大学出版社 2007 年版。

埃伦·迪萨纳亚克：《审美的人》，户晓辉译，北京：商务印书馆 2004 年版。

舍勒肯斯：《美学与道德》，王柯平等译，成都：四川人民出版社 2010 年版。

徐岱：《审美正义论》，杭州：浙江工商大学出版社 2014 年版。

安·兰德：《浪漫主义宣言》，郑齐译，重庆：重庆出版社 2016 年版。

朱迪斯·巴特勒：《性别麻烦：女性主义与身份的颠覆》，宋素凤译，上海：上海三联书店 2009 年版。

F. R. 利维斯：《伟大的传统》，袁伟译，北京：生活·读书·新知三联书店 2002 年版。

列夫·托尔斯泰：《艺术论》，张昕畅等译，北京：中国人民大学出版社 2005 年版。

乔治·斯坦纳：《语言与沉默》，李小均译，上海：上海人民出版社 2013 年版。

汉斯－格奥尔格·加达默尔：《真理与方法：哲学诠释学的基本特征》（上、下卷），洪汉鼎译，上海：上海译文出版社 2004 年版。

玛克辛·格林：《释放想象：教育、艺术与社会变革》，郭芳译，北京：北京师范大学出版社 2017 年版。

诺埃尔·卡罗尔：《超越美学》，李媛媛译，北京：商务印书馆 2006 年版。

约翰·凯里:《知识分子与大众:文学知识界的傲慢与偏见,1880—1939》,吴庆宏译,南京:译林出版社 2008 年版。

约翰·凯里:《艺术有什么用?》,刘洪涛等译,南京:译林出版社 2007 年版。

约翰·凯里:《阅读的至乐:20 世纪最令人快乐的书》,郭守怡译,南京:译林出版社 2009 年版。

保罗·R·格罗斯等:《高级迷信》,孙雍君等译,北京:北京大学出版社 2008 年版。

后记

　　"发现"努斯鲍姆，是基于一次偶然。2010 年春天的某个下午，我在离家不远的晓风书屋翻到一本新书，题为《诗性正义：文学想象与公共生活》，顿觉眼前一亮，毫不犹豫地买下。那时，我正处博后出站阶段，主要精力投注在卢梭书稿的修缮以及 18 世纪美学的研究中，此书涉及的问题很符合我的关切，让我感到这是 18 世纪"启蒙之声"在当代的回响。在那个充满激情的青春岁月里，我正与一帮志同道合的朋友们合作编辑电子书评刊物，在当月出品的刊物上，我撰文推介此书。那是"玛莎·努斯鲍姆"这个名字第一次进入我的视野，时至今日我才意识到，自那时起，这位美国学者的作品开始主导我此后十年的阅读、思考与写作。

　　与当下日渐升温的努斯鲍姆研究相比，十年前这位学者在中文学界并未受到足够关注，相关研究寥寥无几。在译介方面，除了《诗性正义》《非为盈利》（中译本题为《告别功利》）这两本相对通俗的作品外，其代表性论著仅有《善的脆弱性》被作为一部专业性很强的古典学论著介绍进来，在当年"施特劳斯热"的掩映下显得默默无闻。在阅读《诗性正义》的过程中，我虽对书中相关背景了解甚少，但对这位学者的问题关切颇有共鸣，并深感她对文学的公共性理解，有助于拓宽文学研究的视野。自进入文艺美学这一领域以来，我对本学科热衷于抽象的概念游戏，缺乏现实关怀的现状的确有所不满。

更为幸运的是，此后不久，我与努斯鲍姆教授取得联系并受其邀请，两次赴芝加哥大学访学。在芝大那段宁静充实、修道院式的岁月中，我参与努斯鲍姆教授开设的全部课程及工作坊，并与之定期交流，还系统阅读了她的大部分专著与论文，让我对其思想的广度与深度有了更多的认识。在我看来，首先，她的思想支持了一种有现实感的、非完美主义诉求的学术路径；其次，她鼓励了以兴趣与问题为导向的知识探询与阅读习惯，其多学科的宽广视野在专业主义盛行的当下似一股不可多得的清流；再者，她对哲学论证的重视以及对论证清晰度与一致性的追求，让我认识到西方学术思想的精髓所在；最后，对现实的关切促使她走上一条不标新立异、温和诚挚，对现实有着重要实践意义的中间道路。"真理就在中间某个地方"，在当下这个时代，一个学者能保持这种客观、淡定与从容，极为不易。

努斯鲍姆鲜明的个性与生活态度，也给我留下深刻印象。她为人坦诚率直，干练果断；勤奋高效，通常"秒回"邮件；对学术充满热忱，发表的作品数量惊人，质量又极高；在教学上极为投入，在我听过的芝大的诸多课程中，她课程所需的阅读量无疑是最大的，她对待课程的态度也是最认真的，每堂课都会做精心的准备与组织。她兴趣广泛，热爱体育、文学、歌剧，每天都会锻炼身体，每周都会花一定时间练习声乐。我还有幸现场观看了由她出演的《三毛钱歌剧》。无论在努斯鲍姆的作品中还是其个人身上，我都能感受到一股永不停歇的巨大的生命激情与活力，就像她办公桌上摆满的形态各异的彩色大象所展示出的那般，并且，她的学术思考与生命体悟水乳交融，其学其人有着深刻的内在一致性。我很庆幸在自己的学术成长期遇到这样一位重要的良师。借此机会，我也要向努斯鲍姆教授致以真诚的感谢。

写到这里，我禁不住怀念起在"风城"（芝加哥的别名）的那段如烟往事。尽管回国已逾五年，但一幕幕岁月的场景，常在脑海中回放。我怀念芝加哥冬日清冽的空气，怀念夏日密歇根湖上吹来的凉爽的风，也怀念芝加哥市中心高架地铁开过时发出的轰隆响声，更怀念这个城市丰富多彩的文化活动。每逢周末，我都会坐上Metra 火车来到市中心，著名的芝加哥艺术学院（The Art Institute of Chicago）是我消磨时光的最佳去处；有时我也会漫步密歇根大道，欣赏道路两旁高耸入云的现代建筑，有时还会伫立芝加哥河的桥上，看着河上的船只往来以及岸上人群的熙熙攘攘。重要的记忆也并不一定都是亮色的。生活在芝加哥这样的城市，安全问题成为首要关切。每天总是在天黑前早早回家，考虑再三还是不敢坐地铁绿线（犯罪率极高）去探访海明威故居，我也不会忘记那次因火车坐过站误入黑人区，孤零零一人在站台上等待下班列车所经历的那"漫长"的20 多分钟。

我当然怀念芝加哥大学的方庭（The Quadrangle），这个由中世纪哥特式建筑所构成的大学中心地带，让我对"象牙塔"有了更为切身的体会。我也怀念在充满古典气息的哈珀图书馆里自习的时光。我会记得校园里褐红色的砖块，书卷的味道以及花草与咖啡的芳香。芝大所在的社区海德公园（Hyde Park），这个社区不大，但充满人情味与知识分子的气息，我特别怀念在法国"您好（Bonjour）"餐厅吃早餐、在旧书店里淘书以及与师友在咖啡厅畅聊的时光。冬日里的一天，我正站在路口等待交通灯，一位老太太特地走近与我说话："小伙子你要记得系一条围巾，年轻时保护好脖子特别重要，到了我这个年纪就不会生病。"身在异国他乡，依然能感受到温暖的人情。

　　我要感谢很多人在那些金色的日子里给予我的启迪与帮助。感谢著名梁漱溟专家艾恺（Guy Alitto）教授的中国思想史课程，他那意大利式的幽默令我印象深刻；感谢威廉·泰特（William Tait）教授与瑞贝卡·韦斯特（Rebecca West）教授，在芝加哥的两年里他们每年都邀请我参加家庭感恩节晚宴；感谢丽莎·鲁迪克（Lisa Ruddick）教授与我分享对于当代文学研究状况的看法，她那篇鞭辟入里的雄文《当没有什么是酷的》，一下子让我们的交流有了共同的基础；感谢拉尔夫·勒纳（Ralph Lerner）教授的启蒙运动课程，并与我分享芝大的往事；还要感谢瓦莱里·沃勒斯（Valerie Wallace）女士对我热忱的帮助，在担任哲学系秘书之际，她的工作效率与热忱态度给我留下了深刻印象，其实她还是一位默默无闻，但才华横溢的诗人。在美期间，我也很感谢老同学夏方方、徐杨子夫妇给予我方方面面的关照，令我稍显枯燥的访学生活总能适时增添色泽（无论精神上还是物质上）。我还要感谢李华芳、赵忱倩夫妇在纽瓦克居住期间的热情款待，并有缘结识小丁与晴子，让我更深体会何谓新朋与旧友；感谢清子全家带我一起在休斯敦度过的美好圣诞，那一年我们一起参观堪萨斯博物馆、一起吃德州烤肉、一起听爵士乐的场景依然记忆犹新。

　　我还要感谢授业导师徐岱老师、潘一禾老师、李咏吟老师对我一如既往的支持与教诲，也要感谢李庆西老师、文敏老师、许志强老师、胡志毅老师、王建刚老师、刘翔老师、苏宏斌老师、沈语冰老师、朱首献老师、朱国华老师、王峰老师、李勇老师、曾军老师等师长对我的提携与帮助。还要感谢金雯、张颖、张博、王嘉军、陈玮、袁光锋、樊俊峰、姚斯青等好友同仁为我的这项研究所提供的各种启发与勉励。感谢浙大美学所与思想所的同道们，大家在精神上的彼此打气与取暖，是我将学术进行到底的重要支柱。当然还要感谢我亲爱的本科生、研究生与博士生们，与他们一起分享与交流，是人生的快事。看着他们健康茁壮成长，也是我从事人文事业的最大意义所在。

感谢国家留学基金委和浙江大学的"新星计划"为我出国访学提供的经济支持，本书也得到了国家社科基金青年项目的资助。本书出版还得到了工作单位浙大传媒与国际文化学院的大力支持。我还要感谢张晓剑、常培杰、黄莉、李芳凝、沈笑煜、吴芷境在本书出版过程中提供的帮助。感谢两位博士生细致的校对工作。责任编辑牟琳琳为本书的出版付出了艰辛的劳动，为此我也要深表谢意。

最后，还要把感谢送给我的爸爸、妈妈以及岳母，你们一直在生活与精神上默默地支持着我。感谢妻子东篱对于我学术事业的无条件支持，我们小小的家能够堆满这么多的书，得益于我们共同的兴趣与价值观。本书中的不少观点，也是我们共同阅读与大量讨论的成果。这本书也是献给女儿绘绘的，爸爸愿你像一棵小树那样，正直而茁壮地成长。

时光荏苒，访学回国短短这几年，原本熟悉的世界突然开始变得陌生。有很多问题我也很想再面对面与努斯鲍姆讨论请教，可惜这样的机会变得越来越不容易。不过，人生何处不遗憾。就拿本书来说，我还是留下了不少遗憾。一方面，努斯鲍姆笔耕不辍，就在本书校订付样之际，她的作品还在不断出版，我个人消化其作品的速度远远赶不上其写作进度。另一方面，努斯鲍姆作品所体现出来知识容量、阅读体量及涉及的学科数量，让人有"望洋兴叹"之感。要把她写过的和读过的全部通读一遍，都不是件容易事。此外，在美国访学的两年，我亲历了特朗普的上台并近距离观察与体验了美国社会所面临的危机，对当代西方知识界的问题有了更多体会与反思。在此背景下，我个人对努斯鲍姆的评价经历了一个从无条件欣赏到有所批判的变化过程。尽管本书已经试图站在她的肩膀上再说点什么，但毕竟是个颇有难度的挑战，有待更多的时间来加以修缮与深化。

长达三年的新冠疫情似乎正在接近尾声，但世界终究无法回到疫情之前。作为成长在"明天会更好"歌声中的一代，人到中年之际，本应"不惑"，我却感到前所未有的困惑、焦虑与无力。但我很庆幸自己在依然年轻的时候，在一个极佳的时间与空间中得到了充足的阳光和雨露，脚踏实地地践行了"读万卷书，行万里路"。我力图把这些光阴的故事以点点滴滴的方式埋藏在这本小小的书里，同时也希望在自己继续前行之际，让它来为过往的岁月做一个美好的见证。

范 昀
2022 年 6 月于杭州紫金西苑